普通高等教育“十四五”系列教材

Python 数据分析与挖掘

主　编◎徐　琴　刘智珺
副主编◎苏真真　卓延陵

華中科技大學出版社
http://press.hust.edu.cn
中国·武汉

内容简介

本书系统介绍了数据预处理、数据仓库和数据挖掘的原理、方法及技术，并使用目前在数据分析与挖掘领域非常热门的Python语言进行数据分析及挖掘建模。本书共10章，包括以下内容：第1章为绪论；第2～6章按数据分析与挖掘的过程分别介绍数据预处理的方法与技术、数据仓库的构建与OLAP技术、数据挖掘原理及算法（包括关联规则挖掘方法、聚类分析方法、分类规则挖掘方法，在每章中，以小数据集为例详细介绍各种挖掘算法，以便读者理解和掌握）；第7章介绍基于SQL Server 2022构建数据仓库及OLAP；第8～10章为使用Python进行关联规则、聚类、分类挖掘算法的实践，先采用小数据集进行初步实践，再采用大数据集进行综合实践，通过完整的案例，加深对数据挖掘算法的理解，最终让读者很好地掌握用Python进行数据分析与挖掘的完整过程。

本书采用理论与实践相结合的方式，突出应用性能力的培养，实战性强。既可作为应用型本科院校计算机科学与技术、软件工程、大数据、人工智能相关专业的教材，也适合Python数据分析与挖掘初学者、大数据从业人员阅读。

为了方便教学，本书还配有电子课件等资料，任课教师可以发邮件至 hustpeiit@163.com 索取。

图书在版编目(CIP)数据

Python数据分析与挖掘/徐琴，刘智珺主编. —武汉：华中科技大学出版社，2024.1
ISBN 978-7-5772-0516-8

Ⅰ.①P… Ⅱ.①徐… ②刘… Ⅲ.①软件工具-程序设计 Ⅳ.①TP311.561

中国国家版本馆CIP数据核字(2024)第037168号

Python数据分析与挖掘
Python Shuju Fenxi yu Wajue

徐 琴 刘智珺 主编

策划编辑：康 序
责任编辑：白 慧
封面设计：孢 子
责任监印：朱 玢
出版发行：华中科技大学出版社(中国·武汉)
武汉市东湖新技术开发区华工科技园
电话：(027)81321913
邮编：430223
录 排：武汉正风天下文化发展有限公司
印 刷：武汉市洪林印务有限公司
开 本：787mm×1092mm 1/16
印 张：23.5
字 数：587千字
版 次：2024年1月第1版第1次印刷
定 价：68.00元

前言

PREFACE

随着云时代的来临，大数据技术将具有越来越重要的战略意义。大数据分析与挖掘技术广泛应用于物联网、云计算、移动互联网等战略性新兴产业。为了满足日益增长的大数据分析与挖掘的人才需求，很多高校开始尝试开设不同程度的大数据分析与挖掘课程。而目前在数据分析与挖掘领域非常热门的是 Python 语言。

本书以计算机科学与技术、软件工程、人工智能、数据科学与大数据技术、物联网工程专业的人才培养方案为依据，从本科教育的特点和培养应用型人才的实际出发，按数据挖掘与知识发现、数据分析与挖掘等课程的教学要求编写而成。

通过相关课程的学习，学生应对数据处理、数据分析、数据挖掘过程有整体认知能力；掌握数据预处理的基本方法；掌握数据仓库与数据挖掘的基本理论、设计数据仓库的基本思想和方法；掌握关联规则分析、分类、聚类等主要数据挖掘方法；在掌握基本挖掘算法的基础上，对实际应用数据使用 Python 进行数据分析与挖掘，为后续课程的学习打下良好基础。

本书的理论部分围绕大数据背景下的数据分析与挖掘问题，从基本概念、理论入手，由浅入深，与案例相结合，并按数据分析与挖掘的各过程安排章节，介绍数据预处理的方法与技术、数据仓库的构建与 OLAP 技术、数据挖掘原理及算法（包括关联规则挖掘方法、聚类分析方法、分类规则挖掘方法）。本书应用性较强，以小数据集为例详细介绍各种挖掘算法，使读者更易掌握挖掘算法的基本原理及过程。

本书的实践部分先是展示完整案例，从需求分析到数据仓库模型设计，再到数据仓库构建，最后介绍基于 SQL Server 2022 构建数据仓库及 OLAP；还使用目前在数据分析与挖掘领域非常热门的 Python 语言，进行关联规则、聚类、分类挖掘算法的实践，在内容的安排上，先采用小数据集进行初步实践，再采用大数据集进行综合实践，对于综合实践，按照挖掘目标数据的探索分析、数据抽取及数据预处理、挖掘模型的构建及可视化、分析挖掘结果的顺序进行。通过完整的案例，读者可以由易到难地、很好地掌握用 Python 进行数据分析与挖掘的完整过程。最后通过上机实践，加深对相关数据仓库、数据挖掘算法的理解。

本书由武昌首义学院徐琴、刘智珺担任主编，苏真真、卓延陵担任副主编，编写分工如下：徐琴、卓延陵编写第 1 章和第 2 章；刘智珺、徐琴编写第 3 章；徐琴、苏真真编写第 4 章和第 5 章；刘智珺、苏真真编写第 6 章；徐琴编写第 7～10 章。徐琴负责全书统稿工作。本书在编写过程中得到了武昌首义学院的相关课程任课老师的支持与帮助，在此表示感谢。

为了方便教学，本书还配有电子课件等资料，任课教师可以发邮件至 hustpeiit@163.com 索取。

本书在编写过程中参考了大量专家学者的论文、著作，编者已在参考文献中列出，谨此致谢，若有疏漏，也在此表示歉意。由于时间仓促且编者水平有限，书中仍存在不足之处，恳请各位同仁和读者批评指正。

编者

2023 年 11 月

目录

CONTENTS

第1章 绪论

现在的社会是一个高速发展的社会，科技发达，信息流通，人们之间的交流越来越密切，生活也越来越方便，大数据就是这个高科技时代的产物。在我们的生活中，大数据不断地从多样化的设备和应用系统中产生，并且将以更多、更复杂、更多样化的方式持续增长。面对海量数据库和大量繁杂信息，如何才能从中提取有价值的知识，进一步提高信息的利用率，此为一个研究方向——基于数据库的知识发现(knowledge discovery in database，KDD)以及相应的数据处理、数据挖掘(data mining)理论和技术的研究。

数据的处理过程可分为数据采集、数据预处理、数据存储及管理、数据分析及挖掘等环节。本书主要介绍数据预处理、数据分析及挖掘等内容。

本章除简述数据仓库与数据挖掘相关的基本概念和引导性知识外，还简单介绍了 Python 语言在数据分析和挖掘领域的应用范围和常用开发库，其目的是通过了解 Python 语言与数据科学领域的关系背景，为后续章节的学习建立良好的知识储备。

1.1 KDD 与数据挖掘

KDD 一词首次出现在 1989 年举行的第 11 届国际联合人工智能学术会议(IJCAI)上，其后，在超大规模数据库(very large database, VLDB)国际会议及其他与数据库领域相关的国际学术会议上也举行了 KDD 专题研讨会。1995 年，在加拿大蒙特利尔召开了第 1 届 KDD 国际学术会议(KDD'95)，随后每年召开一次这样的会议。由 Kluwer Academic Publisher 出版，1997 年创刊的 *Knowledge Discovery and Data Mining*(《知识发现和数据挖掘》)是 KDD 领域中的第一本学术刊物。此后，KDD 的研究工作逐渐成为热点。

知识发现和数据挖掘领域的研究工作适应市场竞争需要，它将为决策者提供重要的、潜在的信息或知识，从而产生不可估量的效益。目前，关于 KDD 的研究工作已经被众多领域所关注，如过程控制、信息管理、商业、医疗、金融等领域。

1.1.1 KDD 的定义

人们给 KDD 下过很多定义，其内涵各不相同。目前公认的定义是由美国 Microsoft Research Labs 的 Fayyad 等人提出的，所谓基于数据库的知识发现(KDD)，是指从大量数据中提取有效的、新颖的、潜在有用的、最终可被理解的模式的非平凡过程。

数据：一个有关事实 F 的集合，用以描述事物的基本信息，如学生学籍管理数据库中有关学生基本情况的记录。一般来说，这些数据都是准确无误的。

模式：对于集合 F，可以用语言 L 来描述其中数据的特性，一个模式 E 就是 L 中的一个陈述。E 所描述的数据是集合 F 的一个子集 F_E。F_E 表明数据集中的数据具有特性 E。作为一个模式，E 比枚举数据子集 F_E 简单。如"如果酒精浓度为 35%、pH 值为 5.7～6.2、含糖量为 8%～10%且硫含量小于 150 mg/L，则葡萄酒品质为高"可称为一个模式。

非平凡过程：KDD 是由多个步骤构成的处理过程，包括数据预处理、模式提取、知识评估及过程优化。所谓非平凡过程，是指具有一定程度的智能性和自动性，而不仅是简单的数值统计和计算。

有效性(可信度)：从数据中发现的模式必须有一定的可信度。通过函数 C 将表达式映射到度量空间 M_C，c 表示模式 E 的可信度，$c=C(E,F)$，其中 $E\in L$，E 所描述的数据集合 $F_E\subseteq F$。

新颖性：提取的模式必须是新颖的。模式是否新颖可以通过两个途径来衡量，一是通过当前得到的数据和以前的数据或期望得到的数据之间的比较结果来判断；二是通过对比发现的模式与已有模式的关系来判断。通常用一个函数来表示模式的新颖程度 $N(E,F)$，该函数的返回值是逻辑值或是对模式 E 的新颖程度的一个判断数值。

潜在有用：提取出的模式将来会得到实际运用。通过函数 U 把 L 中的表达式映射到度量空间 M_U，u 表示模式 E 的有用程度，$u=U(E,F)$。

可理解性：发现的模式应该能被用户理解，以帮助人们更好地了解和使用数据库中的信息，这主要体现在简洁性上。要想让一个模式易于理解并不容易，需要对其简单程度进行度量。用 s 表示模式 E 的简单度(可理解度)，它也通过函数来反映，即 $s=S(E,F)$。

上述度量函数只是从不同角度进行模式评价，往往需要采用权值来进行综合评判。在

◀ KDD 与数据挖掘

某些 KDD 系统中，利用函数来求得模式 E 的权值 $i=I(E,F,C,N,U,S)$；在另外一些系统中，通过对求得的模式的不同排序来表示模式的权值大小。

1.1.2 KDD 过程与数据挖掘

KDD 是一个反复迭代的人机交互处理过程，该过程需要经历多个步骤，并且很多决策需要由用户提供。从宏观上看，KDD 过程主要由三个部分组成，即数据整理、数据挖掘和对结果的解释及评估。下面参照图 1-1 来解释其工作步骤。

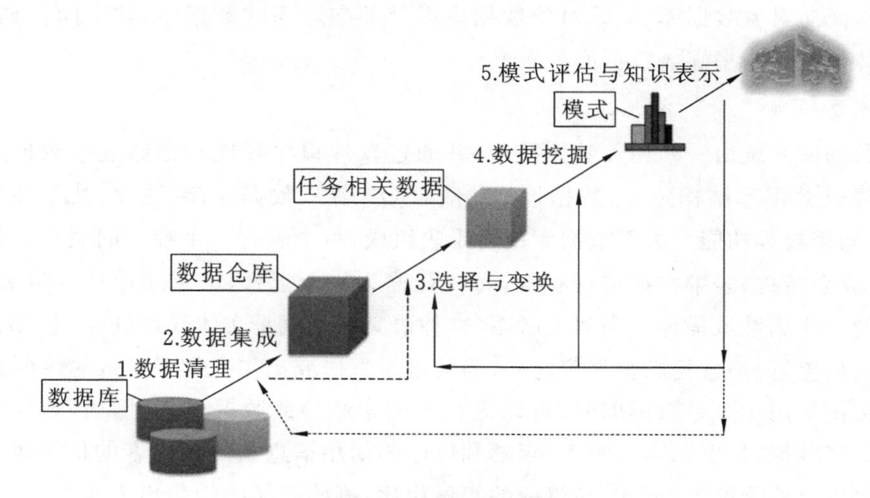

图 1-1 KDD 过程示意图

(1) 数据清理：消除噪声和不一致数据，如删除无效数据，用统计方法填充丢失数据等。

(2) 数据集成：将多种数据源的数据组合在一起，一个流行的趋势是将数据清理和数据集成作为预处理步骤执行，结果数据存放在数据仓库中。数据仓库是数据挖掘的一种对象。

(3) 数据选择：从数据库中提取与分析任务相关的数据。

(4) 数据变换：数据变换或统一成适合挖掘的形式，如通过汇总或聚集操作。

(5) 数据挖掘。

① 确定 KDD 目标：首先根据用户的要求，确定 KDD 要发现的知识的类型，因为根据对 KDD 的不同要求，会在具体的知识发现过程中采用不同的知识发现算法，如分类、关联规则、聚类等。

② 选择算法：根据确定的任务选择合适的知识发现算法，包括选取合适的模型和参数。同样的目标可以选用不同的算法来解决，这可以根据具体情况进行分析。有两种选择算法的途径，一是根据数据的特点不同，选择与之相关的算法；二是根据用户的要求进行选择，有的用户希望得到描述型的结果，有的用户希望得到预测准确度尽可能高的结果，不能一概而论。总之，要做到选择算法与整个 KDD 过程的评判标准相一致。

③ 数据挖掘：这是整个 KDD 过程中很重要的一个步骤。运用前面选择的算法，从数据中提取出用户感兴趣的数据模式，并以一定的方式表示出来是数据挖掘的目的。

(6) 模式评估：根据某种兴趣度度量，识别表示知识的真正有趣的模式。

(7) 知识表示：使用可视化和知识表示技术，向用户提供挖掘的知识。

在上述步骤中，数据挖掘占据着非常重要的地位，它主要是利用某些特定的知识发现算法，在一定的运算效率范围内，从数据中发现有关知识，决定了整个 KDD 过程的效果与效率。

1.2 数据挖掘的对象

数据挖掘的对象原则上可以是用各种方式存储的信息。目前的信息存储方式主要有关系数据库、数据仓库、事务数据库、高级数据库系统、文件数据和 Web 数据等，其中高级数据库系统包括面向对象数据库、关系对象数据库以及面向应用的数据库（如空间数据库、时态数据库、文本数据库、多媒体数据库等）。

1. 关系数据库

一个数据库系统由一些相关数据构成，并通过软件程序管理和存储这些数据。数据库管理系统提供数据库结构定义，数据检索语言（SQL 等），数据存储，并发、共享和分布式机制，数据访问授权等功能。关系数据库由若干表组成，每个表有一个唯一的表名，属性（列或域）集合组成表结构，表中数据按行存放，每一行称为一个记录，记录间通过键值加以区别。关系表中的一些属性域描述了表间的联系，这种语义模型就是实体联系（E-R）模型。关系数据库是目前最流行、最常见的数据库之一，为数据挖掘研究工作提供了丰富的数据源。

当数据挖掘用于关系数据库时，可以进一步搜索趋势或数据模式，例如，数据挖掘系统可以分析顾客数据，根据顾客的收入、年龄和以前的信用信息预测新顾客的信用风险。数据挖掘系统也可以检测偏差，例如，与以前的年份相比，哪些商品的销售出人预料；还可以进一步考察这种偏差，例如，数据挖掘可能发现这些商品的包装的变化，或价格的大幅度提高。

2. 数据仓库

数据仓库可以把来自不同数据源的信息以同一模式保存在同一个物理地点，其构成需要经历数据清洗、数据格式转换、数据集成、数据载入及阶段性更新等过程。数据仓库（data warehouse，DW）是一个面向主题的（subject oriented）、集成的（integrated）、相对稳定的（non-volatile）、随时间变化的（time variant）、支持管理决策（decision making support）的数据集合。面向主题是指数据仓库的组织围绕一定的主题，不同于日复一日的操作和事务处理型的组织，而是通过排斥对决策无用的数据等手段提供围绕主题的简明观点。集成指的是数据仓库将多种异质数据源集成为一体，如关系数据库、文件数据、在线事务记录等。数据存储包含历史信息（比如，过去的 5～10 年）。数据仓库要将分散在各个具体应用环境中的数据转换后才能使用，所以，它不需要事务处理、数据恢复、并发控制等机制。

数据仓库根据多维数据库结构建模，每一维代表一个属性集，每个单元存放一个属性值，并提供多维数据视图，允许通过预计算快速地对数据进行总结。尽管数据仓库中集成了很多数据分析工具，但仍然需要如数据挖掘等更深层次、自动的数据分析工具。数据仓库的构造和使用框架如图 1-2 所示。

关于数据仓库的内容主要在第 3 章介绍。

3. 事务数据库

一个事务数据库由文件构成，每条记录代表一个事务。通常，一个事务包含唯一的事务标识号（Trans_ID）和组成该事务的项的列表（如在超市中购买的商品）。超市的销售数据是

◀ 数据挖掘的对象

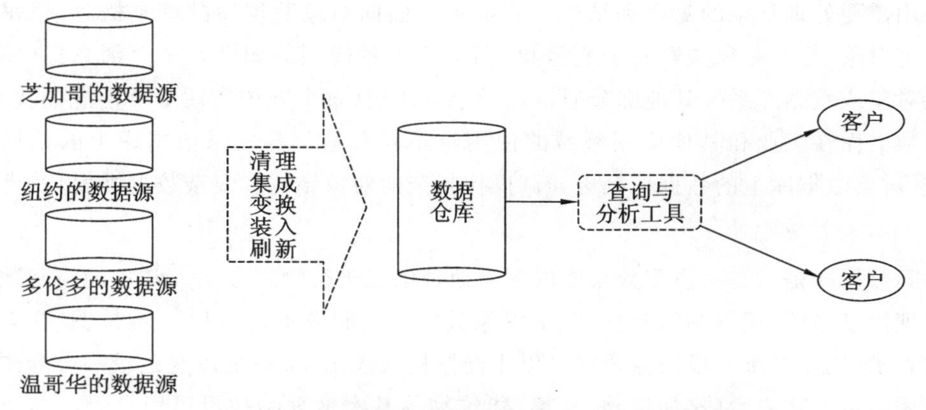

图 1-2　AAA 公司的数据仓库构造和使用的典型框架

典型的事务型数据,如表 1-1 所示。事务数据库可能有一些与之关联的附加表,其包含关于销售的其他信息,如事务的日期、顾客的 ID 号、销售者的 ID 号、连锁分店的 ID 号等。更深层次的市场购物篮(market basket)数据分析(如哪些商品经常同时销售等问题)只能利用数据挖掘思想来解决。

表 1-1　超市销售数据

Trans_ID	商品 ID 的列表
T100	I1,I3,I8,I16
T200	I2,I8
…	…

比如,你可能问:“哪些商品放在一起会提高销售量?”这种“购物篮数据分析”使你能够制定促销策略,将商品捆绑销售。例如,有了“打印机与计算机经常一起销售”的知识,你可以向购买指定计算机的顾客以较大的折扣(甚至免费)提供某种打印机,以期销售更多较贵的计算机(通常比打印机更贵)。传统的数据库系统不能进行购物篮数据分析。而事务数据库中的数据挖掘可以通过挖掘频繁项集来做这件事。频繁项集是频繁地一起销售的商品的集合。

4. 面向对象数据库

面向对象数据库是基于面向对象程序设计的范例,是面向对象程序设计技术与数据库技术结合的产物。面向对象数据库将每一个实体作为一个对象,与对象相关的程序和数据封装在一个单元中,通常用一组变量描述对象,等价于实体联系模型和关系模型中的属性。对象通过消息与其他对象或数据库系统进行通信。对象机制提供一种模式获取消息并做出反应的手段。类是对象共享特征的抽象。对象是类的实例,也是基本运行实体。可以把对象类按级别分为类和子类,实现对象间属性共享。面向对象数据库的主要特点是具有面向对象技术的封装性和继承性,提高软件的可重用性。

常见的面向对象数据库有 Object Store、Ontos、O2、Jasmin 等。

5. 关系对象数据库

关系对象数据库的构成基于关系对象模型,是对关系模型的扩充,因为大部分复杂的数据库应用需要处理复杂的对象和结构。它继承了面向对象数据库的基本概念，把每个实体看作一个对象，每个对象关联一个变量集（对应于关系模型的属性）、一个消息集（使用它可与其他对象或数据库系统其他部分通信）、一个方法集（每个方法实现一个消息的代码）。关系对象数据库在工业和其他应用领域的使用越来越普遍。与关系数据库上的数据挖掘相比，关系对象数据库上的数据挖掘更强调操作复杂的对象结构和复杂数据类型。

6. 空间数据库

空间数据库是指在关系型数据库内部对地理信息进行物理存储。常见的空间数据类型包括地理信息系统、遥感图像数据、医学图像数据。空间数据可以用 n 维位图、像素图等光栅格式表示（比如二维卫星图像数据可以用光栅格式表示，每一个像素记录一个降雨区域），也可以用向量形式表示（比如道路、桥梁、建筑物等基本地理结构可以用点、线、多边形等几何图形表示为向量格式）。空间数据库具有一些共同的特点：数据量庞大，空间数据模型复杂，属性数据和空间数据联合管理，应用范围广泛。

对空间数据库可以进行何种数据挖掘呢？

例如，数据挖掘可以发现描述特定类型地点（如公园）的房屋特征，其他模式可能描述不同海拔高度山区的气候，或根据城市离主要高速公路的距离描述大城市贫困率的变化趋势。另外，可以将移动对象的趋势分组，识别移动怪异的车辆，或根据疾病随时间的地理分布，区别生物恐怖攻击与正常的流感爆发。

7. 时态数据库和时间序列数据库

时态数据库和时间序列数据库都存放与时间有关的数据。

时态数据库通常存放与时间相关的属性值，这些属性可以是具有不同语义的时间戳，如与时间相关的职务、工资等个人信息数据及个人简历信息数据等。

时间序列数据库存放随时间变化的值序列，如零售行业的产品销售数据、股票数据、气象观测数据等。

对时态数据库和时间序列数据库的数据挖掘通过研究事物发生、发展的过程，可以发现数据对象的演变特征或对象变化趋势。比如，对银行数据的挖掘可能有助于根据顾客的流量安排出纳员；可以挖掘股票交易数据，发现趋势，帮助你制定投资策略，如何时是购买某只股票的最佳时机。

8. 文本数据库

文本数据库是包含用文字描述的对象的数据库。这里的文字不是简单的关键字，可能是长句子或图形，如产品说明书、出错或调试报告、警告信息、简报等文档信息。文本数据类型包括无结构类型（大部分的文本资料和网页）、半结构类型（XML 数据）、结构类型（图书馆数据）。

通过挖掘文本数据可以发现对文本文档的简明概括的描述、关键词或内容关联，以及文本对象的聚类行为等。

9. 多媒体数据库

多媒体数据库主要存储图形（graphics）、图像（image）、音频（audio）、视频（video）等。多媒体数据库管理系统提供在多媒体数据库中对多媒体数据进行存储、操纵和检索的功能，特别强调多种数据间（比如图像、声音等）的同步和实时处理，主要应用在基于图片内容的检索、语音邮件系统、视频点播系统。对于多媒体数据库的数据挖掘，需要将存储和检索技术相结合，目前的主要方法包括构造多媒体数据立方体、多媒体数据库的多特征提取、基于相似性的模式匹配等。

10. 万维网数据

万维网(WWW)可以被看成最大的文本数据库。万维网提供了丰富的、世界范围的联机信息服务，用户通过链接，从一个对象到另一个对象，寻找感兴趣的信息。这种系统为数据挖掘提供了大量机会和挑战。

面向 Web 的数据挖掘比面向数据库和数据仓库的数据挖掘要复杂得多，这是由互联网上异构数据源环境、数据结构的复杂性、动态变化的应用环境等特性所决定的。Web 数据挖掘包括 Web 结构挖掘、Web 使用挖掘、Web 内容挖掘。

例如：理解用户的访问模式不仅有助于改进系统设计(通过提供高度相关的对象间的有效访问)，而且可以帮助改进市场决策(通过在频繁访问的文档上布置广告，或提供更好的顾客分类和行为分析等)。

11. 流数据

与传统数据库中的静态数据不同，流数据具有以下特点：海量甚至可能无限，动态变化，以固定的次序流进和流出，只允许一遍或少数几遍扫描，要求快速(常是实时的)响应时间。与传统数据库相比，流数据在存储、查询、访问、实时性的要求等方面都有很大区别。

流数据的主要应用场合有网络监控、网页点击流、股票交易、流媒体、气象或环境监控数据等。

挖掘数据流涉及流数据中的一般模式和动态变化的有效发现。例如：我们可能希望根据消息流中的异常检测计算机网络入侵，这可以通过数据流聚类、流模型动态构造或将当前的频繁模式与前一次的频繁模式进行比较来发现。

1.3 数据挖掘的任务

通常，数据挖掘任务分为下面两大类。

一是预测任务。这类任务的目标是根据其他属性的值预测特定属性的值。被预测的属性一般称目标变量(target variable)或因变量(dependent variable)，而用来做预测的属性称说明变量(explanatory variable)或自变量(independent variable)。例如，分类分析(用于预测离散的目标变量，如预测一个 Web 用户是否会在网上书店买书，是分类任务)、回归分析(用于预测连续的目标变量，如预测某股票的未来价格，是回归任务)、离群点检测(从数据集中发现与众不同的数据)等属于预测任务。

二是描述任务。通过对数据集的深度分析，寻找出概括数据相互联系的模式或规则，描述性数据挖掘任务通常是探查性的，并且常常需要后处理技术验证和解释结果。例如，聚类分析(把没有预定义类别的数据划分成几个合理的类别)、关联分析(任务发现数据项之间的关系)、摘要任务(形成数据高度浓缩的子集及描述)等属于描述任务。

接下来简要介绍常用的 3 个任务。

数据挖掘的任务▶

1. 关联分析

我们经常会碰到这样的问题：

① 商业销售上，如何通过交叉销售来得到更多的收入？

② 保险业务方面，如何分析索赔要求，发现潜在的欺诈行为？

③ 银行方面，如何分析顾客消费行业，以便有针对性地向其推荐感兴趣的服务？

④ 哪些制造零件和设备设置与故障事件相关联？

⑤ 哪些病人和药物属性与结果相关联？

⑥ 哪些商品是已经购买商品 A 的人最有可能购买的？

在商业销售上，关联规则可用于交叉销售，以得到更多的收入；在保险业务方面，如果出现了不常见的索赔要求组合，则可能为欺诈，需要做进一步的调查；在医疗方面，可找出可能的治疗组合；在银行方面，对顾客进行分析，可以推荐其感兴趣的服务等。这些都属于关联规则挖掘问题。

关联分析(association analysis)用来发现描述数据中强关联特征的模式。所发现的模式通常用蕴含规则或特征子集的形式表示。挖掘关联规则的目的就在于在一个数据集中找出项之间的关系，从大量的数据中挖掘出有价值描述数据项之间相互联系的有关知识。

关联分析挖掘的规则形式："Body→Head[support，confidence]"。例如：buys(x，"diapers")→buys(x，"beers") [0.5%，60%]，支持度 0.5%表示所分析的所有事务的0.5%同时购买 diapers 和 beers，置信度 60%意味着购买 diapers 的顾客中的 60%也购买了 beers。这个关联规则涉及单个重复的属性或谓词(即 buys)。包含单个谓词的关联规则称作单维关联规则(single-dimensional association rule)。去掉谓词符号，上面的规则可以简单地写成"diapers→beers [0.5%，60%]"。

在典型情况下，如果关联规则满足最小支持度阈值和最小置信度阈值，则此关联规则被认为是有趣的。如果某一关联规则不能同时满足最小支持度阈值和最小置信度阈值，则被认为是不令人感兴趣的而被丢弃。这些阈值可以由用户或领域专家设定。

例 1-1 表 1-2 给出的事务是在一家杂货店收银台收集的销售数据。关联分析可以用来发现顾客经常同时购买的商品，例如，我们可能发现规则{Diaper}→{Milk}，该规则暗示购买尿布的顾客多半会购买牛奶。这种类型的规则可以用来发现各类商品中可能存在的交叉销售的商机。

表 1-2 购物篮数据

TID	Items
1	Bread，Coke，Milk
2	Beer，Bread
3	Beer，Coke，Diaper，Milk
4	Beer，Bread，Diaper，Milk
5	Coke，Diaper，Milk
…	…

关联规则的挖掘将在第 4 章讨论。

2. 聚类分析

我们经常会碰到这样的问题：

- 如何通过一些特定的症状归纳某类特定的疾病？
- 谁是银行信用卡的黄金客户？
- 谁喜欢打国际长途，在什么时间，打到哪里？
- 对住宅区进行分析，确定自动提款机 ATM 的安放位置。
- 如何对用户 WAP 上网行为进行分析，通过客户分群进行精确营销？

除此之外，促销应该针对哪一类客户？这类客户具有哪些特征？这类问题往往是在促销前需要首先解决的问题。将客户分为不同的群组，然后对每个不同的群组采取不同的营销策略。这些都是聚类分析的例子。

不像分类和预测分析标号类的数据对象，聚类(clustering)分析数据对象不考虑已知的类标号。一般情况下，训练数据中不提供类标号，因为开始并不知道类标号，可以使用聚类产生这种标号。聚类是按照某个特定标准把一个数据集分割成不同的类或簇，使得类内的相似性尽可能地大，同时类间的区别性也尽可能地大。直观地看，最终形成的每个聚类，在空间上应该是一个相对稠密的区域。可见，最大化类内部的相似性、最小化类之间的相似性是聚类的原则。

聚类方法主要包括划分聚类、层次聚类、基于密度的聚类和基于网格的聚类、基于模型的聚类等。

作为一种数据挖掘功能，聚类分析也可以作为一种独立的工具，用来洞察数据的分布，观察每个簇的特征，将进一步分析集中在特定的簇集合上。另外，聚类分析可以作为其他算法(如特征化、属性子集选择和分类)的预处理步骤，之后这些算法将在检测到的簇和选择的属性或特征上进行操作。例如，“哪一种类的促销的客户响应最好”，对于这一类问题，首先对整个客户做聚集，将客户分组在各自的聚集里，然后对每个不同的聚集回答问题，可能效果更好。

例 1-2 设有记录了 4 个顾客 3 个信息的数据库，如表 1-3 所示，对记录进行聚类分析。

表 1-3 电脑商店顾客信息

顾客 ID	学生	年龄段	收入	类别
x_1	否	31～40 岁	一般	?
x_2	是	≤30 岁	一般	?
x_3	是	31～40 岁	较高	?
x_4	否	≥41 岁	一般	?

解：由于没有指定具体的相似度标准，因此，根据表 1-3 的属性，可以考虑选择几个不同的标准来进行聚类分析，并对结果进行比较。

① 以是否为“学生”作为相似度标准，则 4 条记录可聚成 2 个簇：

$$A_{\text{学生}}=\{x_2,x_3\},\ B_{\text{非学生}}=\{x_1,x_4\}$$

② 以顾客的年龄段作为相似度标准，则 4 条记录可聚成 3 个簇：

$$A_{\leqslant 30}=\{x_2\},B_{31\sim 40}=\{x_1,x_3\},\ C_{\geqslant 41}=\{x_4\}$$

③ 以收入水平作为相似度标准，则 4 条记录可聚成 2 个簇：

$$A_{一般}=\{x_1,x_2,x_4\},B_{较高}=\{x_3\}$$

从此例可以发现，对顾客记录的聚类分析是对顾客集合的一个恰当的划分。对于一个给定的顾客数据库，如果相似性度量标准不同，则划分结果也不同，即聚类算法对相似性度量标准是敏感的。这也告诉我们，可选择不同的度量标准对数据库记录进行聚类分析，以期得到更加符合实际工作需要的聚类结果。

聚类分析将在第 5 章详细介绍。

3.分类分析

分类分析(classification analysis)通过分析已知类别标记的样本集合(示例数据库)中的数据对象(记录)，为每个类别做出准确的描述，或建立分类模型，或提取出分类规则(classification rules)，然后用这个分类模型或规则对样本集合以外的记录进行分类。

分类分析导出的模型的表示形式有分类(IF-THEN)规则、决策树、数学公式或神经网络，如图 1-3 所示。在图 1-3 中，决策树是一种类似于流程图的树结构，其中每个节点代表在一个属性值上的测试，每个分支代表测试的一个输出，而树叶代表类或类分布，决策树容易转换成为分类规则；用于分类时，神经网络是一组类似于神经元的处理单元，单元之间加权连接。

age(*X*, "young")and income(*X*, "high")→class(*X*, "*A*")
age(*X*, "young")and income(*X*, "low") →class(*X*, "*B*")
age(*X*, "middle_aged") →class(*X*, "*C*")
age(*X*, "senior") →class(*X*, "*C*")

(a) 分类(IF-THEN)规则

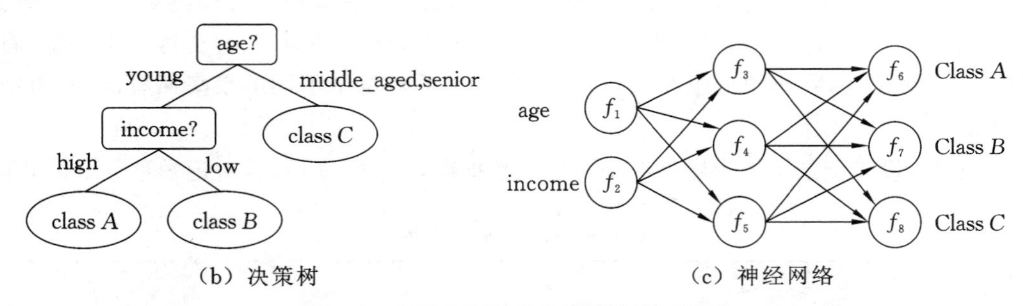

(b) 决策树　　(c) 神经网络

图 1-3　分类分析导出的模型的表示形式

另外，还有构造分类模型的其他方法，如朴素贝叶斯分类、支持向量机和 k 最近邻分类。

例 1-3　对于贷款申请数据，分类分析的过程显示在图 1-4 中(为了便于解释，数据被简化，实际上可能需要考虑更多的属性)。数据分类是一个两阶段过程，包括学习阶段(构建分类模型)和分类阶段(使用模型预测给定数据的类标号)。

数据分类过程：①学习：用分类算法分析训练数据，这里，类标号属性是 loan_decision，学习的模型或分类器以分类规则形式提供，如图 1-4(a)所示；②分类：检验数据用于评估分类规则的准确率，如果准确率是可以接受的，则规则用于新的数据元组分类，如图 1-4(b)所示。

第 6 章将更详细地讨论分类和预测。

聚类与分类是容易混淆的两个概念，聚类是一种无指导的观察式学习，没有预先定义的

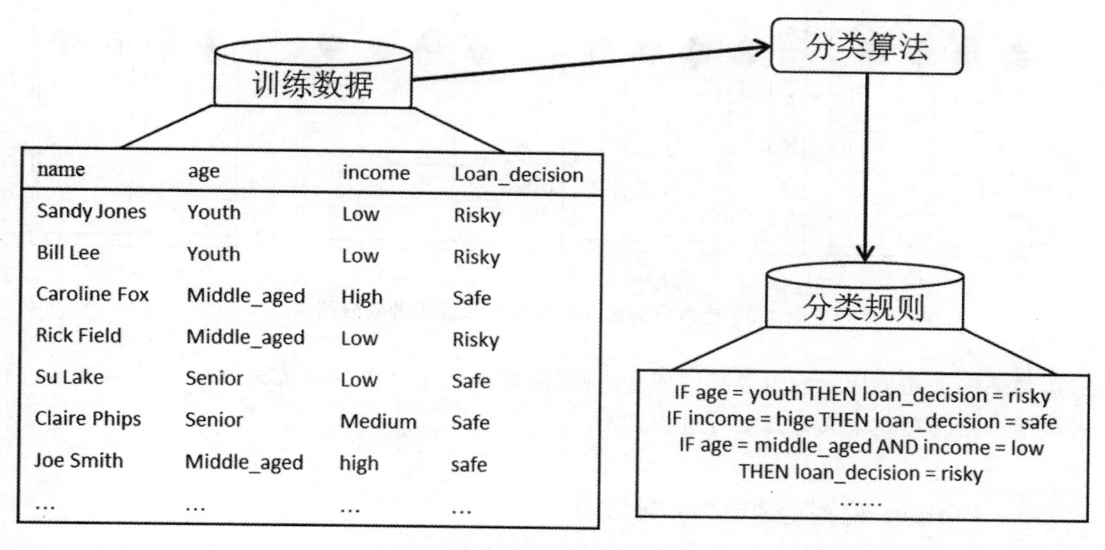

（a）学习阶段（构建分类模型）

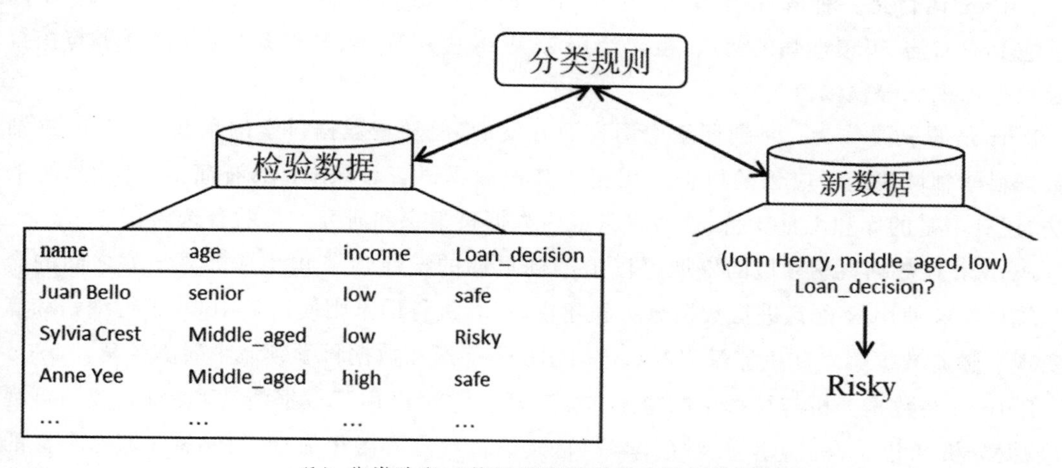

（b）分类阶段（使用模型预测给定数据的类标号）

图 1-4　贷款风险的分类预测

类。而分类是有指导的示例式学习，有预先定义的类。分类是训练样本包含有分类属性值，聚类则是在训练样本中找到这些分类属性值。两者之间的区别如表 1-4 所示。

表 1-4　聚类与分类的区别

	聚类	分类
监督（指导）与否	无指导学习（没有预先定义的类）	有指导学习（有预先定义的类）
是否建立模型或训练	否，旨在发现空间实体的属性间的函数关系	是，具有预测功能

例 1-4　分类与聚类的区别。扑克牌的划分与垃圾邮件的识别之间的差异。

扑克牌的划分属于聚类问题。在不同的扑克游戏中采用不同的划分方式，图 1-5 所示为十六张牌基于不同相似性度量（花色、点数或颜色）的划分结果。

垃圾邮件的识别属于分类问题，所有训练用邮件预先被定义好类标号信息，即训练集中

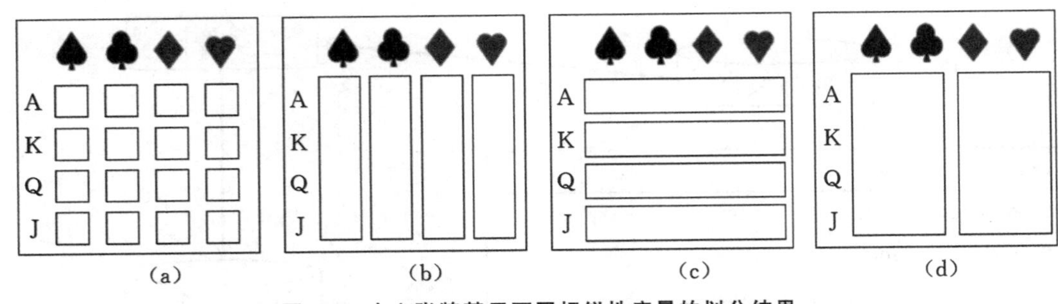

图 1-5　十六张牌基于不同相似性度量的划分结果

的每封邮件预先被标记为垃圾邮件或合法邮件，需要利用已有的训练邮件建立预测模型，然后利用预测模型对未来未知邮件进行预测。

1.4 Python 数据分析与挖掘简介

Python 语言是一种解释型、通用的高级编程语言，由 Guido van Rossum 在 1990 年开发。它具有简洁、可读性强的语法，被广泛用于 Web 应用程序、软件开发、数据分析与挖掘以及数据可视化等领域。

Python 最初是作为一种通用编程语言而开发的，但随着数据科学的兴起，Python 逐渐在数据科学领域找到了应用的机会。相比于其他编程语言，Python 具有简洁、易读易写的语法，还有丰富的库和工具支持，这使得它成为数据科学家和研究人员的首选语言之一。

Python 在数据科学领域的发展可以追溯到早期的统计学家和计算机科学家之间的合作。统计学家使用 R 语言进行数据分析和建模，计算机科学家则使用 Python 进行编程和算法实现。随着数据爆发和机器学习的兴起，Python 逐渐在数据科学领域中崭露头角。

Python 在数据分析与挖掘中的应用非常广泛。它可以用于数据清洗和处理、数据可视化、数据分析和建模、机器学习、深度学习、自然语言处理等各个方面。Python 拥有丰富的数据科学库，如 NumPy、Pandas、Matplotlib、Seaborn、scikit-learn、TensorFlow 等，这些库提供了强大的功能和工具，使得数据科学的开发更加高效和便捷。

1.4.1 Python 中常用的数据分析和挖掘方法

下面将对 Python 中常用的数据分析和挖掘方法进行简要介绍。

1. 数据获取和预处理

1）数据获取

数据获取是数据分析的第一步，Python 提供了许多工具用于获取数据。例如，可以使用 Pandas 库读取 CSV、Excel 等格式的数据，使用 SQLAlchemy 库从数据库中读取数据，使用 BeautifulSoup 和 Requests 库从网页中获取数据。

2）数据预处理

在获取数据后，通常需要进行数据预处理，包括数据清洗、缺失值处理、数据标准化等。在 Python 中，可以使用 NumPy、Pandas 等库进行数据预处理。例如，可以使用 Pandas 的

dropna()方法去除缺失值,使用 StandardScaler 类进行数据标准化。

2. 数据分析与挖掘方法

1) 描述性统计

描述性统计是对数据进行概括性描述,例如均值、方差、标准差等。在 Python 中,可以使用 Pandas 库的 describe()方法进行描述性统计。

2) 回归分析

回归分析是一种常用的数据分析方法,用于分析两个变量之间的关系。在 Python 中,可以使用 scikit-learn 库的 LinearRegression 类进行线性回归分析,使用 LogisticRegression 类进行逻辑回归分析。

3) 聚类分析

聚类分析是一种将数据分为多个组的方法,组内的数据相似度较高,组间的数据相似度较低。在 Python 中,可以使用 scikit-learn 库的 *k*-means 类进行聚类分析。

4) 关联规则挖掘

关联规则挖掘是一种用于挖掘数据中各变量之间关系的方法,例如购物篮分析中的商品之间的关联规则。在 Python 中,可以使用 mlxtend 库进行关联规则挖掘。

5) *k* 最近邻算法

k 最近邻算法是一种通过寻找与测试样本最相似的 *k* 个样本来构建分类和回归模型的方法。在 Python 中,可以使用 scikit-learn 库的 KNeighborsClassifier 和 KNeighbors Regressor 类进行 *k* 最近邻算法的分类和回归任务。

6) 决策树

决策树是一种常用的分类和回归方法,通过对数据的拆分和拟合来构建一棵决策树,用于预测新数据的分类或数值。在 Python 中,可以使用 scikit-learn 库的 DecisionTree Classifier 和 DecisionTreeRegressor 进行决策树分类和回归。

7) 神经网络

神经网络是一种模拟人脑神经元结构的方法,通过前向传播和反向传播来训练神经网络模型,用于分类和回归等任务。在 Python 中,可以使用 TensorFlow 或 PyTorch 库进行神经网络模型的构建和训练。

以上仅是 Python 中常用的部分数据分析和挖掘方法,实际应用中需要根据具体情况选择合适的工具和方法。

1.4.2 Python 中常用的数据挖掘相关包

1. NumPy

NumPy 是 Python 的一个科学计算库,它提供了高效的多维数组对象以及用于处理这些数组的工具。NumPy 的核心功能是多维数组对象(ndarray),它可以表示和操作多维数据,提供丰富的数组操作函数和方法,包括索引、切片、重塑、合并等。同时,NumPy 提供了数学函数(如加减乘除、平方根、指数函数、三角函数等)、统计学函数(如均值、方差、标准差)、线性代数运算的函数和方法(如矩阵乘法、矩阵求逆、特征值和特征向量计算)。

NumPy 包含各种随机数生成函数,可以生成服从不同分布的随机数,如均匀分布、正态分布、泊松分布。它的数组广播功能允许对不同形状的数组进行计算,无须显式地编写循环，简化了数组操作的代码，提高了计算效率。同时，NumPy 可以读写各种文件格式，包括文本文件、二进制文件和 CSV 文件，使数据的导入和导出变得非常方便。

NumPy 用于数据分析、科学计算、机器学习和数据挖掘等方面。它提供了高效的数组操作和数学计算功能，使用户能够更轻松地处理和分析数据，构建和训练模型，进行各种科学计算和统计分析。

2. Pandas

Pandas 是一个基于 NumPy 的 Python 数据分析库，提供了快速、灵活、明确的数据结构，旨在简单、直观地处理关系型、标记型数据。Pandas 提供了两种主要的数据结构：Series 和 DataFrame。Series 是一维数组，类似于 Python 中的列表或数组，但是可以存储不同类型的数据。DataFrame 是二维表格型数据结构，类似于 SQL 中的表格或 Excel 中的电子表格，可以存储多种类型的数据，并且可以进行各种数据操作和处理。

Pandas 可以用于数据清洗、数据处理、数据分析和数据可视化等方面。它提供了丰富的数据操作和处理函数，如数据筛选、数据排序、数据分组、数据聚合、数据合并等。Pandas 还可以与其他 Python 库和工具集成，如 NumPy、Matplotlib、scikit-learn 等，可以帮助用户更轻松地处理和分析数据，构建和训练模型，并进行数据可视化。

3. Matplotlib

Matplotlib 是一个 Python 的数据可视化工具，提供了丰富的数据绘图工具，主要用于绘制各种类型的图表和可视化图像，包括折线图、散点图、柱状图、直方图、饼图、箱形图等。Matplotlib 提供了丰富的绘图函数和方法，可以帮助用户创建各种类型的图表和可视化图像。Matplotlib 还可以设置图表的标题、坐标轴、标签、颜色、线型等属性，使图表更加美观和易于理解。

Matplotlib 强大和灵活的功能可以帮助用户轻松创建各种类型的图表和图像，并提供了大量的自定义选项和功能，使其在数据科学领域有广泛的应用，特别是在数据分析、科学计算、机器学习和数据挖掘等方面。它可以轻松地处理和分析数据，构建和训练模型，并进行数据可视化。Matplotlib 还可以与其他 Python 库和工具集成，如 NumPy、Pandas、scikit-learn 等，可以帮助用户更加高效地进行数据处理和分析。

4. scikit-learn

scikit-learn 又写作 sklearn，是一个用于机器学习的 Python 库，适用于各种机器学习任务，如分类、回归、聚类和降维。scikit-learn 的主要功能有：支持向量机（SVM）、决策树、随机森林、梯度提升、k 均值和 DBSCAN 等；数据预处理功能，包括特征缩放、特征选择、数据标准化、数据编码；模型评估和选择，包括交叉验证、网格搜索、模型比较，帮助用户评估和选择最佳的机器学习模型；特征工程，包括特征提取、特征转换、特征生成，帮助用户从原始数据中提取有用的特征，以提高机器学习模型的性能；模型导出和部署，可以将训练好的模型导出为可执行文件或 Web 服务，以便在生产环境中进行实时预测。

scikit-learn 在数据科学领域有广泛的应用，特别是在机器学习和数据挖掘方面，可以帮助用户构建和训练各种机器学习模型，并进行模型评估和选择。同时，scikit-learn 提供了数据预处理、特征工程和模型部署的功能，使得整个机器学习流程更加完整和高效。

5. Gensim

Gensim 是一个用于自然语言处理的 Python 库，主要用于语料库的语义建模。Gensim

的主要功能有：主题建模功能，可以帮助用户从大量文本中自动提取人们谈论的主题，用于文本分类、文本聚类、文本摘要等任务；词嵌入功能，可以将单词映射到低维向量空间中，以便进行文本相似性计算和文本分类等任务，帮助机器理解文本的含义和语义；文本相似性计算功能，可以帮助用户计算两个文本之间的相似性，以便进行文本分类和文本聚类等任务；增量在线训练算法，可以处理大量的互联网尺度的语料，而不需要把所有的训练语料一次加载到内存中。

Gensim 在自然语言处理领域有广泛的应用，特别是在主题建模、词嵌入、文本相似性计算和文本分类等方面。它可以帮助用户更轻松地处理和分析文本数据，并提供了丰富的自然语言处理功能和工具。

6. PyTorch

PyTorch 是一个开源的深度学习框架，使用动态图计算，可以帮助用户更容易地构建和调试深度学习模型，允许用户在运行时构建计算图，而不需要预先定义静态计算图。PyTorch 的主要功能有：支持 GPU 加速计算，可以帮助用户更快地训练深度学习模型，比 CPU 上执行相同的计算速度更快；自动微分，可以帮助用户计算梯度并优化深度学习模型，轻松地构建和训练深度学习模型；模型导出和部署，可以将训练好的模型导出为可执行文件或 Web 服务，以便在生产环境中进行实时预测。

PyTorch 在深度学习领域有广泛的应用，特别是在计算机视觉、自然语言处理、语音识别和推荐系统等方面。它可以帮助用户更轻松地构建和训练深度学习模型，并提供了丰富的深度学习功能和工具。

7. TensorFlow

TensorFlow 是一个端到端开源机器学习平台，用于构建和部署机器学习模型。TensorFlow 在机器学习和深度学习领域有广泛的应用，特别是在计算机视觉、自然语言处理、语音识别和推荐系统等方面。

TensorFlow 提供了丰富的工具和库，用于构建和训练各种类型的机器学习模型，包括神经网络、卷积神经网络、循环神经网络等。它支持多种编程语言，如 Python、C＋＋和 Java，使得开发者能够在自己熟悉的语言中使用该框架。TensorFlow 使用图计算模型，可以将计算任务分解为多个节点，并在多个设备上并行执行，以实现高性能的计算。它还支持 GPU 加速计算，可以利用 GPU 的并行计算能力加速模型训练和推理过程。TensorFlow 具有自动微分的功能，可以自动计算模型中各个参数的梯度，以便进行优化和训练，这使得开发者可以更轻松地定义和训练复杂的神经网络模型。

TensorFlow 提供了模型导出和部署的功能，可以将训练好的模型导出为可执行文件或在移动设备、服务器上进行部署，以便进行实时预测和推理。

8. Apache Spark

Apache Spark 是一个用于大数据处理的分布式开源处理系统，可以在云中针对不同的数据源在 Apache Hadoop、Apache Mesos、Kubernetes 上运行，也可以独立运行。

Apache Spark 可以处理大规模的数据，支持 SQL 查询、流数据、机器学习和图表数据处理等，使用内存中缓存和优化的查询执行方式，可针对任何规模的数据进行快速分析和查询。相比于 MapReduce，Apache Spark 更有速度优势，因为它的数据分布和并行处理是在内存中完成的，可以提供高速的计算能力。Apache Spark 支持多种编程语言，包括 Java、Scala、Python 和 R，支持多个工作负载，包括交互式查询、实时分析、机器学习和图形处理等，使一个应用程序可以无缝地与多个工作负载整合。

Spark 生态系统包括 Spark SQL、Spark MLlib、Spark GraphX、Spark Streaming 等库，可以帮助用户完成数据处理、机器学习和图形处理等任务，特别是在数据分析、机器学习、图形处理和实时分析等方面。它可以帮助用户更轻松地处理和分析大规模数据。

本章小结

所谓基于数据库的知识发现(KDD)，是指从大量数据中提取有效的、新颖的、潜在有用的、最终可被理解的模式的非平凡过程。数据挖掘是整个 KDD 过程中的重要步骤，它运用数据挖掘算法从数据库中提取用户感兴趣的知识，并以一定的方式表示出来。

本章介绍知识发现与数据挖掘的基本概念、涉及的数据对象。简要地介绍了一些数据挖掘方法，并罗列了一些应用实例，使读者对数据分析与挖掘领域有一个初步的了解。

在本章最后，简单地介绍了使用 Python 进行数据分析和挖掘常用的方法及相关的库，以便后续使用 Python 进行实际操作。

习题 1

1-1 什么是数据挖掘？什么是知识发现？

1-2 简述 KDD 的主要过程。

1-3 简述数据挖掘涉及的数据类型。

1-4 简述主要的数据挖掘方法。

1-5 简述分类与聚类的区别。

第2章

数据预处理

现实世界中的数据一般有噪声、数量庞大(通常数兆字节或更多)并且可能来自异种数据源。本章讨论一些与数据相关的问题,它们对于数据挖掘的成败至关重要。

(1) 数据类型。数据集的不同表现在多方面,例如,用来描述数据对象的属性可以具有不同的类型——定量的或定性的,并且数据集可能具有特定的性质,如某些数据集包含时间序列或彼此之间具有明显联系的对象。毫不奇怪,数据的类型决定我们应使用何种工具和技术来分析数据。此外,数据挖掘研究常常是为了适应新的应用领域和新的数据类型的需要而展开的。

(2) 数据的质量。数据通常并不完美。尽管大部分数据挖掘技术可以忍受某种程度的数据不完美,但是注重理解和提高数据质量将改进分析结果的质量。通常必须解决的数据质量问题包括存在噪声和离群点,数据遗漏、不一致或重复,数据有偏差或者不能代表它应该描述的现象或总体情况。

(3) 使数据适合挖掘的预处理步骤。通常,原始数据必须加以处理才能适合于分析。处理一方面是要提高数据的质量,另一方面是要让数据更好地适应特定的数据挖掘技术或工具。例如,可能需要将连续值属性(如长度)转换成具有离散的分类值的属性(如短、中、长),以便应用特定的技术。又如,数据集属性的数目常常需要减少,因为属性较少时许多技术用起来更加有效。数据预处理是数据挖掘过程的第一个主要步骤。

(4) 根据数据联系分析数据。数据分析的一种方法是找出数据对象之间的联系,之后使用这些联系而不是数据对象本身来进行其余的分析。例如,我们可以计算对象之间的相似度或距离,然后根据这种相似度或距离进行分析——聚类、分类或异常检测。诸如此类的相似性或距离度量很多,要根据数据的类型和特定的应用做出正确的选择。

2.1 数据概述

通常，数据集可以看作数据对象的集合。数据对象有时也叫作记录、点、向量、模式、事件、案例、样本、观测或实体。数据对象用一组刻画对象基本特性（如物体质量或事件发生时间）的属性描述。属性有时也叫作变量、特性、字段、特征或维。

例 2-1 通常，数据集是一个文件，其中对象是文件的记录（或行），而每个字段（或列）对应于一个属性。例如，表 2-1 显示包含学生信息的样本数据集，每行对应于一个学生，而每列是一个属性，描述学生的某一方面，如平均成绩（AVG）或标识号（ID）。

表 2-1 包含学生信息的样本数据集

学生 ID	年级	平均成绩(AVG)	…
1721212	二年级	88	…
1731263	三年级	78	…
1752321	五年级	85	…
…	…	…	…

基于记录的数据集在平展文件或关系数据库系统中是最常见的，但是还有其他类型的数据集和存储数据的系统。在 2.1.2 小节，将讨论数据挖掘经常遇到的其他类型的数据集。接下来先介绍属性。

2.1.1 属性与度量

本小节讨论使用何种类型的属性描述数据对象，来处理描述数据的问题。首先定义属性，考虑属性类型的含义，介绍经常遇到的属性类型，最后介绍中心趋势度量。

1. 什么是属性

定义 2.1 属性（attribute）是对象的性质或特性，它因对象而异，或随时间而变化。

例如，眼球颜色因人而异，而物体的温度随时间而变。注意：眼球颜色是一种符号属性，具有少量可能的值{棕色，黑色，蓝色，绿色，淡褐色……}，而温度是数值属性，可以取无穷多个值。

追根溯源，属性并非数字或符号。然而，为了讨论和精细地分析对象的特性，我们为它们赋予了数字或符号。为了用一种明确定义的方式做到这一点，需要测量标度。

定义 2.2 测量标度（measurement scale）是将数值或符号值与对象的属性相关联的规则（函数）。

形式上，测量过程是使用测量标度将一个值与一个特定对象的特定属性相关联。这看上去有点抽象，但是我们总在进行这样的测量过程。例如，踏上家里的电子秤称体重；将人分为男性和女性；清点会议室的椅子数目，确定是否能够为所有与会者提供足够的座位。在所有这些情况下，对象属性的“物理值”都被映射到数值或符号值。

接下来讨论属性类型，这对于确定特定的数据分析技术是否适用于某种具体的属性是一个重要的概念。

◀属性与度量

2. 属性类型

显而易见，属性的性质不必与用来度量它的值的性质相同。换句话说，用来代表属性的值可能具有不同于属性本身的性质，反之亦然。

例 2-2 与雇员有关的两个属性是年龄和 ID，这两个属性都可以用整数表示。然而，谈论雇员的平均年龄是有意义的，但是谈论雇员的平均 ID 毫无意义。我们希望 ID 属性所表达的唯一方面是它们互不相同，因此，对雇员 ID 的唯一合法操作就是判定它们是否相等。但在使用整数表示雇员 ID 时，并没有暗示有此限制。对于年龄属性而言，用来表示年龄的整数的性质与该属性的性质大同小异。尽管如此，这种对应仍不完备，例如，年龄有最大值，而整数没有。

属性的类型应该表明，属性的哪些性质反映在用于测量它的值中。属性的类型是重要的，因为它告诉我们测量值的哪些性质与属性的基本性质一致，从而使得我们可以避免诸如计算雇员的平均 ID 这样的愚蠢行为。注意，通常将属性的类型称作测量标度的类型。

3. 不同的属性类型

一种指定属性类型的有用（和简单）的办法是，确定对应于属性基本性质的数值的性质。例如，长度的属性可以有数值的许多性质。按照长度比较对象确定对象的排序，以及谈论长度的差和比例都是有意义的。数值的如下性质（操作）常常用来描述属性。

① 相异性：＝和≠。

② 序：＜、≤、＞和≥。

③ 加减法：＋和－。

④ 乘除法：* 和/。

给定这些性质，可以定义四种属性类型：标称（nominal）、序数（ordinal）、区间（interval）和比率（ratio）。表 2-2 给出了这些类型的定义，以及每种类型上有哪些合法的统计操作等信息，每种属性类型拥有其上方属性类型的所有性质和操作。因此，对于标称、序数和区间属性合法的任何性质或操作，对于比率属性也合法。换句话说，属性类型的定义是累积的。当然，对于某种属性类型合适的操作，对其上方的属性类型不一定合适。

表 2-2　不同的属性类型

属性类型		描述	例子	操作
分类的（定性的）	标称	其属性值只提供足够的信息以区分对象。这种属性值没有实际意义（＝和≠）	颜色、性别、产品编号、雇员 ID	众数、熵、列联相关
	序数	其属性值提供足够的信息以区分对象的序（＜、≤、＞和≥）	成绩等级（优、良、中、及格、不及格）、年级（一年级、二年级、三年级、四年级）	中值、百分位、秩相关、符号检验
数值的（定量的）	区间	其属性值之间的差是有意义的（＋和－）	日历日期、摄氏温度	均值、标准差、皮尔逊相关
	比率	其属性值之间的差和比率都是有意义的（* 和/）	长度、时间和速度、质量	几何平均、调和平均、百分比变差

标称和序数属性统称分类的(categorical)或定性的(qualitative)属性。顾名思义,定性属性(如雇员 ID)不具有数的大部分性质,即便使用数(即整数)表示,也应当像对待符号一样对待它们。其余两种类型的属性,即区间和比率属性,统称定量的(quantitative)或数值的(numeric)属性。定量属性用数表示,并且具有数的大部分性质。注意:定量属性可以是整数值或连续值。

4. 用值的个数描述属性

区分属性的一种独立方法是根据属性可能取值的个数来判断。

1) 离散的(discrete)

离散属性具有有限个值或无限可数个值。这样的属性可以是分类的,如邮政编码或 ID 号,也可以是数值的,如计数。通常,离散属性用整数变量表示。二元属性(binary attribute)是离散属性的一种特殊情况,并只接受两个值,如真/假、是/否、男/女或 0/1。通常,二元属性用布尔变量表示,或者用只取两个值(0 或 1)的整型变量表示。

2) 连续的(continuous)

连续属性是取实数值的属性,如温度、高度或重量等属性。通常,连续属性用浮点变量表示。实践中,实数值只能用有限的精度测量和表示。

从理论上讲,任何测量标度类型(标称的、序数的、区间的和比率的)都可以与基于属性值个数的任意类型(离散的和连续的)组合。然而,有些组合并不常出现,或者没有什么意义。例如,很难想象一个实际数据集包含连续的二元属性。通常,标称和序数属性是二元的或离散的,而区间和比率属性是连续的。然而,计数属性(count attribute)是离散的,也是比率属性。

5. 非对称的属性

对于非对称的属性(asymmetric attribute),出现非零属性值才是重要的。考虑这样一个数据集,其中每个对象是一个学生,而每个属性记录学生是否选修大学的某个课程。对于某个学生,如果他选修了对应于某属性的课程,则该属性取值 1,否则取值 0。由于学生只选修所有可选课程中的很小一部分,这种数据集的大部分值为 0。因此,关注非零值更有意义、更有效。否则,如果在学生们不选修的课程上做比较,则大部分学生都非常相似。只有非零值才重要的二元属性是非对称的二元属性,这类属性对于关联分析特别重要。关联分析将在第 4 章讨论。这类属性也可能有离散的或连续的非对称特征,例如,如果记录每门课程的学分,则结果数据集将包含非对称的离散属性或连续属性。

6. 属性中心趋势度量:均值、中位数、众数和中列数

假设有某个属性 X,如 salary,已经对一个数据对象集记录了它们的值。令 $X_1, X_2, \cdots, X_N$ 为 X 的 N 个观测值,在余下部分,这些值又称(X 的)“数据集”。如果标出 salary 的这些观测值,大部分值将落在何处?这反映数据的中心趋势的思想。中心趋势度量是度量数据分布的中部或中心位置,包括均值、中位数、众数和中列数。

1) 均值

数据集“中心”的最常用、最有效的数值度量是(算术)均值。令 $X_1, X_2, \cdots, X_N$ 为某数值属性 X(如 salary)的 N 个观测值,该值集合的均值(mean)为

$$\overline{X} = \frac{\sum_{i=1}^{N} X_i}{N} = \frac{X_1 + X_2 + \cdots + X_N}{N} \tag{2-1}$$

这对应于关系数据库系统提供的内置聚集函数 average(SQL 的 avg())。

例 2-3 假设有 salary 的如下值(以千美元为单位)按递增次序显示:30,31,47,50,52,52,56,60,63,70,70,110,使用公式(2-1),则有

$$\overline{X}=\frac{30+31+47+50+52+52+56+60+63+70+70+110}{12}=\frac{691}{12}=58$$

因此,salary 的均值为 58 000 美元。

有时,对于 $i=l,\cdots,N$,每个值 X_i 可以与一个权重 ω_i 相关联。权重反映它们所依附的对应值的意义、重要性或出现的频率。在这种情况下,可以计算:

$$\overline{X}=\frac{\sum_{i-1}^{N}\omega_i X_i}{\sum_{i=1}^{N}\omega_i} \tag{2-2}$$

这称作加权算术均值或加权平均。

尽管均值是描述数据集的最有用的单个量,但是它并非总是度量数据中心的最佳指标。主要问题是,均值对极端值(如离群点)很敏感。例如,公司的平均薪水可能被少数几个高收入的经理显著推高;类似地,一个班的考试平均成绩可能被少数很低的成绩拉低一些。为了抵消少数极端值的影响,可以使用截尾均值(trimmed mean)。截尾均值是丢弃高、低极端值后的均值。例如,可以对 salary 的观测值排序,并且在计算均值之前去掉高端和低端的 2%。应该避免在两端截去太多(如 20%),因为这可能导致丢失有价值的信息。

2) 中位数

对于倾斜(非对称)数据,数据中心的更好度量是中位数(median)。中位数是有序数据值的中间值,它是把数据较高的一半与较低的一半分开的值。

在概率论与统计学中,中位数一般用于数值数据。在这里,把这一概念推广到序数数据。假设给定某属性 X 的 N 个值按递增序排序。如果 N 是奇数,则中位数是该有序集的中间值;如果 N 是偶数,则中位数不唯一,它是最中间的两个值和它们之间的任意值。在 X 是数值属性的情况下,根据约定,中位数取最中间两个值的平均值。

例 2-4 找出例 2-3 中数据的中位数。该数据已经按递增序排序,有偶数个观测值(即 12 个观测值),因此中位数不唯一。它可以是最中间两个值 52 和 56(即列表中的第 6 和第 7 个值)中的任意值。根据约定,指定这两个最中间的值的平均值为中位数,即

$$\frac{52+56}{2}=\frac{108}{2}=54$$

于是,中位数为 54 000 美元。

假设只有该列表的前 11 个值,则中位数是最中间的值,即列表的第 6 个值,其值为 52 000 美元。

当观测的数量很大时,中位数的计算开销很大。然而,对于数值属性,可以很容易地计算出中位数的近似值。假定数据根据它们的 X_i 值划分成区间,并且已知每个区间的频率(即数据值的个数)。例如,可以根据年薪将人划分到诸如 10 000～20 000 美元、20 000～30 000 美元等区间,令包含中位数频率的区间为中位数区间。可以使用如下公式,用插值计算整个数据集的中位数的近似值(例如,薪水的中位数):

$$\text{median}=L_1+\left(\frac{\frac{N}{2}+(\sum \text{freq})_l}{\text{freq}_{\text{median}}}\right)\text{width} \tag{2-3}$$

其中，L_1 是中位数区间的下界，N 是整个数据集中值的个数，$(\sum \text{freq})_l$ 是低于中位数区间的所有区间的频率和，$\text{freq}_{\text{median}}$ 是中位数区间的频率，而 width 是中位数区间的宽度。

3）众数

众数是另一种中心趋势度量。数据集的众数（mode）是集合中出现最频繁的值，因此，可以对定性和定量属性确定众数。可能最高频率对应多个不同值，导致多个众数。具有一个、两个、三个众数的数据集合分别称为单峰的（unimodal）、双峰的（bimodal）和三峰的（trimodal）。一般地，具有两个或更多众数的数据集是多峰的（multimodal）。在另一种极端情况下，如果每个数据值仅出现一次，则它没有众数。

例 2-5 例 2-3 的数据是双峰的，两个众数为 52 000 美元和 70 000 美元。

对于适度倾斜（非对称）的单峰数值数据，有下面的经验关系：

$$\text{mean}-\text{mode}\approx 3\times(\text{mean}-\text{median}) \tag{2-4}$$

这意味着：如果均值和中位数已知，则适度倾斜的单峰频率曲线的众数容易近似计算。

4）中列数

中列数（midrange）也可以用来评估数值数据的中心趋势。中列数是数据集的最大值和最小值的平均值。中列数容易使用 SQL 的聚集函数 max()和 min()计算。

例 2-6 例 2-3 数据的中列数为(30 000+110 000)/2=70 000 美元。

在具有完全对称的数据分布的单峰频率曲线中，均值、中位数和众数都是相同的中心值，如图 2-1(a)所示。

在大部分实际应用中，数据都是不对称的。可能是正倾斜的，其中众数出现在小于中位数的值上，见图 2-1(b)；或者是负倾斜的，其中众数出现在大于中位数的值上，见图 2-1(c)。

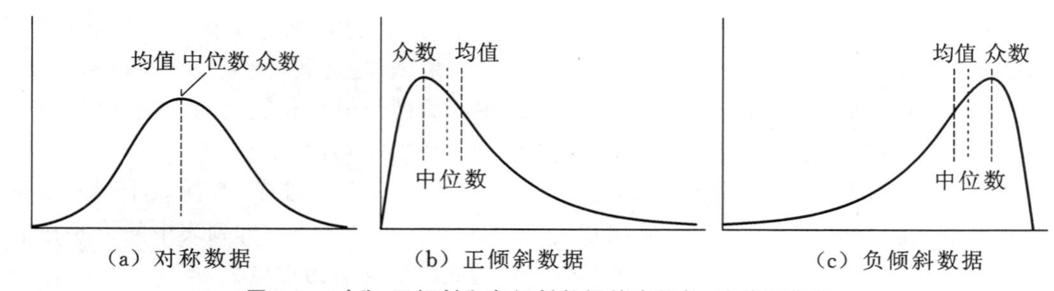

图 2-1 对称、正倾斜和负倾斜数据的中位数、均值和众数

2.1.2 数据集的类型

数据集的类型有多种，并且随着数据挖掘的发展与成熟，还会有更多类型的数据集用于分析。为方便起见，将数据集类型分成三组：记录数据、基于图形的数据和有序的数据。这些分类不能涵盖所有的可能性，肯定还存在其他的分组。

1. 数据集的一般特性

在提供特定类型数据集的细节之前，先讨论适用于许多数据集的三个特性，它们对数据挖掘技术具有重要影响，即维度、稀疏性和分辨率。

1）维度（dimensionality）

维度指数据集中的对象具有的属性个数总和。

◀**数据集的类型**

低维度数据往往与中、高维度数据有质的不同。分析高维数据有时会陷入所谓维灾难(curse of dimensionality)。正因为如此，数据预处理的一个重要动机就是减少维度，称为维归约(dimensionality reduction)。

2) 稀疏性(sparsity)

稀疏性指在某些数据集中，有意义的数据非常少，对象在大部分属性上的取值为0，非零项不到1%。

实际上，稀疏性是一个优点，因为只有非零值才需要存储和处理。这将节省大量的计算时间和存储空间。此外，有些数据挖掘算法仅适合处理稀疏数据。

3) 分辨率(resolution)

通常，可以在不同的分辨率下得到数据，而且不同分辨率下数据的性质不同。

例如，在几米的分辨率下，地球表面看上去很不平坦，但在数十公里的分辨率下却相对平坦。数据的模式也依赖于分辨率。如果分辨率太高，模式可能看不出，或者掩埋在噪声中；如果分辨率太低，模式可能不出现。例如，几小时记录一下气压变化可以反映出风暴等天气系统的移动；而在月的标度下，这些现象就检测不到。

2. 记录数据

许多数据挖掘任务都假定数据集是记录(数据对象)的汇集，每个记录包含固定的数据字段(属性)集，见图2-2(a)。对于记录数据的大部分基本形式，记录之间或数据字段之间没有明显的联系，并且每个记录(对象)具有相同的属性集。记录数据通常存放在平展文件或关系数据库中。关系数据库不仅仅是记录的汇集，它还包含更多的信息，但是数据挖掘一般并不使用关系数据库的这些信息。更确切地说，数据库是查找记录的方便场所。下面介绍不同类型的记录数据，并用图2-2加以说明。

事务数据或购物篮数据 事务数据(transaction data)是一种特殊类型的记录数据，其中每个记录(事务)涉及一系列的项。例如，顾客一次购物所购买的商品的集合就构成一个事务，而购买的商品是项。这种类型的数据称作购物篮数据(market basket data)，因为记录中的项是顾客"购物篮"中的商品。事务数据是项的集合的集族，但是也能将它视为记录的集合，其中记录的字段是非对称的属性。这些属性常常是二元的，指出商品是否已被购买。更一般地，这些属性还可以是离散的或连续的，例如表示购买的商品数量或购买商品的花费。图2-2(b)展示了一个事务数据集，每一行代表一位顾客在特定时间购买的商品。

数据矩阵 如果一个数据集族中的所有数据对象都具有相同的数值属性集，则数据对象可以看作多维空间中的点(向量)，其中每个维代表对象的一个不同属性。这样的数据对象集可以用一个$m \times n$的矩阵表示，其中m行，一个对象一行；n列，一个属性一列。也可以将数据对象用列表示，将属性用行表示。这种矩阵称作数据矩阵(data matrix)或模式矩阵(pattem matrix)。数据矩阵是记录数据的变体，但是，由于它由数值属性组成，可以使用标准的矩阵操作对数据进行变换和处理，因此，对于大部分统计数据，数据矩阵是一种标准的数据格式。图2-2(c)展示了一个样本数据矩阵。

稀疏数据矩阵 稀疏数据矩阵是数据矩阵的一种特殊情况，其中属性的类型相同并且是非对称的，即只有非零值才是重要的。事务数据是仅含0～1元素的稀疏数据矩阵的例子，另一个常见的例子是文档数据。特别地，如果忽略文档中词(术语)的次序，则文档可以用词向量表示，其中每个词是向量的一个分量(属性)，而每个分量的值是对应词在文档中出

Tid	有房者	婚姻状态	年收入	拖欠贷款
1	Yes	Single	125K	No
2	No	Married	100K	No
3	No	Single	70K	No
4	Yes	Married	120K	No
5	No	Divorced	95K	Yes
6	No	Married	60K	No
7	Yes	Divorced	220K	No
8	No	Single	85K	Yes
9	No	Married	75K	No
10	No	Single	90K	Yes

（a）记录数据

事务ID	商品的ID列表
T100	Bread, Milk, Beer
T200	Soda, Cup, Diaper
...	...

（b）事务数据

Projection of x Load	Projection of y load	Distance	Load	Thickness
10.23	5.27	15.22	2.7	1.2
12.65	6.25	16.22	2.2	1.1

（c）数据矩阵

	team	coach	play	ball	score	game	win	lost	timeout	season
Document 1	3	0	5	0	2	6	0	2	0	2
Document 2	0	7	0	2	1	0	0	3	0	0
Document 3	0	1	0	0	1	2	2	0	3	0

（d）文档-词矩阵

图 2-2　记录数据的不同变体

现的次数。文档集合的这种表示通常称作文档-词矩阵(document-term matrix)。图 2-2(d)显示了一个文档-词矩阵,文档是该矩阵的行,而词是矩阵的列。实践应用时,仅存放稀疏数据矩阵的非零项。

3. 基于图形的数据

有时,图形可以方便而有效地表示数据。需要考虑两种特殊情况:①图形捕获数据对象之间的联系;②数据对象本身用图形表示。

带有对象之间联系的数据　对象之间的联系常常携带重要信息。在这种情况下,数据常常用图形表示。一般把数据对象映射到图的结点,而对象之间的联系用对象之间的链和诸如方向、权值等链性质表示。例如万维网上的网页,页面上包含文本和指向其他页面的链接。为了处理搜索、查询,Web 搜索引擎搜集并处理网页,提取它们的内容。然而,众所周知,指向或出自每个页面的链接包含了大量该页面与查询相关程度的信息,因而必须予以考虑。图 2-3(a)显示了相互链接的网页集。

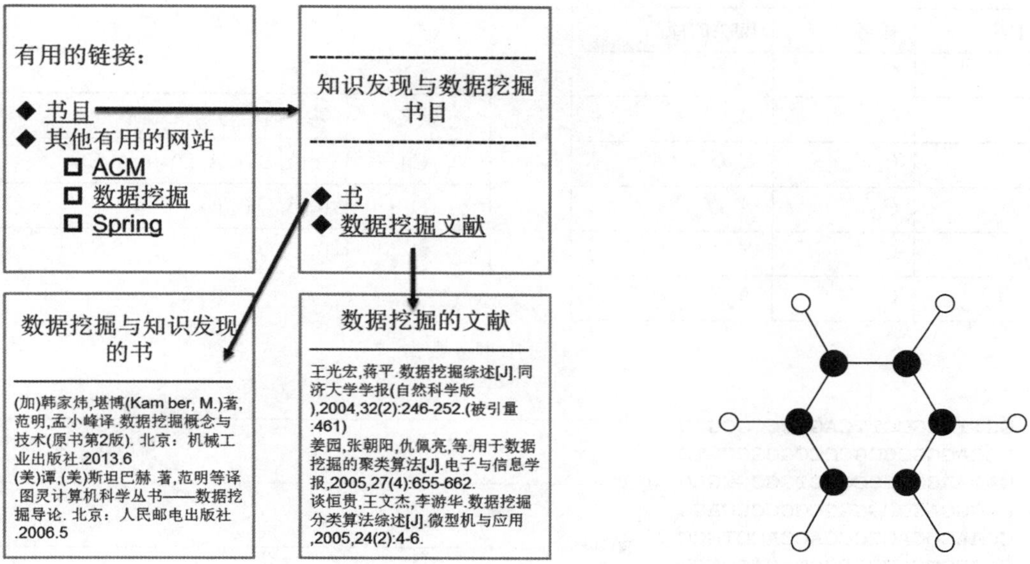

（a）相互链接的网页集　　　（b）苯分子

图 2-3　不同的图形数据

具有图形对象的数据　如果对象具有结构，即对象包含具有联系的子对象，则这样的对象常常用图形表示。例如，化合物的结构可以用图形表示，其中结点是原子，结点之间的链是化学键。图 2-3(b)为化合物苯的分子结构示意图，包含碳原子（黑色）和氢原子（灰色）。图形表示可以确定何种子结构频繁地出现在化合物的集合中，并且查明这些子结构中是否有某种子结构与诸如熔点或生成热等特定的化学性质有关。子结构挖掘是数据挖掘中分析这类数据的一个分支。

4. 有序数据

对于某些数据类型，属性具有涉及时间或空间序的联系。下面介绍各种类型的有序数据，并显示在图 2-4 中。

时序数据　时序数据（sequential data）也称时间数据（temporal data），可以看作记录数据的扩充，其中每个记录包含一个与之相关联的时间。例如，存储事务发生时间的零售事务数据，时间信息可以帮助我们发现“万圣节前夕糖果销售达到高峰”之类的模式。时间也可以与每个属性相关联，例如，每个记录可以是一位顾客的购物历史，包含不同时间购买的商品列表，使用这些信息，就有可能发现“购买 DVD 播放机的人趋向于在其后不久购买 DVD”之类的模式。

图 2-4(a)展示了一些时序事务数据，有 5 个不同的时间——t_1、t_2、t_3、t_4 和 t_5；3 位不同的顾客——C_1、C_2 和 C_3；5 种不同的商品——A、B、C、D 和 E。在图左边的表中，每行对应于一位顾客在特定的时间购买的商品，例如，在时间 t_3，顾客 C_1 购买了商品 A 和 D。图右边的表显示相同的信息，但每行对应于一位顾客，包含涉及该顾客的所有事务信息，其中每个事务包含一些商品和购买这些商品的时间，例如，顾客 C_3 在时间 t_2 购买了商品 C 和 D。

序列数据　序列数据（sequence data）是一个数据集合，它是各个实体的序列，如词或字母的序列。除没有时间戳之外，它与时序数据非常相似，只是有序序列考虑项的位置。例

时间	顾客	购买的商品
t_1	C_1	A, B
t_2	C_2	A, C
t_2	C_3	C, D
t_3	C_1	A, D
t_4	C_2	E
t_5	C_1	A, E

顾客	购买时间与购买商品
C_1	$(t_1{:}A, B)(t_3{:}A, D)\ (t_5{:}A, E)$
C_2	$(t_2{:}A, C)(t_4{:}E)$
C_3	$(t_2{:}C, D)$

(a) 时序事务数据

GGTTCCGCCTTCAGCCCCGCGCC
CGCAGGGCCCGCCCCGCGCCGTC
GAGAAGGGCCCGCCTGGCGGGCG
GGGGGAGGCGGGGCCGCCCGAGC
CCAACCGAGTCCGACCAGGTGCC
CCCTCTGCTCGGCCTAGACCTGA
GCTCATTAGGCGGCAGCGGACAG
GCCAAGTAGAACACGCGAAGCGC
TGGGCTGCCTGCTGCGACCAGGG

(b) 基因组序列数据

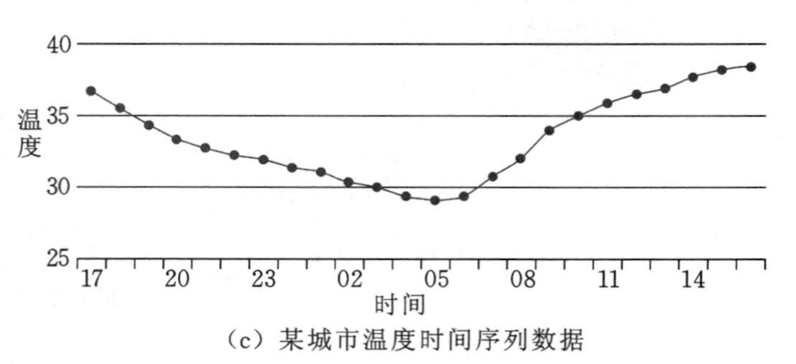

(c) 某城市温度时间序列数据

Jan

(d) 空间温度数据

图 2-4 不同的有序数据

如，动植物的遗传信息可以用称作基因的核苷酸的序列表示，与遗传序列数据有关的许多问题都涉及由核苷酸序列的相似性预测基因结构和功能的相似性。图 2-4(b)显示了用 4 种核苷酸表示的一段人类基因码，所有 DNA 都可以用 A、T、G 和 C 四种核苷酸构造。

时间序列数据 时间序列数据(time series data)是一种特殊的时序数据，其中每个记录都是一个时间序列(time series)，即一段时间以来的测量序列。例如，金融数据集可能包含各种股票每日价格的时间序列对象。又如，图 2-4(c)显示了某城市从前一天的 17 点到当天 16 点的近 24 小时温度时间序列。在分析时间数据时，重要的是要考虑时间自相关(temporal autocorrelation)，即如果两个测量的时间很接近，则这些测量的值通常非常相似。

空间数据 有些对象除了其他类型的属性之外，还具有空间属性，如位置或区域。空间数据的一个例子是从不同的地理位置收集的气象数据（降水量、气温、气压）。空间数据的一个重要特点是空间自相关性（spatial autocorrelation），即物理上靠近的对象趋向于在其他方面也相似。这样，地球上相互靠近的两个点通常具有相近的气温和降水量。

空间数据的重要例子是科学和工程数据集，其数据取自二维或三维网格上规则或不规则分布的点上的测量或模型输出。例如，地球科学数据集记录在各种分辨率（如每度）下经纬度球面网格点（网格单元）上测量的温度和气压（见图 2-4(d)）。又如，在瓦斯气流模拟中，可以针对模拟中的每个网格点记录流速和方向。

5. 处理非记录数据

大部分数据挖掘算法都是为记录数据或其变体（如事务数据和数据矩阵）设计的。通过从数据对象中提取特征，并使用这些特征创建对应于每个对象的记录，针对记录数据的技术也可以用于非记录数据。例如，对于前面介绍的化学结构数据，给定一个常见的子结构集合，每个化合物都可以用一个具有二元属性的记录表示，这些二元属性指出化合物是否包含特定的子结构。这样的表示实际上是事务数据集，其中事务是化合物，而项是子结构。

在某些情况下，容易用记录形式表示数据，但是这类表示并不能捕获数据中的所有信息。考虑这样的时间空间数据，它由空间网格每一点上的时间序列组成，通常，这种数据存放在数据矩阵中，其中每行代表一个位置，而每列代表一个特定的时间点。然而，这种表示并不能明确地表示属性之间存在的时间联系以及对象之间存在的空间联系，这并不是说这种表示不合适，而是分析时必须考虑这些联系。例如，在使用数据挖掘技术时，假定属性之间在统计上是相互独立的并不是一个好主意。

2.2 数据预处理

当今现实世界的数据库极易受噪声、缺失值和不一致数据的侵扰，因为数据库太大（常常多达数兆兆字节，甚至更多），并且多半来自多个异种数据源。低质量的数据将导致低质量的挖掘结果。那么，如何对数据进行预处理，提高数据质量，从而提高挖掘结果的质量？如何对数据进行预处理，使得挖掘过程更加有效、更加容易？

有大量数据预处理技术：数据清理可以用来清除数据中的噪声，纠正不一致；数据集成将数据由多个数据源合并成一个一致的数据存储，如数据仓库；数据归约可以通过如聚集、删除冗余特征或聚类来降低数据的规模；数据变换（如规范化）可以把数据压缩到较小的区间，如 0.0 到 1.0，这可以提高涉及距离度量的挖掘算法的准确率和效率。这些技术不是相互排斥的，可以一起使用。例如，数据清理可能涉及纠正错误数据的变换，如通过把一个数据字段的所有项都变换成公共格式进行数据清理。

在进行数据挖掘之前使用这些数据预处理技术，可以显著地提高挖掘模式的总体质量，减少实际挖掘所需要的时间。

2.2.1 数据预处理概述

1. 数据质量：为什么要进行数据预处理

数据如果能满足其应用要求，那么它是高质量的。数据质量涉及许多因素，包括准确性、完整性、一致性、时效性、可信性和可解释性。

想象你是AAA公司的经理，负责分析你的部门的销售数据。你立即着手进行这项工作，仔细地研究和审查公司的数据库和数据仓库，识别并选择应当包含在你的分析中的属性或维（如item、price和units_sold）。你注意到，许多元组在一些属性上没有值。对于你的分析，你希望知道每种商品是否做了降价销售广告，但是发现这些信息根本未被记录。此外，你的数据库系统用户已经报告某些事务记录中的一些错误、不寻常的值和不一致性。换言之，你希望使用数据挖掘技术分析的数据是不完整的（缺少属性值或某些感兴趣的属性，或仅包含聚集数据）、不正确的或含噪声的（包含错误或存在偏离期望的值），并且是不一致的（例如，用于商品分类的部门编码存在差异）。

这种情况提出了数据质量的三个要素：准确性、完整性和一致性。不正确、不完整和不一致的数据是现实世界的大型数据库和数据仓库的共同特点。不正确数据（即具有不正确的属性值）的产生可能有多种原因：收集数据的设备可能出现故障；在数据输入时可能发生人或计算机的错误；当用户不希望提交个人信息时，可能故意向强制输入字段输入不正确的值（如为生日选择默认值“1月1日”），这称为被掩盖的缺失数据。错误也可能在数据传输中出现，这可能是由于技术的限制，如用于数据转移和消耗的同步缓冲区大小的限制。不正确的数据也可能是由命名约定或所用的数据代码不一致，或输入字段（如日期）的格式不一致而导致的。重复元组也需要数据清理。

不完整数据的出现可能有多种原因。有些感兴趣的属性，如销售事务数据中顾客的信息，并非总是可以得到的。其他数据没有包含在内，可能只是因为输入时被认为是不重要的。相关数据没有记录可能是因为理解错误，或者因为设备故障。与其他记录不一致的数据可能已经被删除。此外，记录历史或修改的数据可能被忽略。缺失的数据，特别是某些元组属性上的缺失值，可能需要推导出来。

注意，数据质量依赖于数据的应用。对于给定的数据库，两个不同的用户可能有完全不同的评估。例如，市场分析人员可能访问上面提到的数据库，得到顾客地址的列表，有些地址已经过时或不正确，但毕竟还有80%的地址是正确的。市场分析人员考虑到对于目标市场营销而言，这是一个大型顾客数据库，因此对该数据库的准确性还算满意，尽管作为销售经理，你发现数据是不正确的。

时效性（timeliness）也影响数据的质量。假设你正在监控AAA公司的高端销售代理的月销售红利分布，然而，一些销售代理未能在月末及时提交他们的销售记录，月底之后还有大量更正与调整。那么，在下月的一段时间内，存放在数据库中的数据是不完整的，而一旦所有的数据被接收，它就是正确的。月底数据未能及时更新对数据质量具有负面影响。

影响数据质量的另外两个因素是可信性和可解释性。可信性（believability）反映有多少数据是用户信赖的，而可解释性（interpretability）反映数据是否容易理解。假设在某一时刻数据库有一些错误，之后都被更正，然而，过去的错误已经给销售部门的用户造成了问题，因此他们不再相信该数据。此外，数据还使用了许多会计编码，销售部门并不知道如何解释它们。即便该数据库现在是正确的、完整的、一致的、及时的，但是由于很差的可信性和可解释性，销售部门的用户仍然可能把它看成低质量的数据。

2. 数据预处理的主要任务

数据预处理的主要任务包括数据清理、数据集成、数据归约和数据变换、离散化和概念分层。

数据清理(data cleaning)通过填写缺失的值、平滑噪声数据、识别或删除离群点并解决不一致性来"清理"数据。如果用户认为数据是脏的,则他们可能不会相信这些数据上的挖掘结果。此外,脏数据可能使挖掘过程陷入混乱,导致不可靠的输出。尽管大部分挖掘例程都有一些过程用来处理不完整数据或噪声数据,但是它们并非总具有鲁棒性,相反,它们更致力于避免被建模的函数过分拟合数据。因此,一个有用的预处理步骤旨在使用数据清理例程处理数据。

回到在AAA公司的任务,假定你想在分析中使用来自多个数据源的数据,这涉及集成多个数据库、数据立方体或文件,即数据集成(data integration)。代表同一概念的属性在不同的数据库中可能具有不同的名字,导致不一致性和冗余。例如,关于顾客标识的属性在一个数据库中可能是customer_id,而在另一个数据库中为cust_id。命名的不一致还可能出现在属性值中。例如,同一个人的名字可能在第一个数据库中登记为"Bill",在第二个数据库中登记为"William",而在第三个数据库中登记为"B"。此外,你可能会觉察到,有些属性可能是由其他属性导出的(如年收入)。包含大量冗余数据可能降低知识发现过程的性能或使之陷入混乱。显然,除了数据清理之外,必须采取措施避免数据集成时的冗余。通常,在为数据仓库准备数据时,数据清理和集成将作为预处理步骤进行。还可以再次进行数据清理,检测和删去可能由集成导致的冗余。

随着更深入地考虑数据,你可能会问自己:"我为分析而选取的数据集是巨大的,这肯定会降低数据挖掘的速度。有什么办法能降低数据集的规模,而又不损害数据挖掘的结果吗?"数据归约(data reduction)可得到数据集的简化表示,且能够产生同样的(或几乎同样的)分析结果。数据归约策略包括维归约和数值归约。

在维归约中,使用数据编码方案,以便得到原始数据的简化或"压缩"表示,包括数据压缩技术(如小波变换和主成分分析),以及属性子集选择(如去掉不相关的属性)和属性构造(如从原来的属性集导出更有用的小属性集)。

在数值归约中,使用参数模型(如回归和对数线性模型)或非参数模型(如直方图、聚类、抽样或数据聚集),用较小的表示取代数据。

回到你的数据,假设你决定使用诸如神经网络、最近邻分类或聚类这样的基于距离的挖掘算法进行分析,如果待分析的数据已经规范化,即按比例映射到一个较小的区间(如[0.0,1.0]),则这些方法将得到更好的结果。例如,你的顾客数据包含年龄和年薪属性。年薪属性的取值范围可能比年龄大得多。这样,如果属性未规范化,则距离度量在年薪上所取的权重一般要超过距离度量在年龄上所取的权重。

离散化和概念分层产生也可能是有用的,即属性的原始值被区间或较高层的概念所取代。例如,年龄的原始值可以用较高层的概念(如青年、中年和老年)取代。

对于数据挖掘而言,离散化与概念分层产生是强有力的工具,因为它们使得数据的挖掘可以在多个抽象层上进行。规范化、离散化和概念分层产生都是某种形式的数据变换(data transformation)。数据变换操作是引导挖掘过程成功的附加的预处理过程。

图2-5概括了上面介绍的数据预处理步骤。注意,上面的分类不是互斥的,例如,冗余数据的删除既是一种数据清理形式,也是一种数据归约。

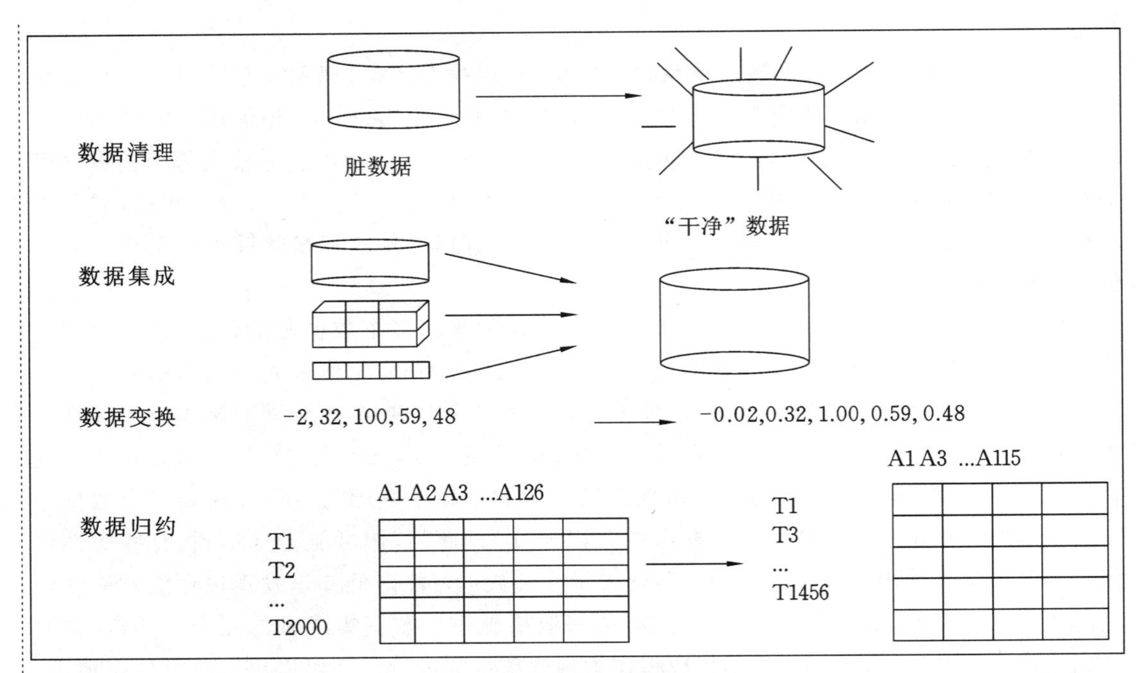

图 2-5 数据预处理的形式

总之,现实世界的数据一般是脏的、不完整的和不一致的。数据预处理技术可以改进数据的质量,从而有助于提高其后的挖掘过程的准确率和效率。由于高质量的决策必然依赖于高质量的数据,因此数据预处理是知识发现过程的重要步骤。检测数据异常,尽早地调整数据,并归约待分析的数据,将为决策带来高回报。

2.2.2 数据清理

现实世界的数据一般是不完整的、有噪声的和不一致的。数据清理例程试图填充缺失的值、平滑噪声并识别离群点、纠正数据中的不一致。本小节将研究数据清理的基本方法。

1. 缺失值

想象你需要分析 AAA 公司的销售和顾客数据,你注意到许多元组的一些属性(如顾客的 income)没有记录值。怎样才能为该属性填上缺失的值?看看下面的方法。

(1) 忽略元组:当缺少类标号时通常这样做(假定挖掘任务涉及分类)。除非元组有多个属性缺失值,否则该方法不是很有效。当每个属性缺失值的百分比变化很大时,该方法的性能特别差。采用忽略元组,你不能使用该元组的剩余属性值,而这些数据可能对手头的任务是有用的。

(2) 人工填写缺失值:一般来说,该方法很费时,并且当数据集很大、缺失很多值时,该方法可能行不通。

(3) 使用一个全局常量填充缺失值:将缺失的属性值用同一个常量(如“Unknown”或$-\infty$)替换。如果缺失的值都用“Unknown”替换,则挖掘程序可能误以为它们形成了一个有趣的概念,因为它们都具有相同的值——“Unknown”。因此,尽管该方法简单,但是并不十分可靠。

(4) 使用属性的中心度量(如均值或中位数)填充缺失值:对于正常的(对称的)数据分

◀ 数据清理

布而言，可以使用均值，而倾斜的数据分布应该使用中位数。例如，假定AAA公司的顾客收入的数据分布是对称的，并且平均收入为56 000美元，则使用该值替换income中的缺失值。

(5) 使用与给定元组属同一类的所有样本的属性均值或中位数。例如，如果将顾客按credit_risk分类，则用具有相同信用风险的顾客的平均收入替换income中的缺失值。如果给定类的数据分布是倾斜的，则中位数是更好的选择。

(6) 使用可能的值填充缺失值：可以用回归、使用贝叶斯形式化方法的基于推理的工具或决策树归纳确定。例如，利用数据集中其他顾客的属性，可以构造一棵决策树，来预测income的缺失值。

方法(3)～方法(6)使数据有偏，填入的值可能不正确。然而，方法(6)是最流行的策略。与其他方法相比，它使用已有数据的大部分信息来预测缺失值。在估计income的缺失值时，通过考虑其他属性的值，有更大的机会保持income和其他属性之间的联系。

要注意的是，在某些情况下，缺失值并不意味数据有错误。例如，在申请信用卡时，可能要求申请人提供驾驶执照号，而没有驾驶执照的申请者可能自然地不填写该字段，应当允许填表人使用诸如“不适用”等值填写表格。软件例程也可以用来发现其他空值(如“不知道”、“?”或“无”)。理想情况下，每个属性都应当有一个或多个关于空值条件的规则。这些规则可以说明是否允许空值，并且/或者说明这样的空值应当如何处理或转换。如果在业务处理的稍后步骤提供值，字段也可能故意留下空白。因此，在得到数据后，可以尽我们所能来清理数据，但好的数据库和数据输入设计将有助于在第一现场把缺失值或错误的数量降至最低。

2. 噪声

噪声(noise)是被测量的变量的随机误差或方差。噪声是测量误差的随机部分，包含错误或孤立点值。

导致噪声产生的原因有：数据收集的设备故障，数据录入过程中人的疏忽，数据传输过程中的错误，由命名规则或数据代码不同而引起的不一致。

目前噪声数据的平滑方法包括以下几种。

- 分箱：分箱方法通过考察“邻居”(即周围的值)来平滑有序数据的值。
- 聚类：聚类将类似的值组织成群或“簇”。
- 回归：用一个函数拟合数据来平滑数据。

1) 分箱(binning)

分箱方法通过考察数据的“近邻”(即周围的值)来平滑有序数据值，这些有序值被分布到一些“桶”或“箱”中。由于分箱方法考察近邻的值，因此它进行局部平滑。对一个数据集采用分箱技术，一般需要经过三个步骤：①对数据集的数据进行排序；②确定箱子个数k，选定数据分箱的方法并对数据集中的数据进行分箱；③选定处理箱子数据的方法，并对其重新赋值。

常用的分箱方法有等深分箱法、等宽分箱法、用户自定义区间法和最小熵分箱法四种。

假设箱子数为k，数据集共有$n(n\geqslant k)$个数据且按递增方式排序为$a_1,a_2,a_3,\cdots,a_n$，即$a_i\in[a_1,a_n]$。

① 等深分箱法。它把数据集中的数据按照排列顺序分配到k个箱子中。

• 当 k 整除 n 时，令 $p=n/k$，则每个箱子都有 p 个数据，即

第 1 个箱子的数据为 $a_1,a_2,\cdots,a_p$；

第 2 个箱子的数据为 $a_{p+1},a_{p+2},\cdots,a_{2p}$；

⋮

第 k 个箱子的数据为：$a_{n-p+1},a_{n-p+2},\cdots,a_n$。

• 当 k 不能整除 n 时，令 $p=\lfloor n/k \rfloor$，$q=n-k\times p$，则可让前面 q 个箱子有 $p+1$ 个数据，后面 $k-q$ 个箱子有 p 个数据，即

第 1 个箱子的数据为 $a_1,a_2,\cdots,a_{p+1}$；

第 2 个箱子的数据为 $a_{p+2},a_{p+3},\cdots,a_{2p+2}$；

⋮

第 k 个箱子的数据为 $a_{n-p+1},a_{n-p+2},\cdots,a_n$。

当然，也可以让前面 $k-q$ 个箱子有 p 个数据，后面 q 个箱子有 $p+1$ 个数据，或者随机选择 q 个箱子放 $p+1$ 个数据。

例 2-7 设数据集 $A=\{1,2,3,3,4,4,5,6,6,7,7,8,9,11\}$ 共 14 个数据，请用等深分箱法将其分放在 $k=4$ 个箱子中。

解：因为 $k=4,n=14$，所以 $p=\lfloor n/k \rfloor=\lfloor 14/4 \rfloor=3$，$q=14-4\times 3=2$。因此，前面两个箱子放 4 个数据，后面两个箱子放 3 个数据。数据集 A 已经排序，因此 4 个箱子的数据分别是：

箱 1：{1,2,3,3}　　箱 2：{4,4,5,6}

箱 3：{6,7,7}　　箱 4：{8,9,11}

② 等宽分箱法。把数据集最小值和最大值形成的区间分为 k 个长度相等、左闭右开的子区间（最后一个除外）$I_1,I_2,\cdots,I_k$。如果 $a_i\in I_j$，就把数据 a_i 放入第 j 个箱子。

例 2-8 设数据集 $A=\{1,2,3,3,4,4,5,6,6,7,7,8,9,11\}$ 共 14 个数据，请用等宽分箱法将其分放在 $k=4$ 个箱子中。

解：因为数据集最小值和最大值形成的区间为[1,11]，而 $k=4$，所以子区间的平均长度为 $(11-1)/4=2.5$，可得 4 个区间 $I_1=[1,3.5)$，$I_2=[3.5,6)$，$I_3=[6,8.5)$，$I_4=[8.5,11]$。

所以，按照等宽分箱法，所得的 4 个箱子的数据分别是：

箱 1：{1,2,3,3}　　箱 2：{4,4,5}

箱 3：{6,6,7,7,8}　　箱 4：{9,11}

③ 用户自定义区间法。当用户明确希望观察某些区间范围内的数据分布时，可以根据实际需要自定义区间，方便地帮助用户达到预期目的。

例 2-9 设数据集 $A=\{1,2,3,3,4,4,5,6,6,7,7,8,9,11\}$ 共 14 个数据，用户希望得到的 4 个数据子区间分别为 $I_1=[0,4)$，$I_2=[4,6)$，$I_3=[6,10)$，$I_4=[10,13]$，试求出每个箱子包含的数据。

解：按照自定义区间方法，4 个箱子的数据分别是：

箱 1：{1,2,3,3}　　箱 2：{4,4,5}

箱 3：{6,6,7,7,8,9}　　箱 4：{11}

当完成数据集的分箱工作之后，就要选择一种方法对每个箱子中的数据进行单独处理，并重新赋值，使得数据尽可能接近实际或用户认为合理的值，这一赋值过程称为数据平滑。

对数据集的数据进行平滑的方法主要有按平均值平滑、按边界值平滑和按中位数平滑三种。

① 按平均值平滑。对同一个箱子中的数据求平均值，并用这个平均值替代该箱子中的所有数据。

对于例2-9所得4个箱子中的数据，其平滑情况如下。

箱1:{1,2,3,3}的平滑结果为{2.25,2.25,2.25,2.25}。

箱2:{4,4,5}的平滑结果为{4.33,4.33,4.33}。

箱3:{6,6,7,7,8,9}的平滑结果为{7.17,7.17,7.17,7.17,7.17,7.17}。

箱4:{11}的平滑结果为{11}。

② 按边界值平滑。对同一个箱子中的每一个数据，观察它和箱子两个边界值（给定箱子中的最大值和最小值被视为箱子的边界）的距离，并用距离较小的那个边界值替代该数据。

对于例2-9所得4个箱子中的数据，其平滑情况如下。

箱1:{1,2,3,3}的平滑结果为{1,1,3,3}或者{1,3,3,3}，因为2到1和3的距离相同，所以可任选一个边界代替它，也可以规定这种情况以左端边界为准。

箱2:{4,4,5}的平滑结果为{4,4,5}。

箱3:{6,6,7,7,8,9}的平滑结果为{6,6,6,6,9,9}。

箱4:{11}的平滑结果为{11}。

③ 按中位数平滑。用箱子的中间值，即中位数来替代箱子中的所有数据。

对于例2-9所得4个箱子中的数据，其平滑情况如下。

箱1:{1,2,3,3}的平滑结果为{2.5,2.5,2.5,2.5}。

箱2:{4,4,5}的平滑结果为{4,4,4}。

箱3:{6,6,7,7,8,9}的平滑结果为{7,7,7,7,7,7}。

箱4:{11}的平滑结果为{11}。

分箱方法也常用于连续型数据集的离散化。

例2-10 连续型数据集的离散化。数据集 $A=\{1,2,3,3,4,4,5,6,6,7,7,8,9,11\}$ 共14个数据，请用等深分箱法将其离散化为 $k=4$ 个类型。

解:首先按等深分箱法将其分为4个箱子的数据，结果分别为：

箱1:{1,2,3,3}　　　箱2:{4,4,5,6}

箱3:{6,7,7}　　　箱4:{8,9,11}

因此，数据 A 离散化的结果为{1,1,1,1,2,2,2,2,3,3,3,4,4,4}，即用箱子的标号作为数据离散化后的所属类型。

此外，也可以用字母 a、b、c、d 代替箱子的标号，这样数据集 A 离散化的结果为 $\{a,a,a,a,b,b,b,b,c,c,c,d,d,d\}$。

2）回归(regression)

可以用一个函数拟合数据来平滑数据，这种技术称为回归。线性回归涉及找出拟合两个属性（或变量）的“最佳”直线，使得一个属性可以用来预测另一个。多元线性回归是线性回归的扩充，其中涉及的属性多于两个，并且数据拟合到一个多维曲面。回归将在后面进一步讨论。

3）离群点分析(outlier analysis)

可以通过聚类来检测离群点。聚类将类似的值组织成群或“簇”。直观地，落在簇集合之外的值被视为离群点，如图 2-6 所示。如果关注该对象，就将其称为孤立点，否则视为噪声。

许多数据平滑的方法也用于数据离散化（一种数据变换形式）和数据归约。例如，上面介绍的分箱技术减少了每个属性的不同值的数量。对于基于逻辑的数据挖掘方法（如决策树归纳），它反复地在排序后的数据上进行比较，这充当了一种形式的数据归约。概念分层是一种数据离散化形式，也可以用于数据平滑。例如，price 的概念分层可以把实际的 price 的值映射到便宜、适中和昂贵，从而减少了挖掘过程需要处理的值的数量。数据离散化将在 2.2.6 小节讨论。有些分类方法（如神经网络）有内置的数据平滑机制，分类是第 6 章的主题。

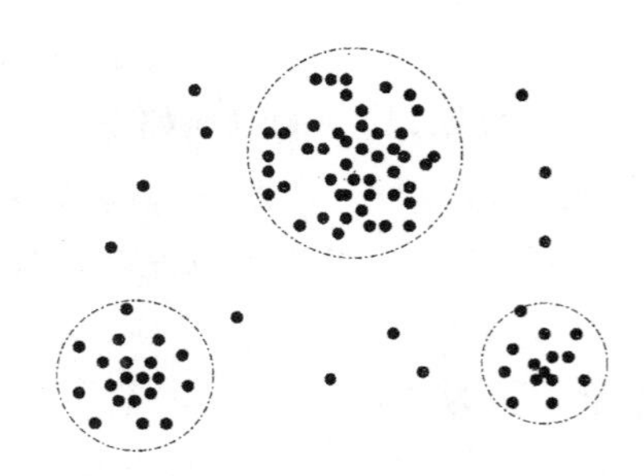

图 2-6　顾客在城市中的位置的 2-D 图，显示了 3 个数据簇

2.2.3　数据集成

数据挖掘经常需要数据集成——合并来自多个数据存储的数据。小心集成有助于减少结果数据集的冗余和不一致。这有助于提高其后挖掘过程的准确性和速度。

1. 实体识别问题

数据分析任务多半涉及数据集成。数据集成将多个数据源中的数据合并，存放在一个一致的数据存储中，如存放在数据仓库中。这些数据源可能包括多个数据库、数据立方体或一般文件。

在数据集成时，有许多问题需要考虑。模式集成和对象匹配可能需要技巧，来自多个信息源的现实世界的等价实体如何才能“匹配”？这涉及实体识别问题。例如，数据分析者或计算机如何才能确信一个数据库中的 customer_id 与另一个数据库中的 cust_number 指的是相同的属性？其实，每个属性的元数据包括名字、含义、数据类型和属性的允许取值范围，以及处理空白、零或 NULL 值的空值规则。这样的元数据可以用来帮助避免模式集成的错误。元数据还可以用来帮助变换数据，例如，pay_type 的数据编码在一个数据库中可以是“H”和“S”，而在另一个数据库中是 1 和 2。因此，这一步也与前面介绍的数据清理有关。

在集成期间，当一个数据库的属性与另一个数据库的属性匹配时，必须特别注意数据的结构。这旨在确保源系统中的函数依赖和参照约束与目标系统中的匹配。例如，在一个系统中，discount 可能用于订单，而在另一个系统中，它用于订单内的商品。如果在集成之前未发现，则目标系统中的商品可能被不正确地打折。

◀数据集成

2. 冗余和相关分析

冗余是数据集成的另一个重要问题。一个属性(如年收入)如果能由另一个或另一组属性"导出",则这个属性可能是冗余的。属性或维命名的不一致也可能导致结果数据集中的冗余。

有些冗余可以被相关分析检测到。给定两个属性,相关分析可以根据可用的数据,度量一个属性能在多大程度上蕴含另一个。对于标称数据,使用χ^2(卡方)检验。对于数值属性,使用相关系数(correlation coefficient)和协方差(covariance),它们都可以用来评估一个属性的值如何随另一个变化。

1) 标称数据的χ^2相关检验

对于标称数据,两个属性A和B之间的相关联系可以通过χ^2(卡方)检验发现。假设A有c个不同值$a_1,a_2,\cdots,a_c$,B有r个不同值$b_1,b_2,\cdots,b_r$。用A和B描述的数据元组可以用一个相依表显示,其中A的c个值构成列,B的r个值构成行。令(A_i,B_j)表示属性A取值a_i、属性B取值b_j的联合事件,即$(A=a_i,B=b_j)$。每个可能的(A_i,B_j)联合事件都在表中有自己的单元。χ^2值(又称 Pearson χ^2统计量)可以用下式计算:

$$\chi^2=\sum_{i=1}^{c}\sum_{j=1}^{r}\frac{(O_{ij}-e_{ij})^2}{e_{ij}} \tag{2-5}$$

其中,O_{ij}是联合事件(A_i,B_j)的观测频度(即实际计数),而e_{ij}是(A_i,B_j)的期望频度,可以用下式计算:

$$e_{ij}=\frac{\text{count}(A=a_i)\times\text{count}(B=b_j)}{n} \tag{2-6}$$

其中,n是数据元组的个数,$\text{count}(A=a_i)$是A上具有a_i值的元组个数,而$\text{count}(B=b_j)$是B上具有b_j值的元组个数。公式(2-5)中的和在所有$r\times c$个单元上计算。注意,对χ^2值贡献最大的单元是其实际计数与期望计数很不相同的单元。

χ^2统计检验假设A和B是独立的。检验基于显著水平,具有自由度$(r-1)\times(c-1)$。如果可以拒绝该假设,则可以说A和B是统计相关的。

例 2-11 使用χ^2的标称属性的相关分析。假设调查了1500个人,记录了每个人的性别。每个人对他们喜爱的阅读材料类型是否是小说进行投票。这样,有两个属性:gender 和 preferred_reading。gender 和 prcferred_reading 相关吗?每种可能的联合事件的观测频率(或计数)汇总在表2-3所显示的相依表中,其中括号中的数是期望频率。期望频率根据两个属性的数据分布,用公式(2-6)计算。

表 2-3 例 2-11 调查数据的 2×2 相依表

	男	女	合计
小说	250(90)	200(360)	450
非小说	50(210)	1000(840)	1050
合计	300	1200	1500

解:使用公式(2-6),可以验证每个单元的期望频率。例如,单元(男,小说)的期望频率为

$$e_{11}=\frac{\text{count(男)}\times\text{count(小说)}}{n}=\frac{300\times 450}{1500}=90$$

> **注意：**
> 在任意行，期望频率的和必须等于该行总观测频率，并且任意列的期望频率的和也必须等于该列的总观测频率。

使用计算 χ^2 的公式(2-5)，得到：

$$\chi^2 = \frac{(250-90)^2}{90} + \frac{(50-210)^2}{210} + \frac{(200-360)^2}{360} + \frac{(1000-840)^2}{840}$$

$$= 284.44 + 121.90 + 71.11 + 30.48 = 507.93$$

对于这个 2×2 的表，自由度为 $(2-1)(2-1)=1$。对于自由度 1，在 0.001 的置信水平下，拒绝假设的值是 10.828(取自 χ^2 分布上百分点表，通常可以在任意统计学教科书中找到)。由于计算的值大于该值，因此可以拒绝 gender 和 preferred_reading 独立的假设，并断言对于给定的人群，这两个属性是(强) 相关的。

2) *数值数据的相关系数*

对于数值数据，可以通过计算属性 A 和 B 的相关系数(又称 Pearson 积矩系数，Pearson product-moment coefficient) 来估计这两个属性的相关度 $r_{A,B}$。

$$r_{A,B} = \frac{\sum_{i=1}^{n}(a_i - \overline{A})(b_i - \overline{B})}{n\sigma_A\sigma_B} = \frac{\sum_{i=1}^{n}(a_i b_i) - n\overline{A}\,\overline{B}}{n\sigma_A\sigma_B} \tag{2-7}$$

其中，n 是元组的个数，a_i 和 b_i 分别是元组 i 在 A 和 B 上的值，$\overline{A}$ 和 $\overline{B}$ 分别是 A 和 B 的均值，σ_A 和 σ_B 分别是 A 和 B 的标准差，而 $\sum_{i=1}^{n}(a_i b_i)$ 是 AB 叉积(即对于每个元组，A 的值乘以该元组 B 的值) 的和。注意，$-1 \leqslant r_{A,B} \leqslant +1$。

如果 $r_{A,B}$ 大于 0，则 A 和 B 是正相关的，这意味着 A 值随 B 值的增加而增加。该值越大，相关性越强(即每个属性蕴含另一个的可能性越大)。因此，一个较高的 $r_{A,B}$ 值表明 A(或 B) 可以作为冗余而被删除。如果该结果值等于 0，则 A 和 B 是独立的，并且它们之间不存在相关性。如果该结果值小于 0，则 A 和 B 是负相关的，一个值随另一个的减少而增加。这意味着每一个属性都阻止另一个出现。

注意，相关性并不蕴含因果关系。也就是说，就算 A 和 B 是相关的，也并不意味着 A 导致 B 或 B 导致 A。

3) *数值数据的协方差*

在概率论与统计学中，协方差和方差是两个类似的度量，评估两个属性如何一起变化。考虑两个数值属性 A、B 和 n 次观测的集合 $\{(a_1,b_1),\cdots,(a_n,b_n)\}$。$A$ 和 B 的均值又分别称为 A 和 B 的期望值，即

$$E(A) = \overline{A} = \frac{\sum_{i=1}^{n} a_i}{n} \quad 且 \quad E(B) = \overline{B} = \frac{\sum_{i=1}^{n} b_i}{n}$$

A 和 B 的协方差(covariance) 定义为：

$$\mathrm{Cov}(A,B) = E((A-\overline{A})(B-\overline{B})) = \frac{\sum_{i=1}^{n}(a_i - \overline{A})(b_i - \overline{B})}{n} \tag{2-8}$$

如果把公式(2-7)与公式(2-8)相比较,则得到:

$$r_{A,B}=\frac{\mathrm{Cov}(A,B)}{\sigma_A\sigma_B} \tag{2-9}$$

其中,σ_A 和 σ_B 分别是 A 和 B 的标准差。由公式(2-9)可得 $\mathrm{Cov}(A,B)=r_{A,B}\times\sigma_A\sigma_B$,将公式(2-7)带入,可得

$$\mathrm{Cov}(A,B)=\frac{\sum_{i=1}^{n}(a_ib_i)-n\overline{A}\,\overline{B}}{n\sigma_A\sigma_B}\times\sigma_A\sigma_B=\frac{\sum_{i=1}^{n}(a_ib_i)}{n}-\overline{A}\,\overline{B}$$

其中,$\frac{\sum_{i=1}^{n}(a_ib_i)}{n}$ 可表示为 $E(A\cdot B)$,称作叉积均值,所以可得

$$\mathrm{Cov}(A,B)=E(A\cdot B)-\overline{A}\,\overline{B} \tag{2-10}$$

该式可以简化计算。

对于两个趋向于一起改变的属性 A 和 B,如果 A 大于 $\overline{A}$(A 的期望值),则 B 很可能大于 $\overline{B}$(B 的期望值)。因此,A 和 B 的协方差为正。另一方面,如果当一个属性小于它的期望值时,另一个属性趋向于大于它的期望值,则 A 和 B 的协方差为负。

如果 A 和 B 是独立的(即它们不具有相关性),则 $E(A\cdot B)=E(A)\cdot E(B)$。因此,协方差为 $\mathrm{Cov}(A,B)=E(A\cdot B)-\overline{A}\,\overline{B}=E(A)\cdot E(B)-\overline{A}\,\overline{B}=0$。然而,反过来则不成立。某些随机变量(属性)对可能具有协方差0,但不是独立的。仅在某种附加的假设下(如数据遵守多元正态分布),协方差0蕴含独立性。

例 2-12 数值属性的协方差分析。表2-4给出了在5个时间点观测到的AAA公司和HT公司的股票价格。如果股市受相同的产业趋势影响,它们的股价会一起涨跌吗?

表 2-4 AAA 公司和 HT 公司的股票价格 单位:美元

时间点	AAA 公司	HT 公司
T_1	6	20
T_2	5	10
T_3	4	14
T_4	3	5
T_5	2	5

解: $E(\text{AAA公司})=\frac{6+5+4+3+2}{5}$ 美元 $=\frac{20}{5}$ 美元 $=4$ 美元

而 $E(\text{HT公司})=\frac{20+10+14+5+5}{5}=\frac{54}{5}=10.80$ 美元

于是,使用公式(2-10),可得

$$\mathrm{Cov}(\text{AAA公司},\text{HT公司})=\frac{6\times20+5\times10+4\times14+3\times5+2\times5}{5}-4\times10.80$$
$$=50.2-43.2=7$$

由于协方差为正,因此可以说两个公司的股票同时上涨。

3. 元组重复

除了检测属性间的冗余外,还应当在元组级检测重复(例如,对于给定的唯一数据实体,存在两个或多个相同的元组)。去规范化表(denormalized table)的使用(这样做通常是通过避免连接来改善性能)是数据冗余的另一个来源。不一致通常出现在各种不同的副本之间,这是由于不正确的数据输入,或者由于更新了部分数据,但未更新所有数据。例如,如果订单数据库包含订货人的姓名和地址属性,而不是这些信息在订货人数据库中的码,则差异就可能出现,如同一订货人的名字可能以不同的地址出现在订单数据库中。

4. 数据值冲突的检测与处理

数据集成还涉及数据值冲突的检测与处理。例如,对于现实世界的同一实体,来自不同数据源的属性值可能不同。这可能是因为表示、尺度或编码不同。例如,重量属性可能在一个系统中以公制单位存放;而在另一个系统中以英制单位存放;对于连锁旅馆,不同城市的房价不仅可能涉及不同的货币,而且可能涉及不同的服务(如免费早餐)和税收。又如,不同学校交换信息时,每个学校都有自己的课程计划和评分方案。一所大学可能采取学季制,开设 3 门数据库系统课程,用 A^+ ～ F 评分;而另一所大学可能采用学期制,开设两门数据库课程,用 1 ～ 10 评分。很难在这两所大学之间制定精确的课程成绩变换规则,这使得信息交换非常困难。

属性也可能在不同的抽象层,在一个系统中记录的属性的抽象层可能比另一个系统中"相同的"属性低。例如,total_sales 在一个数据库中可能涉及 AAA 公司的一个分店,而另一个数据库中相同名字的属性可能表示一个给定地区的诸 AAA 公司分店的总销售量。

2.2.4 数据变换

数据变换是指将数据转换或统一成适合于挖掘的形式。数据变换可能涉及以下内容。

平滑:去除数据中的噪声数据。这种技术包括分箱、回归、聚类。

聚集:对数据进行汇总或数据立方体的构建,例如,可以聚集日销售数据,计算月和年销售量等。通常,这一步用来为多粒度数据分析构造数据立方体。

数据概化:使用概念分层,用高层概念替换低层或"原始"数据。例如,分类的属性(如街道)可以概化为较高层的概念(如城市或国家);类似地,数值属性(如年龄)可以映射到较高层的概念(如青年、中年和老年)。

规范化:将数据按比例缩放,使之落入一个小的特定区间(消除量纲的影响),如规范化到 −1.0 ～ 1.0 或 0.0 ～ 1.0。

属性构造(或特征构造):通过现有属性构造新的属性,并添加到数据集中,以帮助挖掘过程。

平滑是一种数据清理形式,前面已经讲到,聚集和概化是一种数据归约形式,将在后面讨论,本小节仅讨论规范化和属性构造。

1. 规范化

通过将属性值按比例缩放,使之落入一个小的特定区间,如 0.0 ～ 1.0,对属性规范化。对于涉及神经网络或距离度量的分类算法(如最近邻分类)和聚类,规范化特别有用。如果使用神经网络后向传播算法进行分类挖掘(见第 6 章),对训练元组中每个属性的输入值进

◀ 数据变换

行规范化将有助于加快学习阶段的速度。对于基于距离的方法，规范化可以帮助防止具有较大初始值域的属性（如 income）与具有较小初始值域的属性（如二元属性）相比权重过大。有许多数据规范化的方法，这里将学习三种：最小 - 最大规范化、Z-score 规范化和小数定标规范化。

① 最小 - 最大规范化。

最小 - 最大规范化对原始数据进行线性变换。假设 $\min_A$ 和 $\max_A$ 分别为属性 A 的最小值和最大值，利用公式将 A 的值映射到区间[new_min_A，new_max_A]中的 v'。

$$v'=\frac{v-\min_A}{\max_A-\min_A}(\text{new\_}\max_A-\text{new\_}\min_A)+\text{new\_}\min_A \tag{2-11}$$

最小 - 最大规范化保持原始数据值之间的联系。如果今后的输入落在 A 的原始数据值域之外，该方法将面临“越界”错误。

例 2-13 假定属性 income 的最小值与最大值分别为 12 000 美元和 98 000 美元，想把 income 映射到区间[0.0，1.0]。根据最小 - 最大规范化，income 值 73 600 美元将变换为：

$$\frac{73\,600-12\,000}{98\,000-12\,000}\times(1.0-0)+0=0.716$$

② Z-score 规范化（或零均值规范化）。

属性 A 的值基于 A 的均值和标准差规范化。A 的值 v 规范化为 v'，即

$$v'=\frac{v-\overline{A}}{\sigma_A} \tag{2-12}$$

其中，$\overline{A}$ 为属性 A 的均值，σ_A 为标准差。当属性 A 的实际最大值和最小值未知，或某些“孤立点”的存在使得最小 - 最大规范化方法不是很实际时，该方法是有用的。

例 2-14 假定属性 income 的均值和标准差分别为 54 000 和 16 000，使用 Z-score 规范化，值 73 600 转换为(73 600 − 54 000)/16 000 = 1.225。

例 2-15 对于样本集 $A=\{1,2,4,5,7,8,9\}$，试用 Z-score 规范化方法对数据 7 进行规范化。

解：因为样本集有 7 个样本数据，其平均值：

$$\overline{A}=\frac{\sum_{i=1}^{7}x_i}{7}=5.14$$

样本的标准差：

$$\sigma_A=\sqrt{\frac{\sum_{i=1}^{7}(x_i-\overline{A})^2}{7-1}}=\sqrt{\frac{68.86}{6}}=3.39$$

对样本集中的数据 $v=7$ 进行 Z-score 规范化的结果是：

$$v'=\frac{v-\overline{A}}{\sigma_A}=\frac{7-5.14}{3.39}=0.55$$

③ 小数定标规范化。

小数定标规范化通过移动属性 A 的小数点位置进行规范化，此方法需要在属性取值区间已知的条件下使用。小数点的移动位数依赖于 A 的最大绝对值。A 的值 v 规范化为 v'，即

$$v' = \frac{v}{10^j} \tag{2-13}$$

其中，j 是使得 $\max(|v'|) < 1$ 的最小整数。

例 2-16 假定 a 的取值范围为 $-986 \sim 917$，则 A 的最大绝对值为 986。使用小数定标规范化，用 1000（即 $j=3$）除每个值，这样，-986 规范化为 -0.986，而 917 规范化为 0.917。

例 2-17 对于样本集 $A=\{11,22,44,55,66,77,88\}$，试用小数定标规范化方法对数据 88 进行规范化。

解：样本数据取值区间为[11,88]，最大绝对值为 88。

对于 A 中的任一个值 v，使 $\max\left(\left|\frac{v}{10^j}\right|\right)=\left|\frac{88}{10^j}\right|<1$ 成立的 j 为 2，因此，最大值 $v=88$ 规范化后的值为 $v'=0.88$。

2. 属性构造

属性构造指由一个或多个原始属性共同构造新的属性。有时，原始数据集的属性具有必要的信息，但其形式不适合数据挖掘算法。在这种情况下，一个或多个由原属性构造的新属性可能比原属性更有用。例如，我们可能希望根据属性 height（高度）和 width（宽度）添加属性 area（面积）。通过组合属性，属性构造可以发现关于数据属性间联系的缺失信息，这对知识发现是有用的。

例 2-18 考虑一个包含人工制品信息的历史数据集，该数据集包含每个人工制品的体积和质量，以及其他信息。为简单起见，假定这些人工制品使用少量材料（木材、陶土、铜、黄金）制造，并且我们希望根据制造材料对它们分类。在此情况下，由质量和体积属性构造的密度属性（即密度＝质量/体积）可以直接地产生准确的分类。

尽管有一些人试图通过考察已有属性的简单的数学组合来自动地进行属性构造，但是最常见的方法还是使用专家的意见构造属性。

2.2.5 数据归约

对海量数据进行复杂的数据分析和挖掘将需要很长时间，使得这种分析不现实或不可行。数据归约技术可以用来得到数据集的归约表示，它虽然很小，但仍大致保持原数据的完整性。这样，对归约后的数据集进行挖掘将更有效，并能产生相同（或几乎相同）的分析结果。

数据归约的策略如下。

① 数据立方体聚集：聚集操作用于数据立方体结构中的数据。

② 维归约：可以检测并删除不相关、弱相关或冗余的属性或维。

③ 数据压缩：使用编码机制减小数据集的规模。

④ 数值归约：用替代的、较小的数据表示替换或估计数据，如参数模型（只需要存放模型参数，而不是实际数据）或非参数方法（如聚类、抽样和使用直方图）。

⑤ 离散化与概念分层：属性的原始数据值用区间值或较高层的概念替换。数据离散化是一种数据归约形式，对于概念分层的自动产生是有用的。离散化和概念分层是数据挖掘强有力的工具，允许挖掘多个抽象层的数据。

用于数据归约的计算时间不应当超过或“抵消”对归约后的数据进行挖掘所节省的

◀ 数据归约

时间。

1. 数据立方体聚集

想象你已经为分析收集了数据，这些数据由 AAA 公司 1997—1999 年每季度的销售数据组成。然而，你感兴趣的是年销售额(每年的销售总和)，而不是每季度的销售总和。可以对这种数据进行聚集，使得结果数据汇总每年的销售额，而不是每季度的销售额。该聚集如图 2-7 所示。结果数据集小得多，并没有丢失分析任务所需的信息。

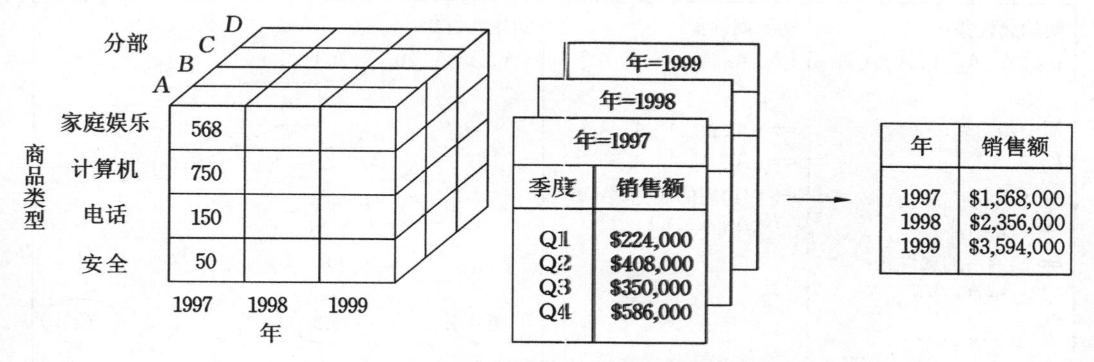

图 2-7　AAA 公司 1997—1999 年的销售数据

在图 2-7 中，最左边显示的销售数据给出了所有商品类型、所有部门的销售额，是明细数据。如果你感兴趣的是季度销售额，就可以对数据进行聚集，使得结果数据汇总每季度的销售额；又或者，你感兴趣的是年销售额(每年的销售总和)，而不是每季度的销售总和，又可以在前一次汇总的基础上对数据进行聚集，使得结果数据汇总每年的销售额。

在最低抽象层创建的立方体称为基本方体(base cuboid)。基本方体应当对应于感兴趣的个体实体，如 sales 或 customer。换言之，最低层应当是对分析可用的或有用的。最高层抽象的立方体称为顶点方体(apex cuboid)。对于图 2-7 的销售数据，顶点方体将给出一个汇总值——所有商品类型、所有分店三年的总销售额。对不同抽象层创建的数据立方体称为方体(cuboid)，因此数据立方体可以看作方体的格(lattice of cuboids)。每个较高层抽象将进一步减少结果数据的规模。当回答数据挖掘查询时，应当使用与给定任务相关的最小可用方体。

2. 维归约

用于分析的数据集可能包含数以百计的属性，其中大部分属性可能与挖掘任务不相关，或者是冗余的。例如，如果分析任务是按顾客听到广告后是否愿意在 AllElectronics 购买新的流行 CD 将顾客分类，与属性 age(年龄)和 music_ taste(音乐鉴赏力)不同，诸如顾客的电话号码等属性多半是不相关的。又如，学生的 ID 号码对于预测学生的总平均成绩是不相关的。不相关或冗余的属性增加了数据量，可能会减慢挖掘进程。

属性子集选择通过删除不相关或冗余的属性(或维)来减少数据量。属性子集选择的目标是找出最小属性集，使得数据类的概率分布尽可能地接近使用所有属性得到的原分布。它减少了出现在发现模式的属性数目，使得模式更易于理解。

如何找出原属性的一个“好的”子集？对于 n 个属性，有 2^n 个可能的子集，靠穷举搜索的方式来找出属性的最佳子集可能是不现实的，特别是当 n 和数据类的数目增加时。因此，对于属性子集选择，通常使用压缩搜索空间的启发式算法。通常，这些方法是贪心算法，在搜索属性空间时，总是做看上去当时最佳的选择，即局部最优选择，期望由此获得全局最优解。在实践中，这种贪心算法是有效的，并可以逼近最优解。

“最好的”（和“最差的”）属性通常使用统计显著性检验来确定，这种检验假定属性是相互独立的。也可以使用其他属性评估度量，如建立分类决策树使用的信息增益度量。

属性子集选择的基本启发式方法包括以下技术，如图 2-8 所示。

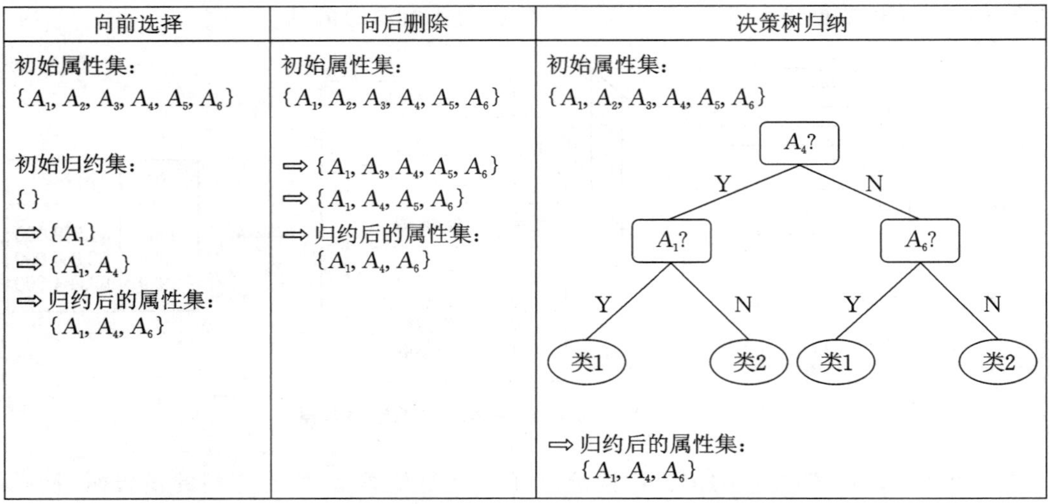

向前选择	向后删除	决策树归纳
初始属性集： $\{A_1, A_2, A_3, A_4, A_5, A_6\}$ 初始归约集： { } ⇨ $\{A_1\}$ ⇨ $\{A_1, A_4\}$ ⇨ 归约后的属性集： $\{A_1, A_4, A_6\}$	初始属性集： $\{A_1, A_2, A_3, A_4, A_5, A_6\}$ ⇨ $\{A_1, A_3, A_4, A_5, A_6\}$ ⇨ $\{A_1, A_4, A_5, A_6\}$ ⇨ 归约后的属性集： $\{A_1, A_4, A_6\}$	初始属性集： $\{A_1, A_2, A_3, A_4, A_5, A_6\}$ A_4? Y N A_1? A_6? Y N Y N 类1 类2 类1 类2 ⇨ 归约后的属性集： $\{A_1, A_4, A_6\}$

图 2-8　属性子集选择的方法

① 逐步向前选择：该过程由空属性集作为归约集开始，确定原属性集中最好的属性，并将它添加到归约集中。在其后的每一次迭代，将剩下的原属性集中的最好的属性添加到该集合中。

② 逐步向后删除：该过程由整个属性集开始。在每一步中，删除尚在属性集中最差的属性。

③ 向前选择和向后删除相结合：可以将逐步向前选择和逐步向后删除方法结合在一起，每一步选择一个最好的属性，并在剩余属性中删除一个最差的属性。

④ 决策树归纳：决策树算法（如 ID3、C4.5 和 CART）最初是用于分类的。决策树归纳构造一个类似于流程图的结构，其中每个内部（非树叶）节点表示一个属性上的测试，每个分支对应于测试的一个结果；每个外部（树叶）节点表示一个类预测。在每个节点上，算法选择“最好”的属性，将数据划分成类。当决策树归纳用于属性子集选择时，由给定的数据构造决策树。不出现在树中的所有属性假定是不相关的，出现在树中的属性形成归约后的属性子集。

3. 数据压缩

数据压缩就是使用数据编码或变换，以便得到原数据的归约或“压缩”表示。如果原数据可以由压缩数据重新构造而不丢失任何信息，则该数据压缩方法是无损的。如果只能重新构造原数据的近似表示，则该数据压缩方法是有损的。下面介绍一种流行、有效的有损数据压缩方法——主成分分析。

主成分分析（PCA）方法的核心思想是挖掘多个属性之间的相关关系，设法将原来众多的具有一定相关性的属性（比如 p 个属性）重新组合成一组无关的综合属性，从而代替原来的属性。通常，数学上的处理就是将原来的 p 个属性做线性组合，作为新的综合属性。

如图 2-9 所示，PCA 中的线性变换等价于坐标旋转，变换的目的是使得 n 个样本点在 y_1 轴方向上的离散程度最大，即 y_1 的方差达到最大。说明变量 y_1 代表了原始数据的绝大部分信息，即使忽略 y_2 也无损大局，从而把两个指标压缩成一个指标。正如二维椭圆有两个主轴，三维椭球有三个主轴一样，有几个变量，就有几个主成分。选择的主成分越少，降维效果就越好，选择标准就是这些被选的主成分所代表的主轴长度之和占主轴长度总和的大部分。

从几何上看，找主成分的问题，就是找出 P 维空间中椭球体的主轴问题。从数学上也可以证明，它们分别是相关矩阵的 m 个较大的特征值所对应的特征向量。

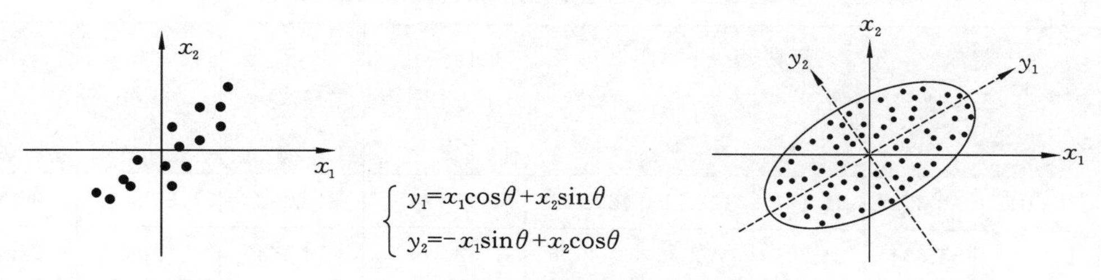

图 2-9 坐标旋转

主成分分析的计算步骤如下。

步骤 1 计算相关系数矩阵

$$\boldsymbol{R}=\begin{bmatrix} r_{11} & r_{12} & \cdots & r_{1p} \\ r_{21} & r_{22} & \cdots & r_{2p} \\ \vdots & \vdots & & \vdots \\ r_{p1} & r_{p2} & \cdots & r_{pp} \end{bmatrix}$$

其中，$r_{ij}(i,j=1,2,\cdots,p)$ 为原变量 x_i 与 x_j 的相关系数，$r_{ij}=r_{ji}$，其计算公式为：

$$r_{ij}=\frac{\sum_{k=1}^{n}(x_{ki}-\overline{x}_i)}{\sum_{k=1}^{n}(x_{ki}-\overline{x}_i)\sum_{k=1}^{n}(x_{kj}-\overline{x}_j)} \tag{2-14}$$

步骤 2 计算特征值与特征向量

① 解特征方程 $|\lambda I-R|=0$，常用雅可比法(Jacobi)求出特征值，并使其按大小顺序排列，即 $\lambda_1 \geqslant \lambda_2 \geqslant \cdots \geqslant \lambda_p \geqslant 0$。

② 分别求出对应于特征值 λ_i 的特征向量 $\boldsymbol{e}_i(i=1,2,\cdots,p)$，要求 $\|\boldsymbol{e}_i\|=1$，即 $\sum_{j=1}^{p}e_{ij}^2=1$，其中 e_{ij} 表示向量 $\boldsymbol{e}_i$ 的第 j 个分量。

③ 计算主成分贡献率及累计贡献率。

计算贡献率的公式如下：

$$f_i=\lambda_i/\sum_{i=1}^{p}\lambda_i \tag{2-15}$$

计算累计贡献率的公式如下：

$$\alpha_k=\sum_{i=1}^{k}f_i \tag{2-16}$$

一般取累计贡献率达 85% ~ 95% 的特征值 $\lambda_1, \lambda_2, \cdots, \lambda_n$ 所对应的第一、第二 …… 第 $m(m \leqslant p)$ 个主成分。

④ 计算主成分值。

前 k 个主成分值 $z = (Xe_1, Xe_2, \cdots, Xe_k) = (z_1, z_2, \cdots, z_k)$。

与通过保留原属性集的一个子集来减少属性集的大小不同,PCA 通过创建一个能替换的、较小的变量集"组合"属性的基本要素。原数据可以投影到该较小的集合中。PCA 常常能够揭示先前未被察觉的联系,并允许解释不寻常的结果。

例 2-19 对某农业生态经济系统进行主成分分析,样本数据如表 2-5 所示。

表 2-5 某农业生态经济系统样本数据

样本序号	x_1:人口密度/(人/km²)	x_2:人均耕地面积/ha	x_3:森林覆盖率/(%)	x_4:农民人均纯收入/元	x_5:人均粮食产量/kg	x_6:经济作物占农作物播面比例/(%)	x_7:耕地占土地面积比例/(%)	x_8:果园与林地面积比/(%)	x_9:灌溉田占耕地面积比例/(%)
1	363.912	0.352	16.101	192.11	295.34	26.724	18.492	2.231	26.262
2	141.503	1.684	24.301	1752.35	452.26	32.314	14.464	1.455	27.066
3	100.695	1.067	65.601	1181.54	270.12	18.266	0.162	7.474	12.489
4	143.739	1.336	33.205	1436.12	354.26	17.486	11.805	1.892	17.534
5	131.412	1.623	16.607	1405.09	586.59	40.683	14.401	0.303	22.932
6	68.337	2.032	76.204	1540.29	216.39	8.128	4.065	0.011	4.861
7	95.416	0.801	71.106	926.35	291.52	8.135	4.063	0.012	4.862
8	62.901	1.652	73.307	1501.24	225.25	18.352	2.645	0.034	3.201
9	86.624	0.841	68.904	897.36	196.37	16.861	5.176	0.055	6.167
10	91.394	0.812	66.502	911.24	226.51	18.279	5.643	0.076	4.477
11	76.912	0.858	50.302	103.52	217.09	19.793	4.881	0.001	6.165
12	51.274	1.041	64.609	968.33	181.38	4.005	4.066	0.015	5.402
13	68.831	0.836	62.804	957.14	194.04	9.11	4.484	0.002	5.79
14	77.301	0.623	60.102	824.37	188.09	19.409	5.721	5.055	8.413
15	76.948	1.022	68.001	1255.42	211.55	11.102	3.133	0.01	3.425
16	99.265	0.654	60.702	1251.03	220.91	4.383	4.615	0.011	5.593
17	118.505	0.661	63.304	1246.47	242.16	10.706	6.053	0.154	8.701
18	141.473	0.737	54.206	814.21	193.46	11.419	6.442	0.012	12.945
19	137.761	0.598	55.901	1124.05	228.44	9.521	7.881	0.069	12.654
20	117.612	1.245	54.503	805.67	175.23	18.106	5.789	0.048	8.461
21	122.781	0.731	49.102	1313.11	236.29	26.724	7.162	0.092	10.078

首先计算相关系数矩阵,结果如表 2-6 所示。

表 2-6　样本相关系数矩阵

	x_1	x_2	x_3	x_4	x_5	x_6	x_7	x_8	x_9
x_1	1	−0.327	−0.714	−0.336	0.309	0.408	0.79	0.156	0.744
x_2	−0.327	1	−0.035	0.644	0.42	0.255	0.009	−0.078	0.094
x_3	−0.714	−0.035	1	0.07	−0.74	−0.755	−0.93	−0.109	−0.924
x_4	−0.336	0.644	0.07	1	0.383	0.069	−0.046	−0.031	0.073
x_5	0.309	0.42	−0.74	0.383	1	0.734	0.672	0.098	0.747
x_6	0.408	0.255	−0.755	0.069	0.734	1	0.658	0.222	0.707
x_7	0.79	0.009	−0.93	−0.046	0.672	0.658	1	−0.03	0.89
x_8	0.156	−0.078	−0.109	−0.031	0.098	0.222	−0.03	1	0.29
x_9	0.744	0.094	−0.924	0.073	0.747	0.707	0.89	0.29	1

由相关系数矩阵计算特征值，以及各主成分的贡献率与累计贡献率，结果如表 2-7 所示。

表 2-7　主成分的贡献率与累计贡献率

主成分	特征值	贡献率/(%)	累积贡献率/(%)	主成分	特征值	贡献率/(%)	累积贡献率/(%)
z_1	4.661	51.791	51.791	z_6	0.193	2.14	97.876
z_2	2.089	23.216	75.007	z_7	0.114	1.271	99.147
z_3	1.043	11.589	86.596	z_8	0.0453	0.504	99.65
z_4	0.507	5.638	92.234	z_9	0.0315	0.35	100
z_5	0.315	3.502	95.736				

第一、第二、第三主成分的累计贡献率已高达 86.596%(大于 85%)，故只需要保留第一、第二、第三主成分 z_1、z_2、z_3 即可，结果如表 2-8 所示。

表 2-8　第一、第二、第三主成分

	z_1	z_2	z_3		z_1	z_2	z_3
x_1	0.739	−0.532	−0.0061	x_6	0.819	0.179	0.125
x_2	0.123	0.887	−0.0028	x_7	0.933	−0.133	−0.251
x_3	−0.964	0.0096	0.0095	x_8	0.197	−0.1	0.97
x_4	0.0042	0.868	0.0037	x_9	0.964	−0.0025	0.0092
x_5	0.813	0.444	−0.0011				

分析结果如下：

① 第一主成分 z_1 与 x_1、x_5、x_6、x_7、x_9 呈现出较强的正相关，与 x_3 呈现出较强的负相关，而这几个变量综合反映了生态经济结构状况，因此可以认为第一主成分 z_1 是生态经济结构的代表。

② 第二主成分 z_2 与 x_2、x_4、x_5呈现出较强的正相关，与 x_1 呈现出较强的负相关，其中，除了 x_1 为人口总数外，x_2、x_4、x_5都反映了人均占有资源量的情况，因此可以认为第二主成分 z_2 代表了人均资源量。

③ 第三主成分 z_3 与 x_8呈现出的正相关程度最高，其次是 x_6，而与 x_7呈负相关，因此可以认为第三主成分在一定程度上代表了农业经济结构。

4. 数值归约

我们能通过选择替代的、“较小的”数据表示形式来减少数据量吗？数值归约技术确实可以用于这一目的。这些技术可以是有参的，也可以是无参的。有参方法使用一个模型估计数据，只需要存放数据参数，而不是实际数据（离群点也可能被存放）。对数线性模型是一个例子，它估计离散的多维概率分布。存放数据归约表示的无参方法包括直方图、聚类和抽样。

接下来看看上面提到的每种数值归约技术。

1）回归和对数线性模型

回归和对数线性模型可以用来近似给定的数据。在（简单）线性回归中，对数据建模，使之拟合到一条直线。例如，可以用以下公式，将随机变量 y（称作响应变量）建模为另一随机变量 x（称为预测变量）的线性函数，即 $y=ax+b$。其中，a、b 称为回归系数，分别为直线的斜率和 Y 轴截距。参数估计的目标是最好地拟合给定的数据。绝大多数情况下，“最好地拟合”可由最小二乘法实现，它最小化分离数据的实际直线与估计直线之间的误差。给定 n 个样本或形如(x_1, y_1)，(x_2, y_2)，…，(x_n, y_n)的数据点，回归系数 a 和 b 的估计值可以用下面的公式计算：

$$a=\frac{\sum_{i=1}^{n}(x_i-\overline{X})(y_i-\overline{Y})}{\sum_{i=1}^{n}(x_i-\overline{X})^2} \tag{2-17}$$

$$b=\overline{Y}-a\overline{X} \tag{2-18}$$

这里，$\overline{X}$ 是 $x_1, x_2, \cdots, x_n$ 的平均值，$\overline{Y}$ 是 $y_1, y_2, \cdots, y_n$ 的平均值。

多元线性回归是（简单）线性回归的扩充，允许响应变量 y 建模为两个或多个预测变量的线性函数。

对数线性模型（log-linear model）近似离散的多维概率分布。给定 n 维（例如用 n 个属性描述）元组的集合，可以把每个元组看作 n 维空间的点。可以使用对数线性模型，基于维组合的一个较小子集，估计离散化的属性集的多维空间中每个点的概率。这使得高维数据空间可以由较低维空间构造。因此，对数线性模型也可以用于维归约（由于低维空间的点通常比原来的数据点占据较少的空间）和数据平滑（因为与较高维空间的估计相比，较低维空间的聚集估计较少受抽样方差的影响）。

回归和对数线性模型都可以用于稀疏数据，尽管它们的应用可能是受限制的。虽然两种方法都可以处理倾斜数据，但是回归的效果更好。当用于高维数据时，回归可能是计算密集的，而对数线性模型表现出很好的可伸缩性，可以扩展到 10 维左右。

例 2-20　简单线性回归。在图 2-10 给出的数据中：Y——diameter at breast height（DBH，（树干）胸高直径）；X——age（树龄）。

	0	1	2	3	4	5	6	7	8	9	10	11	12
Y	?	1.0	1.0	1.5	6.0	9.0	10.5	11	16.5	9.5	8.0	12.5	12.5
X	34	11	12	15	28	45	52	57	75	81	88	93	97

(a) 原数据

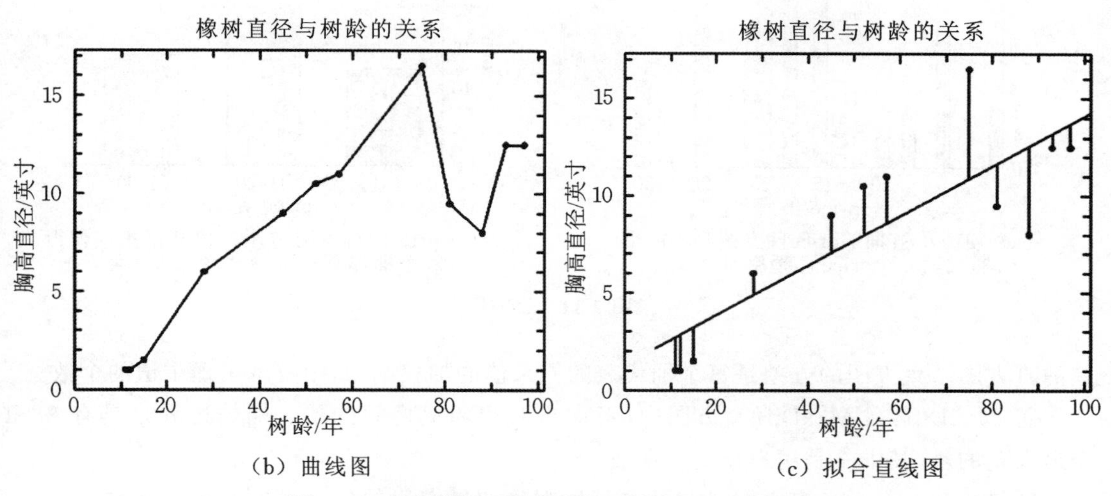

(b) 曲线图　　(c) 拟合直线图

图 2-10　简单线性回归原数据、曲线图、拟合直线图

给定 12 个样本或形如(x_1, y_1)，(x_2, y_2)，…的数据点，对于线性函数 $y=ax+b$，回归系数 a、b 的估计值可以用最小二乘法计算。

$\overline{X}=54.5$，$\overline{Y}=8.25$，由公式(2-17)计算得到 $a=0.128$，由公式(2-18)计算得到 $b=1.274$；所以线性函数 $y=0.128x+1.274$。由此函数可得，在图 2-10(a)中的第 0 个样本 y 的值为 5.626。

2）直方图

直方图使用分箱来近似数据分布，是一种流行的数据归约形式。

属性 A 的直方图将 A 的数据分布划分为不相交的子集或桶。如果每个桶只代表单个属性值/频率对，则该桶称为单值桶。通常，桶表示给定属性的一个连续区间。

例 2-21　以下数据是 AAA 公司通常销售的商品的单价列表(按美元四舍五入取整)。已对数据进行了排序：1，1，5，5，5，5，5，8，8，10，10，10，10，12，14，14，14，15，15，15，15，15，15，18，18，18，18，18，18，18，18，20，20，20，20，20，20，20，21，21，21，21，25，25，25，25，25，28，28，30，30，30。

图 2-11(a)中使用单值桶显示了这些数据的直方图，为进一步压缩数据，通常让一个桶代表给定属性的一个连续值域；在图 2-11(b)中，每个桶代表 price 的一个不同的 10 美元区间。

确定桶和属性值的一些划分规则如下。

① 等宽：在等宽直方图中，每个桶的宽度区间是一致的，如图 2-11(b)中，每个桶的宽度为 10 美元。

② 等频(或等深)：在等频直方图中创建桶，使得每个桶的频率粗略地为常数(即每个桶大致包含相同个数的邻近数据样本)。

③ V 最优：给定桶的个数，如果考虑所有可能的直方图，则 V 最优直方图是具有最小方

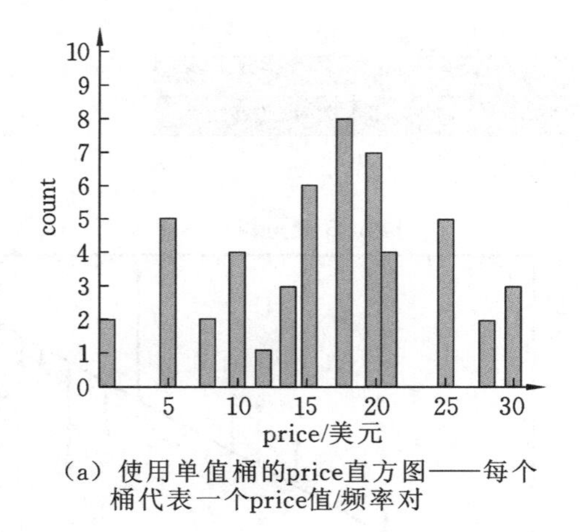

(a) 使用单值桶的price直方图——每个桶代表一个price值/频率对

(b) price的等宽直方图，值被聚集，使得每个桶都有一致的宽度（即10美元）

图 2-11　直方图

差的直方图。直方图的方差是每个桶代表的原来值的加权和，其中权等于桶中值的个数。

④ MaxDiff：在 MaxDiff 直方图中，考虑每对相邻值之间的差。桶的边界是具有 $\beta-1$ 个最大差的对，其中 β 是用户指定的桶数。

V 最优和 MaxDiff 直方图目前看来是最准确和最实用的。对于近似稀疏和稠密数据，以及高倾斜和均匀的数据，直方图是高度有效的。上面介绍的单属性直方图可以推广到多属性，多维直方图可以表现属性间的依赖。研究表明，这种直方图对于多达 5 个属性能够有效地近似表示数据。高维的多维直方图的有效性尚需进一步研究。对于存放具有高频率的离群点，单值桶是有用的。

3）聚类

聚类技术把数据元组看作对象。它将对象划分为群或簇，使得在一个簇中的对象相互“相似”，而与其他簇中的对象“相异”。通常，相似性基于距离函数，用对象在空间中的“接近”程度定义。簇的“质量”可以用直径表示，直径是簇中两个对象的最大距离。质心距离是簇质量的另一种度量，定义为簇中每个对象到簇质心（表示“平均对象”或簇空间中的平均点）的平均距离。图 2-6 为顾客在城市中位置的 2-D 图，其中 3 个数据簇是明显的。

在数据归约中，用数据的簇代表替换实际数据。该技术的有效性依赖于数据的性质。相对于被污染的数据，对于能够组织成不同的簇的数据，该技术有效得多。

有许多定义簇和簇质量的度量。聚类方法将在第 5 章进一步讨论。

4）抽样

抽样可以作为一种数据归约技术使用。统计学使用抽样是因为得到感兴趣的整个数据集的费用太高、太费时间。数据挖掘使用抽样也是因为处理所有数据的费用太高、太费时间。抽样允许用数据的小得多的随机样本（子集）表示大型数据集。假定大型数据集 D 包含 N 个元组，接下来看看可以用于数据归约的、最常用的对 D 的抽样方法，如图 2-12 所示。

① s 个样本的无放回简单随机抽样（SRSWOR）：从 D 的 N 个元组中抽取 s 个样本（$s<N$），其中 D 中任意元组被抽取的概率均为 $1/N$，即所有元组的抽取是等可能的。

② s 个样本的有放回简单随机抽样（SRSWR）：该方法类似于 SRSWOR，不同之处在于当一个元组从 D 中被抽取后，记录它，然后放回原处。也就是说，一个元组被抽取后，它又被放回 D，以便它可以被再次抽取。

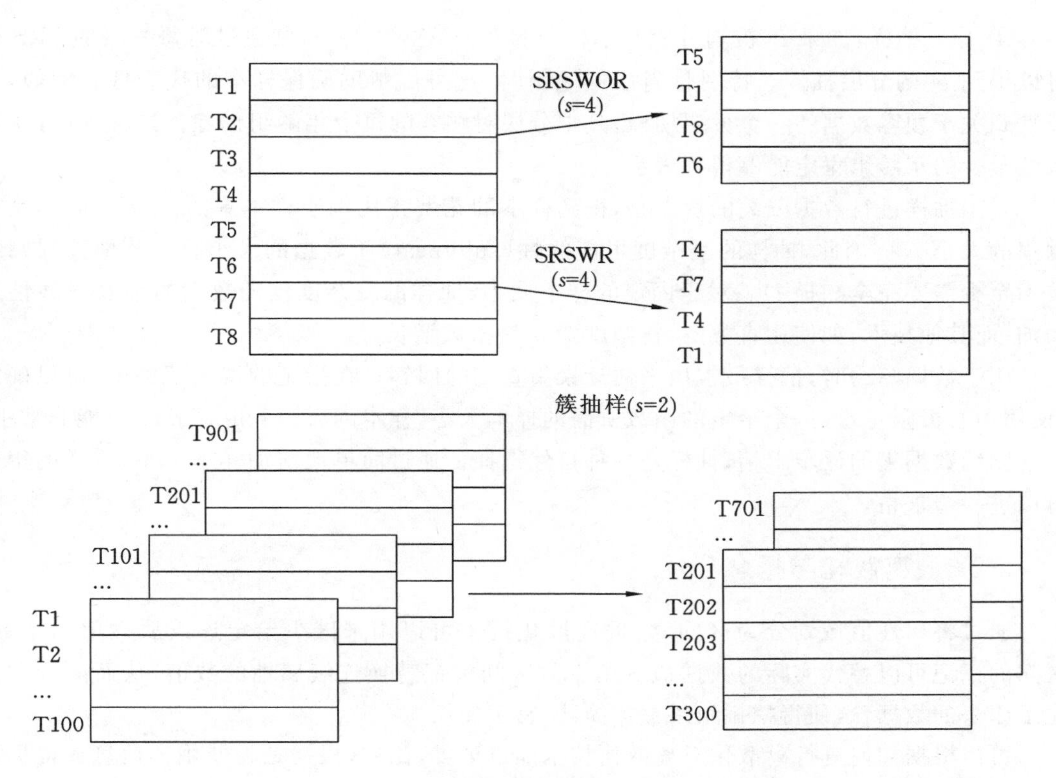

分层抽样(根据age)

T38	Youth
T256	Youth
T307	Youth
T391	Youth
T96	Middle_aged
T117	Middle_aged
T138	Middle_aged
T263	Middle_aged
T290	Middle_aged
T308	Middle_aged
T326	Middle_aged
T387	Middle_aged
T69	Senior
T284	Senior

T38	Youth
T391	Youth
T117	Middle_aged
T138	Middle_aged
T290	Middle_aged
T326	Middle_aged
T69	Senior

图 2-12　抽样可以用于数据归约

③ 簇抽样：如果 D 中的元组被分组，放入 M 个互不相交的“簇”，则可以得到 s 个簇的简单随机抽样(SRS)，其中 $s<M$。数据库中元组通常一次取一页，这样每页就可以视为一个簇，例如，可以将 SRSWOR 用于页，得到元组的簇样本，由此得到数据的归约表示。也可以利用其他携带更丰富语义信息的聚类标准，例如，在空间数据库中，可以基于不同区域位置的邻近程度定义簇。

④ 分层抽样：如果 D 被划分成互不相交的部分（称作"层"），则通过对每一层的 SRS 就可以得到 D 的分层抽样。特别是当数据倾斜时，这可以帮助确保样本的代表性。例如，可以得到关于顾客数据的一个分层抽样，其中分层对顾客的每个年龄组创建。这样，具有顾客人数最少的年龄组肯定能够得到表示。

采用抽样进行数据归约的优点是，得到样本的花费正比例于样本集的大小 s，而不是数据集的大小 N。因此，抽样的复杂度可能线性（sublinear）于数据的大小。而其他数据归约技术至少需要完全扫描 D。对于固定的样本大小，抽样的复杂度仅随数据的维数 n 线性地增加；而其他技术，如使用直方图，复杂度随 n 呈指数增长。

用于数据归约时，抽样最常用来估计聚集查询的回答。在指定的误差范围内，可以确定（使用中心极限定理）一个给定的函数所需的样本大小，样本的大小 s 相对于 N 可能非常小。对于归约数据集的逐步求精，抽样是一种自然选择。通过简单地增加样本大小，这样的集合可以进一步求精。

2.2.6 离散化与概念分层

通过将属性值域划分为区间，数据离散化技术可以用来减少给定连续属性值的个数。区间的标记可以替代实际的数据值。用少数区间标记替换连续属性的数值，从而减少和简化了原来的数据，这使得挖掘结果更加简洁、易于使用。

可以根据如何进行离散化对离散化技术加以分类，比如，根据是否使用类信息或根据进行方向（即自顶向下或自底向上）分类。如果离散化过程使用类信息，则称它为监督离散化（supervised discretization），否则是非监督的（unsupervised）。如果首先找出一点或几个点（称作分裂点或割点）来划分整个属性区间，然后在结果区间上递归地重复这一过程，则称为自顶向下离散化或分裂。自底向上离散化或合并正好相反，首先将所有的连续值看作可能的分裂点，通过合并相邻域的值形成区间，然后递归地应用这一过程于结果区间。可以对一个属性递归地进行离散化，产生属性值的分层或多分辨率划分，称作概念分层。概念分层对于多个抽象层的挖掘是有用的。

对于给定的数值属性，概念分层定义了该属性的一个离散化。通过收集较高层的概念（如青年、中年或老年）并用它们替换较低层的概念（如年龄的数值），概念分层可以用来归约数据。虽然一些细节在数据泛化过程中丢失了，但是泛化后的数据更有意义、更容易解释。这有助于通常需要的多种挖掘任务的数据挖掘结果的一致表示。此外，与对大型未泛化的数据集进行挖掘相比，对归约数据进行挖掘所需的 I/O 操作更少，并且更有效。正因为如此，离散化与概念分层作为预处理步骤，在数据挖掘之前而不是在挖掘过程中进行。图 2-13 为属性 price 的概念分层例子，其中区间（\$ X … \$ Y]表示从 \$ X（不包括）到 \$ Y（包括）的区间；图 2-14 为位置维的概念分层例子。对于同一个属性，可以定义多个概念分层，以适合不同用户的需要。

对于用户或领域专家，人工地定义概念分层是一项令人乏味、耗时的任务。然而，可以使用一些离散化方法来自动地产生或动态地提炼数值属性的概念分层。此外，许多分类属性的分层结构蕴含在数据库模式中，可以在模式定义级自动定义。

1. 数值数据的离散化和概念分层产生

对于数值属性来说，概念分层是困难的和令人乏味的，这是由于数据的可能取值范围的

◀ 离散化与概念分层

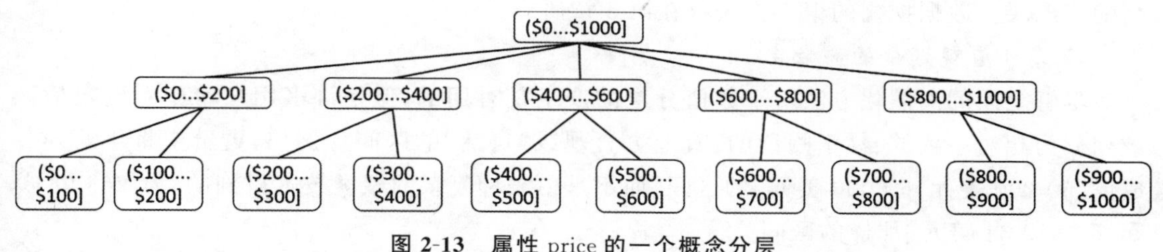

图 2-13 属性 price 的一个概念分层

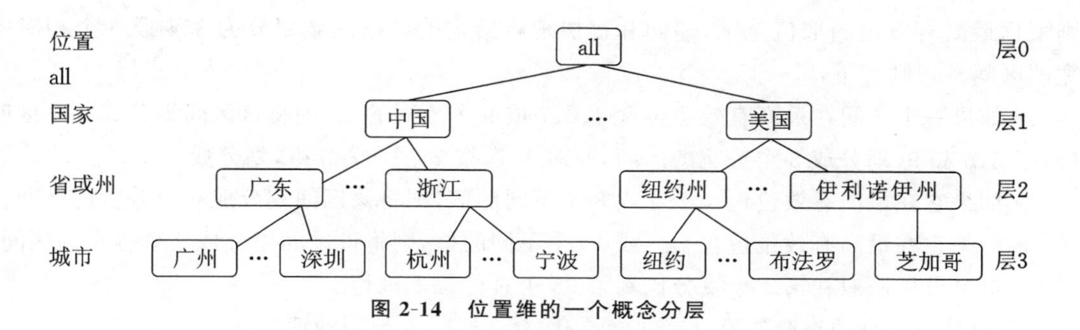

图 2-14 位置维的一个概念分层

多样性和数据值的更新频繁。这种人工说明还可能非常随意。

数值属性的概念分层可以根据数据离散化自动构造。下面考察如下方法:分箱、直方图分析、聚类分析和基于直观划分的离散化。一般,每种方法都假定待离散化的值已经按递增序排序。

1）分箱

分箱是一种基于箱的指定个数自顶向下的分裂技术。2.2.2 小节讨论了用于数据平滑的分箱方法,这些方法也可以用作数值归约和概念分层产生的离散化方法。例如,通过使用等宽或等频分箱,然后用箱均值或中位数替换箱中的每个值,可以将属性值离散化。这些技术可以递归地作用于结果划分,产生概念分层。分箱并不使用类信息,因此是一种非监督的离散化技术。它对用户指定的箱个数很敏感,也容易受离群点的影响。

2）直方图分析

像分箱一样,直方图分析也是一种非监督的离散化技术,因为它也不使用类信息。直方图将属性 A 的值划分成不相交的区间,称作桶。例如,在等宽直方图中,将值划分成相等的划分或区间(如图 2-11(b)中,每个桶的宽度为 10 美元)。使用等频直方图,理想的分割值使得每个划分包括相同个数的数据元组。直方图分析算法可以递归地用于每个划分,自动地产生多级概念分层,直到达到预先设定的概念层数,过程终止。也可以对每一层使用最小区间长度来控制递归过程。最小区间长度设定每层每个划分的最小宽度,或每层每个划分中值的最少数目。直方图也可以根据数据分布的聚类分析进行划分。

3）聚类分析

聚类分析是一种流行的数据离散化方法。通过将属性 A 的值划分成簇或组,聚类算法可以用来离散化数值属性 A。聚类考虑 A 的分布以及数据点的邻近性,因此,可以产生高质量的离散化结果。遵循自顶向下的划分策略或自底向上的合并策略,聚类可以用来产生 A 的概念分层,其中每个簇形成概念分层的一个节点。在前者,每一个初始簇或划分可以进一步分解成若干子簇,形成较低的概念层。在后者,通过反复地对邻近簇进行分组,形成较高的概念层。数据挖掘的聚类方法将在第 5 章研究。

4）基于直观划分的离散化

尽管上面的离散化方法对于数值分层的产生是有用的，但是许多用户希望看到数值区域划分为相对一致的、易于阅读的、看上去直观或“自然”的区间。例如，更希望将年薪划分成像(50 000 美元，60 000 美元]的区间，而不是由某种复杂的聚类技术得到的(51 263.98 美元，60 872.34 美元]那样的区间。

3—4—5 规则可以用来将数值数据分割成相对一致、看上去“自然”的区间。一般，该规则根据最高有效位的取值范围，递归和逐层地将给定的数据区域划分为 3、4 或 5 个相对等宽的区间。规则如下：

- 如果一个区间在最高有效位包含 3、6、7 或 9 个不同的值，则将该区间划分成 3 个区间(对于 3、6 和 9，划分成 3 个等宽的区间，而对于 7，按 2—3—2 分组，划分成 3 个区间)。
- 如果它在最高有效位包含 2、4 或 8 个不同的值，则将该区间划分成 4 个等宽的区间。
- 如果它在最高有效位包含 1、5 或 10 个不同的值，则将该区间划分成 5 个等宽的区间。
- 最高分层一般在第 5 个百分位到第 95 个百分位上进行。

下面是一个自动构造数值分层的例子，解释 3—4—5 规则的使用。

例 2-22 假定 AAA 公司不同分店 2004 年的利润覆盖了一个很宽的区间：－351 976.00～4 700 896.50美元。用户希望自动地产生利润的概念分层。为了改进可读性，使用记号(1…r]表示区间(1，r]，例如，(－1 000 000 美元…0 美元]表示由－1 000 000 美元(开的)到 0 美元(闭的)的区间。

假定数据的第 5 个百分位数和第 95 个百分位数在－159 876 美元和 1 838 761 美元之间，使用 3—4—5 规则的结果如图 2-15 所示。

① 根据以上信息，最小值和最大值分别为 MIN＝－＄351 976.00 美元和 MAX＝＄4 700 896.50美元。对于分段的顶层或第一层，要考虑的最低(第 5 个百分位数)和最高(第 95 个百分位数)的值是：LOW＝－＄159 876 美元，HIGH＝＄1 838 761 美元。

② 给定 LOW 和 HIGH，最高有效位在 100 万数字位(即 msd＝1 000 000)。LOW 向下对 100 万数字位取整，得到 LOW′＝－＄1 000 000 美元；HIGH 向上对 100 万数字位取整，得到 HIGH′＝＋＄2 000 000 美元。

③ 由于该区间在最高有效位上跨越了 3 个值，即(2 000 000 －(－1 000 000))/1 000 000＝3，根据 3－4－5 规则，该区间被划分成 3 个等宽的区间：(－＄1 000 000…＄0]，(＄0…＄1 000 000]和(＄1 000 000…＄2 000 000]。这代表分层结构的最顶层。

④ 考察 MIN 和 MAX，看它们“适合”在第一层划分的什么地方。由于第一个区间(－＄1 000 000…＄0]覆盖了 MIN 值(即 LOW′＜MIN)，可以调整该区间的左边界，使区间更小一点。MIN 的最高有效位在 10 万数字位。MIN 向下对 10 万数字位取整，得到 MIN′＝－＄400 000。因此，第一个区间被重新定义为(－＄400 000…＄0]。

由于最后一个区间(＄1 000 000…＄2 000 000]不包含 MAX 值，即 MAX＞HIGH′，需要创建一个新的区间来覆盖它。MAX 向上对最高有效位取整，新的区间为(＄2 000 000…＄5 000 000]。因此，分层结构的最顶层包含 4 个区间：(－＄400 000…＄0]，(＄0…＄1 000 000]，(＄1 000 000…＄2 000 000]和(＄2 000 000…＄5 000 000]。

⑤ 递归地，每一个区间可以根据 3－4－5 规则进一步划分，形成分层结构的下一个较

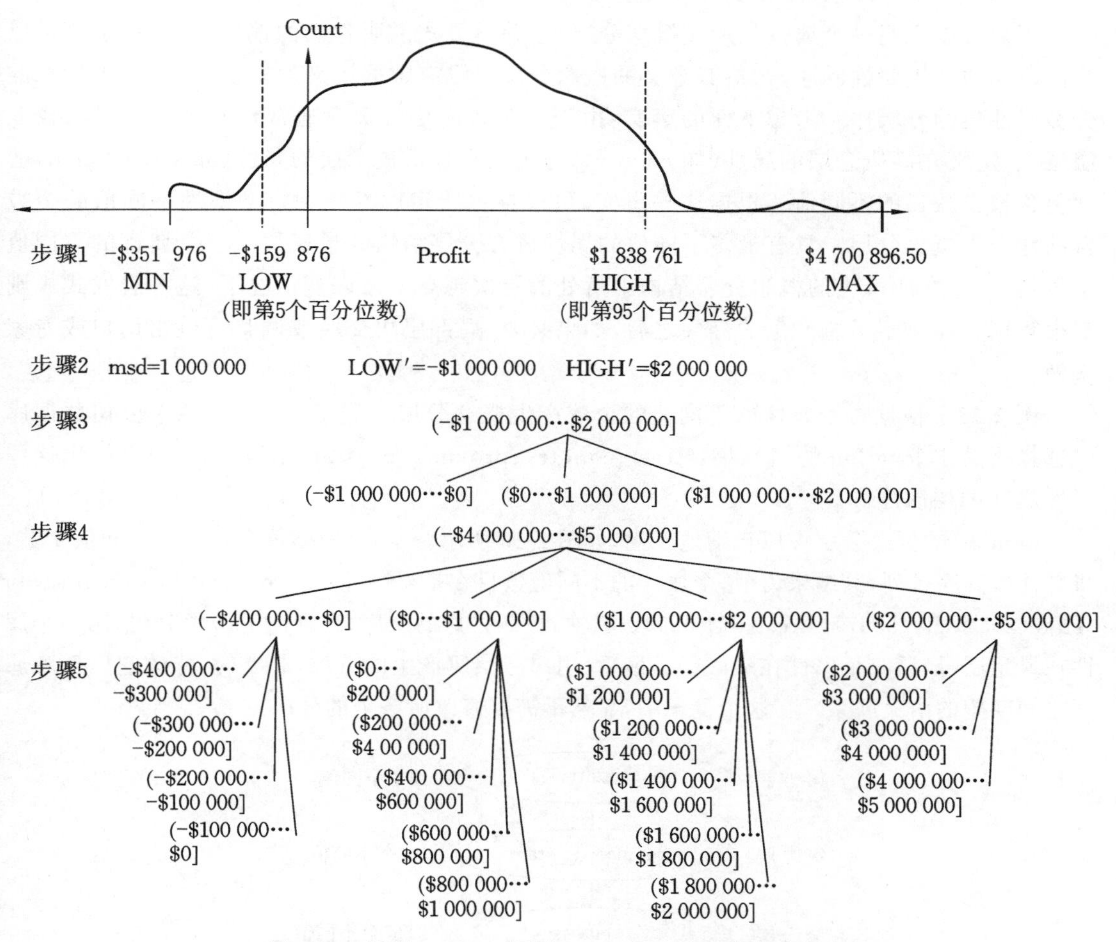

图 2-15 根据 3—4—5 规则，profit 概念分层的自动产生

低层。

2. 分类数据的概念分层产生

分类数据是离散数据。分类属性具有有限个(但可能很多)不同值，值之间无序，例如地理位置、工作类别和商品类型。有很多方法产生分类数据的概念分层。

1) 由用户或专家在模式级显式地说明属性的偏序

通常，分类属性或维的概念分层涉及一组属性。用户或专家在模式级通过说明属性的偏序或全序，可以很容易地定义概念分层。例如，关系数据库或数据仓库的维 location 可能包含如下属性组：street、city、province_or_state 和 country。可以在模式级说明这些属性的全序，如 street＜city＜province_or_state＜country，从而定义分层结构。

2) 通过显式数据分组说明分层结构的一部分

这基本上是人工地定义概念分层结构的一部分。在大型数据库中，通过显式的值枚举定义整个概念分层是不现实的。然而，对于一小部分中间层数据，可以很容易地显式说明分组。例如，在模式级说明了 province 和 country 形成一个分层后，用户可能人工地添加某些中间层。

3）说明属性集但不说明它们的偏序

用户可以说明一个属性集形成概念分层，但并不显式说明它们的偏序。然后，系统可以尝试自动地产生属性的序，构造有意义的概念分层。没有数据语义的知识，如何找出任意的分类属性集的分层序？考虑下面的事实：由于一个较高层的概念通常包含若干从属的较低层概念，定义在高概念层的属性（如 country）与定义在较低概念层的属性（如 street）相比，通常包含较少数目的不同值。根据这一事实，可以根据给定属性集中每个属性不同值的个数自动地产生概念分层。具有最多不同值的属性放在分层结构的最底层。一个属性的不同值个数越少，它在所产生的概念分层结构中所处的层次越高。在许多情况下，这种启发式规则都很管用。在考察了所产生的分层之后，如果必要，局部层次交换或调整可以由用户或专家来做。

例 2-23 根据每个属性的不同值的个数产生概念分层。假定用户从 AAA 公司数据库中选择了关于 location 的属性集：street、country、province_or_state 和 city，但没有指出这些属性之间的层次序。

location 的概念分层可以自动地产生，如图 2-16 所示。首先，根据每个属性的不同值个数，将属性按升序排列，其结果为（每个属性的不同值数目在括号中显示）：country（15），province_or_srate（365），city（3567），street（674 339）。其次，按照排好的次序，自顶向下产生分层，第一个属性在最顶层，最后一个属性在最底层。最后，用户考察所产生的分层，必要时，修改它以反映属性之间期望的语义联系。在这个例子中，显然不需要修改所产生的分层。

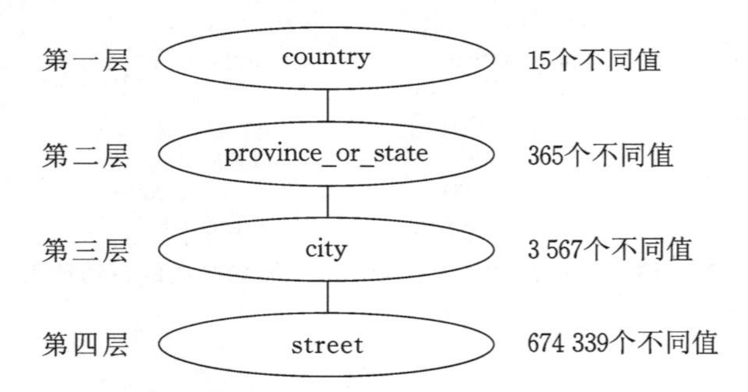

图 2-16 根据每个属性的不同值的个数自动产生概念分层

> **注意：**
> 这种启发式规则并非完美无缺的。例如，数据库中的时间维可能包含 20 个不同的年、12 个不同的月、每星期 7 个不同的天。然而，这并不意味时间分层应当是 year<month<days_of_the_week，days_of_the_week 在分层结构的最顶层。

4）只说明部分属性集

在定义分层时，有时用户可能对分层结构中应当包含什么只有很模糊的想法，结果，用户可能在分层结构中只说明了相关属性的一小部分。例如，用户可能没有说明 location 所有分层相关的属性，而只说明了 street 和 city。为了处理这种部分说明的分层结构，需要在数据库模式中嵌入数据语义，使得语义密切相关的属性能够捆在一起。用这种办法，一个属性的说明可能触发整个语义密切相关的属性组“拖进”，形成一个完整的分层结构。然而必要时，用户应当可以选择忽略这一特性。

例 2-24 使用预先定义的语义关系产生概念分层。假定数据挖掘专家（作为管理者）已将5个属性 number、street、city、province_or_state 和 country 捆绑在一起，因为它们关于 location 概念语义密切相关。如果用户在定义 location 的分层结构时只说明了属性 city，系统可以自动地拖进以上5个语义相关的属性，形成一个分层结构。用户可以选择去掉分层结构中的任何属性，如 number 和 street，让 city 作为该分层结构的最低概念层。

本章小结

- 数据预处理对于数据仓库和数据挖掘都是一个重要的问题，因为现实中的数据多半是不完整的、有噪声的和不一致的。数据预处理包括数据清理、数据集成、数据变换和数据归约。
- 描述性数据汇总为数据预处理提供分析基础。数据汇总的基本统计学度量包括度量数据集中趋势的均值、中位数、众数和中列数，它们对数据预处理和挖掘是有用的。
- 数据清理试图填补缺失的值、平滑噪声、识别离群点并纠正数据的不一致性。
- 数据集成将来自不同数据源的数据整合成一致的数据存储。元数据、相关分析、数据冲突检测和语义异构性的解决都有助于数据的顺利集成。
- 数据变换将数据转换成适于挖掘的形式。例如，属性数据可以规范化，使得它们可以落在较小的区间，如0.0～1.0。
- 数据归约技术，如数据立方体聚集、属性子集选择，维归约、数值归约和离散化都可以用来得到数据的归约表示，而使信息内容的损失最小。
- 数值数据的离散化和概念分层产生可能涉及诸如分箱、直方图分析、聚类分析和基于直观划分的离散化等技术。对于分类数据，概念分层可以根据定义分层的属性的不同值个数自动产生。
- 尽管已经开发了许多数据预处理的方法，由于不一致或脏数据数量巨大以及问题本身的复杂性，数据预处理仍然是一个活跃的研究领域。

习题 2

2-1 实际数据中，元组数据中通常出现空缺值。描述处理该问题的各种方法。

2-2 假定用于分析的数据包含属性 age。数据元组的 age 值（以递增序）是 13，15，16，16，19，20，20，21，22，22，25，25，25，25，30，33，33，35，35，35，35，36，40，45，46，52，70。回答以下问题：

（1）该数据的均值是多少？中位数是什么？

（2）该数据的众数是什么？

（3）该数据的中列数是多少？

2-3 设给定的数据集已经分组到区间，这些区间和对应频率如表 2-9 所示，请计算该数据的近似中位数。

表 2-9 年龄-频率表

age	frequency	age	frequency
1～5	200	21～50	1500
6～15	450	51～80	700
16～20	300	81～110	44

2-4 假设医院对 18 个随机挑选的成年人检查年龄和身体肥胖，得到如表 2-10 所示结果，请计算 age 和%fat 的均值、中位数和标准差。

表 2-10 成年人检查年龄和身体肥胖数据

age	23	23	27	27	39	41	47	49	50
%fat	9.5	26.5	7.8	17.8	31.4	25.9	27.4	27.2	31.2
age	52	54	54	56	57	58	58	60	61
%fat	34.6	42.5	28.8	33.4	30.2	34.1	32.9	41.2	35.7

2-5 使用习题 2-2 给出的 age 数据，回答以下问题：

(1) 使用分箱均值对以上数据进行平滑，箱的深度为 3，并解释你的步骤。评述对于给定的数据，该技术的效果。

(2) 如何确定数据中的离群点？

(3) 描述其他的数据平滑技术。

2-6 假设 12 个销售价格记录组已经排序为：5，10，11，13，15，35，50，55，72，92，204，215。使用如下方法将它们划分成 3 个箱。

(1) 等频(等深)分箱。

(2) 等宽分箱。

(3) 聚类。

2-7 使用习题 2-4 中给出的 age 和%fat 数据，回答如下问题：

(1) 基于 Z-score 规范化，规范化这两个属性。

(2) 计算相关系数(Pearson 积矩系数)。这两个变量是正相关还是负相关？计算它们的协方差。

2-8 使用习题 2-2 给出的 age 数据，回答以下问题：

(1) 使用最小-最大规范化方法，将 age 值 36 变换到[0.0，1.0]区间。

(2) 使用 Z-score 规范化方法变换 age 值 36，其中 age 的标准差为 12.94。

(3) 使用小数定标规范化方法变换 age 值 36。

(4) 对于给定的数据，你愿意使用哪种规范化方法？请陈述你的理由。

2-9 使用习题 2-2 给出的 age 数据，完成以下工作。

(1) 画一个宽度为 10 的等宽直方图。

(2) 为如下抽样技术勾画例子：当样本长度为 5 时，分别作 SRSWOR、SRSWR、聚类抽样、分层抽样，层次分别为“青年”、“中年”和“老年”。

◀ 作业讲解

第3章

数据仓库

数据仓库由数据仓库之父William H. Inmon于1990年提出，主要功能是将组织或企业里面的联机事务处理(OLTP)所累积的大量数据，透过数据仓库理论所特有的储存架构，进行系统的分析整理，以利于各种分析方法，如联机分析处理(OLAP)、数据挖掘(data mining)的进行，进而支持如决策支持系统(DSS)、主管信息系统(EIS)的创建，帮助决策者快速、有效地从大量数据中分析出有价值的信息，以利于决策拟定及快速回应外在环境变动，帮助建构商业智能(BI)。

3.1 数据仓库的概述

随着计算机技术的迅速发展，数据存储、数据处理的需求增加，从而推动了数据库技术的极大发展。面对海量增加的数据，要提取蕴藏在数据中的知识为决策服务，基本的数据库技术已经显得无能为力了，在这种情况下，数据库逐步发展到了数据仓库。

◆ 3.1.1 从数据库到数据仓库

对于数据存储和数据处理需求量大的企业，数据处理大致分为两类。一类是操作型处理，也称为联机事务处理(online transaction processing，OLTP)，是针对具体业务在数据库联机的日常操作，通常对少数记录进行查询、修改。用户较为关心操作的响应时间，数据的安全性、完整性和并发支持的用户数等问题。传统的数据库系统作为数据管理的主要手段，主要用于操作型处理。另一类是分析型处理，一般针对某些主题的历史数据进行分析，支持管理决策。

经过数年的信息化建设，数据库中积累了大量的日常业务数据，传统的决策支持系统(DSS)直接建立在这种事务处理环境上。然而传统的数据库对分析处理的支持一直不能令人满意，这是因为操作型处理和分析型处理具有不同的特征，主要体现在以下几个方面。

(1) 处理性能。日常业务涉及频繁、简单的数据存取，因此对操作型处理的性能要求较高，需要数据库在很短时间内做出响应。与操作型处理不同，分析型处理对系统响应的要求并没有那么苛刻，有的分析甚至可能需要几个小时，耗费大量的系统资源。

(2) 数据集成。企业的操作型处理通常较为分散，传统数据库面向应用的特性使数据集成较为困难。数据分散、缺乏一致性，外部数据和非结构化数据的存在导致很难得到全面、准确的数据；而分析型处理是面向主题的，经过加工和集成后的数据全面、准确，可以有效支持分析。

(3) 数据更新。操作型处理主要由原子事务组成，数据更新频繁，需要并行控制和恢复机制。但分析型处理包含复杂的查询，大部分是只读操作。过时的数据往往会导致错误的决策，因此对分析型处理数据需要定期刷新。

(4) 数据时限。操作型处理主要服务于日常的业务操作，因此只关注当前的数据。而对于决策分析而言，对历史数据的分析处理是必要的，这样才能准确把握企业的发展趋势，从而制定正确的决策。

(5) 数据综合。操作型处理系统通常只有简单的统计功能。操作型处理积累了大量的细节数据，对这些数据进行不同程度的汇总和聚集有助于以后的分析处理。

总的来说，操作型处理与分析型处理系统中数据的结构、内容和处理方法都不相同。

在一个大型企业中，不同级别的数据库可能使用不同类型的数据库系统，拥有巨大数据量的企业级数据库可能使用 IBM Db2，而部门级和个人级的中小型数据库可能使用 SQL Server。各种数据库的开发工具和开发环境不同，当需要在整个企业范围内查询数据时，数据处理的低效率将是不容忽视的。

操作型处理以传统的数据库为中心进行日常业务处理。比如高校学生的“一卡通”数据库用于记录学生在学校生活的消费情况，银行的数据库用于记录客户的账号、密码、存入和

◀数据仓库的概述

支出等一系列业务行为。而分析型处理以数据仓库为中心分析数据背后的关联和规律,为企业的决策提供可靠有效的依据。比如,通过对超市近期数据进行分析可以发现近期畅销的产品,从而为公司的采购部门提供指导信息。又如,对高校大学生就业信息进行分析的结果及结论,可以有效地指导学校制订招生计划和合理设置专业等。

操作处理的使用人员通常是具体操作人员,处理的数据通常是业务的细节信息,其目标是实现业务运营;而分析处理的使用人员通常是企业、单位的中高层管理者,或者是从事数据分析的工程师。决策分析数据环境包含的信息往往是企业的宏观信息而非具体的细节,其目的是为企业的决策者提供信息支持,并最终指导企业的商务活动。为满足决策分析需要,需要在数据库的基础上建立适应决策分析的数据环境——数据仓库(data warehose)。

事务处理和信息分析数据环境的划分如图 3-1 所示。

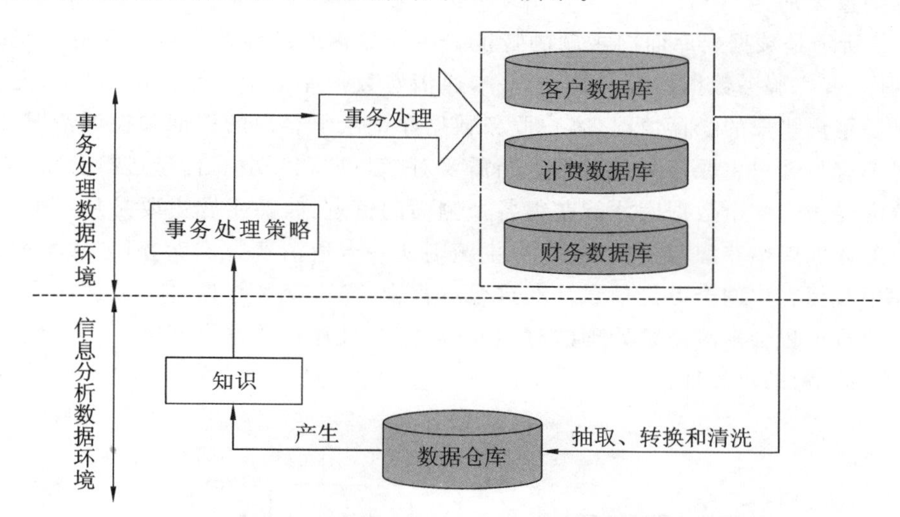

图 3-1 事务处理和信息分析数据环境

事务处理和信息分析数据环境的分离划清了数据处理的分析型环境与事务型环境之间的界限,根据对数据操作以及数据处理需求的差异,将原来以单一数据库为中心的数据环境发展为以数据库为中心的事务处理系统和以数据仓库为基础的分析处理系统。

综上所述,为了提高分析和决策的效率和有效性,分析型处理及其数据必须与操作型处理及其数据相分离,把分析型数据从事务处理环境中提取出来,按照 DSS 处理的需要进行重新组织,建立单独的分析处理环境。这种适应分析处理环境而出现的数据存储和组织技术就是数据仓库。数据仓库技术成为企业信息集成和辅助决策应用的关键技术之一。

3.1.2 什么是数据仓库

世界上最早的数据仓库是 NCR 公司为全美也是全世界最大的连锁超市集团 Walmart(沃尔玛)在 1981 年建立的,而最早将数据仓库提升到理论高度进行分析并提出数据仓库这个概念的是著名学者 W.H.Inmon,他在《Building Data Warehouse(构建数据仓库)》一书中,把数据仓库定义为"一个面向主题的、集成的、稳定的、随时间变化的数据的集合,以用于支持管理决策过程"。

数据仓库有许多不同的定义,在众多的数据仓库定义中,人们公认的仍然是 W.H.

Inmon 的定义，该定义指出了数据仓库面向主题、集成、稳定、随时间变化这 4 个最重要的特征。

1. 面向主题

传统数据库面向应用进行数据组织，而数据仓库中的数据是面向主题进行组织的。从信息管理的角度看，主题是在一个较高的管理层次上对信息系统的数据按照某一具体的管理对象进行综合、归类所形成的分析对象；从数据组织的角度看，主题是部分数据集合，这些数据集合对分析对象通过数据、数据之间的关系做了比较完整的、一致的描述。因此，面向主题的数据组织方式是在较高层次上对分析对象的数据的一个完整、一致的描述。所谓较高层次，是相对面向应用的数据组织方式而言的，是指按照主题进行数据组织的方式具有更高的数据抽象级别。

图 3-2 所示是数据仓库面向主题的特征。传统数据库已经建立有一卡通消费数据库、财务数据库、客户服务数据库等。其中，一卡通消费数据库记录了用户的消费情况，财务数据库记录了用户账户的缴存情况，客户服务数据库记录了客户的咨询和投诉情况。这几个数据库里都有与客户主题相关的数据。当需要对“客户”和“收益”信息进行分析时，传统数据库系统需要访问多个数据库才能获得各个侧面的信息：收益主题主要是从一卡通消费数据库和财务数据库中获取相关情况；客户主题则从一卡通消费数据库、财务数据库、客户服务数据库中获得客户的全方位信息。在这个过程中，多次交叉查询多个数据库是必不可少的，那么，分析过程会影响系统处理的时间和效率，并且存在数据之间的不一致性和不同步等问题，影响决策的可靠性。

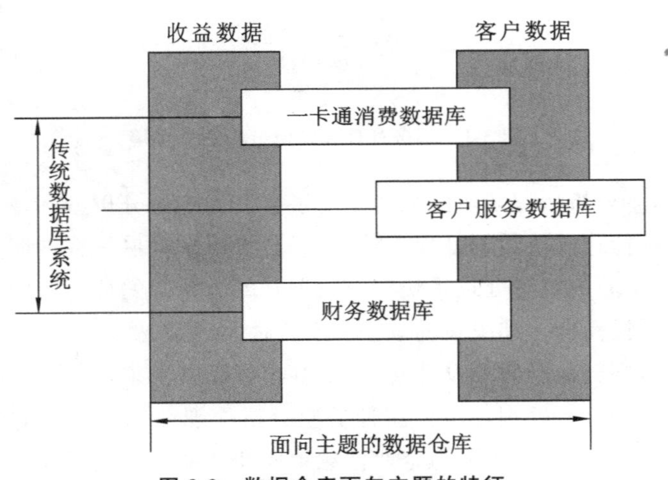

图 3-2　数据仓库面向主题的特征

2. 集成

数据仓库中存储的数据一般从原来已建立的数据库系统中提取出来，但不是原有数据的简单拷贝，而是对分散的数据进行抽取、清理、转换和汇总后得到的，这样便保证了数据仓库内的数据关于整个企业的一致性。这些系统内部数据的命名可能不同，数据格式也可能不同。把不同来源的数据存储到数据仓库之前，需要去除这些不一致。

① 原有数据库系统记录的是每一项业务处理的流水账，这些数据用于分析处理是不合适的，在进入数据仓库之前必须经过综合、计算，同时抛弃一些分析处理不需要的数据项，必

要时还要增加一些可能涉及的外部数据。

② 数据仓库每一个主题所对应的源数据在原分散数据库中有许多重复或不一致之处，必须将这些数据转换成全局统一的定义，消除不一致和错误之处，以保证数据的质量。这样保证了通过数据分析能做出科学、正确的决策。

③ 源数据加载到数据仓库后，还要根据决策分析的需要对这些数据进行概括、聚集处理。决策支持系统需要集成的数据，全面而正确的数据是有效地分析和决策的首要前提，相关数据收集得越完整，得到的结果就越可靠。因此，源数据的集成是数据仓库建设中最关键、最复杂的一步。

3. 稳定

业务系统一般只需要当前数据，在数据库中一般也只存储短期数据，因此在数据库系统中数据是不稳定的，它记录的是系统中数据变化的瞬态。对于决策分析而言，历史数据是相当重要的，许多分析方法必须以大量的历史数据为依托，没有大量历史数据的支持是难以进行企业的决策分析的。因此，数据仓库具有稳定性，数据仓库中的数据大多表示过去某一时刻的数据，主要用于查询、分析。

图 3-3 形象地说明了数据仓库中数据的稳定性，可以看到，数据仓库在数据存储方面是分批进行的，定期执行提取过程为数据仓库增加数据，这些数据一旦加入，一般不再从系统中删除。

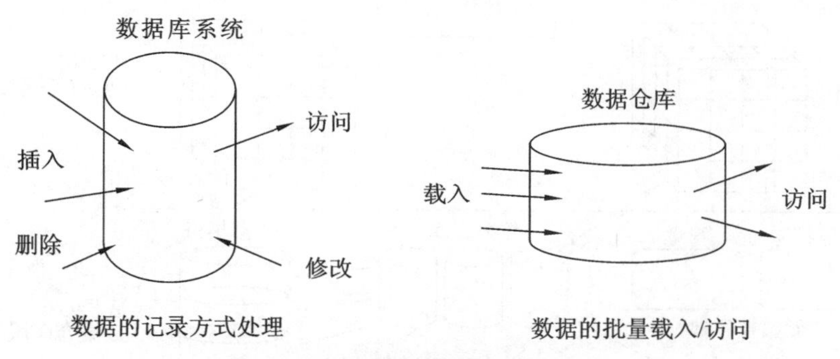

图 3-3　数据仓库的数据稳定性示意

4. 随时间变化

数据仓库中数据是批量载入的、是稳定的，因此数据仓库中的数据总是拥有时间维度，时间维度保证了数据仓库的数据随着时间变化。从这个角度来看，数据仓库实际上记录了系统的各个瞬态，通过将各个瞬态串联起来形成动画，在进行数据分析的时候再现系统运动的全过程。数据批量载入（提取）的周期，实际上决定了动画间隔的时间，数据提取的周期短，则动画的速度快，如图 3-4 所示。

3.1.3　数据仓库系统结构

一般数据仓库的系统结构被划分为三层：数据仓库服务器、OLAP 服务器和前端工具。数据仓库的系统结构可以用图 3-5 来表示。

(1) 底层是数据仓库服务器，数据仓库系统使用 ETL(extract，transformation，load)工具从操作数据库和外部信息源加载和刷新数据，ETL 工具通过数据抽取、数据清洗、数据转

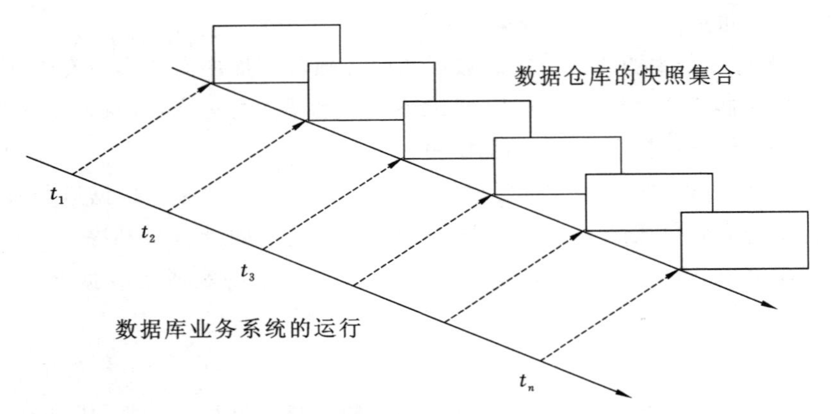

图 3-4 数据仓库中的数据随时间变化的特点

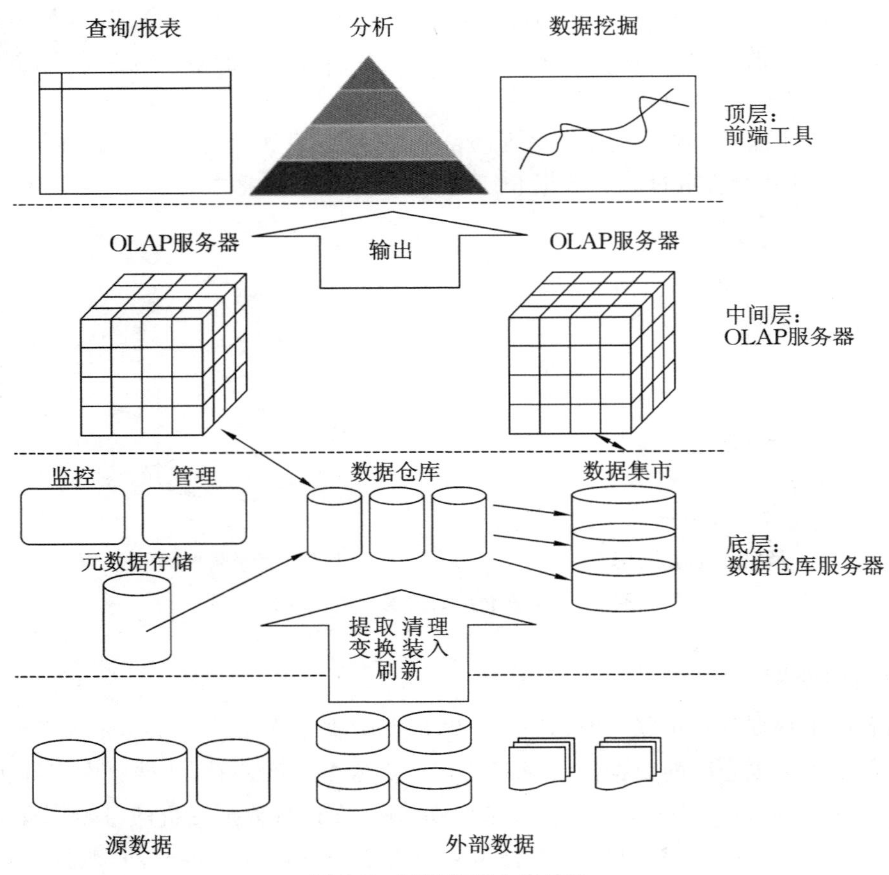

图 3-5 三层数据仓库结构

换、数据加载和数据刷新等功能实现数据仓库数据的筛选和清理。此外,底层还包含一个元数据存储,是关于数据仓库和数据仓库中数据的信息。

(2) 中间层是 OLAP 服务器,其典型的实现有:关系 OLAP(ROLAP)模型,即扩展的关系 DBMS,将多维数据上的操作映射为标准的关系操作;多维 OLAP(MOALP)模型,是一种特殊的服务器,直接实现多维数据操作。

(3) 顶层是前端工具,包括查询和报表工具、分析工具和/或数据挖掘工具(例如关联分析、分类分析、预测等)。

3.1.4 数据仓库中的名词

1. ETL

ETL就是进行数据的抽取、转换和加载。具体来讲,ETL工具包括数据提取(data extract)、数据转换(data transform)、数据清洗(data cleaning)和数据加载(data loading)。

2. 元数据

元数据是描述数据的数据。在数据仓库中,元数据是定义数据仓库对象的数据。

元数据包括相应数据仓库的数据名和定义、数据提取操作的时间和地点以及数据清理或数据集成过程添加的字段等。它提供了有关数据的环境,用于构造、维持、管理和使用数据仓库,在数据仓库中尤为重要。

3. 数据集市

面向企业中的某个部门(主题)而在逻辑上或物理上划分出来的数据仓库中的数据子集称为数据集市(data market)。也就是说,数据集市包含了用于特殊目的的数据仓库的部分数据。

4. OLAP

数据仓库是管理决策分析的基础,要有效地利用数据仓库的信息资源,必须要有强大的工具对数据仓库的信息进行分析。OLAP(on-line analytical process,在线分析处理或联机分析处理)是一个应用广泛的数据仓库使用技术。

5. 粒度

粒度是指数据仓库的数据单位中保存数据的细化或综合程度的级别,反映了数据仓库按照不同的层次组织数据,根据不同的查询需要,存储不同细节的数据。在数据仓库中,粒度越小,表示细节程度越高,层次级别越低,查询范围越广泛;相反,粒度越大,表示细节程度越低,层次级别越高,查询范围越小。数据仓库环境中粒度是主要的设计问题,是因为它深深地影响存放在数据仓库中的数据量的大小,同时也影响数据仓库所能回答的查询类型。在设计数据仓库的时候,要权衡数据量大小和查询类型,从而得出合理的粒度大小。

例如,当信用卡发行商查询数据仓库时,首先需要了解某个地区信用卡的总体使用情况,然后检查不同类别用户的信用卡消费记录,这个过程就涉及了不同细节的数据。数据仓库中包含的数据冗余程度较高,批量载入和查询会影响到数据管理和查询效率,因此数据仓库采用数据分区存储技术以改善数据仓库的可维护性,提升查询速度和加载性能,把数据划分成多个小的单元,解决从数据仓库中删除旧数据时造成的数据修剪等问题。

根据粒度的不同,把数据划分为早期细节级、当前细节级、轻度综合级和高度综合级等。ETL后的数据首先进入当前细节级,并根据需要进一步进入轻度综合级乃至高度综合级。一旦数据过期,当前数据粒度的具体划分会直接影响到数据仓库中的数据量以及查询质量。

数据仓库中数据的多粒度化为用户使用数据提供了一定的灵活性,例如家用电器销售数据可以同时满足市场、财务和销售等部门的需要,财务部若要了解某地区的销售收入,只需改变相关数据的粒度即可。

3.2 数据仓库的 ETL

ETL 就是进行数据的抽取、转换和加载，数据仓库中 ETL 和元数据是十分重要的概念。ETL 是数据仓库从业务系统获得数据的必经之路，元数据则是地图，它们是构建数据仓库的基础，缺一不可。只有在很好地使用了元数据和实现了 ETL 应用的基础上，才可能最大限度地发挥数据仓库对数据的管理、对知识发现和决策的支持。

3.2.1 ETL 的基本概念

在构建数据仓库的过程中，从业务数据库中抽取、转换、加载数据需要占据大量工作时间，同时由于源数据往往来自各种不同种类和形式的业务系统，在日常运行中容易出现问题，也经常出现问题。为了保证数据仓库中数据的质量，ETL 工具支持多种数据源，具有数据“净化提炼”功能、数据加工功能和自动运行功能。

ETL 是构建数据仓库的重要环节，对数据仓库的后续环节影响比较大。ETL 包括六个子过程：数据提取(data extract)、数据转换(data transform)、数据清洗(data cleaning)、数据集成(data integration)、数据聚集(data aggregation)和数据加载(data load)。

目前市场上的 ETL 工具有 Informatica 公司的 Power Center、IBM 公司的 Data Stage、Oracle 公司的 Warehouse Builder，以及 Microsoft 公司的 SQL Server IS 等。下面简要介绍 ETL 工具的主要功能。

3.2.2 ELT 工具的主要功能

1. 数据抽取

数据仓库是面向主题的，并非源数据库的所有数据都是有用的，所以在把源数据库中的相关数据导入数据仓库之前，需要先确定该数据库中哪些数据是与决策相关的。数据抽取的过程大致如下。

① 确认数据源的数据及其含义。

② 抽取。确定访问源数据库中的哪些文件或表，需要提取其中哪些字段。

③ 确定抽取频率。需要定期更新数据仓库的数据，因此对于不同的数据源，需要确定数据抽取的频率，例如每天、每星期、每月或每季度等。

④ 输出。确定数据输出的目的地和输出的格式。

⑤ 异常处理。当需要的数据无法抽取时进行处理。

2. 数据转换

数据仓库的数据来自多种数据源。不同的数据源可能由不同的平台开发，使用不同的数据库管理系统，数据格式也可能不同。源数据在被装载到数据仓库之前，需要进行一定的数据转换。数据转换的主要任务是对数据粒度以及不一致的数据进行转换。

① 不一致数据的转换。数据不一致包括同一数据源内部的不一致和多个数据源之间的数据不一致等类别。例如在一个应用系统中，N 表示性别为男，S 表示性别为女。而在另一个应用系统中，对应的代码分别为 0 和 1。此外，不同业务系统的数量单位、编码或值域需要统一，例如某供应商在结算系统的编码是 990001，而在 CRM 中的编码是 YY0001，这时就

◀数据仓库的 ETL

需要抽取后统一转换编码。

② 数据粒度的转换。业务系统一般存储细粒度的事务型数据，而数据仓库中的数据是用于查询、分析的，因此需要多种不同粒度的数据，这些不同粒度的数据可以通过对细粒度的事务型数据进行聚集（合）而产生。

3. 数据清洗

数据源中数据的质量是非常重要的，低劣的"脏"数据容易导致低质量的决策甚至是错误的决策。此外，这些"脏"数据或不可用数据也可能造成报表的不一致等问题。因此有必要全面校验数据源的数据质量，尽量减少差错，此过程称为数据清洗（data cleaning），也叫数据的标准化。目前一些商务智能企业提供数据质量防火墙，例如 Business Objects（SAP）公司的 Firstlogic 能够解决数据的噪声。清洗后的数据经过业务主管确认并修正后再进行抽取。数据清洗能处理数据源中的各种噪音数据，主要的数据质量问题有以下几种。

① 缺失数据，即数据值的缺失。这在顾客相关的数据中经常出现，例如顾客输入个人信息时遗漏了所在区域。

② 错误数据。常见的错误数据包括字段的虚假值、异常取值等，例如在教学选课系统中，选修某门课程的人数不能够超过该课程所在教室的座位数。这些错误数据产生的主要原因是业务系统不够健全，在接收输入数据后没有进行正确性判断而直接录入数据库。错误数据需要被及时找出并限期修正。

③ 数据重复。数据重复是反复录入同样的数据记录导致的，这类数据会增加数据分析的开销。

④ 数据冲突。源数据中一些相关字段的值必须是兼容的，数据冲突包括同一数据源内部的数据冲突和多个数据源之间的数据冲突。例如，一个顾客记录中省份字段使用 SH（上海），而此记录的邮政编码字段使用 100000（北京地区的邮政编码）。冲突的数据也需要及时修正。

4. 数据集成

数据集成是将多个数据源联合成一个统一数据接口来进行数据分析的过程。数据集成是仓库数据转换过程中最重要的步骤，也是数据仓库设计中的关键概念。

数据集成可能极其复杂。在这个模块中，可以应用数据集成业务规则以及数据转换逻辑和算法。集成过程的源数据可以来自多个数据源，它通常包含不同的连接操作。源数据还可能来自单个数据源，该类型的数据集成通常包含域值的合并和转换。集成结果通常生成新的数据实体或属性，易于终端用户进行访问和理解。

5. 数据聚集

数据聚集是收集数据并以总结形式表达信息的过程。数据聚集通常是数据仓库需求的一部分，它通常是以业务报表的形式出现的。在多维模型中，数据聚集路径是维度表设计中的重要部分。因为数据仓库几乎都是关系数据模型类型的，所以最好从数据集市构建业务报表。如果直接从数据仓库构建报表，需确保数据聚集表与其余的仓库数据模式相对分隔，这样，报表的业务需求修改将不影响基本的数据仓库数据结构。

6. 数据装载

数据转换、清洗结束后需要把数据装载到数据仓库中，数据装载通常分为以下几种方式：

① 初始装载。一次对整个数据仓库进行装载。

② 增量装载。在数据仓库中，增量装载可以保证数据仓库与源数据变化的同期性。

3.3 元数据

数据仓库的元数据是关于数据仓库中数据的数据。元数据的作用类似于数据库管理系统的数据字典，保存了逻辑数据结构、文件、地址和索引等信息。从广义上讲，在数据仓库中，元数据是描述数据仓库内数据的结构和建立方法的数据。

1. 元数据的必要性

元数据是数据仓库管理系统的重要组成部分，元数据管理器是企业级数据仓库中的关键组件，贯穿数据仓库构建的整个过程，直接影响着数据仓库的构建、使用和维护。

① 构建数据仓库的主要步骤之一是 ETL。进行 ETL 时，元数据将发挥重要的作用，它定义了源数据系统到数据仓库的映射、数据转换的规则、数据仓库的逻辑结构、数据更新的规则、数据导入历史记录以及装载周期等相关内容。数据抽取和转换的专家以及数据仓库管理员正是通过元数据高效地构建数据仓库。

② 用户在使用数据仓库时，通过元数据访问数据，明确数据项的含义以及定制报表。

③ 数据仓库的规模及其复杂性离不开正确的元数据管理，包括增加或移除外部数据源，改变数据清洗方法，控制出错的查询以及安排备份等。

元数据可分为技术元数据和业务元数据。技术元数据描述了与数据仓库开发、管理和维护相关的数据，包括数据源信息、数据转换描述、数据仓库模型、数据清洗与更新规则、数据映射和访问权限等，为开发和管理数据仓库的 IT 人员使用。业务元数据从业务角度描述数据，包括商务术语、数据仓库中有什么数据、数据的位置和数据的可用性等，帮助业务人员更好地理解数据仓库中哪些数据是可用的以及如何使用，为管理层和业务分析人员服务。

由此可见，元数据定义了数据仓库中数据的模式、来源、抽取和转换规则等，是整个数据仓库系统运行的基础，可通过元数据把数据仓库系统中各个松散的组件联系起来，组成一个有机的整体。

2. 元数据的作用

在数据仓库中，元数据的主要作用如下：

① 描述哪些数据在数据仓库中，帮助决策分析者对数据仓库的内容定位。

② 定义数据进入数据仓库的方式，作为数据汇总、映射和清洗的指南。

③ 记录业务事件发生而随之进行的数据抽取工作时间安排。

④ 记录并检测系统数据一致性的要求和执行情况。

⑤ 评估数据质量。

3. 元数据的存储与管理

元数据有两种常见存储方式：一种是以数据集为基础，每一个数据集有对应的元数据文件，每一个元数据文件包含对应数据集的元数据内容；另一种是以数据库为基础，即元数据库。其中元数据文件由若干项组成，每一项表示元数据的一个要素，每条记录为数据集的元

◀ 元数据和外部数据

数据内容。

元数据的存储方式各有优缺点，第一种存储方式的优点是调用数据时相应的元数据也作为一个独立的文件被传输，相对数据库有较强的独立性，在对元数据进行检索时可以利用数据库的功能实现，也可以把元数据文件调到其他数据库系统中操作；不足之处是如果每一数据集都对应一个元数据文档，则在规模巨大的数据库中会有大量的元数据文件，管理不方便。第二种存储方式下，元数据库中只有一个元数据文件，管理比较方便，要添加或删除数据集，只要在该文件中添加或删除相应的记录项即可。在获取某数据集的元数据时，因为实际得到的只是关系表格数据的一条记录，所以要求用户系统可以接受这种特定形式的数据。因此推荐使用元数据库的方式。

元数据库用于存储元数据，因此元数据库最好选用主流的关系数据库管理系统。元数据库还包含用于操作和查询元数据的机制。建立元数据库的主要好处是提供统一的数据结构和业务规则，易于把企业内部的多个数据集市有机地集成起来。目前，一些企业倾向于建立多个数据集市，而不是一个集中的数据仓库，这时可以考虑在建立数据仓库（或数据集市）之前，先建立一个用于描述数据、服务应用集成的元数据库，做好数据仓库实施的初期支持工作，对后续开发和维护有很大的帮助。元数据库保证了数据仓库数据的一致性和准确性，为企业进行数据质量管理提供基础。

3.4 数据仓库模型及建立

数据模型是数据仓库建设的基础，一个完整、灵活、稳定的数据模型对于数据仓库项目的成功十分重要。数据仓库模型包括概念模型、逻辑模型和物理模型。概念模型描述的是客观世界到主观世界的映射，逻辑模型描述的是主观世界到关系模型的映射，物理模型描述的是关系模型到物理实现的映射。

3.4.1 多维数据模型

数据模型的构造是数据仓库过程中非常重要的一步。数据模型对数据仓库影响巨大，它不仅决定了数据仓库所能进行的分析的种类、详细程度、性能效率和响应时间，还是存储策略和更新策略的基础。在关系型数据库中，逻辑层一般采用关系表和视图进行描述，在数据仓库采用的数据模型，比较常见的有星形模型和雪花模型，如图 3-6 所示。

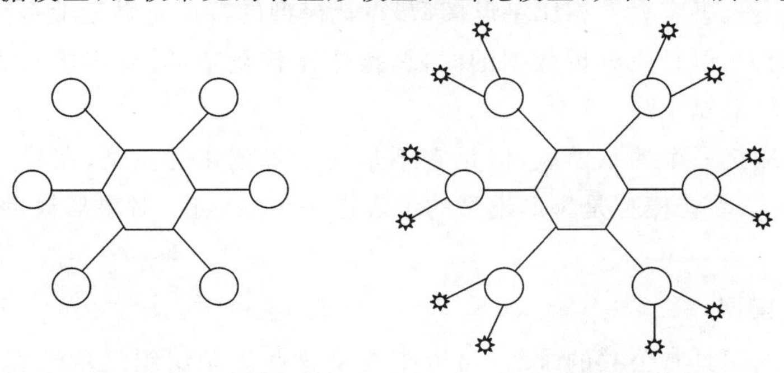

（a）星形模型　　（b）雪花模型

图 3-6　数据模型形态

数据仓库模型及数据仓库的建立▶

1. 星形模型

星形模型是一种多维数据关系，由一个事实表和一组维表组成，如图 3-7 所示。星形模型是一种由一点向外辐射的建模范例，中间有一个单一对象沿半径向外连接到多个对象。星形模型中心的对象称为“事实表”（如图 3-7 中的销售事实表），与之相连的对象称为“维表”（如图 3-7 中的时间维表、商品维表、地点维表、顾客维表）。每个维表都有一个键作为主键（如图 3-7 中的时间维表的主键 Time_id），所有这些键组合成事实表的主键（图 3-7 中的销售事实表的主键为 Time_id，Item_id，Locate_id，Customer_id）。事实表的非主属性是事实，它们一般都是数值或其他可以进行计算的数据（图 3-7 中的销售事实表的事实属性为销售量、销售金额）。维表大都是文字、时间等类型的数据。事实表与维表连接的键通常为整数类型，并尽量不包含字面意思。

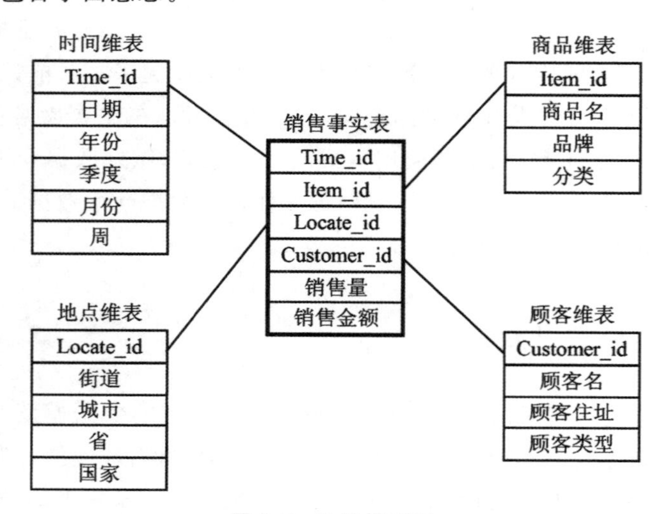

图 3-7 星形模型图

2. 雪花模型

当有一个或多个维表没有直接连接到事实表上，而是通过其他维表连接到事实表上时，就像多个雪花连接在一起，称为雪花模型。如图 3-8 所示，城市维表通过地点维表连接到事实表上，为雪花模型。雪花模型是对星形模型的扩展。它对星形模型的维表进一步层次化，原有的各维表可能被扩展为小的事实表，形成一些局部的“层次”区域，这些被分解的表都连接到主维度表而不是事实表。相比星形模型，雪花模型的特点是贴近业务，更加符合数据库范式，数据冗余较少，但是在分析数据的时候，操作比较复杂，需要连接的表比较多，所以其性能并不一定比星形模型高。

星形模型虽然是一个关系模型，但是它不是一个规范化的模型，在星形模型中，维表被故意地非规范化了，雪花模型是星形模型的维表进一步标准化，对星形模型中的维表进行了规范化处理。

3. 事实星座模型

当多个主题之间具有公共的维时，可以把围绕这些主题组织的星形模型通过共享维表相互连接起来。这种多个事实表共享维表的星形模型集称为事实星座模型，也称为星系模型。星系模型结构图如图 3-9 所示，其在星形模型的基础上，增加了一个供货分析主题，包

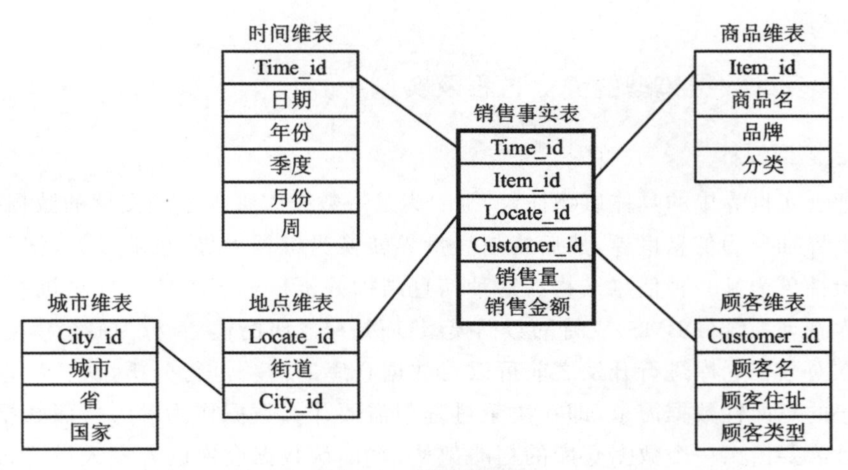

图 3-8 雪花模型图

括供货时间(Time_id)、供货商品(Item_id)、供货地点(Locate_id)、供应商(Supplier_id)、供货量和供货金额等属性。设计相应的供货事实表,对应的维表有时间维表、商品维表、地点维表和供应商维表,其中前三个维表和销售事实表共享。

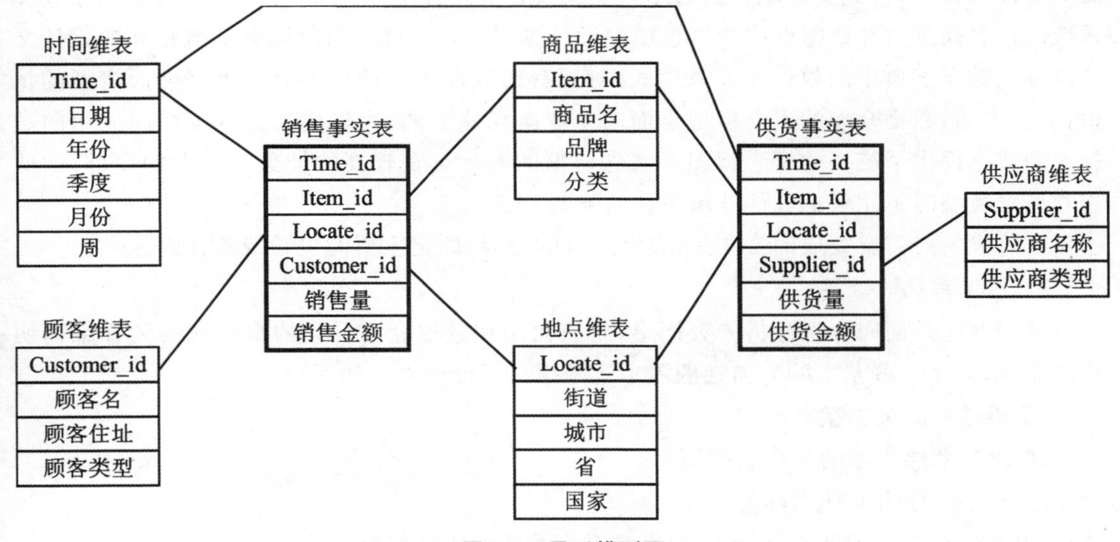

图 3-9 星系模型图

虽然星形模型、雪花模型和星系模型这些多维数据模型都考虑了多维数据模型中的多维层次结构的问题,但仍具有局限性。为了更好地表示数据仓库系统中多维数据的层次结构,需要采用支持不平衡、异构的维层次结构的多维数据模型,充分表达数据仓库的复杂数据结构,并将其作为一种具有普遍适用性和灵活性的多维数据组织的形式化定义与知识描述方法。

数据仓库的数据模型可以分为逻辑数据模型与实体数据模型。逻辑数据模型陈述业务相关数据的关系,基本上是一种与数据库无关的结构设计,通常会采用正规方式设计,从业务领域的角度及高度制定出主题域模型,再逐步向下深入到实体和属性。实体数据模型则与数据库管理系统有关,是建立在该系统上的数据架构,设计时需考虑数据类型、空间及性能相关的议题。

3.4.2 多维数据模型的建立过程及实例

1. 概念模型设计

为了把现实世界中的具体事物抽象、组织为某一数据库管理系统支持的数据模型，应首先将现实世界抽象为信息世界，然后将信息世界转换为机器世界，也就是说，把现实世界中的客观对象抽象为某一种信息结构。这种信息结构并不依赖于具体的计算机系统，不是某一个数据库管理系统(DBMS)支持的数据模型，而是概念级的模型，称为概念模型。

通常在对数据仓库进行开发之前可以对数据仓库的需求进行分析，从各种途径了解数据仓库用户的意向性数据需求，即在决策过程中需要什么数据作为参考。而数据仓库概念模型的设计需要给出一个数据仓库的粗略架构，来确认数据仓库的开发人员是否已经正确地了解数据仓库最终用户的信息需求。在概念模型的设计中必须很好地对业务进行理解，保证所有的业务处理都被归纳进概念模型。

概念模型设计的成果是，在原有的数据库的基础上建立了一个较为稳固的概念模型。数据仓库是对原有数据库系统中的数据进行集成和重组而形成的数据集合，因此，数据仓库的概念模型设计，首先要对原有数据库系统加以分析理解，再来考虑应当如何建立数据仓库系统的概念模型。在数据仓库的概念模型设计过程中，一方面，通过原有的数据库的设计文档以及在数据字典中的数据库关系模式，对现有的数据库中的内容有一个完整而清晰的认识；另一方面，数据仓库的概念模型是面向企业全局建立的，为集成来自各个面向应用的数据库的数据提供了统一的概念视图。概念模型的设计是在较高的抽象层次上的设计，因此建立概念模型时不用考虑具体技术条件的限制。

本阶段主要需要完成的工作是：界定系统的边界，确定主要的主题域及其内容。

1）界定系统的边界

数据仓库是面向决策分析的数据库，虽然无法在数据仓库设计的最初就得到详细而明确的需求，但是一些基本的方向性的需求还是摆在了设计人员的面前。

① 要做的决策类型有哪些？

② 决策者感兴趣的是什么问题？

③ 这些问题需要什么样的信息？

④ 要得到这些信息，需要包含原有数据库系统的哪些部分的数据？

这样，可以划定一个当前的大致的系统边界，集中精力对最需要的部分进行开发。因而，从某种意义上讲，界定系统边界的工作也可以看作数据仓库系统设计的需求分析，因为它将决策者的数据分析需求用系统边界的定义形式反映出来。

2）确定主要的主题域及其内容

要确定系统所包含的主题域，对每个主题域的内容进行较明确的描述，描述的内容包括主题名、主题的公共码键、充分代表主题的属性组。

由于数据仓库的实体绝不会是相互对等的，在数据仓库的应用中，不同的实体数据载入量会有很大分别，因此需要一种不同的数据模型设计处理方式，用来管理数据仓库中载入某个实体的大量数据的设计结构，这就是星形模型。星形模型是最常用的数据仓库设计结构的实现模式，其通过使用一个包含主题的事实表和多个包含事实的非正规化描述的维度表，支持各种决策查询。星形模型的核心是事实表,围绕事实表的是维度表。

例 3-1 某网上商店的业务销售涵盖全国范围,销售商品有家用电器和通信设备两大类。已建有网上销售业务管理系统及商店管理的 ERP 系统,可以获取每日销售信息、顾客的基本信息、供货商信息、商品信息等。

现该网上商店想建立一个能够提高市场竞争能力的数据仓库 SDWS,想要通过数据仓库中的信息来帮助自己更加准确地分析和把握用户需求,如顾客的购买喜好、顾客的信用度、商品的供应情况、供应商的供货情况及其商品的销售状况、商品的销售状况、商品的采购状况、商品的库存状况、商品的利润和等。

根据需求可以确定这几个主题:顾客主题、销售主题、供货主题、商品主题等。

而对于销售主题,包括以下分析功能:

① 分析全国各地区每年、每季度的销售金额。

② 分析各类商品在每年、每月份的销售量。

③ 分析各年龄层次的顾客购买商品的次数。

④ 分析 2023 年第一季度各地区各类商品的销售量。

⑤ 分析 2023 年各省份各年龄层次顾客的商品购买金额。

⑥ 分析各产品子类、各地区、各年龄层次的销售量。

⑦ 分析各个供货商供应的商品的销售状况。

⑧ 其他销售情况分析等。

对各个主题的详细描述如表 3-1 所示。

表 3-1 各个主题的详细描述

主题名	公共键	属性组
顾客	顾客代码	固有信息:顾客代码、姓名、性别、年龄、年龄层次、信用度、地址等; 购买信息:顾客代码、商品代码、购买数量、购买时间,购买价格等
商品	商品代码	固有信息:商品代码、商品名称、商品售价、商品型号、商品品牌、商品子类、商品分类等; 采购信息:商品代码、供应商代码、采购日期、采购数量、采购价格等; 库存信息:商品代码、库房号、库存量、入库时间等; 销售信息:商品代码、顾客代码、销售价格、销售时间、销售数量等
供货	供货商代码	固有信息:供货商代码、供货商名称、供货商地址等; 供货信息:供货商代码、商品代码、供货时间、供货数量、供货价格等
销售	供货商代码、 商品代码、 顾客代码、 销售时间	固有信息:商品代码、顾客代码、供货商代码、销售时间等; 销售信息:商品代码、顾客代码、供货商代码、销售时间、销售数量、销售额等

2. 逻辑模型设计

逻辑模型就是用来构建数据仓库的数据库逻辑模型。应根据分析系统的实际需求决策构建数据库逻辑关系模型,定义数据库物理结构及其关系。逻辑建模是数据仓库实施中的重要一环，因为它能直接反映出业务部门的需求，同时对系统的物理实施有着重要的指导作用，其作用在于可以通过实体和关系勾勒出企业的数据蓝图。

数据仓库不单要能满足现有的信息需求，还要有很好的可扩展性以满足新的需求，并能作为未来其他系统的一个数据平台。因此，数据仓库必须有灵活、统一的数据组织结构，并尽量包含所有现在和未来客户关心和可能关心的信息。因此，一个成功的数据仓库逻辑模型设计应该考虑全面。

逻辑模型应该是按主题域组织起来的，主题域之间的关联关系可以引申到各主题下各个逻辑模型之间的关联关系，这样不但可以满足现有的一些跨主题查询需求，还能为后期实现更多有价值的分析提供保障。在逻辑模型设计中，还应尽可能充分地考虑各主题的指标、相关维度，以及其他与分析无关但有明细查询意义的字段。

从最终应用的功能和性能的角度来看，数据仓库的逻辑模型是整个项目最重要的方面，主要包括确立主题域、划分粒度层次、确定数据分割策略和确定关系模式几个阶段。

1）确立主题域

在概念模型设计中，确定了几个基本的主题域。但是，数据仓库的设计是一个逐步求精的过程，在进行设计时，一般是一次一个主题或一次若干个主题地逐步完成的。所以，必须对概念模型设计步骤中确定的几个基本主题域进行分析，从中选择首先要实施的主题域。选择第一个主题域所要考虑的是它要足够大，使得该主题域能建设成为一个可应用的系统；它还要足够小，以便于开发和较快地实施。如果所选择的主题域很大并且很复杂，还可以针对它的一个有意义的子集来进行开发。

2）划分粒度层次

数据仓库逻辑模型设计中要解决的一个重要问题是决定数据仓库的粒度划分层次，粒度层次划分适当与否直接影响到数据仓库中的数据量和所适合的查询类型。确定数据仓库的粒度划分，可以通过估算数据行数和所需的 DASD（直接存储设备）数来确定是采用单一粒度还是多重粒度，以及粒度划分的层次。

在数据仓库中包含了大量事务系统的细节数据。如果系统每运行一个查询都扫描所有的细节数据，则会大大降低系统的效率。在数据仓库中将细节数据进行预先综合，形成轻度综合或者高度综合的数据，这样就满足了某些宏观分析对数据的需求。这虽然增加了冗余，却使响应时间缩短。所以，粒度问题是数据仓库开发者需要面对的一个最重要的设计问题。粒度的主要问题是使其处于一个合适的级别，粒度级别既不能太高也不能太低，确定适当的粒度级别所要做的第一件事就是对数据仓库中将来的数据行数和所需的 DASD 数进行粗略估算。对将在数据仓库中存储的数据的行数进行粗略估算对于体系结构设计人员来说是非常有意义的。如果数据只有万行级，那么几乎任何粒度级别都不会有问题；如果数据有千万行级，那么就需要一个低的粒度级别；如果数据有百亿行级，不但需要有一个低粒度级别，还需要考虑将大部分数据移到溢出存储器（辅助设备）上。空间/行数的计算方法如下。

① 确定数据仓库所要创建的所有表，然后估计每张表中一行的大小。确切的大小可能难以确定，估计一个下界和上界就可以了。

② 估计一年内表的最大行数和最小行数。

③ 用同样的方法估计五年内表的最大行数和最小行数。

④ 计算索引数据所占的空间，确定每张表的关键字或数据元素的长度，并弄清楚是否

原始表中的每条记录都存在关键字。

将各表中行数可能的最大值和最小值分别乘以每行数据的最大长度和最小长度。另外，要将索引项数目与关键字长度的乘积累加到总的数据量中，以确定最终需要的数据总量。

3）确定数据分割策略

数据分割是数据仓库设计的一项重要内容，是提高数据仓库性能的一项重要技术。数据分割是指把逻辑上是统一整体的数据分割成较小的、可以独立管理的物理单元（称为分片）进行存储，以便于重构、重组和恢复，以提高创建索引和顺序扫描的效率。

数据分割为数据仓库的开发人员和用户提供了更大的灵活性。选择适当的数据分割标准，一般要考虑以下几方面因素：数据量的大小是决定是否进行数据分割和如何分割的主要因素；数据分析处理的要求是选择数据分割标准的一个主要依据，因为数据分割是跟数据分析处理的对象紧密相连的；还要考虑到所选择的数据分割标准应是自然的、易于实施的，同时要考虑数据分割的标准与粒度划分层次是适应的。最常见的是以时间进行分割，如产品每年的销售情况可分别独立存储。

4）确定关系模式

数据仓库的每个主题都是由多个表来实现的，这些表之间依靠主题的公共码键联系在一起，形成一个完整的主题。在设计概念模型时，确定了数据仓库的基本主题，并对每个主题的公共码键、基本内容等做了描述，在这一步将要对选定的当前实施的主题进行模式划分，形成多个表，并确定各个表的关系模式。逻辑模型设计主要的工作就是进行维表模型设计和事实表模型设计。

（1）维表模型设计。

设计维表的目的是把参考事实表的数据放置在一个单独的表中，即将事实表中的数据有组织地分类，以便于进行数据分析。一个维表就是观察事实数据的一个角度，按照概念模型设计的结果，确定当前实施的主题需要哪些维表，如从时间角度、顾客角度对数据进行分析，就需要有时间维表、顾客维表。在数据仓库维度体系设计中，要详细定义维度类型、名称及成员说明。维表通常具有以下数据特征：

① 维通常使用解析过的时间、名字或地址元素，这样可以使查询更灵活。时间可分为年份、季度、月份和日期等，地址可用地理区域来区分，如国家、省、市、县等。

② 维表通常不使用业务数据库的关键字作为主键，而是对每个维表另外增加一个额外的字段作为主键来识别维表中的对象。在维表中新设定的键也称为代理键。

③ 维表中可以包含随时间变化的字段，当数据集市或数据仓库的数据随时间变化而有额外增加或改变时，维表的数据行应有标识此变化的字段。

④ 维表中一般包含着层次关系，也称为概念分层，如在时间维上，按照“年份－季度－月份”形成了一个层次，其中年份、季度、月份成为这个层次的三个级别。多维数据模型有多个维表，使得从不同的角度对数据进行观察成为可能，概念分层则提供了从不同层次对数据进行观察的能力。结合这两者的特征，可以在多维数据模型上定义各种 OLAP 操作，为用户从不同角度、不同层次观察数据提供了灵活性。

（2）事实表模型设计。

事实表主要由两个方面构成：一是主键，由与之相关联的维表的主键构成，各个维表的主键共同构成事实表的主键，同时各个维表的主键亦是与之相关联的事实表的外键；二是度量属性，这些属性具有数值化和可加等特性，是决策者所关心的数据。

通过对概念模型中的主题域进行分析，分析概念模型中要列出的主题名、公共键、属性组，总结出当前实施的主题的事实表的属性构成。

事实表一般很大，包含大量的业务信息，因此，在设计事实表时，可使事实表尽可能小，还要处理好数据的粒度问题。

例 3-2 对概念模型设计步骤中确定的顾客主题、销售主题、供货主题、商品主题等进行分析，从中选择首先要实施的主题域——销售主题。对于粒度，本例中使用最细粒度，保存详细的销售数据。数据分割标准则考虑以时间进行分割。

在逻辑模型设计阶段，主要对事实表模型和维表模型进行设计。

根据概念模型设计中的销售主题的功能描述及表 3-1 中的主题信息描述，可以确定当前要实施的销售主题的维表，如表 3-2 所示，事实表如表 3-3 所示。

表 3-2 销售主题数据仓库的维表模型

维度	属性及维层次
时间维	时间键、季度、年份、月份、日期。 层次：年份—季度—月份—日期—时间键
商品维	商品代码、商品名称、商品售价、商品型号、商品品牌、商品子类、商品分类。 层次：商品分类—商品子类—商品品牌—商品型号—商品名称—商品售价—商品代码
顾客维	顾客代码、姓名、性别、年龄、年龄层次、信用度、地区代码。 层次：地区代码—信用度—年龄层次—年龄—性别—姓名—顾客代码
供货商维	供货商代码、供货商名称、地区代码等。 层次：地区代码—供货商名称—供货商代码
地区维	地区代码、街道、县、市、省份、地区。 层次：地区—省份—市—县—街道—地区代码

表 3-3 销售主题数据仓库的事实表模型

属性	说明
供货商代码	主键
时间键	
商品代码	
顾客代码	
销售数量	度量属性
销售额	

该销售主题数据仓库的逻辑模型图如图 3-10 所示。

3. 物理模型设计

物理模型设计就是构建数据仓库的物理分布模型，主要包含数据仓库的软硬件配置、资源情况以及数据仓库模式。概念世界是现实情况在人们头脑中的反映，人们需要利用一种

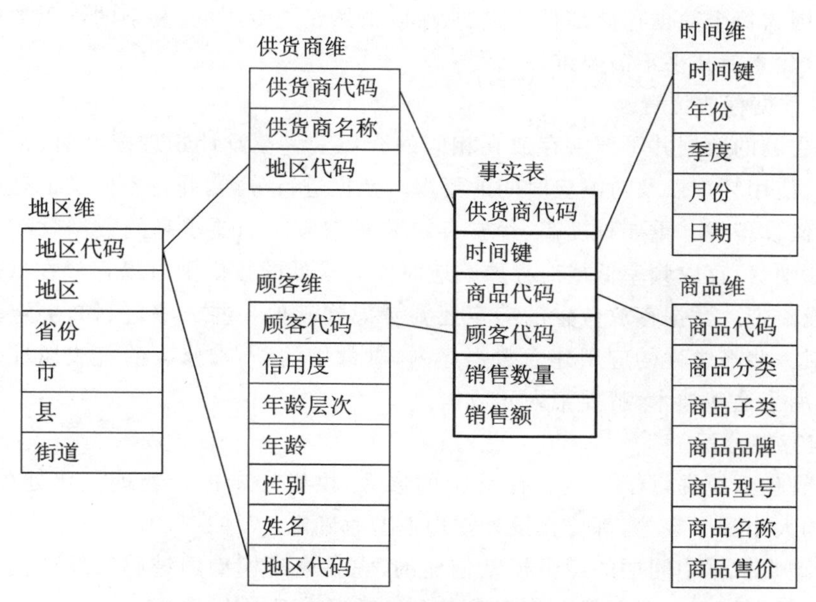

图 3-10　销售主题数据仓库逻辑模型图

模式将现实世界在自己的头脑中表达出来。逻辑世界是人们为将存在于自己头脑中的概念模型转换到计算机中的实际物理存储过程中的一个计算机逻辑表示模式。通过这个模式，人们可以容易地将概念模型转换成计算机世界的物理模型。物理模型是指现实世界中的事物在计算机系统中的实际存储模式，只有依靠这个物理存储模式，人们才能利用计算机对现实世界进行信息管理。

物理模型设计所做的工作是根据信息系统的容量、复杂度、项目资源以及数据仓库项目自身（当然，也可以是非数据仓库项目）的软件生命周期确定数据仓库系统的软硬件配置、数据仓库分层设计模式、数据的存储结构、索引策略、数据存放位置、存储分配等。物理模型设计是由项目经理和数据仓库架构师共同实施的。确定数据仓库的物理模型，要求设计人员必须做到以下几方面：

① 要全面了解所选用的数据库管理系统，特别是存储结构和存取方法。

② 了解数据环境、数据的使用频度和使用方式、数据规模以及响应时间要求等，这些是对时间和空间效率进行平衡和优化的重要依据。

③ 了解外部存储设备的特性，如分块原则、块大小的规定、设备的 I/O 特性等。

要设计一个好的物理模型还必须做到以下几个方面：

① 确定数据的存储结构。

一个数据库管理系统往往提供多种存储结构供设计人员选用，不同的存储结构有不同的实现方式，各有各的适用范围和优缺点。设计人员在选择存储结构时应该权衡存取时间、存储空间利用率和维护代价三个方面的主要因素。

② 确定索引策略。

数据仓库的数据量很大，因此需要对数据的存取路径进行仔细的设计和选择。由于数据仓库的数据都是不常更新的，因而可以设计多种多样的索引结构来提高数据存取效率。在数据仓库中，设计人员可以考虑对各个数据存储建立专用的、复杂的索引，以获得最高的存取效率。因为每个数据存储都是稳定的，所以虽然建立专用的、复杂的索引要付出一定的代价，但一旦建立就几乎不需要维护。

③ 确定数据存放位置。

同一个主题的数据并不要求存放在相同的介质上。在设计物理模型时，常常要按数据的重要程度、使用频率以及对响应时间的要求对数据进行分类，并将不同类的数据分别存储在不同的存储设备中。重要程度高、经常存取并对响应时间要求高的数据就存放在高速存储设备上，如硬盘；存取频率低或对存取响应时间要求低的数据则可以存放在低速存储设备上，如磁盘或磁带。数据存放位置的确定还要考虑到其他一些方法，例如，决定是否进行合并表，是否对一些经常性的应用建立数据序列，对常用的、不常修改的表或属性是否冗余存储。如果采用了这些技术，就要记入元数据。

④ 确定存储分配。

数据库管理系统提供了一些存储分配的参数，供设计者进行物理优化处理，如块的尺寸、缓冲区的大小和个数等，都要在设计物理模型时确定。

物理模型是依据中间层的逻辑模型创建的，它是通过模型的键码属性和模型的物理特性，扩展中层数据模型而建立的。物理模型由一系列物理表构成，其中最主要的是事实表物理模型和维表物理模型。

例 3-3 依据逻辑模型设计，对销售主题的数据仓库进行物理模型设计，事实表物理模型和维表物理模型设计（即销售主题的数据仓库中各表结构设计）如表 3-4 至表 3-9 所示。

表 3-4 销售事实表（Sales）物理模型

字段名	说明描述	主键/外键		数据类型	数据类型说明
Supp_key	供货商代码	主键	外键	Integer	整型
Date_key	时间键		外键	Integer	整型
Pord_key	商品代码		外键	Integer	整型
Cust_key	顾客代码		外键	Integer	整型
数量	销售数量			Integer	整型
总额	销售额			float	浮点型

表 3-5 时间维表（Dates）物理模型

字段名	说明描述	主键/外键	数据类型	数据类型说明
Date_key	时间键	主键	Integer	整型
年	年份		Integer	整型
季度	季度		Integer	整型
月	月份		Integer	整型
日期	日期		Date	日期型

表 3-6　顾客维表(Customers)物理模型

字段名	说明描述	主键/外键	数据类型	数据类型说明
Cust_key	顾客代码	主键	Integer	整型
信用度	信用度		char(2)	字符型,长度 2
年龄层次	年龄层次		varchar(6)	字符型,长度 6
年龄	年龄		Integer	整型
性别	性别		char(2)	字符型,长度 2
姓名	姓名		varchar(8)	字符型,长度 8
Locate_key	地区代码	外键	Integer	整型

表 3-7　商品维表(Products)物理模型

字段名	说明描述	主键/外键	数据类型	数据类型说明
Prod_key	商品代码	主键	Integer	整型
分类	商品分类		varchar(8)	字符型,长度 8
子类	商品子类		varchar(8)	字符型,长度 8
品牌	商品品牌		varchar(8)	字符型,长度 8
型号	商品型号		varchar(8)	字符型,长度 8
名称	商品名称		varchar(10)	字符型,长度 10
价格	商品售价		float	浮点型

表 3-8　供货商维表(Suppliers)物理模型

字段名	说明描述	主键/外键	数据类型	数据类型说明
Supp_key	供货商代码	主键	Integer	整型
名称	供货商名称		varchar(20)	字符型,长度 20
Locate_key	地区代码	外键	Integer	整型

表 3-9　地区维表(Locates)物理模型

字段名	说明描述	主键/外键	数据类型	数据类型说明
Locate_key	地区代码	主键	Integer	整型
地区	地区		varchar(8)	字符型,长度 8
省	省份		varchar(20)	字符型,长度 20
市	市		varchar(16)	字符型,长度 16
县	县		varchar(8)	字符型,长度 8
街	街道		varchar(20)	字符型,长度 20

其他方面均可依据所选用的数据库管理系统进行默认设置。

3.5 联机分析处理(OLAP)技术

3.5.1 OLAP 概述

1. OLAP 的由来

OLAP 的概念最早是由关系数据库之父 E.F.Codd 在 1993 年提出的。当时 E.F.Codd 认为 OLTP 已经不能够满足终端用户对数据库查询分析的需求,SQL 对大数据库进行的简单查询也不能够满足用户分析的需求。用户的决策分析需要对关系型数据库进行大量的计算才能得到结果,而且查询的结果并不能够满足决策者提出的需求。因此,E.F.Codd 提出了多维数据库与多维分析的概念,即 OLAP。

2. OLAP 的概念

OLAP 是共享多维数据信息的、针对具体问题的联机数据访问和分析的快速软件技术。它通过对信息的多种可能的观察方式进行快速、一致和交互式访问,允许企业的管理决策者进一步观测数据。这些多维数据是辅助决策的数据,也是企业管理者进行决策的主要内容。OLAP 主要用于支持复杂的分析操作,重点支持决策人员和企业管理人员的决策,其依据分析人员的要求,快速和灵活地进行大数据量的复杂查询处理,可以形成一个直观、易于理解的窗体,将查询结果提供给企业的决策者,使得他们能准确掌握企业的业务状态,了解对象的特定需要,从而可以制定适合企业长远发展的方案。

3. OLAP 的规则

Codd 提出了 OLAP 的十二条规则,具体如下。

(1) 多维概念视图:用户按多维角度来看待企业数据,故 OLAP 模型应当是多维的。

(2) 透明性:分析工具的应用对使用者是透明的。

(3) 存取能力:OLAP 工具能将逻辑模式映射到物理数据存储,并可访问数据,给出一致的用户视图。

(4) 一致的报表性能:报表操作不应随维数增加而削弱。

(5) 客户/服务器体系结构:OLAP 服务器能适应各种客户通过客户/服务器方式使用。

(6) 维的等同性:每一维在其结构与操作功能上必须等价。

(7) 动态稀疏矩阵处理:当存在稀疏矩阵时,OLAP 服务器应能推知数据是如何分布的,以及怎样存储才更有效。

(8) 多用户支持:OLAP 工具应提供并发访问(检索与修改),及并发访问的完整性与安全性维护等功能。

(9) 非限定的交叉维操作:在多维数据分析中,所有维的生成与处理都是平等的。OLAP 工具应能处理维间相关计算。

(10) 直接数据操作:如果要在维间进行细剖操作,应该通过直接操作来完成,而不需要使用菜单或跨用户界面进行多次操作。

(11) 灵活的报表:可按任何想要的方式来操作、分析、综合、查看数据与制作报表。

(12) 不受限制的维与聚类:OLAP 服务器至少能在一个分析模型中协调 15 个维,每一

◀ 联机分析处理(OLAP)技术 1

个维应能允许无限个用户定义的聚类。

4. OLAP 的优势

OLAP 的优势主要体现在这样几个方面：OLAP 的查询和分析功能很灵活、完整，可以直观地对数据进行操作，并且可以对产生的查询结果进行可视化展示。

由于使用了 OLAP，企业用户可以对大量的、结构比较复杂的数据进行分析，而且这种查询分析对 OLAP 而言是轻松、高效的，基于此，用户可以快速地做出合适的判断。与此同时，OLAP 可以对人们提出的相对比较复杂的假设进行验证，产生以表格或者图形形式表示的结果，这些结果是对某些分析信息的总结。但是这样产生的异常信息并不被标识出来，这将是一种有效地进行知识求证的方法。OLAP 技术可以满足用户分析的需求。

5. OLAP 中的基本概念

对原始数据进行转换，可产生用户能够理解的并且真实反映企业多维特性的数据信息。OLAP 可以对这些数据信息进行一致、快速、交互式的存取，从而使企业的执行人员、管理人员和决策人员能够从多个角度对这些数据信息的本质内容进行深入了解。下面介绍 OLAP 中的一些基本概念。

1）变量

变量是进行数据度量的指标，描述数据的实际意义，即描述数据"是什么"，通常也被称为度量(或量度)。比如，用来反映一个企业经营效益好坏的销售额、销售量与库存量等。

2）维

维指的是人们观察数据的特定的角度。维实际上是考虑问题时的一类属性，单个属性或者属性集合都可以构成一个维。在实际应用设计中，维可以分成共享维、私有维、常规维、虚拟维以及父子维等类型，从而为用户更好地展现维的特性。维是一种较高层次的类型划分。比如，企业管理者所关心的企业业务流程随着时间而发生变化，那么时间就是一个维，称为时间维。

3）维的层次

维按照细节程度不同可以分为不同的层次或者分类，这些层次描述了维的具体细节信息。比如，地区维可以分为东西方、大洲、国家、省市、区县等不同的层次结构，那么东西方、大洲、国家等就是地区维的层次。同一个维的层次没有统一的规定，这主要是由于不同的分析应用所要求的数据信息的详细程度不太相同。在某些维中可能存在着完全不相同的几条层次路径，这种情况是经常出现的。

4）维成员

维成员是维的一个取值。如果维是多层次的，则不同层次的取值构成一个维成员。需要指出的是，维成员不一定在每个维层次上都取值，部分维层次的取值同样可以构成维成员，而且维成员是无序的。

5）多维数据集

多维数据集是 OLAP 的核心，也可以称为超方体或者立方体。由维和变量组成的数据结构称为多维数据集，一般可以用一个多维的数组进行表示：(维度 1，维度 2，……，维度 n，变量)。比如，按发货途径、地区和时间组织起来的包裹的具体数量所组成的多维数据集可以表示为(发货途径、时间、地区、发包量)。对于这种三维的数据集，可以采用图 3-11 所示的可视化表达方式，这种表达方式更清楚、直观。

6）数据单元

多维数组的取值称为数据单元。当多维数组的每个维都确定一个维成员时，就唯一确定了一个变量的值。数据单元也可以表示为（维 1 成员，维 2 成员，……，维 n 成员，度量值）。比如，在图 3-11 中的时间、地区与发货途径维上分别选取维成员“4th quarter”“Africa”“air”，那么可以唯一地确定观察度量“Packages”的一个取值 240，这样该数据单元就表示为（4th quarter，Africa，air，240）。

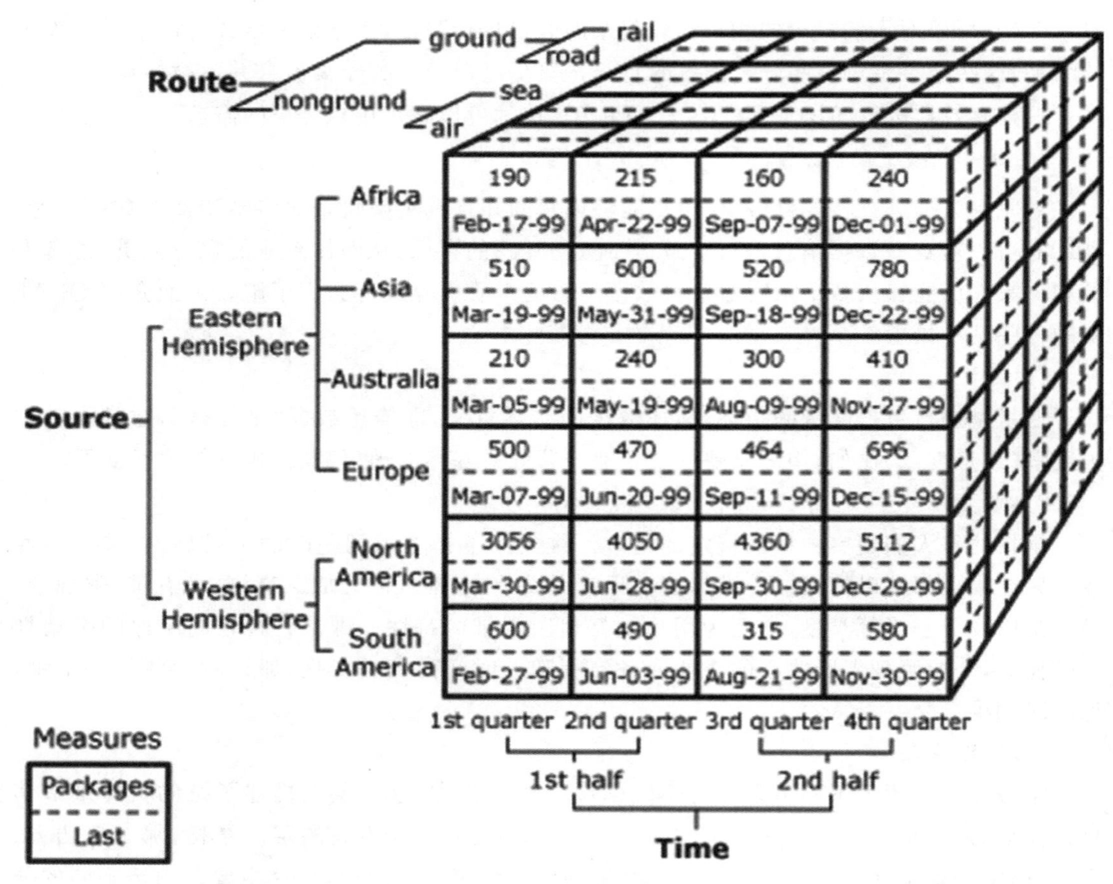

图 3-11　多维数据集图例

3.5.2　数据仓库与 OLAP

1. 特点

1）数据仓库

数据仓库之父 W.H.Inmon 认为“数据仓库是一个面向主题的、集成的、不可更新的且随时间不断变化的数据集合，用来支持管理人员的决策”。这个定义表明数据仓库是一个处理过程，这个过程以主题为依据，对若干个分布的、异质的信息源中的历史数据进行组织和存储，并能集成地进行数据分析。因此，数据仓库具备比一般数据库系统更大的数据规模。数据仓库具有共享性、完整性、数据独立性等传统数据库管理系统的基本特点，还具有面向主题、集成性、历史性、时间属性等独有的特征。

数据仓库系统的最终目的是把分散的、不利于访问的数据转换成集中、统一、随时可用的信息，即为了决策目标将不同形式的数据集合成为一种特殊的格式，建立起一种新的数据存储体系，使数据操作环境与数据分析环境相分离。因此，数据仓库系统的基本功能是数据获取、数据存储和管理、信息的访问。

2）OLAP

OLAP的概念最早是由关系库之父E.F.Codd于1993年提出的。OLAP的目标是满足决策支持或满足在多维环境下特定的查询和报表需求，因此，OLAP的技术核心是维的概念，OLAP可以说是多维数据分析工具的集合。

OLAP是一种软件技术，它使分析人员能够迅速、一致、交互地从各个方面观察信息，以达到深入理解数据的目的。OLAP技术针对人们事先假设的特定问题，进行联机数据访问和分析。OLAP对数据的分析采取的是自上而下、不断深入的方式，在用户提出问题或假设之后，OLAP技术负责提取与问题相关的详细信息，并以一种较直观的方式呈现给用户。OLAP技术能对信息进行快速、稳定、一致的交互式存取，对数据进行多层次、多阶段的分析处理，以获得高度归纳的分析结果，为用户提供服务。

多维性是OLAP的关键属性，多维分析是分析企业数据最有效的方法，也是OLAP的灵魂。多维数据分析是指对以多维形式组织起来的数据采取切片、切块、钻取、旋转等各种分析动作来剖析数据，使用户直观地理解、分析数据，最终能多角度、多侧面地观察数据库中的数据，深入地了解包含在数据中的信息。多维分析符合人的思维模式，因此减少了混淆，并且降低了出现错误的可能性。

2. 数据仓库和OLAP的关联关系

数据仓库是一个决策支持技术的集合，旨在使知识工作者（执行者、主管、分析人员）更快更好地做出决策。数据仓库支持联机分析处理（OLAP），其功能和性能要求与传统情况下由操作数据库支持的联机事务处理（OLTP）有很大不同。

OLTP应用程序通常会自动处理当前数据任务，比如订单输入和银行交易等单位日常操作。这些数据任务重复且具有复杂结构，由短的、孤立的原子事务组成。这些事务要求详细的、最新的数据，并且读/写的数十条记录通常来自对主码的访问。操作数据库访问记录数量往往是百兆到千兆字节大小。数据库的一致性和可恢复性至关重要，最大化事务吞吐量是关键性能指标，因此，数据库设计的目的是反映已知应用程序的操作语义，并减少多事务并发运行的冲突。

与OLTP处理当前数据任务相反，数据仓库的定位是服务于决策支持。在决策支持过程中，历史的、汇总的、统一的数据比详细的个别记录更重要。由于数据仓库包含可能来自多个操作数据库的统一数据，经过较长的一段时间，它们的数量级往往大于操作数据库。工作量大多为点对点的密集查询，复杂的查询能够访问数百万条记录并执行大量的扫描、连接、聚合操作。因此，查询吞吐量和反应时间都要比事务吞吐量更重要些。

为帮助复杂分析和促进形象化，数据仓库中的数据通常被多维模型化。例如，在一个销售数据仓库中，销售时间、销售地点、售货员和产品可能是一些有关利润的维度，每维由一系列属性来描述，如产品维可以由四个属性组成——产品名称、生产厂家、产品种类、产品工业。这些维是分层的，产品维被组织为"产品名称—生产厂家—产品种类—产品工业"层次，销售时间维被组织为"日—月—季—年"层次。典型的OLAP操作包括沿一个或多个维的概念分层钻取(上卷操作提高聚集水平,下钻操作降低聚集程度或增加详情)、切片和切块(选择和投影),以及旋转(重排数据的多维视图)。在多维数据模型中,有一组作为分析对象的数字度量方式。这种度量方式的例子有销售、预算、收入、库存和 ROI(投资回报率)。每种数字度量方式均取决于一组维,维为度量提供环境。

OLAP 概念模型强调把一个或多个维的度量的聚集作为其中一个关键操作。例如,按照不同地区或者年份计算并排名总销量,其他普遍操作包括比较两个由相同的维聚齐起来的度量(比如销售额和预算)。在多个维中,时间维是一个对决策支持(如动向分析)具有特殊意义的维。

3. 基于数据仓库、OLAP、数据挖掘的决策支持系统体系结构设计

在数据仓库化的决策支持系统中,将数据仓库、OLAP、数据挖掘进行有机结合,其所担当的角色分别为:数据仓库用于数据的存储和组织,它从事务应用系统中抽取数据,并对其进行综合、集成与转换,提供面向全局的数据视图;OLAP 致力于在数据仓库的基础之上实现数据的分析;数据挖掘则专注于在数据中寻找知识,实现知识的自动发现。

在数据仓库和 OLAP、数据仓库和数据挖掘之间存在着单向支持的关系。在数据挖掘与 OLAP 之间存在双向联系,即数据挖掘为 OLAP 提供分析的模式,同时,OLAP 对数据挖掘的结果进行验证,并给予适当的引导。

3.5.3 OLAP 的模型

数据仓库与 OLAP 的关系是互补的,现代 OLAP 系统一般以数据仓库为基础,即从数据仓库中抽取详细数据的一个子集并经过必要的聚集,存储到 OLAP 存储器中供前端分析工具读取。OLAP 系统按照其存储器的数据存储格式可以分为关系 OLAP(relational OLAP,ROLAP)、多维 OLAP(multidimensional OLAP,MOLAP)和混合型 OLAP(hybrid OLAP,HOLAP)三种类型。下面重点介绍 MOLAP 和 ROLAP 两种类型。

1. MOLAP 的数据组织模式

MOLAP 以 MDDB(多维数据库)为核心,以多维方式存储数据。MDDB 由许多经过压缩的、类似于数组的对象构成,每个对象又由单元块聚集而成,然后单元块通过直接的偏移计算来进行存取,表现出来的结构是立方体。MOLAP 的结构如图 3-12 所示。

MOLAP 应用逻辑层与数据库服务器合为一体,数据的检索和存储由数据仓库或者数据库负责;全部的 OLAP 需求由应用逻辑层执行。来源于不同的业务系统的数据利用批处理过程添加到 MDDB 中去,当载入成功之后,MDDB 会自动进行预综合处理并建立相应的索引,当用户进行查询时,数据将以适当的格式从 MDDB 移动到表示层中的客户端桌面,从而使用户可以从多个维度查看数据。来自 MDDB 的数据立方体携带已经计算过的数据,从而提高了查询分析的性能和效果。

2. ROLAP 的数据组织模式

通过使用关系型数据库来管理所需的数据的 OLAP 技术称为 ROLAP。在这种类型的分析处理中,数据存储在关系数据库中完成。在这个数据库中,数据的排列是按行和列进行的。数据以多维形式呈现给最终用户。为了更好地在关系型数据库中存储和表示多维数据,多维数据结构在 ROLAP 中分为两个类型的数据表:其一是事实表,事实表中存放了维

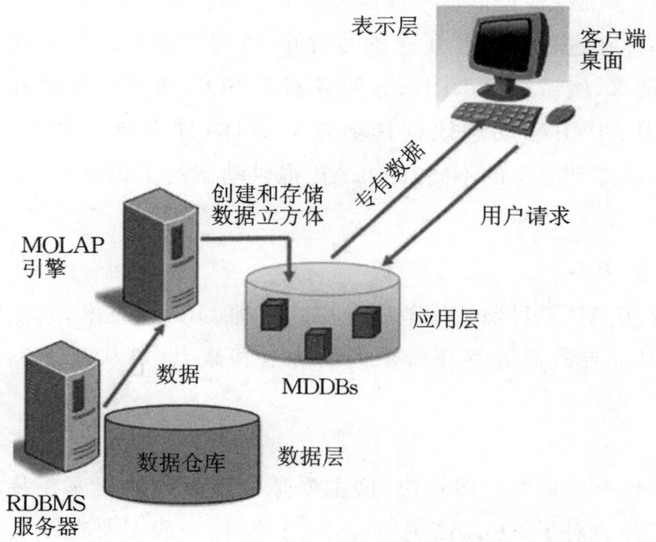

图 3-12 MOLAP 的结构

度的外键信息和变量信息；其二是维表，多维数据模型中的维都至少包含了一个表，维表中包含了维的成员类别信息、维的层次信息以及对事实表的描述信息。多维数据模型主要包含星形模型和雪花模型。

ROLAP 的结构如图 3-13 所示。

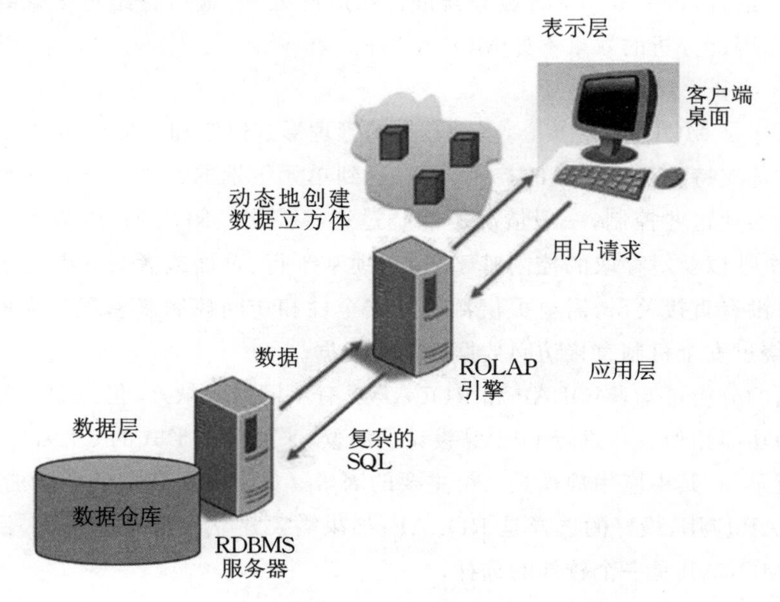

图 3-13 ROLAP 的结构

ROLAP 模型中包含三个主要组件：数据库服务器，它存在于数据层中，由加载到 ROLAP 服务器中的数据组成；ROLAP 服务器，由存在于应用层中的 ROLAP 引擎组成；前端工具，存在于表示层的客户端桌面。

ROLAP 的工作过程：在多维数据模型定义完毕之后，来自不同数据源的数据将被添加到数据仓库中，然后系统将根据多维数据模型的需求对数据进行综合，并且通过索引的创建来优化存取的效率。在进行多维数据分析的时候，将用户的请求语句通过 ROLAP 引擎动态地翻译为 SQL 请求，然后经过 RDBMS 服务器对 SQL 请求进行处理，获取数据，最后将查询的结果经 ROLAP 引擎动态地创建数据立方体（即多维处理）后，返回给用户。与 MOLAP 中的多维视图是静态的不同，ROLAP 提供动态的多维视图，这解释了为什么它比 MOLAP 更慢。

3. MOLAP 和 ROLAP 的性能比较

MOLAP 和 ROLAP 是目前使用范围最广的两种 OLAP 技术，它们的数据表示和存储方案完全不相同，从而导致两者存在着不同的优点和缺点，可从以下三个方面对它们进行比较。

1）查询性能

MOLAP 的查询响应速度一般较快，这主要是由于多维数据库在装载数据的时候预先做了大量的计算工作。对于 ROLAP 中的查询与分析，一般需要在维表与事实表之间建立较为复杂的连接，响应时间通常很难估计。

2）分析性能

MOLAP 能够更加清晰和准确地表达和描述 OLAP 中的多维数据，因此，MOLAP 具有天然的分析优势。但是多维数据库是一种新技术，目前没有一个统一标准，不同的多维数据库的客户端接口是互不相同的。ROLAP 采用 SQL 语言，ROLAP 服务器首先将用户的请求转化为 SQL 语言，再由 RDBMS 服务器进行相应的处理，最后将经过多维处理的处理结果返回给用户，因此分析的效果不如 MOLAP 好。

3）数据存储和管理

多维数据库是 MOLAP 的核心，多维数据的管理形式以维和维成员为主，大多数的多维数据库的产品都支持进行单元级的控制，可以达到单元级别的数据封锁。多维数据库通过数据管理层来实现这些控制，一般情况不能绕过这些控制。ROLAP 以关系型数据库系统作为基础，安全性以及对存取的控制基于表，封锁基于行、页面或者表。因为这些与多维概念的应用程序没有直接关系，需要提供额外的安全性和访问控制来管理所需的 ROLAP 工具，用户可以绕过安全机制直接访问数据库中的数据。

通过上面的分析可知，MOLAP 和 ROLAP 具有不同的优缺点，但是它们提供给用户进行查询分析的功能相似。在进行 OLAP 设计的时候，采用哪种形式的 OLAP 应该依据不同的情况而有所不同，其中应用规模是一个主要的因素。如果需要建立一个功能复杂的、大型的企业级 OLAP 应用，最好的选择是 ROLAP；如果需要建立一个维数较少、目标较为单一的数据集市，MOLAP 是一个较佳的选择。

3.5.4 OLAP 的基本操作

OLAP 决策数据是多维数据，而决策的主要内容就是多维数据。多维分析是指对多维数据集中进行分析，通过分析，能够使管理人员从多个侧面、多个角度去观察数据仓库中的数据。只有这样，才可以更加深入地了解数据仓库中的数据所隐藏的信息，才能使管理人员更加深入地挖掘隐藏在数据背后的信息。多维分析的基本操作包括切片、切块、上卷、下钻以及旋转等。

以 3.4.2 小节的物理模型设计中所设计的销售主题数据仓库为基础，建立多维数据集，以下切片、切块、钻取、旋转操作均在此多维数据集上进行介绍。

1. 切片

选定多维数据集中某个维的维成员的动作，叫作切片（slice），也就是为多维数据集（维 1，维 2，……，维 n，观察变量）中的一个维 i 选定一个确定值，即构成切片（维 1，维 2，……，维 i，……，维 n，观察变量）。多维数据集中的切片不同于一般的二维平面“切片”，其维数取决于原来数据集的维数；其数量则取决于所选定的那个维的维成员数量。切片的目的是降低多维数据集的维度，以利于使用者更方便地查看内容。切片示意图如图 3-14 所示。

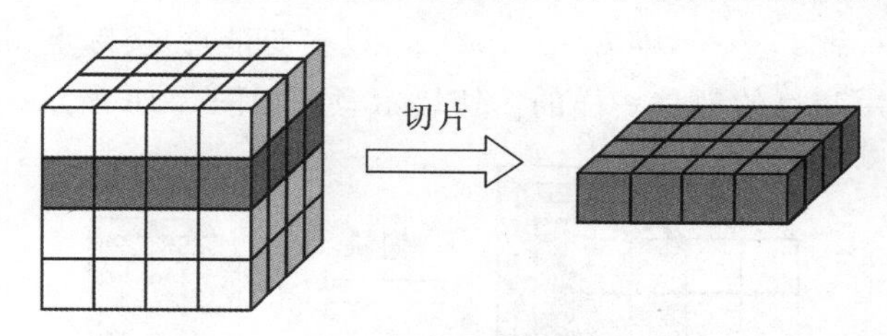

图 3-14 切片示意图

图 3-15 所示是对 4 个季度各个地区、各个类别的商品的销售量数据立方体进行切片，获取第 2 季度各个地区、各个类别的商品的销售量数据的示例。

		地区 ▾ 分类 ▾										
		⊟华北			⊟华东		⊟华南		⊟华中			总计
		家用电器	通信设备	汇总	家用电器	汇总	家用电器	汇总	家用电器	通信设备	汇总	
季度 ▾												
1	数量	2	2	4	2	2	4	4	4	5	9	19
2	数量	1	2	3	1	1	1	1	3	3	6	11
3	数量	1	2	3	1	1	3	3	5	1	6	13
4	数量	1	1	2	3	3	3	3	2	1	3	11
总计	数量	5	7	12	7	7	11	11	14	10	24	54

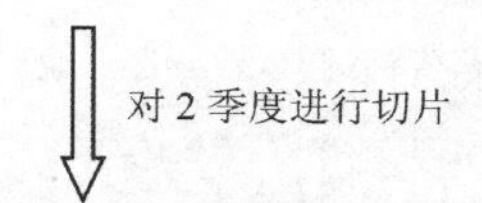

维度	层次结构	运算符	筛选表达式
Dates	季度	等于	{ 2 }
<选择维度>			

将筛选字段拖至此处

		地区 ▾ 分类 ▾										
		⊟华北			⊟华东		⊟华南		⊟华中			总计
		家用电器	通信设备	汇总	家用电器	汇总	家用电器	汇总	家用电器	通信设备	汇总	
季度 ▾												
2	数量	1	2	3	1	1	1	1	3	3	6	11
总计	数量	1	2	3	1	1	1	1	3	3	6	11

图 3-15 切片示例

该过程所执行的 SQL 语句为：

OLAP 操作展示 ▶

```
SELECT Locates.地区,Products.分类,SUM(数量)
FROM Sales,Dates,Products,Customers,Locates
WHERE Dates.季度=2   【指定切片条件】
  AND Sales.Date_key=Dates.Date_key   【事实表和维表连接】
  AND Sales.Cust_key=Customers.Cust_key
  AND Sales.Prod_key=Products.Prod_key
  AND Customers.Locate_key=Locates.Locate_key
GROUP BY Locates.地区,Products.分类 WITH ROLLUP
```

2. 切块

选定多维数据集中两个或多个维的维成员的动作,叫作切块(dice),构成的切块可以表示为(维 1,维 2,……,维 i,……,维 k,……,维 n,观察变量)。实际上,切块可以看作多次切片结果的重叠,其作用和目的都是一样的。切块示意图如图 3-16 所示。

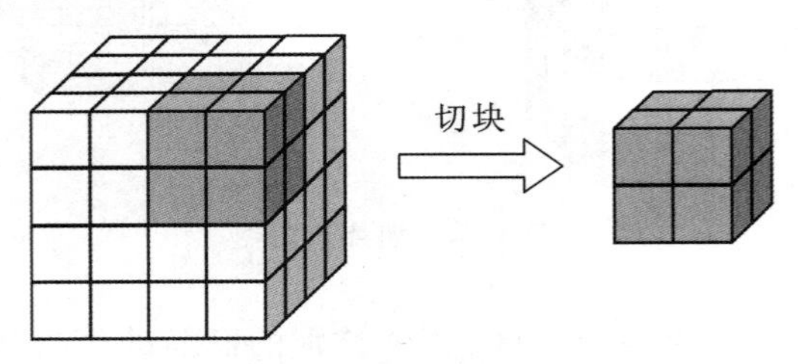

图 3-16 切块示意图

图 3-17 所示是对 4 个季度各个地区、各个类别的商品的销售量数据立方体进行切块,获取第 2 和第 3 季度、华东和华南地区、各个类别的商品的销售量数据的示例。

该过程所执行的 SQL 语句为:

```
SELECT Dates.季度,Locates.地区,Products.分类,SUM(数量)
FROM Sales,Dates,Products,Customers,Locates
WHERE (Dates.季度=2 OR Dates.季度=3)
AND (Locates.地区='华东' OR Locates.地区='华南')   【指定切块条件】
  AND Sales.Date_key=Dates.Date_key   【事实表和维表连接】
AND Sales.Cust_key=Customers.Cust_key
  AND Sales.Prod_key=Products.Prod_key
    AND Customers.Locate_key=Locates.Locate_key
GROUP BY Dates.季度,Locates.地区,Products.分类 WITH ROLLUP
```

3. 钻取

维是具有层次性的,如时间维可能由年、月、日构成,维的层次实际上反映了数据的综合程度,钻取操作与维的层次相关。钻取(drill)包含向上钻取(drill up)和向下钻取(drill down)操作,钻取的深度与维所划分的层次相对应。向下钻取就是从较高层次的维下降到较低层次的维上来观察多维数据细节;相反的操作就是向上钻取。

1) 向上钻取(drill up)

向上钻取也称上卷,通过维的概念分层向上攀升或者通过维归约在数据立方体上进行聚集。

如图 3-18 所示,在商品维上,沿着商品维的概念分层,由品牌向子类上卷,可得到子类

		地区 ▼ 分类 ▼										
		⊟华北			⊟华东		⊟华南		⊟华中			总计
		家用电器	通信设备	汇总	家用电器	汇总	家用电器	汇总	家用电器	通信设备	汇总	
季度 ▼												
1	数量	2	2	4	2	2	4	4	4	5	9	19
2	数量	1	2	3	1	1	1	1	3	3	6	11
3	数量	1	2	3	1	1	3	3	5	1	6	13
4	数量	1	1	2	3	3	3	3	2	1	3	11
总计	数量	5	7	12	7	7	11	11	14	10	24	54

对2、3季度和华东、华南进行切块

维度	层次结构	运算符	筛选表达式
Dates	季度	等于	{ 2, 3 }
Locates	地区	等于	{ 华东, 华南 }
<选择维度>			

将筛选字段拖至此处

		地区 ▼ 分类 ▼				
		⊟华东		⊟华南		总计
		家用电器	汇总	家用电器	汇总	
季度 ▼						
2	数量	1	1	1	1	2
3	数量	1	1	3	3	4
总计	数量	2	2	4	4	6

图 3-17　切块示例

的聚集数据，再由子类向分类上卷，可得到分类层次的聚集数据。

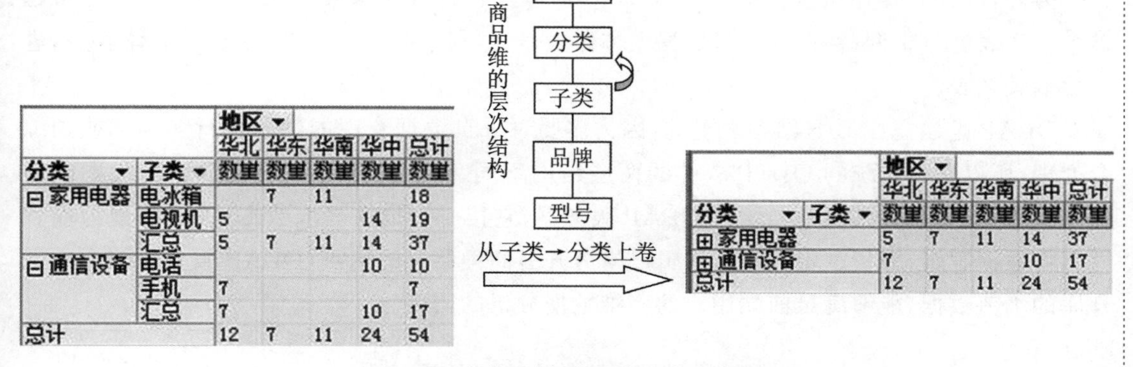

分类	子类	华北 数量	华东 数量	华南 数量	华中 数量	总计 数量
⊟家用电器	电冰箱		7	11		18
	电视机	5			14	19
	汇总	5	7	11	14	37
⊟通信设备	电话				10	10
	手机	7				7
	汇总	7			10	17
总计		12	7	11	24	54

分类	子类	华北 数量	华东 数量	华南 数量	华中 数量	总计 数量
⊞家用电器		5	7	11	14	37
⊞通信设备		7			10	17
总计		12	7	11	24	54

图 3-18　上卷示例(由子类→分类上卷)

2）向下钻取(drill down)

向下钻取也称下钻，是上卷的逆操作，可以沿维的概念分层向下，从而获得更多的细节数据，它由不太详细的数据到更详细的数据。

如图 3-19 所示，在时间维上，沿着时间维的概念分层，由年份向季度下钻，可得到各个季度的详细数据，再由季度向月份下钻，可得到更详细的各个月份的数据。

4. 旋转

旋转(rotate)即改变一个报告或页面现实的维方向。例如，旋转可能包含了交换行和

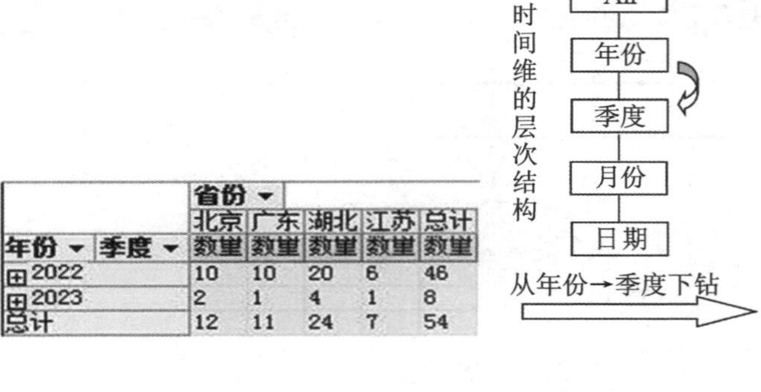

年份	季度	省份 北京 数量	广东 数量	湖北 数量	江苏 数量	总计 数量
⊞2022		10	10	20	6	46
⊞2023		2	1	4	1	8
总计		12	11	24	7	54

年份	季度	省份 北京 数量	广东 数量	湖北 数量	江苏 数量	总计 数量
⊟2022	1	2	3	5	1	11
	2	3	1	6	1	11
	3	3	3	6	1	13
	4	2	3	3	3	11
	汇总	10	10	20	6	46
⊟2023	1	2	1	4	1	8
	汇总	2	1	4	1	8
总计		12	11	24	7	54

图 3-19 下钻示例(由年份→季度下钻)

列,或是把某一个行维移到列维中去,或是把页面显示中的一个维和页面外的维进行交换,令其成为新的行或列中的一个。如图 3-20 所示。

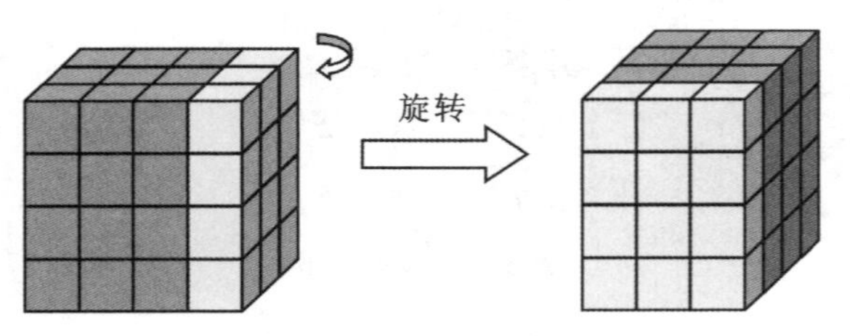

图 3-20 旋转(交换行和列)

另外,OLAP 操作还包括钻过(drill across)以及钻透(drill through)。钻过指的是跨越多个事实表进行查询;钻透则指对数据立方体操作时,利用数据库关系,钻透立方体底层,进入后端关系表。

OLAP 是建立在 B/S 结构之上的,因为需要对来自数据仓库的数据进行多维化或预综合处理,所以它与传统的 OLTP 软件的两层结构不同,是三层的 B/S 结构。第一层能够解决多维数据的存储问题;第二层是 OLAP 服务器,它接受查询并提取数据;第三层是前端软件。将数据逻辑、分析逻辑和表示逻辑严格分开是此种结构的优点,OLAP 服务器综合数据仓库的细节数据,能够满足前端用户的多维数据分析的需要。

本章小结

本章论述了数据仓库的基本概念、数据仓库的体系结构,明确了数据仓库与数据库的关系,以及在进行商业分析时建立数据仓库的必要性。按照数据仓库设计与建造步骤,对数据仓库的 ELT、传统系统到数据仓库的迁移、多维数据模型进行了介绍,解释了数据仓库涉及的相关概念——数据粒度、数据分割、元数据管理、外部数据等。最后通过一个数据仓库设计的实例,将数据仓库与 OLAP 技术进行了应用。

◀章节测验讲解

习题 3

3-1　简述数据仓库的设计过程中三种模型对应的工作。

3-2　简述数据仓库的三种多维数据模型之间的关系。

3-3　什么是数据的粒度？粒度有哪些形式？粒度与数据仓库的性能有何关系？

3-4　为什么说粒度和分割是数据仓库中的重要概念？

3-5　简要说明建立一个数据仓库的过程。

3-6　什么是 OLAP？OLAP 是一种技术还是一种数据库？

3-7　OLTP 和 OLAP 的区别是什么？

3-8　OLAP 中的数据切片是如何实现的？

3-9　OLAP 中的钻取操作可以用来为哪些决策提供帮助？

3-10　什么是维？能否使用多个维来取代一个维上的多个层次？为什么？

3-11　用一个实例说明维的层次概念和维的分类概念的联系及区别。

3-12　ROLAP 和 MOLAP 在 OLAP 的数据存储中各有什么特点？在什么情况下选择 MOLAP？在什么情况下选择 ROLAP？

3-13　假定 BigUniversity 的数据仓库包含如下 4 个维：student(student_name，area_id，major，status，university)，course(course_name，department)，semester(semester，year)和 instructor(dept，rank)；2 个度量：count 和 avg_grade。在最低概念层，度量 avg_grade 存放学生的实际课程成绩。在较高概念层，avg_grade 存放给定组合的平均成绩。

(1) 为该数据仓库画出雪花模型图。

(2) 由基本方体[student，course，semester，instructor]开始，为列出 BigUniversity 每个学生的 CS 课程的平均成绩，应当使用哪些特殊的 OLAP 操作？

第 3、4 章作业讲解▶

第4章

关联规则挖掘

想象你是 AAA 公司的销售经理,正在与一位刚在商店购买了 PC 和数码相机的顾客交谈。你应该向他推荐什么产品?你的顾客在购买了 PC 和数码相机之后频繁购买哪些产品,这种信息对你做出推荐是有用的。在这种情况下,频繁模式和关联规则正是你想要挖掘的知识。

频繁模式(frequent pattem)是频繁地出现在数据集中的模式(如项集、子序列或子结构)。例如,频繁地同时出现在交易数据集中的商品(如牛奶和面包)的集合是频繁项集。一个子序列,如首先购买 PC,然后是数码相机,再后是内存卡,如果它频繁地出现在购物历史数据库中,则称它为一个(频繁的)序列模式。一个子结构可能涉及不同的结构形式,如子图、子树或子格,它可能与项集或子序列结合在一起。如果一个子结构频繁地出现,则称它为(频繁的)结构模式。对于挖掘数据之间的关联、相关性和许多其他有趣的联系,发现这种频繁模式起着至关重要的作用。此外,它对数据分类、聚类和其他数据挖掘任务也有帮助。因此,频繁模式的挖掘成了一项重要的数据挖掘任务和数据挖掘研究关注的主题之一。

关联规则不仅在超市交易数据分析方面得到了应用,在诸如股票交易、银行保险以及医学研究等众多领域也得到了广泛的应用。因此,本章专门介绍关联规则挖掘的基本概念、挖掘关联规则的 Apriori 算法和 FP-Growth 算法、关联规则的评价方法,最后简单介绍序列模式发现算法。

4.1 问题定义

本节介绍发现事务或关系数据库中项集之间有趣的关联或相关性的频繁模式挖掘的基本概念。4.1.1 小节给出了一个购物篮分析的例子，这是频繁模式挖掘的最初形式，旨在得到关联规则。挖掘频繁模式和关联规则的基本概念在 4.1.2 小节给出。

4.1.1 购物篮分析

频繁项集挖掘的一个典型例子是购物篮分析。该过程通过发现顾客放入他们“购物篮”中的商品之间的关联，分析顾客的购物习惯。这种关联的发现可以帮助零售商了解哪些商品频繁地被顾客同时购买，从而帮助他们制定更好的营销策略。例如，如果顾客在一次超市购物时购买了牛奶，他们有多大可能也同时购买面包(以及何种面包)? 这种信息可以帮助零售商做选择性销售和安排货架空间，从而增加销售量。

看一个购物篮分析的例子。

例 4-1 作为 AAA 公司的部门经理，你想更多地了解顾客的购物习惯，尤其想知道“顾客可能会在一次购物时同时购买哪些商品”。为了回答问题，可以在商店的顾客事务零售数据上运行购物篮分析，分析结果可以用于营销规划、广告策划，或新的分类设计。

例如，购物篮分析可以帮助你设计不同的商店布局。一种策略是:经常被同时购买的商品可以摆放得近一些，以便进一步促进这些商品同时销售。比如，如果购买牛奶的顾客也倾向于同时购买面包，则把牛奶摆放得离面包近一点，可能有助于增加这两种商品的销售量。另一种策略是:把牛奶和面包摆放在商店的两端，可能诱发买这两种商品的顾客一路挑选其他商品。比如，顾客在购买了一箱很贵的牛奶后，去购买面包，途中看到有糖果销售，可能会决定也买一些糖果。购物篮分析也可以帮助零售商规划什么商品降价出售。如果顾客趋向于同时购买计算机和打印机，则打印机的降价出售可能促使顾客既购买打印机，又购买计算机。

4.1.2 基本术语

定义 4.1 二元表示。购物篮数据可以用表 4-1 所示的二元形式来表示，其中每行对应一个事务，而每列对应一个项。项可以用二元变量表示，如果项在事务中出现，则它的值为 1，否则为 0。因为通常认为项在事务中出现比不出现更重要，因此项是非对称(asymmetric)二元变量。这种表示或许是实际购物篮数据极其简单的展现，因为这种表示忽略数据的某些重要的方面，如所购商品的数量和价格等。

表 4-1 购物篮数据的二元(0/1)表示

TID	面包	牛奶	尿布	啤酒	鸡蛋	可乐
1	1	1	0	0	0	0
2	1	0	1	1	1	0
3	0	1	1	1	0	1
4	1	1	1	1	0	0
5	1	1	1	0	0	1

问题定义 ▶

定义 4.2 项集和支持度计数。令 $I=\{i_1,i_2,\cdots,i_d\}$ 是购物篮数据中所有项的集合，而 $T=\{t_1,t_2,\cdots,t_N\}$ 是所有事务的集合。每个事务 t_i 包含的项集都是 I 的子集。在关联分析中，包含 0 个或多个项的集合被称为项集(itemset)。如果一个项集包含 k 个项，则称它为 k-项集。例如，{啤酒，尿布，牛奶}是一个 3-项集。而空集是指不包含任何项的项集。

事务的宽度定义为事务中出现的项的个数。如果项集 X 是事务 t_j 的子集，则称事务 t_j 包括项集 X。例如，在表 4-1 中，第二个事务包括项集{面包，尿布}，但不包括项集{面包，牛奶}。项集的一个重要性质是它的支持度计数，即包含特定项集的事务个数。数学上，项集 X 的支持度计数 $\sigma(X)$ 可以表示为

$$\sigma(X)=|\{t_i \mid X\subseteq t_i,\ t_i\in T\}|$$

其中，符号 $|\cdot|$ 表示集合中元素的个数。在表 4-1 显示的数据集中，项集{牛奶，尿布，啤酒}的支持度计数为 2，因为只有 2 个事务同时包含这 3 个项。

定义 4.3 关联规则(association rule)。关联规则是形如 $X\to Y$ 的蕴含表达式，其中 X 和 Y 是不相交的项集，即 $X\cap Y=\emptyset$。关联规则的强度可以用它的支持度(support)和置信度(confidence)度量。支持度确定规则可以用于给定数据集的频繁程度，而置信度确定 Y 在包含 X 的事务中出现的频繁程度。支持度和置信度这两种度量的定义如下：

$$\text{support}(X\to Y)=\sigma(X\cup Y)/N \tag{4-1}$$

$$\text{confidence}(X\to Y)=\sigma(X\cup Y)/\sigma(X) \tag{4-2}$$

例 4-2 支持度和置信度的计算。考虑规则{牛奶，尿布}→{啤酒}，由于项集{牛奶，尿布，啤酒}的支持度计数是 2，而事务的总数是 5，所以规则的支持度为 2/5=0.4。规则的置信度是项集{牛奶，尿布，啤酒}的支持度计数与项集{牛奶，尿布}的支持度计数的商。由于存在 3 个事务同时包含牛奶和尿布，所以该规则的置信度为 2/3=0.67。

为什么使用支持度和置信度？支持度是一种重要度量，因为支持度很低的规则可能只是偶然出现。从商务角度来看，低支持度的规则多半也是无意义的，因为对顾客很少同时购买的商品进行促销可能并无益处。因此，支持度通常用来删去那些无意义的规则。此外，支持度还具有一种期望的性质，可以用于关联规则的有效发现。

此外，置信度度量通过规则进行推理具有可靠性。对于给定的规则 $X\to Y$，置信度越高，Y 在包含 X 的事务中出现的可能性就越大。置信度也可以估计 Y 在给定 X 下的条件概率。

应当小心解释关联分析的结果。一方面，由关联规则做出的推论并不必然蕴含因果关系，它只表示规则前件和后件中的项明显地同时出现。另一方面，因果关系需要关于数据中原因和结果属性的知识，并且通常涉及长期出现的联系(如臭氧损耗导致全球变暖)。

定义 4.4 关联规则发现。给定事务的集合 T，关联规则发现是指找出支持度大于等于 minsup 并且置信度大于等于 minconf 的所有规则，其中 minsup 和 minconf 是对应的支持度和置信度阈值。

挖掘关联规则的一种原始方法是计算每个可能规则的支持度和置信度。但是这种方法的代价很高，令人望而却步，因为可以从数据集提取的规则的数目达指数级。更具体地说，从包含 d 个项的数据集提取的可能规则的总数为

$$R=3^d-2^{d+1}+1 \tag{4-3}$$

即使对于表 4-1 所示的小数据集，这种方法也需要计算 $3^6-2^7+1=602$ 条规则的支持度和置信度。使用 minsup=20%和 minconf=50%，80%以上的规则将被丢弃，使得大部分计算是无用的开销。为了避免进行不必要的计算，事先对规则剪枝，而无须计算它们的支持

度和置信度的值将是有益的。

提高关联规则挖掘算法性能的第一步是拆分支持度和置信度要求。由公式(4-1)可以看出，规则 $X \rightarrow Y$ 的支持度仅依赖于其对应项集 $X \cup Y$ 的支持度。例如，下面的规则有相同的支持度，因为它们涉及的项都源自同一个项集{啤酒，尿布，牛奶}：

{啤酒，尿布}→{牛奶}，{尿布，牛奶}→{啤酒}，{牛奶}→{啤酒，尿布}，
{啤酒，牛奶}→{尿布}，{啤酒}→{尿布，牛奶}，{尿布}→{啤酒，牛奶}

如果项集{啤酒，尿布，牛奶}是非频繁的，则可以立即剪掉这6个候选规则，而不必计算它们的置信度。

因此，大多数关联规则挖掘算法通常采用的一种策略是，将关联规则挖掘任务分解为如下两个主要的子任务。

(1) 频繁项集的产生：其目标是发现满足最小支持度阈值的所有项集，这些项集称作频繁项集(frequent itemset)。

(2)规则的产生：其目标是从上一步发现的频繁项集中提取所有高置信度的规则，这些规则称作强规则(strong rule)。

通常，频繁项集产生所需的计算开销远大于产生规则所需的计算开销。频繁项集和关联规则产生的有效技术将分别在4.2节和4.3节讨论。

4.2 频繁项集的产生

格结构(lattice structure)常常被用来枚举所有可能的项集。图4-1所示为 $I=\{A,B,C,D,E\}$ 的项集格。一般来说，一个包含 k 个项的数据集可能产生 2^k-1 个频繁项集(不包括空集在内)。由于在许多实际应用中 k 的值可能非常大，需要探查的项集空间可能是指数规模的。

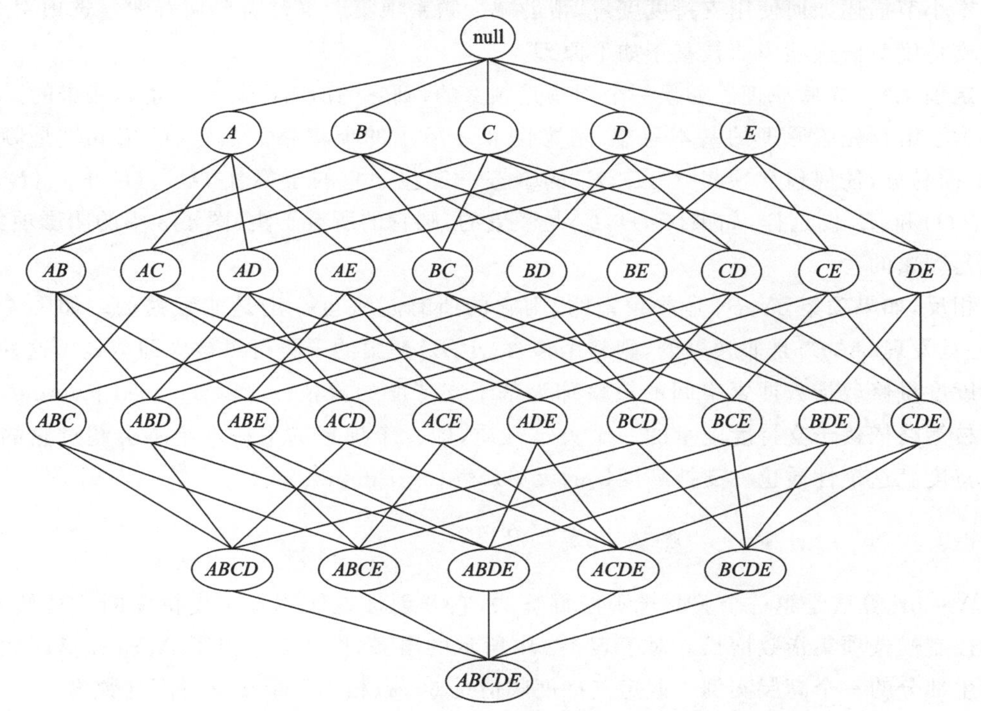

图4-1 项集格

brute-force(蛮力)方法是发现频繁项集的一种原始方法,它确定格结构中每个候选项集(candidate itemset)的支持度计数。为了完成这一任务,必须将每个候选项集与每个事务进行比较,如图 4-2 所示。如果候选项集包含在事务中,则候选项集的支持度计数增加。例如,由于项集{Cola,Beer}出现在事务 200 和 300 中,其支持度计数将增加 2 次。这种方法的开销可能非常大,因为它需要进行 $O(NMw)$次比较,其中 N 是事务数,$M=2^k-1$ 是候选项集数,而 w 是事务的最大宽度。所以,需要想办法降低产生频繁项集的计算复杂度。

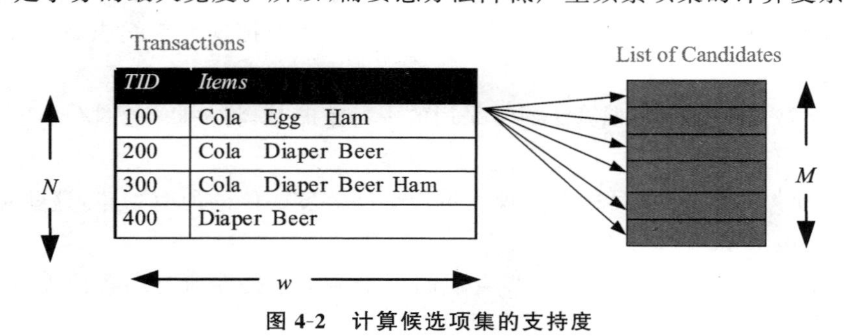

图 4-2 计算候选项集的支持度

有几种方法可以降低产生频繁项集的计算复杂度。

(1) 减少候选项集的数目(M)。下一小节介绍的先验(apriori)原理,是一种不用计算支持度值而删除某些候选项集的有效方法。

(2) 减少比较次数。替代将每个候选项集与每个事务相匹配,可以使用更高级的数据结构,或者存储候选项集或者压缩数据集,以减少比较次数。

4.2.1 先验原理

本小节描述如何使用支持度度量,帮助减少频繁项集产生时需要探查的候选项集个数。使用支持度对候选项集剪枝基于如下原理。

定理 4.1 先验原理。如果一个项集是频繁的,则它的所有子集一定也是频繁的。

为了解释先验原理的基本思想,考虑图 4-3 所示的项集格。假定{C,D,E}是频繁项集,显而易见,任何包含项集{C,D,E}的事务一定包含它的子集{C,D}、{C,E}、{D,E}、{C}、{D}和{E}。这样,如果{C,D,E}是频繁的,则它的所有子集(图 4-3 中的阴影项集)一定也是频繁的。

相反,如果项集{A,B}是非频繁的,则它的所有超集也一定是非频繁的。如图 4-4 所示,一旦发现{A,B}是非频繁的,则整个包含{A,B}超集的子集可以被立即剪枝。这种基于支持度度量修剪指数搜索空间的策略称为基于支持度的剪枝(support-based pruning)。这种剪枝策略依赖于支持度度量的一个关键性质,即一个项集的支持度绝不会超过它的子集的支持度。这个性质也称支持度度量的反单调性(anti-monotone)。

4.2.2 Apriori 算法的频繁项集产生

Apriori 算法是第一个关联规则挖掘算法,它开创性地使用基于支持度的剪枝技术,系统地控制候选项集指数增长。对于表 4-2 中所示的事务,图 4-5 给出了 Apriori 算法频繁项集产生部分的一个高层实例。假定支持度阈值是 60%,相当于最小支持度计数为 3。

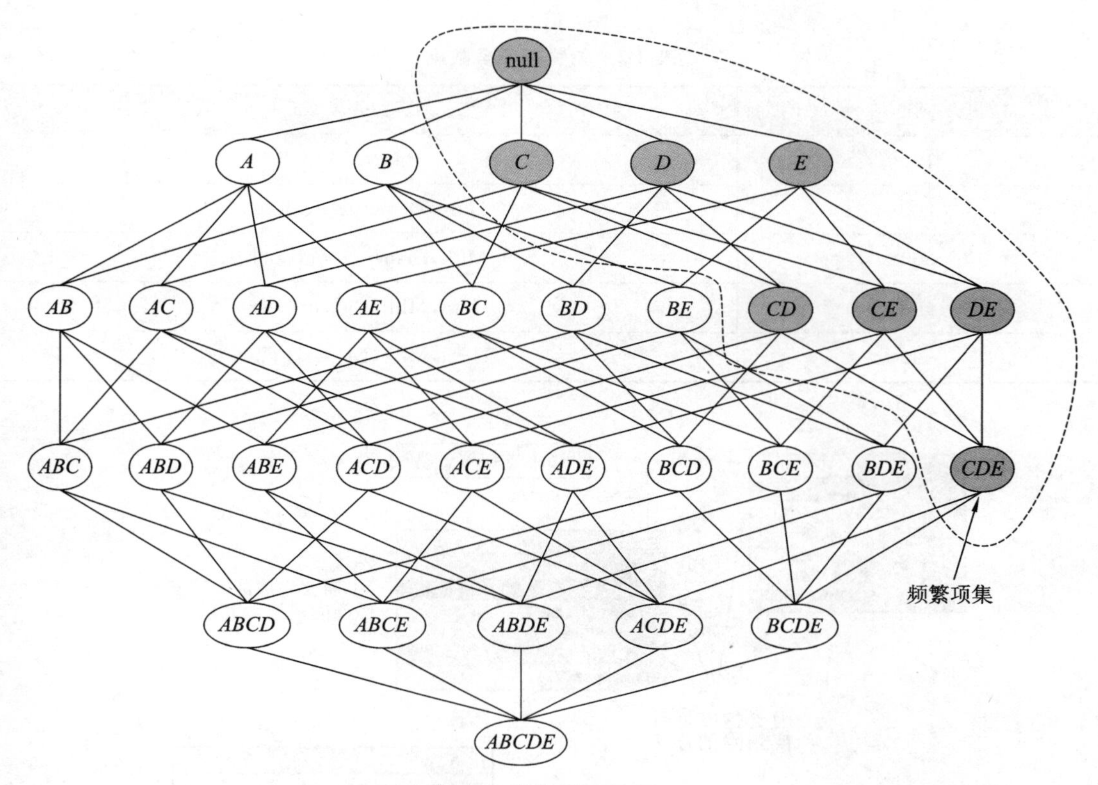

图 4-3 先验原理的图示

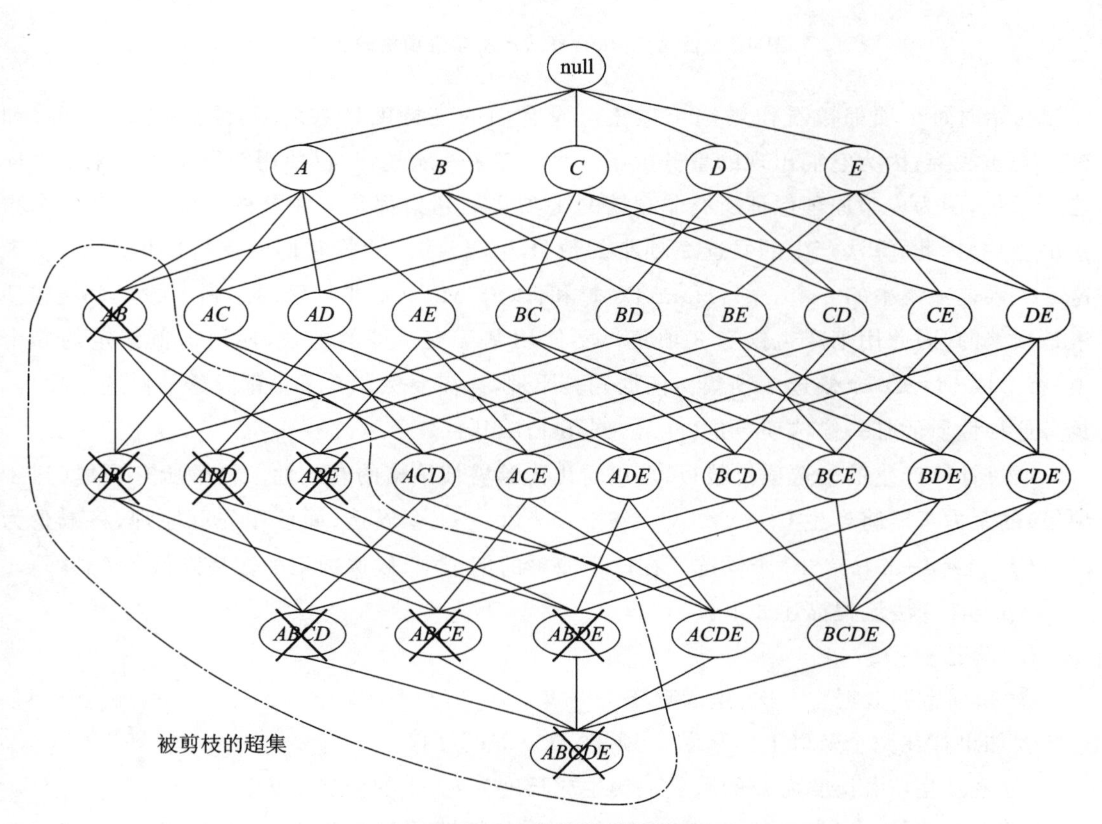

图 4-4 基于支持度的剪枝的图示

表 4-2 购物篮事务数据

TID	Items
100	Ham,Milk
200	Ham,Diaper,Beer,Egg
300	Milk,Diaper,Beer,Cola
400	Ham,Milk,Diaper,Beer
500	Ham,Milk,Diaper,Cola

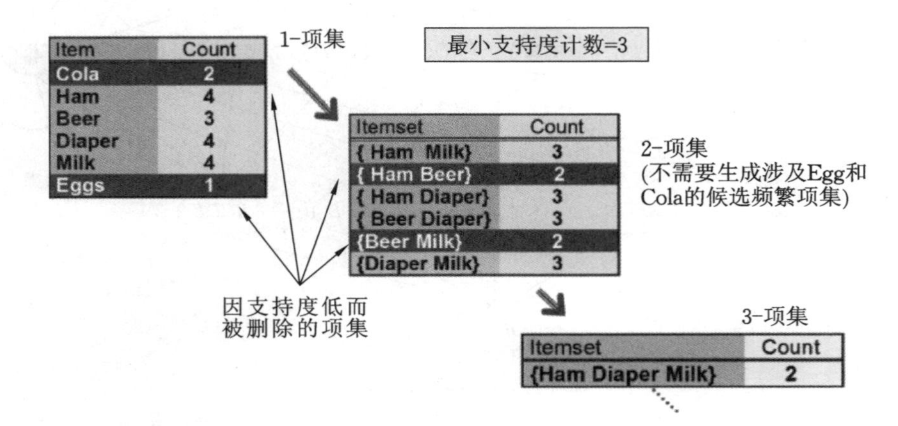

图 4-5 使用 Apriori 算法产生频繁项集的例子

初始时每个项都被看作候选 1-项集。对它们的支持度计数之后，候选项集{Cola}和{Eggs}被丢弃，因为它们出现的事务少于 3 个。在下一次迭代，仅使用频繁 1-项集来产生候选 2-项集，因为先验原理保证所有非频繁的 1-项集的超集都是非频繁的。由于只有 4 个频繁 1-项集，因此，算法产生的候选 2-项集的数目为 $C_4^2=6$。计算它们的支持度值之后，发现这 6 个候选项集中的 2 个——{Ham,Beer}和{Beer,Milk}是非频繁的。剩下的 4 个候选项集是频繁的，因此用来产生候选 3-项集。不使用基于支持度的剪枝，使用该例给定的 6 个项，将形成 $C_6^3=20$ 个候选 3-项集。依据先验原理，只需要保留其子集都频繁的候选 3-项集，具有这种性质的唯一候选项集是{Ham,Diaper,Milk}。

通过计算产生的候选项集数目，可以看出先验剪枝策略的有效性。枚举所有项集(到 3-项集)的蛮力策略将产生 $C_6^1+C_6^2+C_6^3=6+15+20=41$ 个候选；而使用先验原理，将减少为 $C_6^1+C_4^2+1=6+6+1=13$ 个候选。在这个简单的例子中，候选项集的数目降低了 68%。

Apriori 算法流程描述如下：

① 设定 $k=1$。

② 扫描事务数据库一次，生成频繁 1-项集。

③如果存在两个及以上的频繁 k-项集，重复下面过程：

[候选产生] 由长度为 k 的频繁项集生成长度为 $k+1$ 的候选项集。

[候选前剪枝] 对每个候选项集，若其具有非频繁的长度为 k 的子集，则删除该候选

项集。

[支持度计算] 扫描事务数据库一次,统计每个余下的候选项集的支持度。

[候选后剪枝] 删除非频繁的候选项集,仅保留频繁的$(k+1)$-项集。

设定$k=k+1$。

Apriori算法的核心步骤:

(1) 候选产生。

设$A=\{a_1,a_2,\cdots,a_k\}$和$B=\{b_1,b_2,\cdots,b_k\}$是一对频繁k-项集,当且仅当$a_i=b_i(i=1,2,\cdots,k-1)$并且$a_k\neq b_k$时,合并$A$和$B$,得到$\{a_1,a_2,\cdots,a_k,b_k\}$。

例如:合并{Bread,Milk}和{Bread,Diaper}得到{Bread,Milk,Diaper},但{Milk,Bread}和{Bread,Diaper}不能合并,因为它们的第一个项不相同。

(2) 候选前剪枝。

设$A=\{a_1,a_2,\cdots,a_k,a_{k+1}\}$是一个候选$(k+1)$-项集,检查每个$A'$是否在第$k$层频繁项集中出现,其中$A'$由$A$去掉$a_i(i=1,2,\cdots,k+1)$得到。若某个$A'$没有出现,则$A$是非频繁的。

例如:$A=\{I_1,I_2,I_3\}$,它的2项子集有$\{I_1,I_2\}$、$\{I_1,I_3\}$、$\{I_2,I_3\}$,看这3个2项子集有没有都在2项频繁项集中出现,若有一个2项子集是非频繁的,则A是非频繁的。

算法4.1给出了Apriori算法和它的相关过程的伪代码。Apriori算法的第1步是找出频繁1-项集的集合L_1。在第2~10步,对于$k\geqslant 2$,L_{k-1}用于产生候选C_k,以便找出L_k。apriori_gen过程产生候选,然后使用先验性质删除那些具有非频繁子集的候选(步骤3)。一旦产生了所有的候选,就扫描数据库(步骤4)。对于每个事务,使用subset函数找出该事务中是候选的所有子集(步骤5),并对每个这样的候选累加计数(步骤6和步骤7)。最后,所有满足最小支持度的候选(步骤9)形成频繁项集的集合L(步骤11)。然后,调用一个过程,由频繁项集产生关联规则。

算法4.1 Apriori。使用逐层迭代方法基于候选产生找出频繁项集。

输入:①D:事务数据库。②min_sup:最小支持度阈值。

输出:L,D中的频繁项集。

方法:

```
(1)  L1=find_frequent_1_itensets(D);
(2)  for(k=2; Lk-1≠∅; k+ + )  {
(3)    Ck=aproiri_gen(Lk-1);
(4)    for each 事务 t∈D  {  //扫描 D 用于计数
(5)      Ct=subset(Ck,t);     //得到 t 的子集,它们是候选
(6)   for each 候选 c∈Ct,
(7)  c.count++;
(8)        }
(9)    Lk={c∈Ck|c.count≥min_sup}
(10)  }
(11)  return L=∪Lk;  //返回所有的频繁项集
```

```
Procedure apriori_gen(Lk-1:frequent(k-1) itemset)
(1)for each 项集 l1∈Lk-1
(2)    for each 项集 l2∈Lk-1
(3)    if(l1[1]=l2[1])∧…∧(l1[k-2]=l2[k-2])∧(l1[k-1]< l2[k-1]) then {
(4)   c=l1? l2;     //连接步:产生候选
(5)    ifhas_infrequent_subset(c,Lk-1) then
(6)   delete c;     //剪枝步:删除非频繁的候选
(7) else add c to Ck;
(8)   }
(9)return Ck;
procedure has_infrequent_subset(c:candidate k- itemset; Lk-1:frequent(k-1)-
itemsets)
//使用先验知识
(1)for each(k-1) subset s of c
(2) if s ∉ Lk-1 then
(3)return TRUE;
(4)return FALSE;
```

如上所述,apriori_gen 做两个动作:连接和剪枝。在连接部分,L_{k-1} 与 L_{k-1} 连接产生可能的候选(步骤 1～步骤 4)。剪枝部分(步骤 5～步骤 7)使用先验性质删除具有非频繁子集的候选。非频繁子集的测试显示在过程 has_infrequent_subset 中。

例 4-3 考虑表 4-3 所示的 AAA 公司的事务数据库 D,该数据库有 4 个事务,最小支持度计数阈值=2。使用图 4-6 解释 Apriori 算法发现 D 中的频繁项集的过程。

表 4-3 AAA 公司 S 分店的事务数据

TID	Items
100	Cola,Egg,Ham
200	Cola,Diaper,Beer
300	Cola,Diaper,Beer,Ham
400	Diaper,Beer

解:(1) 在算法的第一次迭代时,每个项都是候选 1-项集的集合 C_1 的成员。算法简单地扫描所有的事务,对每个项的出现次数计数。

(2) 最小支持度计数为 2,即 min_sup=2(这里谈论的是绝对支持度,因为使用的是支持度计数,对应的相对支持度为 2/4=50%)。可以确定频繁 1-项集的集合 L_1,它由满足最小支持度的候选 1-项集组成。C_1 中除 Egg 外的所有候选都满足最小支持度,L_1 为频繁 1-项集。

(3) 为了发现频繁 2-项集的集合 L_2,算法通过连接 L_1 和 L_1 产生候选 2-项集的集合 C_2。C_2 由 $C^2_{|L_1|}$ 个 2-项集组成。注意,在剪枝步骤,没有候选从 C_2 中删除,因为这些候选的

图 4-6　候选项集和频繁项集的产生，最小支持度计数为 2

每个子集也是频繁的。

(4) 扫描 D 中事务，累计 C_2 中每个候选项集的支持计数，如图 4-6 第二行的第二个表所示。

(5) 确定频繁 2-项集的集合 L_2，它由 C_2 中满足最小支持度的候选 2-项集组成。

(6) 候选 3-项集的集合 C_3 的产生详细地列在图 4-6 中。在连接步，首先令 $C_3 = L_2 \bowtie L_2$ = {{Cola, Ham, Diaper}, {Cola, Ham, Beer}, {Cola, Diaper, Beer}}（注：L_2 中的{Diaper, Beer}与其他项集的第一个项不相同，不能合并）。根据先验性质，频繁项集的所有子集必须是频繁的，因为{Cola, Ham, Diaper}的子集{Cola, Ham}、{Cola, Diaper}、{Ham, Diaper}中的{Ham, Diaper}不是频繁的，所以可以确定{Cola, Ham, Diaper}这个候选不可能是频繁的。因此，把它从 C_3 中删除，这样，在此后扫描 D 确定 L_3 时就不必再求它的计数值。同样地，因为{Ham, Beer}不是频繁的，把{Cola, Ham, Beer}从 C_3 中删除。注意，由于 Apriori 算法使用逐层搜索技术，因此给定一个候选 k-项集，只需要检查它们的 $(k-1)$-项子集是否频繁即可。C_3 剪枝后的结果在图 4-6 第三行的第二个表中给出。

(7) 扫描 D 中事务以确定 L_3，它由 C_3 中满足最小支持度的候选 3-项集组成（见图 4-6）。

至此算法终止，找出了所有的频繁项集。

Apriori 算法的计算复杂度受如下因素影响。

(1) 支持度阈值：降低支持度阈值通常将导致更多的频繁项集，这增加了算法的计算复杂度，因为必须产生更多候选项集并对其计数。随着支持度阈值的降低，频繁项集的最大长度将增加。而随着频繁项集最大长度的增加，算法需要扫描数据集的次数也将增多。

(2) 项数(维度):随着项数的增加,需要更多的空间来存储项的支持度计数。如果频繁项集的数目也随着数据维度的增加而增长,则由算法产生的候选项集更多,计算量和 I/O 开销将增加。

(3) 事务数:由于 Apriori 算法反复扫描数据集,因此它的运行时间随着事务数增加而增加。

(4) 事务的平均宽度:对于密集数据集,事务的平均宽度可能很大,这将在两个方面影响 Apriori 算法的复杂度。首先,频繁项集的最大长度随事务平均宽度增加而增加,因而,在候选项产生和支持度计数时必须考察更多的候选项集;其次,随着事务宽度的增加,事务中将包含更多的项集,这将增加支持度计数时 Hash 树的遍历次数。

4.3 规则产生

规则产生这一过程指的是:给定一个频繁项集 X,寻找 X 的所有非空真子集 S,使 $X-S\rightarrow S$ 的置信度大于等于给定的置信度阈值。

如果 $|X|=k$,忽略那些前件或后件为空的规则($\emptyset\rightarrow Y$ 或 $Y\rightarrow\emptyset$),则有 2^k-2 个候选的关联规则。例如:如果{Cola,Diaper,Beer}是频繁项集,则候选的规则包括:

{Cola,Diaper}→{Beer},{Cola,Beer}→{Diaper},{Diaper,Beer}→{Cola},
{JZ{Cola}→{Diaper,Beer},{Diaper}→{Cola,Beer},{Beer}→{Cola,Diaper}

注意:这样的规则必然已经满足支持度阈值,因为它们是由频繁项集产生的。

计算关联规则的置信度并不需要再次扫描事务数据集。考虑规则{Cola,Diaper}→{Beer},它是由频繁项集 $X=$ {Cola,Diaper,Beer}产生的。该规则的置信度为 σ({Cola,Diaper,Beer})/σ({Cola,Diaper})。因为{Cola,Diaper,Beer}是频繁的,支持度的反单调性确保项集{Cola,Diaper}也是频繁的。由于这两个项集的支持度计数已经在频繁项集产生时得到,因此不必再扫描整个数据集。

4.3.1 基于置信度的剪枝

不像支持度度量,置信度不具有任何单调性。例如:规则 $X\rightarrow Y$ 的置信度可能大于、小于或等于规则 $\widetilde{X}\rightarrow\widetilde{Y}$的置信度,其中 $\widetilde{X}\subseteq X$ 且$\widetilde{Y}\subseteq Y$。尽管如此,当比较由频繁项集 Y 产生的规则时,下面的定理对置信度度量成立。

定理 4.2 如果规则 $X\rightarrow Y-X$ 不满足置信度阈值,则形如 $X'\rightarrow Y-X'$的规则一定也不满足置信度阈值,其中 X'是 X 的子集。

定理证明:考虑如下两个规则:$X'\rightarrow Y-X'$和 $X\rightarrow Y-X$,其中 $X'\subset X$。这两个规则的置信度分别为 $\sigma(Y)/\sigma(X')$和 $\sigma(Y)/\sigma(X)$。由于 X'是 X 的子集,因此 $\sigma(X')\geqslant\sigma(X)$。所以,前一个规则的置信度不可能大于后一个规则。

4.3.2 Apriori 算法中规则的产生

Apriori 算法使用一种逐层方法来产生关联规则,其中每层对应于规则后件中的项数。首先,提取规则后件只含一个项的所有高置信度规则,然后,使用这些规则来产生新的候选规则。例如,如果$\{A,C,D\}\rightarrow\{B\}$和$\{A,B,D\}\rightarrow\{C\}$是两个高置信度的规则,则通过合并

◀ 规则产生

这两个规则的后件产生候选规则$\{A,D\}\to\{B,C\}$。图4-7显示了由频繁项集$\{A,B,C,D\}$产生关联规则的格结构。如果格中的任意节点具有低置信度，则根据定理，可以立即剪掉该节点生成的整个子图。假设规则$\{B,C,D\}\to\{A\}$具有低置信度，则可以丢弃后件包含A的所有规则，包括$\{C,D\}\to\{A,B\}$、$\{B,D\}\to\{A,C\}$、$\{B,C\}\to\{A,D\}$、$\{D\}\to\{A,B,C\}$、$\{C\}\to\{A,B,D\}$、$\{B\}\to\{A,C,D\}$。

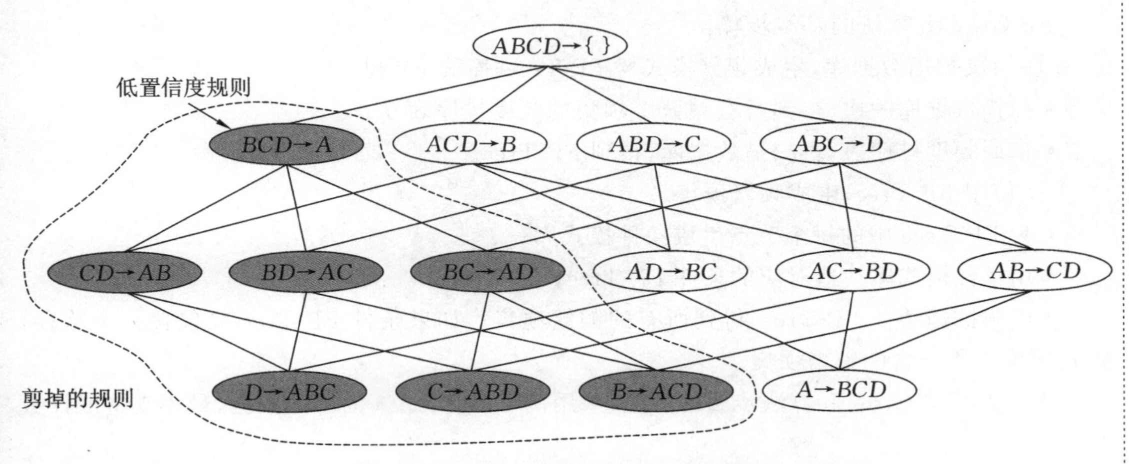

图4-7 使用置信度对关联规则进行剪枝

候选规则通过合并两个具有相同规则后件前缀的规则产生，如图4-8所示，合并$(CD\to AB,BD\to AC)$得到候选规则$D\to ABC$。如果规则$D\to ABC$的某个子集（如$AD\to BC$）不满足置信度阈值，则删除该规则。

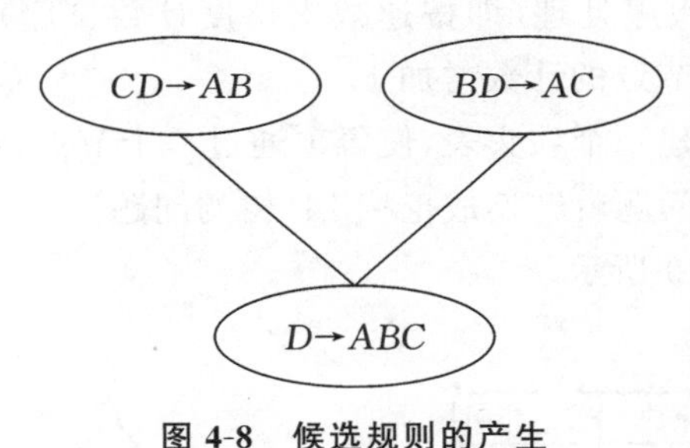

图4-8 候选规则的产生

4.4 FP-Growth算法

在许多情况下，Apriori算法的候选产生-检查方法显著压缩了候选项集的规模，并产生很好的性能。然而，它可能受两种非平凡开销的影响：①它可能仍然需要产生大量候选项集，例如，如果有10^4个频繁1-项集，则Apriori算法需要产生多达10^7个候选2-项集。②它可能需要重复扫描整个数据库，通过模式匹配检查一个很大的候选集合。检查数据库中每个事务来确定候选项集支持度的开销很大。

可以设计一种方法，挖掘全部频繁项集而无须这种代价昂贵的候选产生过程吗？一种试图这样做的有趣的方法称为频繁模式增长(frequent-pattern growth，FP-Growth)。

FP-Growth算法使用一种称作FP树的紧凑数据结构组织数据，并直接从该结构中提

FP-Growth算法▶

取频繁项集。FP 树是一种输入数据的压缩表示，它通过逐个读入事务，并把每个事务映射到 FP 树中的一条路径来构造。

FP-Growth 算法的基本原理为：进行两次数据库扫描，一次对所有 1-项目的频度排序，一次将数据库信息转变成紧缩内存结构。不使用侯选集，直接压缩数据库成一个频繁模式树，通过频繁模式树可以直接得到频繁项集。

FP-Growth 算法的基本步骤：

① 两次扫描数据库，生成频繁模式树 FP-Tree(简称 FP 树)。

- 扫描数据库一次，得到所有频繁 1-项集的频度排序表 T；
- 依照频度排序表，再扫描数据库，得到 FP-Tree。

② 使用 FP-Tree，生成频繁项集。

- 为 FP-Tree 中的每个节点生成条件模式库；
- 用条件模式库构造对应的条件 FP-Tree；
- 递归挖掘条件 FP-Tree，得到所有的频繁项集。如果条件 FP-Tree 只包含一个路径，则直接生成所包含的频繁项集。

例 4-4 FP-Growth 算法步骤的说明，采用例 4-3 中表 4-3 的事务数据，最小支持度计数为 2。

解：① FP-Tree 的构建。

数据库的第一次扫描与 Apriori 算法相同，它导出频繁项(1-项集)的集合，并得到它们的支持度计数(频度)。频繁项的集合按支持度计数的递减序排序。结果集或表记为 L。

然后，FP 树构造如下：首先，创建树的根节点，用"null"标记。第二次扫描数据库 D，每个事务中的项都按 L 中的次序处理(即按递减支持度计数排序)，并对每个事务创建分支。每重复经过某个节点一次，节点的计数增加 1。

为了方便树的遍历，创建一个项头表，使每项通过一个节点链指向它在树中的位置。这样，数据库频繁模式的挖掘问题就转换成挖掘 FP 树的问题。

所构建的 FP 树如图 4-9 所示。

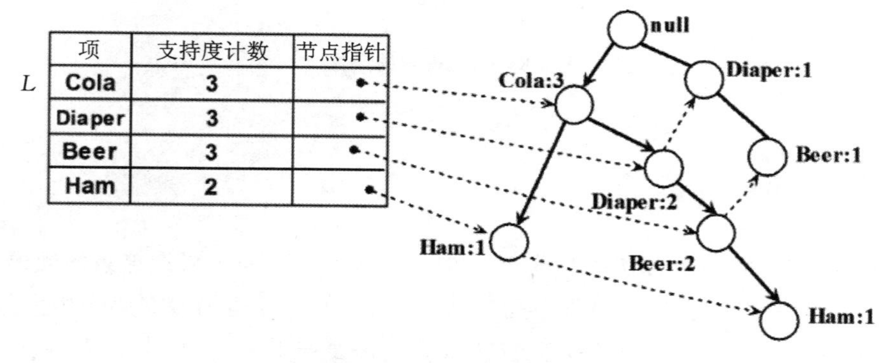

图 4-9 FP 树的构建

② FP-Tree 的挖掘过程。

FP 树的挖掘过程如下：由长度为 1 的频繁模式(初始后缀模式)开始，构造它的条件模式基(一个"子数据库"，由 FP 树中与该后缀模式一起出现的前缀路径集组成)。然后，构造它的(条件)FP 树，并递归地在该树上进行挖掘。模式增长通过后缀模式与条件 FP 树产生的频繁模式连接实现。

采取自底向上迭代方法，先查找以“Ham”为后缀的频繁项集，然后依次是“Beer”“Diaper”“Cola”。

首先考虑“Ham”，它是 L 中的最后一项，而不是第一项。“Ham”出现在图 4-9 所示的 FP 树的两个分支中（“Ham”的出现容易沿它的节点链找到）。这些分支形成的路径是＜Cola，Ham：1＞和＜Cola，Diaper，Beer，Ham：1＞。因此，考虑以“Ham”为后缀，它的两个对应前缀路径是＜Cola：1＞和＜Cola，Diaper，Beer：1＞，它们形成“Ham”的条件模式基。使用这些条件模式基作为事务数据库，构造“Ham”的条件 FP 树，如图 4-10 所示，它只包含单个路径＜Cola：2＞，不包含 Diaper、Beer，因为 Diaper、Beer 的支持度计数为 1，小于最小支持度计数。该单个路径产生频繁项集{Cola，Ham：2}。

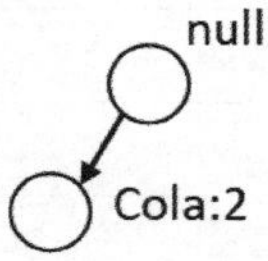

图 4-10　Ham 的条件 FP 树

Beer 的条件模式基为{＜Cola，Diaper：2＞，＜Diaper：1＞}，生成的“Beer”的条件 FP 树如图 4-11 所示。

挖掘条件 FP 树，产生模式集{{Diaper，Beer：3}，{Cola，Diaper，Beer：2}，{Cola，Beer：2}}。

Diaper 的条件模式基为{＜Cola：2＞}，生成的“Diaper”的条件 FP 树如图 4-12 所示。

项	支持度计数	节点指针
Diaper	3	
Cola	2	

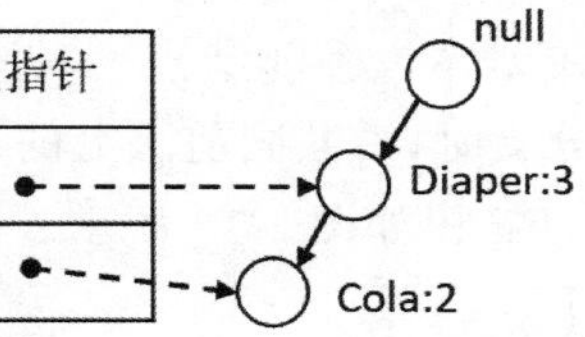

图 4-11　“Beer”的条件 FP 树

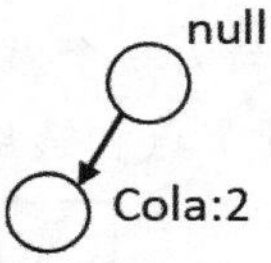

图 4-12　“Diaper”的条件 FP 树

“Diaper”的条件 FP 树只有 1 个分支＜Cola：2＞，得到频繁项集{Cola，Diaper：2}。

该 FP 树的挖掘过程总结在表 4-4 中。

表 4-4　通过创建条件模式基挖掘 FP 树

项	条件模式基	条件 FP 树	产生的频繁模式
Ham	{＜Cola：1＞，＜Cola，Diaper，Beer：1＞}	＜Cola：2＞	{Cola，Ham：2}
Beer	{＜Cola，Diaper：2＞，＜Diaper：1＞}	＜Diaper：3，Cola：2＞	{Diaper，Beer：3}，{Cola，Diaper，Beer：2}，{Cola，Beer：2}
Diaper	{＜Cola：2＞}	＜Cola：2＞	{Cola，Diaper：2}

例 4-5　数据集如表 4-5 所示，利用 FP-Growth 算法找出频繁项集。最小支持度计数＝2。

表 4-5　AAA 公司 C 分店的事务数据

TID	商品 ID 的列表	TID	商品 ID 的列表
T100	I1,I2,I5	T600	I2,I3
T200	I2,I4	T700	I1,I3
T300	I2,I3	T800	I1,I2,I3,I5
T400	I1,I2,I4	T900	I1,I2,I3
T500	I1,I3		

解:生成 FP-Tree:数据库的第一次扫描与 Apriori 算法相同,它导出频繁项(1-项集)的集合,并得到它们的支持度计数(频度)。最小支持度计数为 2。频繁项的集合按支持度计数的递减序排序。结果集或表记为 L。这样,有 L＝{{I2:7},{I1:6},{I3:6},{I4:2},{I5:2}}。

然后,FP 树构造如下:首先,创建树的根节点,用"null"标记。第二次扫描数据库 D。每个事务中的项都按 L 中的次序处理(即按递减支持度计数排序),并对每个事务创建一个分支。例如,第一个事务"T100:I1,I2,I5"包含三个项(按 L 中的次序 I2、I1、I5),形成构造树的包含三个节点的第一个分支＜I2:1＞、＜I1:1＞、＜I5:1＞,其中 I2 作为根的子女链接到根,I1 链接到 I2,I5 链接到 I1。第二个事务 T200 按 L 的次序包含项 I2 和 I4,它形成一个分支,其中 I2 链接到根,I4 链接到 I2。然而,该分支应当与 T100 已存在的路径共享前缀 I2。因此,将节点 I2 的计数增加 1,并创建一个新节点＜I4:1＞,它作为子女链接到＜I2:2＞。一般地,当为一个事务考虑增加分支时,沿共同前缀上的每个节点的计数增加 1,为前缀之后的项创建节点和链接。所构建的 FP 树如图 4-13 所示。

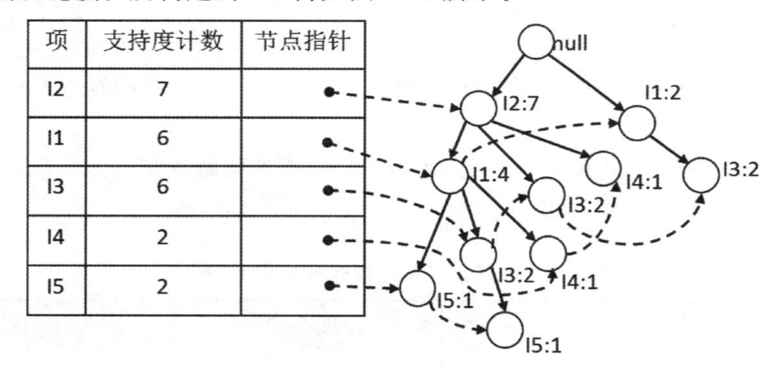

图 4-13　例 4-5 中 FP 树的构建

FP-Tree 的挖掘:首先考虑 I5,它是 L 中的最后一项,而不是第一项。I5 出现在 FP 树的两个分支中(I5 的出现容易沿它的节点链找到)。这些分支形成的路径是＜I2,I1,I5:1＞和＜I2,I1,I3,I5:1＞。因此,考虑以 I5 为后缀,它的两个对应前缀路径是＜12,I1:1＞和＜12,I1,I3:1＞,它们形成 I5 的条件模式基。使用这些条件模式基作为事务数据库,构造 I5 的条件 FP 树,如图 4-14(a)所示,它只包含单个路径＜I2:2,I1:2＞,不包含 I3,因为 I3 的支持度计数为 1,小于最小支持度计数。该单个路径产生以 I5 为后缀的频繁模式的所有组合:{I2,I5:2}、{I1,I5:2}、{I2,I1,I5:2}。

对于 I4,它的两个前缀形成条件模式基{＜I2,I1:1＞,＜I2:1＞},产生一个单节点的条件 FP 树＜I2:2＞，如图 4-14(b)所示，并导出一个以 I4 为后缀的频繁模式{I2,I4:2}。

类似，I3 的条件模式基是{＜I2,I1:2＞,＜I2:2＞,＜I1:2＞}。它的条件 FP 树有两个分支＜I2:4,I1:2＞和＜I1:2＞，如图 4-14(c)所示。它产生以 I3 为后缀的频繁模式集:{{I2,I3:4},{I1,I3:4},{I2,I1,I3:2}}。

最后，I1 的条件模式基是{＜I2:4＞}，它的 FP 树只包含一个节点＜I2:4＞，如图 4-14(d)所示，只产生一个以 I1 为后缀的频繁模式{I2,I1:4}。

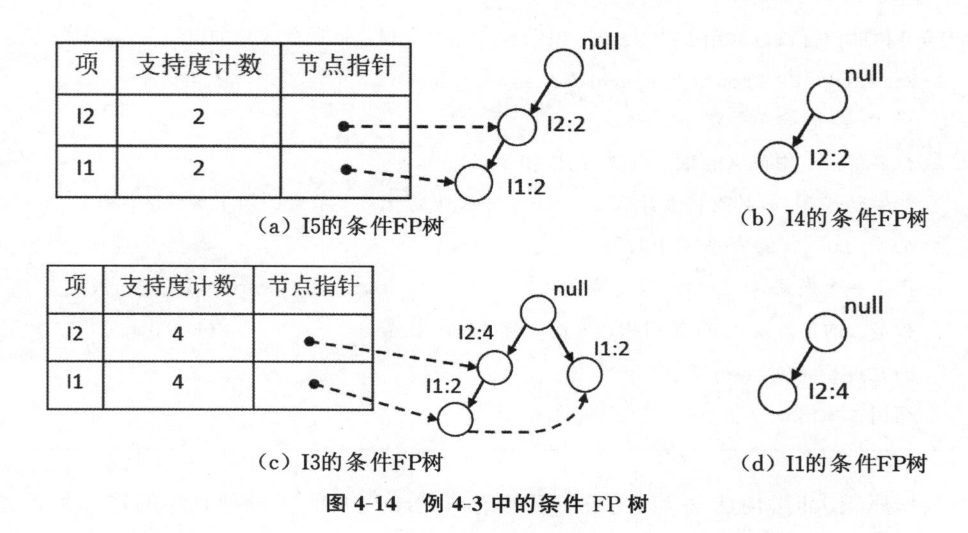

(a) I5的条件FP树　　(b) I4的条件FP树

(c) I3的条件FP树　　(d) I1的条件FP树

图 4-14　例 4-3 中的条件 FP 树

该 FP 树的挖掘过程总结如表 4-6 所示。

表 4-6　通过创建条件模式基挖掘 FP 树

项	条件模式基	条件 FP 树	产生的频繁模式
I5	{＜I2,I1:1＞,＜I2,I1,I3:1＞}	＜I2:2, I1:2＞	{I2,I5:2},{I1,I5:2},{I2,I1,I5:2}
I4	{＜I2,I1:1＞,＜I2:1＞}	＜I2:2＞	{I2,I4:2}
I3	{＜I2,I1:2＞,＜I2:2＞,＜I1:2＞}	＜I2:4,I1:2＞,＜I1:2＞	{I2,I3:4},{I1,I3:4},{I2,I1,I3:2}
I1	{＜I2:4＞}	＜I2:4＞	{I2,I1:4}

FP-Growth 方法将发现长频繁模式的问题转换成在较小的条件数据库中递归地搜索一些较短模式，然后连接后缀。它使用最不频繁的项作为后缀，提供了较好的选择性。该方法显著地降低了搜索开销。

FP-Growth 算法过程总结在算法 4.2 中。

算法 4.2:FP-Growth。使用 FP 树，通过模式增长挖掘频繁模式。

输入:①D:事务数据库。②min_sup:最小支持度阈值。

输出:频繁模式的完全集。

方法:

(1) 按以下步骤构造 FP 树。

① 扫描事务数据库 D 一次。收集频繁项的集合 F 和它们的支持度计数。对 F 按支持度计数降序排序，结果为频繁项列表 L。

② 创建 FP 树的根节点，以“null”标记它。对于 D 中每个事务 Trans，执行：

选择 Trans 中的频繁项，并按 L 中的次序排序。设 Trans 排序后的频繁项列表为 $[p|P]$，其中 p 是第一个元素，而 P 是剩余元素的列表。调用 insert_tree($[p|P]$, T)。该过程执行情况如下：如果 T 有子女 N，使得 N.item－name＝P.item－name，则 N 的计数增加 1；否则，创建一个新节点 N，将其计数设置为 1，链接到它的父节点 T，并且通过节点链结构将其链接到具有相同 item－name 的节点。如果 P 非空，则递归地调用 insert_tree(P, N)。

(2) FP 树的挖掘通过调用 FP-Growth(FP-Tree，null)实现。该过程实现如下。

```
Procedure  FP-Growth(Tree,α)
① if Tree 包含单个路径 P then
② for 路径 P 中节点的每个组合(记作 β)
③ 产生模式 β∪α,其支持度计数 support_count 等于 β 中节点的最小支持度计数;
④ else for Tree 的头表中的每个 a_i {
⑤ 产生一个模式 β= a_i ∪α,其支持度计数 support_count= a_i.support_count;
⑥ 构造 β 的条件模式基,然后构造 β 的条件 FP 树 Tree_β;
⑦ if Tree_β≠Ø then
⑧ 调用 FP-Growth(Tree_β, β);}
```

当数据库很大时，构造基于主存的 FP 树有时是不现实的。一种有趣的选择是首先将数据库划分成投影数据库的集合，然后在每个投影数据库上构造 FP 树并挖掘它。如果投影数据库的 FP 树还不能放进主存，该过程可以递归地用于投影数据库。

对 FP-Growth 方法的性能研究表明：对于挖掘长的频繁模式和短的频繁模式，它都是有效的和可伸缩的，并且大约比 Apriori 算法快一个数量级。

4.5 多层关联规则和多维关联规则

4.5.1 多层关联规则

对于许多应用而言，在较高的抽象层发现的强关联规则尽管具有很高的支持度，但可能只是常识性规则。我们可能希望下钻，在更细节的层次发现新颖的模式。此外，在较低或原始抽象层可能有太多的零散模式，其中一些只不过是较高层模式的特化。因此，需要有一种足够灵活的挖掘模式，能够非常便捷地在不同的抽象层进行挖掘与转换。

例 4-6 挖掘多层关联规则(muitiple-lever association rules)。假设给定表 4-7 中事务数据的任务相关数据集，它是 AAA 商店的销售数据，对每个事务显示了购买的商品。商品的概念分层显示在图 4-15 中。概念分层定义了由低层概念集到高层、更一般的概念集的映射序列。可以通过把数据中的低层概念用概念分层中对应的高层概念(或祖先)进行替换，对数据进行泛化。

◀4.5、4.6 节

表 4-7　任务相关的数据

TID	购买的商品
T100	苹果 7 寸平板电脑，惠普数码打印机 P2410
T200	微软办公软件 office 2016，微软无线光学鼠标 2200
T300	罗技无线鼠标 L300，EXCO 水晶护腕垫
T400	戴尔 XPS16 寸笔记本，佳能数码相机 S1200
T500	联想 ThinkPad X201i 笔记本，诺顿杀毒软件 2017
…	…

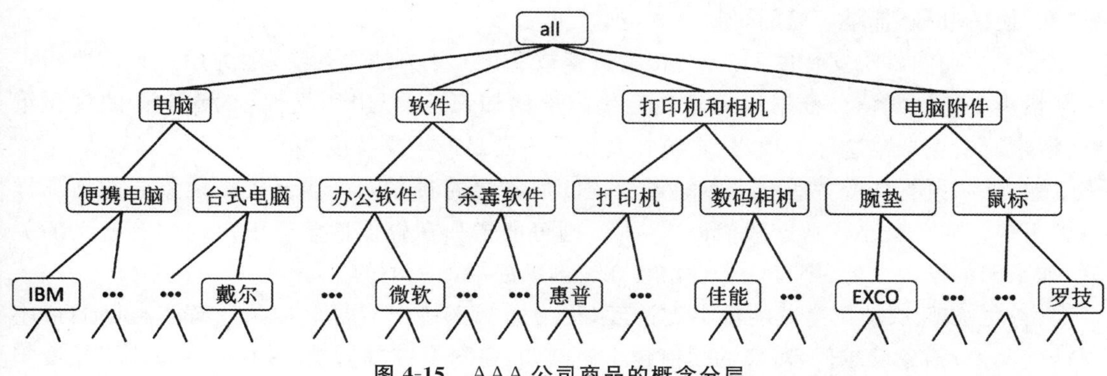

图 4-15　AAA 公司商品的概念分层

图 4-15 的概念分层有 5 层，分别称为第 0～4 层，根节点 all 为第 0 层（最一般的抽象层）。这里，第 1 层包括电脑、软件、打印机和相机、电脑附件；第 2 层包括便携电脑、台式电脑、办公软件、杀毒软件等；而第 3 层包括 IBM 便携电脑、戴尔台式电脑、微软办公软件等。第 4 层是该分层结构最具体的抽象层，由原始数据值组成。

标称属性的概念分层通常蕴含在数据库模式中，图 4-15 中的概念分层由产品说明数据产生。数值属性的概念分层可以使用离散化技术产生。另外，概念分层也可以由熟悉数据的用户指定，对于例 4-6，可以由商店经理指定。

表 4-7 中的商品在图 4-15 所示的概念分层的最底层。在这种原始层数据中很难发现有趣的购买模式，例如，如果“戴尔 XPS16 寸笔记本”和“罗技无线鼠标 L300”都在很少一部分事务中出现，则可能很难找到涉及这些特定商品的强关联规则。少数人可能同时购买它们，使得该商品集不太可能满足最小支持度。然而，我们预料，在这些商品的泛化抽象之间，如在“戴尔笔记本”和“无线鼠标”之间，可望更容易发现强关联。

在多个抽象层的数据上挖掘产生的关联规则称为多层关联规则。在“支持度-置信度”框架下，使用概念分层可以有效地挖掘多层关联规则。一般而言，可以采用自顶向下策略，由概念层 1 开始，向下到较低的、更特定的概念层，在每个概念层累积计数，计算频繁项集，直到不能再找到频繁项集。对于每一层，可以使用发现频繁项集的任何算法，如 Apriori 或它的变形。

Apriori 算法的许多变形将在下面介绍，其中每种变形都涉及以稍微不同的方式使用支持度阈值。这些变形用图 4-16、图 4-17 解释，其中节点指出项或项集已被考察过，而粗边框的矩形指出已考察过的项或项集是频繁的。

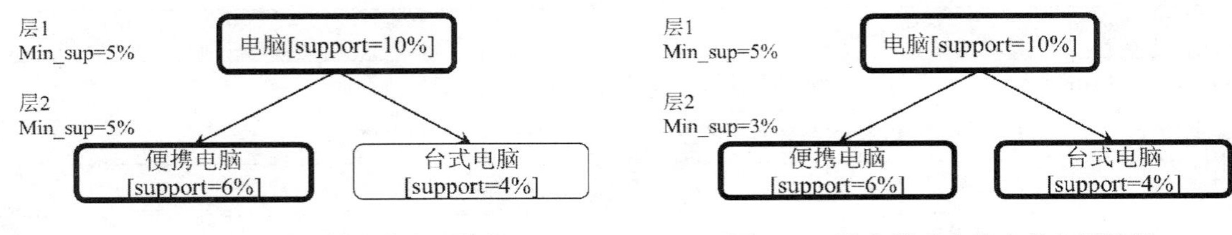

图 4-16 具有一致支持度的多层挖掘　　**图 4-17 具有递减支持度的多层挖掘**

(1) 对所有层使用一致的最小支持度(称为一致支持度):在每个抽象层上挖掘时,使用相同的最小支持度阈值。例如,在图 4-16 中,对所有层都使用最小支持度阈值 5%,发现“电脑”和“便携电脑”都是频繁的,但“台式电脑”不是。

使用一致的最小支持度阈值时,搜索过程被简化。该方法很简单,因为用户只需要指定一个最小支持度阈值。根据祖先是其后代超集的知识,可以采用类似于 Apriori 的优化策略:搜索时避免考察这样的项集,它包含其祖先不满足最小支持度的项。

然而,一致支持度方法有一些缺点。较低抽象层的项不大可能像较高抽象层的项那样频繁出现。如果最小支持度阈值设置太高,则可能错失在较低抽象层中出现的有意义的关联;如果阈值设置太低,则可能产生出现在较高抽象层的无趣的关联。

(2) 在较低层使用递减的最小支持度(称为递减支持度):每个抽象层有它自己的最小支持度阈值,抽象层越低,对应的阈值越小。例如,在图 4-17 中,层 1 和层 2 的最小支持度阈值分别为 5%和 3%。这样,“电脑”、“便携电脑”和“台式电脑”都被看作频繁的。

(3) 使用基于项或基于分组的最小支持度(称为基于分组的支持度):由于用户或专家通常清楚哪些组比其他组更重要,在挖掘多层规则时,有时更希望建立用户指定的基于项或基于分组的最小支持度阈值。例如,用户可以根据产品价格或者感兴趣的商品设置最小支持度阈值,如对“价格超过 1000 美元的照相机”或“平板电脑”设置特别低的支持度阈值,以便特别关注包含这类商品的关联模式。

为了从具有不同支持度阈值的组中挖掘混合项模式,通常在挖掘中取所有组的最低支持度阈值。这将避免过滤掉有价值的模式,该模式包含来自具有最低支持度阈值组的项。同时,应该保持每组的最小支持度阈值,以避免从每个组产生无趣的项集。在项集挖掘后,可以使用其他兴趣度度量,提取真正有趣的规则。

挖掘多层关联规则的一个严重的副作用是,由于项之间的“祖先”关系,可能产生一些多个抽象层上的冗余规则。例如,考虑下面的规则:

$$\text{buys}(X,\text{“便携电脑”}) \rightarrow \text{buys}(X,\text{“惠普打印机”})$$

$$[\text{support}=8\%,\text{confidence}=70\%] \qquad (\text{规则 } 1)$$

$$\text{buys}(X,\text{“戴尔便携电脑”}) \rightarrow \text{buys}(X,\text{“惠普打印机”})$$

$$[\text{support}=2\%,\text{confidence}=72\%] \qquad (\text{规则 } 2)$$

其中,根据图 4-15 的概念分层,“便携电脑”是“戴尔便携电脑”的祖先,而 X 是变量,代表在 AAA 公司购买商品的顾客。

对于挖掘出的规则 1 和规则 2,后一个规则是有用的吗?它有提供新的信息吗?有如下规定:如果一个具有较小一般性的规则不提供新的信息,则应当删除它。通过概念分层可知，规则 1 是规则 2 的祖先，因为在概念分层中“便携电脑”是“戴尔便携电脑”的祖先，所以规则 2 具有较小的一般性，至于规则 2 是否提供新的信息，需要考察相关数据，详见例 4-7。

例 4-7 检查多层关联规则的冗余性。假设规则 1 具有 70%的置信度和 8%的支持度，并且大约四分之一的“便携电脑”销售是“戴尔便携电脑”。我们可以期望规则 2 具有大约 70%的置信度(由于所有的“戴尔便携电脑”也都是“便携电脑”样本)和 2%(即 $8\% \times \frac{1}{4}$)的支持度。如果确实是这种情况，则规则 2 不是有趣的，因为它不提供任何附加的信息，并且它的一般性不如规则 1。

4.5.2 多维关联规则

在此之前所研究的是含单个谓词的关联规则，例如，在挖掘 AAA 公司数据库时，可能发现布尔关联规则：

buys(*X*，“数码相机”)→buys(*X*，“惠普打印机”)　　(规则 3)

沿用多维数据库使用的术语，我们把规则中每个不同的谓词称作维。因此，我们称规则 3 为单维(single-dimensional)或维内关联规则(intradimension association rule)，其包含单个谓词(如 buys)的多次出现(即谓词在规则中出现的次数超过 1 次)。这种规则通常从事务数据中挖掘。

通常，销售和相关数据也存放在关系数据库或数据仓库中，而不是只有事务数据。实际上，这种数据存储是多维的。例如，除了在销售事务中记录购买的商品之外，关系数据库还可能记录与商品和销售有关的其他属性，如商品的描述或销售分店的位置，还可能存储有关顾客的附加信息(如顾客的年龄、职业、信誉度、收入和地址等)。把每个数据库属性或数据仓库的维看作一个谓词，则可以挖掘包含多个谓词的关联规则，如：

age(*X*，“20～29”) ∧ occupation(*X*，“学生”)→buys(*X*，“便携电脑”)　　(规则 4)

涉及两个或多个维或谓词的关联规则称作多维关联规则(multidimensional association rule)。规则 4 包含 3 个谓词(age、occupation 和 buys)，每个谓词在规则中仅出现一次，我们称它具有不重复谓词。具有不重复谓词的关联规则称作维间关联规则(interdimension association rule)。我们也可以挖掘具有重复谓词的关联规则，它包含某些谓词的多次出现。这种规则称作混合维关联规则(hybrid-dimension association rule)。混合维关联规则的一个例子如下，其中谓词 buys 是重复的。

age(*X*，“20～29”) ∧ buys(*X*，“便携电脑”)→buys(*X*，“惠普打印机”)　　(规则 5)

由于同一个维“buys”在规则中重复出现，因此为挖掘带来难度。但是，这类规则更具有普遍性，具有更好的应用价值，近年来得到普遍关注。

数据库属性可能是标称的或量化的。标称(或分类)属性的值是“事物的名称”，标称属性具有有限多个可能值，值之间无序(如 occupation、brand、color)。量化属性(quantitative attribute)是数值的，并在值之间具有一个隐序(如 age、income、price)。根据量化属性的处理，挖掘多维关联规则的技术可以分为两种基本方法。

第一种方法，使用预先定义的概念分层对量化属性离散化。这种离散化在挖掘之前进行。例如，可以使用 income 的概念分层，用区间值，如“0…20K”“21K…30K”“30K…40K”等替换属性原来的数值。这里，离散化是静态的和预先确定的。第 2 章介绍了一些离散化数值属性技术。离散化的数值属性具有区间标号,可以像标称属性一样处理(其中每个区间看作一个类别)。我们称这种方法为使用量化属性的静态离散化挖掘多维关联规则。

第二种方法,根据数据分布将量化属性离散化或聚类到"箱"。这些箱可能在挖掘过程中进一步组合。离散化的过程是动态的,以满足某种挖掘标准,如最大化所挖掘规则的置信度。由于该策略将数值属性的值处理成数量,而不是预先定义的区间或类别,因此由这种方法挖掘的关联规则称为(动态)量化关联规则。

4.6 非二元属性的关联规则

关联规则挖掘假定输入数据由称作项的二元属性组成。二元属性(binary attribute)是一种标称属性,只有两个类别或状态——0 或 1,其中 0 通常表示该属性不出现,而 1 表示出现。二元属性又称布尔属性,两种状态对应于 true 和 false。

可以利用数据预处理的方法,将非二元属性转换为二元属性,方法如下:

(1) 将分类属性和对称二元属性转换成"项",可以通过为每个不同的属性值对创建一个新的项来实现。例如,标称属性文化程度可以用 3 个二元项取代:文化程度=大学,文化程度=研究生,文化程度=高中。

(2) 离散化是处理连续属性最常用的方法。这种方法将连续属性的邻近值分组,形成有限个区间。例如,年龄属性可以划分成如下区间:年龄∈[0,20],年龄∈[21,40],年龄∈[41,60],等等。

非二元属性转换为二元属性的示例如图 4-18 所示。

TID	年龄	文化程度	购买笔记本
100	49	研究生	否
200	29	研究生	是
300	35	研究生	是
400	26	本科	否
500	31	研究生	是

TID	年龄 0-20	年龄 21-40	年龄 40以上	文化程度 高中	文化程度 本科	文化程度 研究生	购买笔记本
100	否	否	是	否	否	是	否
200	否	是	否	否	否	是	是
300	否	是	否	否	否	是	是
400	否	是	否	否	是	否	否
500	否	是	否	否	否	是	是

图 4-18 非二元属性转换为二元属性的示例

4.7 关联规则的评估

关联规则算法倾向于产生大量的规则，但很多规则是用户不感兴趣的或冗余的。在原来的关联规则定义中，支持度和置信度是唯一使用的度量。尽管最小支持度和置信度阈值有助于排除大量无趣规则的探查，但仍然会产生一些用户不感兴趣的规则。不幸的是，当使用低支持度阈值挖掘或挖掘长模式时，这种情况特别严重。这是关联规则挖掘成功应用的主要瓶颈之一。

支持度的缺点：若支持度阈值过高，则许多潜在有意义的模式被删掉；若支持度阈值过低，则计算代价很高而且产生大量的关联模式。

置信度的缺点：置信度忽略了规则前件和后件的统计独立性。

1. 强规则不一定是有趣的

规则是否有趣可以主观或客观地评估。最终，只有用户能够评判一个给定的规则是否是有趣的，并且这种判断是主观的，可能因用户而异。然而，根据数据“背后”的统计量，客观兴趣度度量可以用来清除无趣的规则，而不向用户提供。

如何识别哪些强关联规则是真正有趣的？让我们考察下面的例子。

例 4-8　一个误导的“强”关联规则。假设我们对分析涉及购买计算机游戏和录像的事务感兴趣，设 game 表示包含计算机游戏的事务，而 video 表示包含录像的事务。在所分析的 10 000 个事务中，数据显示 6000 个事务包含计算机游戏，7500 个事务包含录像，而 4000 个事务同时包含计算机游戏和录像。假设发现关联规则的数据挖掘程序在该数据上运行，使用最小支持度 30%，最小置信度 60%，将发现下面的关联规则：

$$\text{buys}(X,\text{“games”})\rightarrow\text{buys}(X,\text{“videos”})$$
$$[\text{support}=40\%,\text{confidence}=66\%] \qquad \text{(规则 6)}$$

规则 6 是强关联规则，因为它的支持度为$\frac{4000}{10\,000}=40\%$，置信度为$\frac{4000}{6000}=66\%$，分别满足最小支持度和最小置信度阈值。然而，规则 6 是误导的，因为购买录像的概率是 75%，比 66%还高。事实上，计算机游戏和录像是负相关的，因为买其中一种实际上降低了买另一种的可能性。不完全理解这种现象，容易根据规则 6 做出不明智的商务决策。

例 4-8 也表明规则 $A\rightarrow B$ 的置信度有一定的欺骗性，它并不度量 A 和 B 之间相关和蕴含的实际强度(或缺乏强度)。因此，寻求“支持度-置信度”框架的替代，对挖掘有趣的数据联系可能是有用的。

2. 从关联分析到相关分析

正如我们上面所说的，支持度和置信度度量不足以过滤掉无趣的关联规则。为了处理这个问题，可以使用相关性度量来扩充关联规则的“支持度-置信度”框架，由此形成了如下形式的相关规则(correlation rule)：

$$A\rightarrow B[\text{support},\text{confidence},\text{correlation}] \qquad \text{(规则 7)}$$

也就是说，相关规则不仅用支持度和置信度度量，还用项集 A 和 B 之间的相关性度量。有许多不同的相关性度量可供选择。

提升度(Lift)是一种简单的相关性度量，定义如下：如果 $P(A\cup B)=P(A)P(B)$，则项

关联规则的评估▶

集 A 的出现独立于项集 B 的出现；否则，作为事件，项集 A 和 B 是依赖的(dependent)和相关的(correlated)。这个定义容易推广到两个以上的项集。A 和 B 之间的提升度可以通过下式计算得到：

$$\text{Lift}(A,B)=\frac{P(A\cup B)}{P(A)P(B)} \tag{4-4}$$

如果公式(4-4)的值小于1，则 A 的出现与 B 的出现是负相关的，意味一个出现可能导致另一个不出现。如果结果值大于1，则 A 和 B 是正相关的，意味每一个的出现都蕴含另一个的出现。如果结果值等于1，则 A 和 B 是相互独立的，它们之间没有相关性。

公式(4-4)等价于 $P(B|A)/P(B)$ 或 confidence$(A\rightarrow B)$/support(B)，也称关联(或相关)规则 $A\rightarrow B$ 的提升度。换言之，它评估一个出现"提升"另一个出现的程度。例如，如果 A 对应于计算机游戏的销售，B 对应于录像的销售，则给定当前行情，计算机游戏的销售把录像销售的可能性增加或"提升"了一个公式(4-4)返回值的因子。

例 4-9 使用提升度的相关分析。为了过滤掉从例 4-8 的数据得到的形如 $A\rightarrow B$ 的误导"强"关联，需要研究两个项集 A 和 B 是如何相关的。设 $\overline{\text{game}}$ 表示例 4-8 中不包含计算机游戏的事务，$\overline{\text{video}}$ 表示不包含录像的事务。这些事务可以汇总在一个相依表(contingency table)中，如表 4-8 所示。

表 4-8 关于购买计算机游戏和录像事务的 2×2 相依表 1

	game	$\overline{\text{game}}$	$\sum_{row}$
video	4000	3500	7500
$\overline{\text{video}}$	2000	500	2500
$\sum_{col}$	6000	4000	10 000

由表 4-8 可以看出，购买计算机游戏的概率 $P(\{\text{game}\})=0.60$，购买录像的概率 $P(\{\text{video}\})=0.75$，而购买两者的概率 $P(\{\text{game},\text{video}\})=0.40$。根据公式(4-4)，规则 6 的提升度为 $P(\{\text{game},\text{video}\})/(P(\{\text{game}\})\times P(\{\text{video}\}))=0.40/(0.75\times 0.60)=0.89$。由于该值小于1，因此{game}和{video}的出现之间存在负相关。这种负相关不能被"支持度-置信度"框架识别。

第二种相关性度量是 χ^2 度量。为了计算 χ^2 值，取相依表每个位置(A 和 B 对)的观测值和期望值差的平方除以期望值，并对相依表的所有位置求和。

例 4-10 为了使用 χ^2 进行相关分析，需要相依表每个位置上的观测值和期望值(显示在括号内)，如表 4-9 所示。

表 4-9 关于购买计算机游戏和录像事务的 2×2 相依表 2

	game	$\overline{\text{game}}$	$\sum_{row}$
video	4000(4500)	3500(3000)	7500
$\overline{\text{video}}$	2000(1500)	500(1000)	2500
$\sum_{col}$	6000	4000	10 000

解：由表4-9，计算χ^2值如下：

$$\chi^2=\sum\frac{(\text{观测值}-\text{期望值})^2}{\text{期望值}}=\frac{(4000-4500)^2}{4500}+\frac{(3500-3000)^2}{3000}+\frac{(2000-1500)^2}{1500}$$
$$+\frac{(500-1000)^2}{1000}=555.6$$

由于χ^2的值大于1，并且位置(game，video)上的观测值等于4000，小于期望值4500，因此购买计算机游戏与购买录像是负相关的。这与例4-9使用提升度分析得到的结果一致。

上面的讨论表明，不使用简单的“支持度-置信度”框架来评估模式，使用其他度量，如提升度和χ^2，常常可以揭示更多的模式内在联系。

4.8 序列模式挖掘算法

前面讨论的关联规则刻画了交易数据库在同一事务中，各个项目(item)之间存在着横向联系，但没有考虑事务中的项目在时间维度上存在的纵向联系，而在很多实际应用中，这样的联系是十分重要的。众所周知，交易数据库中的事务记录通常包含事务发生的时间，即购物时间。利用交易数据库的时间信息，将每个顾客在一段时间内的购买记录按照时间先后顺序组成一个时间事务序列(temporal transaction sequence)，再对这种时间事务序列进行深度的分析挖掘，可以发现事务中的项目在时间顺序上的某种联系，称为序列模式(sequence pattern)。此外，序列模式还可以应用到诸如天气预报、用户的Web访问模式分析、网络入侵检测、生物学分析等其他更广泛的领域。

4.8.1 序列模式的概念

设$I=\{i_1, i_2, \cdots, i_m\}$是所有项的集合，在购物篮例子中，每种商品就是一个项。项集是由项组成的一个非空集合。

定义4.5 事件(events)。事件是一个项集，在购物篮例子中，一个事件表示一个客户在特定商店的一次购物，一次购物可以购买多种商品，所以事件表示为$(x_1, x_2, \cdots, x_q)$，其中$x_k(1\leqslant k\leqslant q)$是$I$中的一个项，一个事件中所有项均不相同，每个事件可以有一个事件时间标识TID，也可以表示事件的顺序。

定义4.6 序列(sequence)。序列是事件的有序列表，序列s记作$<e_1, e_2, \cdots, e_l>$，其中$e_j(1\leqslant j\leqslant l)$表示事件，也称为$s$的元素。

通常一个序列中的事件有时间先后关系，也就是说，$e_j(1\leqslant j\leqslant l)$出现在$e_{j+1}$之前。序列中的事件个数称为序列的长度，长度为$k$的序列称为$k$-序列。在有些算法中，将含有$k$个项的序列称为$k$-序列。

定义4.7 序列数据库(sequence databases)。序列数据库T_S是元组$<\text{SID}, s>$的集合，其中SID是序列编号，s是一个序列，每个序列由若干事件构成。在序列数据库中，每个序列的事件在时间或空间上是有序排列的。

定义4.8 子序列。对于序列t和s，如果t中每个有序元素都是s中一个有序元素的子集，则称t是s的子序列。

形式化表述为，设序列$t=<t_1, t_2, \cdots, t_m>$，序列$s=<e_1, e_2, \cdots, e_n>$，如果存在整数$1\leqslant j_1<j_2<\cdots<j_m\leqslant n$，使得$t_1\subseteq e_{j1}, t_2\subseteq e_{j2}, \cdots, t_m\subseteq e_{jm}$，则称$t$是$s$的子序列，或称$t$包含在$s$中。

例 4-11 对于序列 s＝＜{7},{3,8},{9},{4,5,6},{8}＞,则 t＝＜{3},{4,5},{8}＞是 s 的一个子序列。因为 t 的元素{3}⊆{3,8}、{4,5}⊆{4,5,6}、{8}⊆{8},根据定义 4.8 可知,t 是 s 的一个子序列。

对于顾客购买商品的序列 s＝＜{笔记本电脑,鼠标},{移动硬盘,数码相机},{刻录机,刻录光盘},{激光打印机,打印纸}＞,则 t＝＜{笔记本电脑},{移动硬盘},{激光打印机}＞就是 s 的一个子序列。

表 4-10 解释了子序列的概念。

表 4-10 子序列

序列 s	序列 t	t 是 s 的子序列吗?
＜{2,4},{3,5,6},{8}＞	＜{2},{3,6},{8}＞	是
＜{2,4},{3,5,6},{8}＞	＜{2},{8}＞	是
＜{1,2},{3,4}＞	＜{1},{2}＞	否
＜{2,4},{2,4},{2,5}＞	＜{2},{4}＞	是

定义 4.9 最大序列。如果一个序列 s 不包含在序列数据库 T_S 中的任何其他序列中,则称序列 s 为最大序列。

例 4-12 顾客的购物序列。表 4-11 所示为原始交易数据库,其中商品用长度为 2 的数字编码表示。

表 4-11 原始交易数据库

交易日期	顾客 ID	购买的商品	交易日期	顾客 ID	购买的商品
2017-6-10	C_2	10,20	2017-6-25	C_1	30
2017-6-12	C_5	80	2017-6-30	C_1	80
2017-6-15	C_2	30	2017-6-30	C_4	40,70
2017-6-20	C_2	40,60,70	2017-7-1	C_4	80
2017-6-25	C_4	30	2017-7-2	C_2	80
2017-6-25	C_3	30,50,70			

对于包含时间信息的交易数据库,可以按照顾客 ID 和交易日期升序排序,并把每位顾客每一次购买的商品集合作为该顾客购物序列中的一个元素,最后按照交易日期先后顺序将其组成一个购物序列,生成如表 4-12 所示的序列数据库 T_S。

表 4-12 由原始交易数据库生成的序列数据库 T_S

顾客 ID	购买的商品	顾客 ID	购买的商品
C_1	＜{30},{80}＞	C_4	＜{30},{40,70},{80}＞
C_2	＜{10,20},{30},{40,60,70},{80}＞	C_5	＜{80}＞
C_3	＜{30,50,70}＞		

定义 4.10 序列的支持度计数。一个序列 α 的支持度计数是指在整个序列数据库 T_S 中包含 α 的序列个数。即

$$\sigma(\alpha)=|\{(\text{SID},s)\mid(\text{SID},s)\in T_S \wedge \alpha\text{ 是 }s\text{ 的子序列}\}|$$

其中,|·|表示集合中·出现的次数。若序列 α 的支持度计数不小于最小支持度阈值 min_sup,则称为频繁序列,频繁序列也称为序列模式。

长度为 k 的频繁序列称为频繁 k-序列。

例 4-13 频繁序列模式。对于表 4-12 所示的序列数据库 T_S,给定最小支持度阈值 min_sup=25%,找出其中的两个频繁序列模式。序列数据库 T_S 有 5 条记录,所以最小支持数等于 1.25,因此,任何频繁序列至少应包含在 2 个元组之中。容易判断序列<{30},{80}>和<{30},{40,70}>都是频繁的,因为元组 C_1、C_2 和 C_4 包含序列<{30},{80}>,而元组 C_2 和 C_4 包含序列<{30},{40,70}>。故<{30},{80}>和<{30},{40,70}>都是频繁序列。

序列模式挖掘的问题定义为:给定一个客户交易数据库 D 以及最小支持度阈值 min_sup,从中找出所有支持度计数不小于 min_sup 的序列,这些频繁序列也称为序列模式。

有的算法还可以找出最大序列,即这些最大序列构成序列模式。

经典序列模式挖掘算法是针对传统事务数据库的,主要有两种基本挖掘框架。

① 候选码生成-测试框架:基于 Apriori 理论,即序列模式的任一子序列也是序列模式。该类算法统称为 Apriori 类算法,主要包括 AprioriAll、AprioriSome、DynamicSome、GSP 和 SPADE 算法等。

这类算法通过多次扫描数据库,根据较短的序列模式生成较长的候选序列模式,然后计算候选序列模式的支持度,从而获得所有序列模式。

② 模式增长框架:在挖掘过程中不产生候选序列,通过分而治之的思想,迭代地将原始数据库进行划分,同时在划分的过程中动态地挖掘序列模式,并将新发现的序列模式作为新的划分元,进行下一次的挖掘过程,从而获得长度不断增长的序列模式。这类算法主要有 FreeSpan 和 PrefixSpan 算法。

本书主要介绍 Apriori 类算法——AprioriAll 算法。

4.8.2 Apriori 类算法——AprioriAll 算法

对于含有 n 个事件的序列数据库 T_S,其中 k-序列总数为 C_n^k,因此,具有 9 个事件的序列包含 $C_9^1+C_9^2+\cdots+C_9^9=2^9-1=511$ 个不同的序列。

序列模式挖掘可以采用蛮力法枚举所有可能的序列,并统计它们的支持度计数。例如,对于序列<a,b,c,d>(这里 a、b、c、d 表示的是事件或项集),其可能的候选序列有:

候选 1-序列:<a>,<b>,<c>,<d>。

候选 2-序列:<a,b>,<a,c>,<a,d>,<b,c>,<b,d>,<c,d>。

候选 3-序列:<a,b,c>,<a,b,d>,<a,c,d>,<b,c,d>。

候选 4-序列:<a,b,c,d>。

可见,采用蛮力法计算量非常大。

定理 4.3 序列模式性质。序列模式的每个非空子序列都是序列模式。

例如,若<{a,b},{c,d}>是序列模式,则序列<{a},{c,d}>、<{b},{c,d}>、<{a,b},{c}>、<{a,b},{d}>也都是序列模式。可以利用这一性质减小序列模式的搜索空间。

AprioriAll 本质上是 Apriori 思想的扩张,只是在产生候选序列和频繁序列方面考虑序列元素有序的特点,将项集的处理改为序列的处理。

基于水平格式的 Apriori 类算法将序列模式挖掘过程分为 5 个具体阶段，即事务数据库排序阶段、频繁项集生成阶段、序列转换映射阶段、频繁序列挖掘阶段以及最大化阶段。下面通过例子予以详细说明。

1. 事务数据库排序阶段

对原始的事务数据库 T(见表 4-11)，以顾客 ID 为主键、交易时间为次键进行排序，并将其转换成以顾客 ID 和购物序列 s 组成的序列数据库 T_S(见表 4-12)。

2. 频繁项集生成阶段

这个阶段根据 min_sup 找出所有的频繁项集，也同步得到所有频繁 1-序列组成的集合 L_1，因为这个集合正好是$\{\langle l\rangle|l\in$所有频繁项集集合$\}$。这个过程是从所有项集合 I 开始进行的。

例 4-14　对于表 4-12 所示的序列数据库，假设 min_sup＝2，找频繁项集的过程如下。

从 I 中建立所有 1-项集，采用类似 Apriori 算法的思路求所有频繁项集，只是求项集的支持度计数稍有不同。如对于{30}项集，求其支持度计数时需扫描序列数据库中每个序列中的所有事件，若一个客户序列的某个事件中包含 30 这个项，则{30}项集的计数增 1，即使一个客户序列的全部事件中多次出现 30，{30}项集的支持度计数也仅增 1；又如对于{40,70}项集，求其支持度计数时需扫描序列数据库中每个序列中的所有事件，若一个客户序列的某个事件包含{40,70}这两项，则{40,70}项集的计数增 1。由于客户序列中每个事件是用项集表示的，所以求一个项集的支持度计数时需要进行项集之间的包含关系运算。整个求解过程如图 4-19 所示。最后求得频繁 1-序列 $L_1=\{\{30\},\{40\},\{70\},\{40,70\},\{80\}\}$。

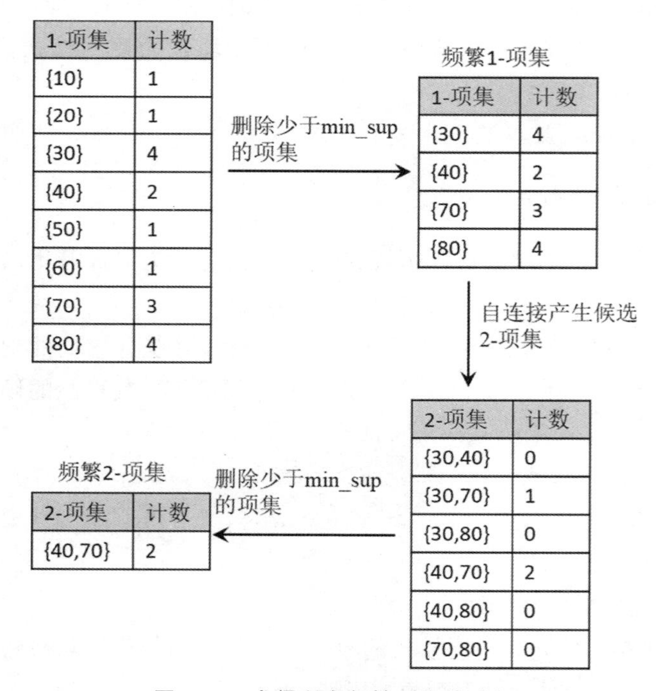

图 4-19　求得所有频繁项集的过程

然后将频繁 1-项集映射成连续的整数。例如，将上面得到的 L_1 映射成表 4-13 所示的对应的一个连续正整数的集合。这是由于比较频繁项集要花费一定时间，这样做可以减少检查一个序列是否被包含于一个客户序列中的时间，从而使处理过程方便且高效。

表 4-13　频繁项集的映射表 L

频繁项集	映射结果	频繁项集	映射结果
{30}	1	{40,70}	4
{40}	2	{80}	5
{70}	3		

3. 序列转换映射阶段

在寻找序列模式的过程中，要不断地检测一个给定的大序列集合是否包含于一个客户序列中。为此，做以下转换：

(1) 每个事件被包含于该事件中的所有频繁项集替换。

(2) 如果一个事件不包含任何频繁项集，则将其删除。

(3) 如果一个客户序列不包含任何频繁项集，则将该序列删除。

这样转换后，一个客户序列由一个频繁项集组成的集合所取代。每个频繁项集的集合表示为$\{e_1, e_2, \cdots, e_k\}$，其中 $e_i(1 \leqslant i \leqslant k)$表示一个频繁项集。

例 4-15　转换映射。表 4-12 所示的序列数据库经过转换后的序列数据库 T_N 如表 4-14 所示。

表 4-14　序列数据库 T_S 转换映射为 T_N

顾客 ID	购物序列	转换后的序列	映射后的序列数据库 T_N
C_1	<{30},{80}>	<{30},{80}>	<{1},{5}>
C_2	<{10,20},{30},{40,60,70},{80}>	<{30},{{40},{70},{40,70}},{80}>	<{1},{2,3,4},{5}>
C_3	<{30,50,70}>	<{30,70}>	<{1,3}>
C_4	<{30},{40,70},{80}>	<{30},{{40},{70},{40,70}},{80}>	<{1},{2,3,4},{5}>
C_5	<{80}>	<{80}>	<{5}>

将序列数据库 T_S 中每个顾客购物序列的每一个元素用它所包含的频繁项集的集合来表示，再将购物序列中的每个商品编号用表 4-13 中的正整数代替。值得注意的是，事件{10,20}被剔除了，因为它没有包含任何频繁项集；事件{40,60,70}所包含的频繁项集为{40}，{70}和{40,70}，因此，它就被转换为一个频繁项集的集合{{40}，{70}，{40,70}}。

4. 频繁序列挖掘阶段

在映射后的序列数据库 T_N 中挖掘出所有序列模式：首先得到候选 1-序列模式集 C_1，扫描序列数据库 T_N，从 C_1 中删除支持度低于最小支持度 min_sup 的序列，得到频繁 1-序列模式集 L_1。然后循环，由频繁 k-序列集 L_k 生成候选频繁$(k+1)$-序列集 C_{k+1}，再利用定理 4.3 对 C_{k+1} 进行剪枝，并从 C_{k+1} 中删除支持度低于最小支持度 min_sup 的序列，得到频繁$(k+1)$-序列集 L_{k+1}，直到 $L_{k+1}=\varnothing$为止。AprioriAll 算法见算法 4.3。

算法 4.3:AprioriAll 算法。

输入:转换后的序列数据库 T_N,所有项集合 I,最小支持度阈值 min_sup。

输出:序列模式集合 L。

方法:

```
L1= { i | i∈I and {i}.sup_count≥min_sup};    //找出所有频繁 1-序列
for (k= 2;Lk-1≠Φ;k+ + )
{利用频繁序列 Lk 生成候选 k-序列 Ck;
        for (对于序列数据库 TN中每个序列 s)
        {if (Ck 的每个候选序列 c 包含在 s 中)
c.sup_count+ + ;   //c 的支持度计数增 1
        }
        Lk= { c | c∈Ck and c.sup_count≥min_sup};
//由 Ck 中计数大于 min_sup 的候选序列组成频繁 k-序列集合 Lk
}
L= ∪kLk;
```

其中,利用频繁序列 L_{k-1} 生成候选 k-序列 C_k 的过程说明如下:

①连接。对于 L_{k-1} 中任意两个序列 s_1 和 s_2,如果 s_1 与 s_2 的前 $k-2$ 项相同,即 $s_1=<e_1,e_2,\cdots,e_{k-2},f_1>$,$s_2=<e_1,e_2,\cdots,e_{k-2},f_2>$,则合并序列 s_1 和 s_2,得到候选 k-序列 $<e_1,e_2,\cdots,e_{k-2},f_1,f_2>$ 和 $<e_1,e_2,\cdots,e_{k-2},f_2,f_1>$。

②剪枝。剪枝的原则为,一个候选 k-序列,如果它的 $(k-1)$-序列有一个是非频繁的,则删除它。由 C_k 剪枝产生 L_k 的过程如下:

```
for (所有 c∈Ck 的序列)
  for (所有 c 的(k- 1)-序列 s)
    if (s 不属于 Lk- 1)
      从 Ck 中删除 c;
Ck ⇒Lk;//由 Ck 剪枝后得到 Lk
```

例 4-16 频繁序列挖掘。设最小支持度计数为 2,对表 4-14 所示的映射后的序列数据库 T_N 挖掘出所有的序列模式。AprioriAll 算法的执行过程如下:

(1) 先求出 L_1,由其产生 L_2 的过程如图 4-20 所示,这个过程不需要剪枝,因为 C_2 中每个 2-序列的所有子序列一定属于 L_1。

(2) 由 L_2 连接并剪枝产生 C_3,扫描序列数据库 T_N,删除小于 min_sup 的序列得到 L_3,其过程如图 4-21 所示。

(3) 由于 L_3 不能再产生候选频繁 4-序列,故算法结束。

5. 最大化阶段

在频繁序列模式集合中找出最大频繁序列模式集合。由于在频繁序列挖掘阶段发现了所有频繁模式集合 L,下面的过程可用来发现最大序列。设最长序列的长度为 n,则:

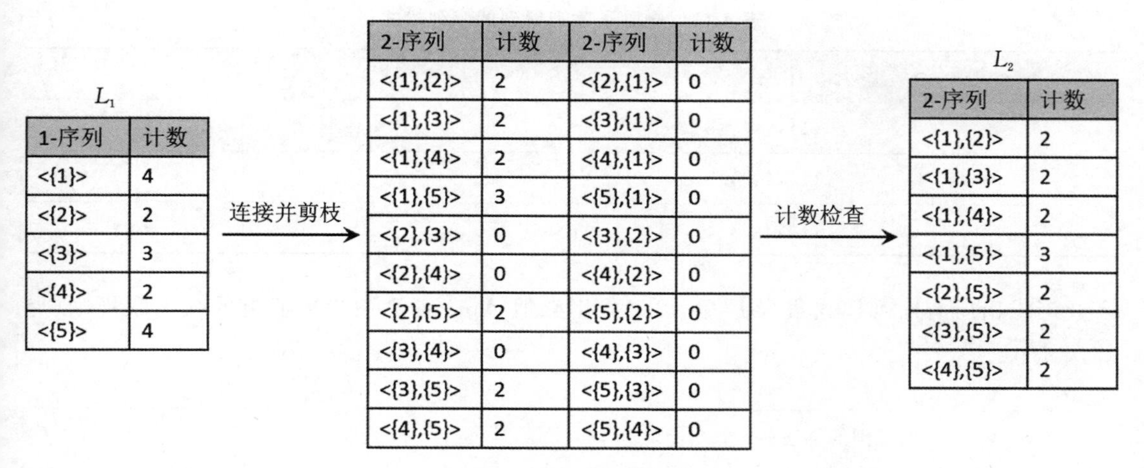

1-序列	计数
<{1}>	4
<{2}>	2
<{3}>	3
<{4}>	2
<{5}>	4

2-序列	计数	2-序列	计数
<{1},{2}>	2	<{2},{1}>	0
<{1},{3}>	2	<{3},{1}>	0
<{1},{4}>	2	<{4},{1}>	0
<{1},{5}>	3	<{5},{1}>	0
<{2},{3}>	0	<{3},{2}>	0
<{2},{4}>	0	<{4},{2}>	0
<{2},{5}>	2	<{5},{2}>	0
<{3},{4}>	0	<{4},{3}>	0
<{3},{5}>	2	<{5},{3}>	0
<{4},{5}>	2	<{5},{4}>	0

2-序列	计数
<{1},{2}>	2
<{1},{3}>	2
<{1},{4}>	2
<{1},{5}>	3
<{2},{5}>	2
<{3},{5}>	2
<{4},{5}>	2

图 4-20　产生 L_2 的过程

L_2

2-序列	计数
<{1},{2}>	2
<{1},{3}>	2
<{1},{4}>	2
<{1},{5}>	3
<{2},{5}>	2
<{3},{5}>	2
<{4},{5}>	2

连接

合并的2-序列	3-序列	剪枝否	计数
<{1},{2}> <{1},{3}>	<{1},{2},{3}>	是（<{2},{3}>不属于L_2）	
<{1},{2}> <{1},{4}>	<{1},{2},{4}>	是（<{2},{4}>不属于L_2）	
<{1},{2}> <{1},{5}>	<{1},{2},{5}>	否	2
<{1},{3}> <{1},{4}>	<{1},{3},{4}>	是（<{3},{4}>不属于L_2）	
<{1},{3}> <{1},{5}>	<{1},{3},{5}>	否	2
<{1},{4}> <{1},{5}>	<{1},{4},{5}>	否	2

计数检查

L_3

3-序列	计数
<{1},{2},{5}>	2
<{1},{3},{5}>	2
<{1},{4},{5}>	2

图 4-21　产生 L_3 的过程

```
for (k=n;k>1;k-- )
    for (每个 k-序列 s_k)
        从 L 中删除 s_k 的所有子序列;
```

例 4-17　发现最大序列。对于表 4-14 所示的转换映射后的序列数据库 T_N，从前面的过程可知，其产生的所有频繁序列集合为：

L＝{＜{1}＞，＜{2}＞，＜{3}＞，＜{4}＞，＜{5}＞，＜{1}，{2}＞，＜{1}，{3}＞，＜{1}，{4}＞，＜{1}，{5}＞，＜{2}，{5}＞，＜{3}，{5}＞，＜{4}，{5}＞，＜{1}，{2}，{5}＞，＜{1}，{3}，{5}＞，＜{1}，{4}，{5}＞}

删除子序列得到最大序列的过程如下：

由于最长的序列是 3，因此所有 3-序列都是最大序列，这里＜{1}，{2}，{5}＞、＜{1}，{3}，{5}＞、＜{1}，{4}，{5}＞是最大序列。

对于 3-序列＜{1}，{2}，{5}＞，从 L 中删除它的 2-子序列＜{1}，{2}＞、＜{1}，{5}＞、＜{2}，{5}＞，1-子序列＜{1}＞、＜{2}＞、＜{5}＞；对于 3-序列＜{1}，{3}，{5}＞，从 L 中删除它的 2-子序列＜{1}，{3}＞、＜{3}，{5}＞（＜{1}，{5}＞已删除），1-子序列＜{3}＞（＜{1}＞、＜{5}＞已删除）；对于 3-序列＜{1}，{4}，{5}＞，从 L 中删除它的 2-子序列＜{1}，{4}＞、＜{4}，{5}＞（＜{1}，{5}＞已删除），1-子序列＜{4}＞（＜{1}＞、＜{5}＞已删除）。至此，L 中已没有可以再删除的子序列了，得到的序列模式如表 4-15 所示。

表 4-15 删除子序列得到的序列模式

序列模式	计数
<{1},{2},{5}>	2
<{1},{3},{5}>	2
<{1},{4},{5}>	2

当求出所有序列模式集合 L 后，可以采用类似 Apriori 算法生成所有的强关联规则，见算法 4.4。

算法 4.4 产生规则的算法。

输入：所有序列模式集合 L，最小置信度阈值 min_conf。

输出：强关联规则集合 R。

方法：

```
R= Φ;
for(对于 L 中每个频繁序列 β)
for(对于 β 的每个子序列 α)
{conf= β.sup_count/α.sup_count;
    if (conf≥min_conf)
     R= R∪{α→β}; //产生一条新规则 α→β
}
returnR;
```

例如，假设有一个频繁 3-序列<{D},{B,F},{A}>，其支持度计数为 2，它的一个子序列<{D},{B,F}>的支持度计数也为 2。

若置信度阈值 min_conf=75%，则<{D},{B,F}>→<{D},{B,F},{A}>是一条强关联规则，因为它的置信度=2/2=100%。

本章小结

• 大量数据中的频繁模式、关联和相关关系的发现在选择性销售、决策分析和商务管理方面是有用的。一个流行的应用领域是购物篮分析，通过搜索顾客经常同时（或依次）购买的商品的集合，研究顾客的购买习惯。

• 关联规则挖掘首先找出频繁项集（项的集合，如 A 和 B，满足最小支持度阈值或任务相关元组的百分比），然后，由它们产生形如 $A \rightarrow B$ 的强关联规则。这些规则还满足最小置信度阈值（预定义的、在满足 A 的条件下满足 B 的概率）。可以进一步分析关联，发现项集 A 和 B 之间具有统计相关性的相关规则。

• 对于频繁项集挖掘，已经开发了许多有效的、可伸缩的算法，由它们可以导出关联和相关规则。这些算法可以分成：①Apriori 算法；②基于频繁模式增长的算法，如 FP-Growth。

• Apriori 算法是为布尔关联规则挖掘频繁项集的原创性算法。它逐层进行挖掘，利用先验性质——频繁项集的所有非空子集也都是频繁的。在第 k 次迭代($k \geqslant 2$)，它根据频繁($k-1$)-项集形成 k-项集候选，并扫描数据库一次，找出完整的频繁 k-项集的集合 L_k。

• 频繁模式增长(FP-Growth)是一种不产生候选的挖掘频繁项集方法。它构造一个高度压缩的数据结构(FP 树)，压缩原来的事务数据库。与 Apriori 算法使用产生-测试策略不同，它聚焦于频繁模式(段)增长，避免了高代价的候选产生，可获得更好的效率。

• 并非所有的强关联规则都是有趣的。因此，应当用模式评估度量来扩展支持度-置信度框架，促进更有趣的规则的挖掘，以产生更有意义的相关规则。在许多模式评估度量中，我们考察了提升度和 χ^2。

• 除了挖掘基本的频繁项集和关联外，还可以挖掘高级的模式形式，如多层关联和多维关联等。

• 多层关联涉及多个抽象层中的数据，可以使用多个最小支持度阈值进行挖掘。多维关联包含多个维，挖掘这种关联的技术因如何处理重复谓词而异。

• 序列模式挖掘近年来已经成为数据挖掘的一个重要方面，其范围并不局限于交易数据库，在 DNA 分析等尖端科学研究领域、Web 访问等新型应用数据源的众多方面得到了有针对性的研究。其挖掘算法一是基于候选码生成-测试框架(Apriori 理论)，二是基于模式增长框架。本书主要介绍 AprioriAll 这一经典算法。

• AprioriAll 本质上是 Apriori 思想的扩张，只是在产生候选序列和频繁序列方面考虑序列元素有序的特点，将项集的处理改为序列的处理。

习题 4

4-1　考虑表 4-16 中所示的数据集，回答下列问题。

表 4-16　购物篮事务的例子

Customer ID	Transaction ID	Items Bought	Customer ID	Transaction ID	Items Bought
1	0001	$\{a,d,e\}$	3	0022	$\{b,d,e\}$
1	0024	$\{a,b,c,e\}$	4	0029	$\{c,d\}$
2	0012	$\{a,b,d,e\}$	4	0040	$\{a,b,c\}$
2	0031	$\{a,c,d,e\}$	5	0033	$\{a,d,e\}$
3	0015	$\{b,c,e\}$	5	0038	$\{a,b,e\}$

(1) 把每一个事务作为一个购物篮，计算项集$\{e\}$、$\{b,d\}$和$\{b,d,e\}$的支持度。

(2) 利用(1)中的结果计算关联规则$\{b,d\}\rightarrow\{e\}$和$\{e\}\rightarrow\{b,d\}$的置信度。置信度是一个对称的度量吗？

(3) 把一个用户购买的所有商品作为一个购物篮，计算项集$\{e\}$、$\{b,d\}$和$\{b,d,e\}$的支持度。

(4) 利用(3)中的结果计算关联规则$\{b,d\}\rightarrow\{e\}$和$\{e\}\rightarrow\{b,d\}$的置信度。置信度是一个对称的度量吗？

4-2　设 4-项集$X=\{a,b,c,d\}$，试求由 X 导出的所有关联规则。

4-3　假定有一个购物篮数据集，包含 100 个事务和 20 个项。假设项 a 的支持度为 25%，项 b 的支持度为 90%，且项集$\{a,b\}$的支持度为 20%。令最小支持度阈值和最小置信度阈值分别为 10%和 60%。

(1) 计算关联规则$\{a\}\rightarrow\{b\}$的置信度。根据置信度度量，这条规则是有趣的吗？

(2) 计算关联模式$\{a,b\}$的兴趣度度量。根据兴趣度度量，描述项 a 和项 b 之间联系的特点。

(3) 由(1)和(2)的结果，能得出什么结论？

4-4　数据库有 5 个事务，如表 4-17 所示。设 min_sup=60%，min_conf=80%。

表 4-17　购买商品的事务

TID	购买的商品
T100	$\{M,O,N,K,E,Y\}$
T200	$\{D,O,N,K,E,Y\}$
T300	$\{M,A,K,E\}$
T400	$\{M,U,C,K,Y\}$
T500	$\{C,O,O,K,I,E\}$

(1) 分别使用 Apriori 和 FP-Growth 算法找出所有的频繁项集。比较两种挖掘过程的效率。

(2) 列举所有与下面的元规则匹配的强关联规则(给出支持度 s 和置信度 c)，其中，X 代表顾客的变量，item 表示项的变量：

$\forall x\in \text{transaction}, \text{buys}(X,\text{item}_1)\wedge \text{buys}(X,\text{item}_2)\rightarrow \text{buys}(X,\text{item}_3)\ [s,c]$

4-5　数据库有 4 个事务，如表 4-18 所示。设 minsup=60%，minconf=80%。

表 4-18　数据库中的事务一

TID	Items_Bought	TID	Items_Bought
T100	$\{A, C, S, L\}$	T300	$\{A, B, C\}$
T200	$\{D, A, C, E, B\}$	T400	$\{C, A, B, E\}$

(1) 分别使用 Apriori 算法和 FP-Growth 算法找出频繁项集，同时比较两种挖掘过程的有效性。

4-4 讲解

（2）列出所有强关联规则，并与下面的元规则匹配：

buys(X, item$_1$) ∧ buys(X, item$_2$) → buys(X, item$_3$)，其中，X 代表顾客，item$_i$ 表示项的变量。

4-6　数据库有4个事务，如表4-19所示。设 minsup=60%，minconf=80%。

表4-19　数据库中的事务二

Cust_ID	TID	Items_Bought (in the form of brand-item=category)
01	T100	{King's-Carb, Sunset-Milk, Dairyland-Cheese, Best-Bread}
02	T200	{Best-Cheese, Dairyland-Milk, Goldenfarm-Apple, Tasty-Pie, Wonder-Bread}
01	T300	{Westcoast-Apple, Dairyland-Milk, Wonder-Bread, Tasty-Pie}
03	T400	{Wonder-Bread, Sunset-Milk, Dairyland-Cheese}

（1）把每一个事务作为一个购物篮，在 item_category 粒度（例如，item$_i$ 可以是"Milk"），对于下面的规则模板

$\forall x \in$ transaction, buys(X, item$_1$) ∧ buys(X, item$_2$) → buys(X, item$_3$) [s, c]

对最大的 k，列出频繁 k-项集和包含最大的 k-项集的所有强关联规则（包括它们的支持度 s 和置信度 c）。

（2）把一个用户购买的所有商品作为一个购物篮，在 brand-item_category 粒度（例如，item$_i$ 可以是"Sunset-Milk"），对于下面的规则模板

$\forall x \in$ customer, buys(X, item$_1$) ∧ buys(X, item$_2$) → buys(X, item$_3$)

对最大的 k，列出频繁 k-项集（但不输出任何规则）。

4-7　表4-20所示的相依表汇总了超级市场的事务数据。其中，hot dog 表示包含热狗的事务，$\overline{\text{hot dog}}$ 表示不包含热狗的事务，hamburgers 表示包含汉堡包的事务，$\overline{\text{hamburgers}}$ 表示不包含汉堡包的事务。

表4-20　超级市场的事务数据

	hot dog	$\overline{\text{hot dog}}$	$\sum_{row}$
hamburgers	2000	500	2500
$\overline{\text{hamburgers}}$	1000	1500	2500
$\sum_{col}$	3000	2000	5000

（1）假定发现关联规则"hot dog→hamburgers"。给定最小支持度阈值25%，最小置信度阈值50%，该关联规则是强的吗？

（2）根据给定的数据，买 hot dog 独立于买 hamburgers 吗？如果不是，二者之间存在何种相关联系？

4-8　不考虑时间约束，给出一个4-序列＜{1,3},{2},{2,3},{4}＞的所有3-子序列。

4-9　对于表 4-21 所示的交易数据库，假设 min_sup＝50%，采用 AprioriAll 算法求出所有的频繁子序列，并给出完整的执行过程。

表 4-21　交易数据库

SID	TID	事件	SID	TID	事件	SID	TID	事件
S_1	1	A，B	S_3	1	B	S_5	1	B
	2	C		2	A		2	A
	3	D，E		3	B		3	B，C
	4	C		4	D，E		4	A，D
S_2	1	A，B	S_4	1	C			
	2	C，D		2	D，E			
	3	E		3	C			
				4	E			

4-10　对于表 4-22 所示的序列数据库，假设 min_sup＝2，采用 AprioriAll 算法求出所有的最大序列模式。

表 4-22　序列数据库

SID	序列	SID	序列
1	＜{1,5},{2},{3},{4}＞	4	＜{1},{3},{5}＞
2	＜{1},{3},{4},{3,5}＞	5	＜{4},{5}＞
3	＜{1},{2},{3},{4}＞		

章节测验及作业讲解

第5章

聚类分析方法

在商务智能应用中，聚类可以用来把大量客户分组，其中组内的客户具有非常类似的特征。这有利于开发加强客户关系管理的商务策略。此外，对于具有大量项目的咨询公司，为了改善项目管理，可以基于相似性把项目划分成类别，使得项目审计和诊断（改善项目提交和结果）可以更有效地实施。

在生物研究方面，聚类可用于推导植物和动物的分类，根据相似功能对基因进行分类，获得对种群中固有结构的认识。

想象你是 AAA 公司的客户关系主管，有 5 个经理为你工作。你想把公司的所有客户组织成 5 个组，以便为每组分配一个不同的经理。从策略上讲，你想使每组内部的客户尽可能相似，此外，两个商业模式很不相同的客户不应该放在同一组。你的这种商务策略的意图是根据每组客户的共同特点，开发一些特别针对每组客户的客户联系活动。考虑到客户数量巨大和描述客户的属性众多，靠人工研究数据，并且找出将客户划分成有意义的组群的方法可能代价很大，甚至是不可行的。因此，你需要借助于聚类工具。

聚类是一个把数据对象集划分成多个组或簇的过程，使得簇内的对象具有很高的相似性，但与其他簇中的对象很不相似。相异性和相似性根据描述对象的属性值评估，并且通常涉及距离度量。

5.1 概述

本节为研究聚类分析建立基础。

5.1.1 什么是聚类

聚类(clustering)是将数据集划分为若干相似对象组成的多个组(group)或簇(cluster)的过程,使得同一组中对象间的相似度最大化,不同组中对象间的相似度最小化,如图 5-1 所示。其目标是,组内的对象相互之间是相似的(相关的),而不同组中的对象是不同的(不相关的)。组内的相似性(同质性)越大,组间差别越大,聚类就越好。一个簇(cluster)就是由彼此相似的一组对象所构成的集合,不同簇中的对象通常不相似或相似度很低。注意:通常相似度是根据描述对象的属性值评估的,使用距离度量。

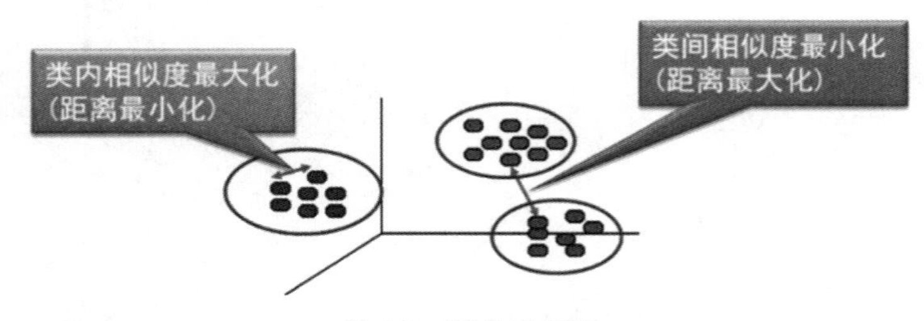

图 5-1 聚类示意图

在许多应用中,簇的概念都没有很好地加以定义。为了理解确定簇构造的困难性,考虑图 5-2。该图显示了 20 个点和将它们划分成簇的 3 种不同方法,标记的形状指示簇的隶属关系。图 5-2(b)和图 5-2(d)分别将数据划分成两部分和六部分。然而,将 2 个较大的簇都划分成 3 个子簇可能是人的视觉系统造成的假象。此外,说这些点形成 4 个簇(见图 5-2(c))可能也不无道理。该图表明簇的定义是不精确的,而最好的定义依赖于数据的特性和期望的结果。

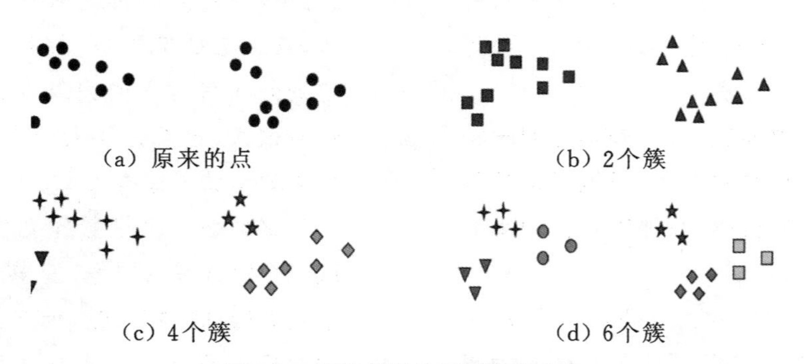

图 5-2 相同点集的不同聚类方法

聚类是一种无监督的机器学习方法,即事先对数据集的分布没有任何了解,是将物理或抽象对象的集合分成由类似的对象组成的多个类的过程。聚类所说的簇不是事先给定的,而是根据数据的相似性和距离来划分的;聚类的数目和结构都没有事先假定;在这种意义下,聚类有时又称自动分类。与分类的区别是,聚类可以自动地发现数据中的自然分组,这是聚类分析的突出优点。

◀ 概述 1

作为一种数据挖掘技术，聚类分析也可以作为一种独立的工具，用来洞察数据的分布，观察每个簇的特征，将进一步分析集中在特定的簇集合上。另外，聚类分析可以作为其他算法（如特征化、属性子集选择和分类）的预处理步骤，之后这些算法将在检测到的簇和选择的属性或特征上进行操作。

在数据挖掘领域，研究工作目前集中在为大型数据库的有效聚类分析寻找合适的方法等方面。活跃的研究主题包括聚类方法的可伸缩性、对复杂形状（如非凸形）和各种数据类型（如文本、图形和图像）进行聚类的有效性、高维聚类技术（如对具有数千特征的对象聚类），以及针对大型数据库中数值和标称混合数据的聚类方法。

5.1.2 聚类算法的要求

聚类是一个富有挑战性的研究领域，数据挖掘对聚类算法的典型要求如下。

(1) 可伸缩性：许多聚类算法在小于几百个数据对象的小数据集合上运行良好，然而，大型数据库可能包含数百万甚至数十亿个对象，在大型数据集的样本上进行聚类可能会导致有偏的结果。因此，我们需要具有高度可伸缩性的聚类算法。

(2) 处理不同属性类型的能力：许多算法是为聚类数值（基于区间）类型的数据设计的，然而，应用可能要求聚类其他类型的数据，如二元的、标称的（分类的）、序数的，或者这些数据类型的混合。

(3) 发现任意形状的簇：许多聚类算法基于欧几里得距离或曼哈顿距离等距离度量方法来确定簇，基于这些距离度量的算法趋向于发现具有相近尺寸和密度的球状簇。然而，一个簇可能是任意形状的，例如，通常为了环境检测而部署传感器，传感器读数上的聚类分析可能揭示有趣的现象，我们可能想用聚类发现森林大火蔓延的边缘，这常常是非球形的。所以，重要的是开发能够发现任意形状的簇的算法。

(4) 用于决定输入参数的领域知识最小化：许多聚类算法都要求用户以输入参数（如希望产生的簇数）的形式提供领域知识，聚类结果可能对这些参数十分敏感。通常，参数很难确定，对于高维数据集和用户尚未深入理解的数据来说更是如此。这不仅加重了用户的负担，而且使得聚类的质量难以控制。

(5) 对输入次序不敏感：一些聚类算法可能对输入数据的次序敏感。也就是说，给定数据对象集合，当以不同的次序提供数据对象时，这些算法可能生成差别很大的聚类结果。因此，需要开发对数据输入次序不敏感的算法。

(6) 高维性：数据集可能包含大量的维或属性。例如，在文档聚类时，每个关键词都可以看作一个维，并且常常有数以千计的关键词。许多聚类算法擅长处理低维数据，如只涉及两三个维的数据。发现高维空间中数据对象的簇是一个挑战。

(7) 处理噪音和异常数据的能力：现实世界中的大部分数据集都包含离群点或缺失数据、未知或错误的数据。例如，传感器读数通常是有噪声的——有些读数可能因传感机制问题而不正确，有些读数可能因周围对象的瞬时干扰而出错。一些聚类算法可能对这样的噪声敏感，从而产生低质量的聚类结果。

(8) 基于约束的聚类：现实世界的应用可能需要在各种约束条件下进行聚类。假设你的工作是在一个城市中为给定数目的自动提款机（ATM）选择安放位置，为了做出决定，你可以对住宅进行聚类，同时考虑城市的河流和公路网、每个簇的客户的类型和数量等情况。

(9) 可解释性：用户希望聚类结果是可解释的、可理解的和可用的。也就是说，聚类可能需要与特定的语义解释和应用相联系。

5.1.3 聚类算法的分类

很难对聚类算法提出一个简洁的分类,因为这些类别可能重叠,从而使得一种算法具有几种类别的特征。尽管如此,对各种不同的聚类算法提供一个相对有组织的描述仍然是十分有用的。一般而言,主要的聚类算法可以划分为如下几类,它们将在本章的其余部分讨论。

1. 划分方法(partitioning method)

给定一个 n 个对象的集合,划分方法构建数据的 k 个分区,其中每个分区表示一个簇,并且 $k \leqslant n$,也就是说,它把数据划分为 k 个组,使得每个组至少包含一个对象。换言之,划分方法在数据集上进行一层划分。典型的基本划分方法采取互斥的簇划分,即每个对象必须恰好属于一个组。这一要求在模糊划分技术中可以放宽。

大部分划分方法是基于距离的。给定要构建的分区数 k,划分方法首先创建一个初始划分。然后,它采用一种迭代的重定位技术,通过把对象从一个组移动到另一个组来改进划分。一个好的划分的一般标准是:同一个簇中的对象尽可能相互“接近”或相关,而不同簇中的对象尽可能“远离”或不同。还有许多评判划分质量的其他准则。传统的划分方法可以扩展到子空间聚类,而不是搜索整个数据空间,当存在很多属性并且数据稀疏时,这是有用的。

为了达到全局最优,基于划分的聚类可能需要穷举所有可能的划分,计算量极大。实际上,大多数应用都采用了流行的启发式方法,如 k 均值和 k 中心点算法,渐近地提高聚类质量,逼近局部最优解。这些启发式聚类算法很适合发现中小规模的数据库中的球状簇。为了发现具有复杂形状的簇和对超大型数据集进行聚类,需要进一步扩展基于划分的算法。5.2 节将深入研究基于划分的聚类算法。

2. 层次方法(hierarchical method)

层次方法创建给定数据对象集的层次分解。根据层次分解如何形成,层次方法可以分为凝聚的方法和分裂的方法。凝聚的方法也称自底向上的方法,开始将每个对象作为单独的一个组,然后逐次合并相近的对象或组,直到所有的组合并为一个组(层次的最顶层),或者满足某个终止条件。分裂的方法也称自顶向下的方法,开始将所有的对象置于一个簇中,在每次相继迭代中,一个簇被划分成更小的簇,直到最终每个对象在单独的一个簇中,或者满足某个终止条件。

层次聚类算法可以是基于距离的或基于密度和连通性的。层次聚类算法的一些扩展也考虑了子空间聚类。

层次方法的缺陷在于,一旦一个步骤(合并或分裂)完成,它就不能被撤销。这个严格规定是有用的,因为不用担心不同选择的组合数目,它将产生较小的计算开销。然而,这种技术不能更正错误的决定,目前已经提出了一些提高层次聚类质量的方法。层次聚类算法将在 5.3 节介绍。

3. 基于密度的方法(density-based method)

大部分划分方法基于对象之间的距离进行聚类,这样的方法只能发现球状簇,而在发现任意形状的簇时遇到了困难。因此开发了基于密度概念的聚类方法,其主要思想是:只要“邻域”中的密度(对象或数据点的数目)超过某个阈值,就继续增长给定的簇。也就是说,对给定簇中的每个数据点,在给定半径的邻域中必须至少包含最少数目的点。这样的方法可以用来过滤噪声或离群点,发现任意形状的簇。

基于密度的方法可以把一个对象集划分成多个互斥的簇或簇的分层结构。通常,基于密度的方法只考虑互斥的簇,而不考虑模糊簇。此外,可以把基于密度的方法从整个空间聚类扩展到子空间聚类。基于密度的聚类算法将在5.4节介绍。

4. 基于网格的方法(grid-based method)

基于网格的方法把对象空间量化为有限个单元,形成一个网格结构,所有的聚类操作都在这个网格结构(即量化的空间)上进行。这种方法的主要优点是处理速度很快,其处理时间通常独立于数据对象的个数,而仅依赖于量化空间中每一维的单元数。

对于许多空间数据挖掘问题(包括聚类),使用网格通常都是一种有效的方法。因此,基于网格的方法可以与其他聚类方法(如基于密度的方法和层次方法)集成。基于网格的方法本书暂不予介绍。

在以下各节,我们详细考察以上各种聚类方法。一般地,这些章节中用到的符号如下:D 表示由 n 个被聚类的对象组成的数据集;对象用 d 个变量描述,其中每个变量又称属性或维,因此对象也可能被看作 d 维对象空间中的点。

5.1.4 相似性的测度

对象之间的相似性是聚类分析的核心。两个数据对象之间的相似度(similarity)是两个对象相似性程度的一个度量值,取值区间通常为[0,1],0表示两者不相似,1表示两者相同。因此,两个数据对象越相似,它们的相似度就越大,反之则越小。

下面根据数据集属性的不同类型分别介绍相似度的计算。

1. 数值属性的相似度

如果数据集所有属性都是数值型的,一般可以用距离作为数据对象之间的相似性度量。通常,对象之间的距离越近表示它们越相似。

常用的距离函数有如下几种。

1) 欧几里得距离

最流行的距离度量是欧几里得距离(即直线或“乌鸦飞行”距离,也称为欧氏距离)。一维、二维、三维或高维空间中两个点 x 和 y 之间的欧几里得距离(Euclidean distance)由如下公式定义:

$$d(x,y)=\sqrt{\sum_{k=1}^{n}(x_k-y_k)^2} \tag{5-1}$$

其中,n 是维数,而 x_k 和 y_k 分别是 x 和 y 的第 k 个属性值(分量)。用图5-3、表5-1和表5-2解释该公式,它们展示了这个点集、这些点的 x 和 y 坐标以及包含这些点之间距离的距离矩阵(distance matrix)。

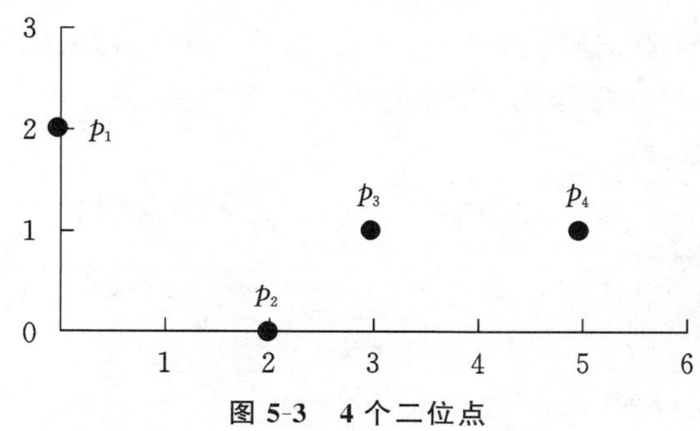

图5-3 4个二位点

概述2▶

表 5-1 4 个点的 x 和 y 坐标

点	x 坐标	y 坐标
p_1	0	2
p_2	2	0
p_3	3	1
p_4	5	1

表 5-2 表 5-1 的欧几里得距离矩阵

	p_1	p_2	p_3	p_4
p_1	0.0	2.8	3.2	5.1
p_2	2.8	0.0	1.4	3.2
p_3	3.2	1.4	0.0	2.0
p_4	5.1	3.2	2.0	0.0

2）曼哈顿距离

另一个著名的度量方法是曼哈顿（或城市块）距离，之所以如此命名，是因为它是城市两点之间的街区距离（比如，向南 2 个街区，横过 3 个街区，共计 5 个街区）。

$$d(x,y)=\sum_{i=1}^{n}|x_i-y_i| \tag{5-2}$$

其中，n 是维数，而 x_i 和 y_i 分别是 x 和 y 的第 i 个属性值（分量）。

3）闵可夫斯基距离（Minkowski distance）

假定 x 和 y 是相应的特征，n 是特征的维数，则 x 和 y 的闵可夫斯基距离度量的形式如下：

$$d(x,y)=\left[\sum_{i=1}^{n}|x_i-y_i|^p\right]^{\frac{1}{p}} \tag{5-3}$$

当 p 取不同的值时，上述距离度量公式演化为一些特殊的距离测度。

当 $p=1$ 时，闵可夫斯基距离演变为绝对值距离：

$$d(x,y)=\sum_{i=1}^{n}|x_i-y_i| \tag{5-4}$$

当 $p=2$ 时，闵可夫斯基距离演变为欧氏距离：

$$d(x,y)=\left[\sum_{i=1}^{n}|x_i-y_i|^2\right]^{1/2} \tag{5-5}$$

例 5-1 给定两个对象，分别表示为 $x(22,1,42,10)$，$y(20,0,36,8)$，分别计算两个对象之间的欧几里得距离、曼哈顿距离、闵可夫斯基距离（$p=3$）。

解：① 欧几里得距离：

$$d(x,y)=\sqrt{(x_1-y_1)^2+(x_2-y_2)^2+\cdots+(x_n-y_n)^2}$$
$$=\sqrt{(22-20)^2+(1-0)^2+(42-36)^2+(10-8)^2}=6.71$$

② 曼哈顿距离：

$$d(x,y)=|x_1-y_1|+|x_2-y_2|+\cdots+|x_n-y_n|$$

$$=|22-20|+|1-0|+|42-36|+|10-8|=11$$

③ 闵可夫斯基距离：

$$d(x,y)=(|x_1-y_1|^p+|x_2-y_2|^p+\cdots+|x_n-y_n|^p)^{\frac{1}{p}}$$

$$=(|22-20|^3+|1-0|^3+|42-36|^3+|10-8|^3)^{\frac{1}{3}}=6.15$$

4) 余弦相似度

为了解释余弦相似度，先介绍一下向量内积的概念。向量内积定义如下。

$$\text{Inner}(x,y)=<x,y>=\sum_i x_i y_i \tag{5-6}$$

向量内积的结果是没有界限的，一种解决方法是除以长度之后再求内积，这就是应用广泛的余弦相似度(cosine similarity)。

$$\text{CosSim}(x,y)=\frac{\sum_i x_i y_i}{\sqrt{\sum_i x_i^2}\sqrt{\sum_i y_i^2}}=\frac{<x,y>}{\|x\|\cdot\|y\|} \tag{5-7}$$

余弦相似度与向量的幅值无关，只与向量的方向相关。需要说明的是，余弦相似度受到向量的平移影响，上式如果将 x 平移到 $x+1$，余弦值就会改变。怎样才能实现这种平移不变性？这就要用到皮尔逊相关系数(Pearson correlation)，简称为相关系数。

例 5-2 对于表 5-3 所示的 3 个文档和 10 个属性的数据集 S，计算 X_1、X_2 的余弦相似度。

表 5-3 有 10 个属性的数据集 S

文档号	球队	教练	冰球	棒球	足球	罚球	得分	赢球	输球	赛季
X_1	5	0	3	0	1	0	0	1	0	0
X_2	3	0	2	0	1	1	0	1	0	1
X_3	4	1	2	0	2	1	0	1	0	0

解：因为 $X_1=(5,0,3,0,1,0,0,1,0,0)$，$X_2=(3,0,2,0,1,1,0,1,0,1)$，所以 $<X_1,X_2>=5\times3+0\times0+3\times2+0\times0+1\times1+0\times1+0\times0+1\times1+0\times0+0\times1=23$。

注意到 $|X_1|=(25+9+1+1)^{1/2}=6$，$|X_2|=(9+4+1+1+1+1)^{1/2}=4.12$，所以根据公式(5-7)可得：

$$\text{CosSim}(X_1,X_2)=\frac{<X_1,X_2>}{\|X_1\|\|X_2\|}=\frac{23}{6\times4.12}=\frac{23}{24.72}=0.93$$

5) 皮尔逊相关系数

$$\text{Corr}(x,y)=\frac{\sum_i (x_i-\overline{x})(y_i-\overline{y})}{\sqrt{\sum_i (x_i-\overline{x})^2}\sqrt{\sum_i (y_i-\overline{y})^2}}=\frac{<x-\overline{x},y-\overline{y}>}{\|x-x\|\|y-y\|}$$

$$=\text{CosSim}(x-\overline{x},y-\overline{y}) \tag{5-8}$$

皮尔逊相关系数具有平移不变性和尺度不变性，它计算出了两个向量的相关性，$\overline{x}$、$\overline{y}$ 表示 x、y 的平均值。

2. 二元属性的相似度

二元属性只有 0 和 1 两种取值，其中 1 表示该属性的特征出现，0 表示特征不出现。如果

数据集 S 都是二元属性，则 $x_{ik} \in \{0,1\}(i=1,2,\cdots,n;k=1,2,\cdots,d)$。表5-4所示的数据集 S 共有11个属性，且都是二元属性。

表 5-4　有 11 个二元属性的数据集 S

ID	$Attr_1$	$Attr_2$	$Attr_3$	$Attr_4$	$Attr_5$	$Attr_6$	$Attr_7$	$Attr_8$	$Attr_9$	$Attr_{10}$	$Attr_{11}$
X_1	1	0	1	0	1	0	1	0	1	1	1
X_2	1	0	0	1	0	1	0	0	1	0	1
X_3	0	0	1	1	1	0	1	0	0	0	1
…	…	…	…	…	…	…	…	…	…	…	…

这里的1、0并不是具体的数值，其中1表示“出现”“是”等，0表示“未出现”“否”等。设 $X_i,X_j \in S$，采用以下方法来计算它们的相似度。

可以对 X_i 和 X_j 的分量 x_{ik} 与 $x_{jk}(k=1,2,\cdots,n)$ 的取值情况进行比较，获得分量的4种不同取值对比的统计参数：

- f_{11} 是 X_i 和 X_j 中分量满足 $x_{ik}=1$ 且 $x_{jk}=1$ 的属性个数(1-1 相同)。
- f_{10} 是 X_i 和 X_j 中分量满足 $x_{ik}=1$ 且 $x_{jk}=0$ 的属性个数(1-0 相异)。
- f_{01} 是 X_i 和 X_j 中分量满足 $x_{ik}=0$ 且 $x_{jk}=1$ 的属性个数(0-1 相异)。
- f_{00} 是 X_i 和 X_j 中分量满足 $x_{ik}=0$ 且 $x_{jk}=0$ 的属性个数(0-0 相同)。

显然 $f_{11}+f_{10}+f_{01}+f_{00}=d$，因此 X_i 和 X_j 之间的相似度可以有以下几种定义：

1) 简单匹配系数相似度(simple match coefficient，SMC)

$$\mathrm{SMC}(X_i,X_j)=\frac{f_{11}+f_{00}}{f_{11}+f_{10}+f_{01}+f_{00}}=\frac{f_{11}+f_{00}}{d} \tag{5-9}$$

即以 X_i 和 X_j 对应分量取相同值的个数与向量的维数 d 之比作为相似性度量。这种相似度适合对称的二元属性的数据集，即二元属性的两种状态是同等重要的。因此，$\mathrm{SMC}(X_i,X_j)$ 也称作对称的二元相似度。

2) Jaccard 系数相似度

$$\mathrm{Jaccard}(X_i,X_j)=\frac{f_{11}}{f_{11}+f_{10}+f_{01}}=\frac{f_{11}}{d-f_{00}} \tag{5-10}$$

即以 X_i 和 X_j 对应分量取1值的个数与 $(d-f_{00})$ 之比作为相似性度量。这种相似度适合非对称的二元属性的数据集，即二元属性的两种状态中，1是最重要的情形。因此，$\mathrm{Jaccard}(X_i,X_j)$ 也称为非对称的二元相似度。

3) Rao 系数相似度

$$\mathrm{Rao}(X_i,X_j)=\frac{f_{11}}{f_{11}+f_{10}+f_{01}+f_{00}}=\frac{f_{11}}{d} \tag{5-11}$$

即以 X_i 和 X_j 对应分量取1值的个数与向量的维数 d 之比作为相似性度量，也是另一种非对称的二元相似度。

如果一个数据集的所有分量都是二元属性，则可以根据实际应用需要，选择以上3个公式之一作为其相似度的计算公式。

例 5-3　对于表5-4所示的数据集 S，计算 $\mathrm{SMC}(X_1,X_2)$、$\mathrm{Jaccard}(X_1,X_2)$ 和 $\mathrm{Rao}(X_1,X_2)$。

解：因为 $X_1=(1,0,1,0,1,0,1,0,1,1,1)$，$X_2=(1,0,0,1,0,1,0,0,1,0,1)$，所以，首先

比较 X_1 和 X_2 每一个属性的取值情况，可得

$$f_{11}=3、f_{10}=4、f_{01}=2、f_{00}=2，并且\ f_{11}+f_{10}+f_{01}+f_{00}=11$$

因此，$\mathrm{SMC}(X_1,X_2)=5/11$；$\mathrm{Jaccard}(X_1,X_2)=3/9$；$\mathrm{Rao}(X_1,X_2)=3/11$。

3. 分类属性的相似度

分类属性的取值是一些符号或事物的名称，可以取两个或多个状态，且状态值之间不存在大小或顺序关系，比如婚姻状况这个属性就有未婚、已婚、离异和丧偶 4 个状态值。

如果 S 的属性都是分类属性，则 X_i 和 X_j 的相似度可定义为

$$s(X_i,X_j)=p/d \tag{5-12}$$

其中 p 是 X_i 和 X_j 的对应属性值 $x_{ik}=x_{jk}$（相等值）的个数，d 是向量的维数。

例 5-4 某网站希望依据用户的照片背景颜色、婚姻状况、性别、血型以及所从事的职业等 5 个分类属性来描述已经注册的用户，其用户数据集如表 5-5 所示。计算 $s(X_1,X_2)$ 和 $s(X_1,X_3)$。

表 5-5 有 5 个分类属性的数据集

对象 ID	照片背景颜色	婚姻状况	性别	血型	职业
X_1	红	已婚	男	A	教师
X_2	蓝	已婚	女	A	医生
X_3	红	未婚	男	B	律师
X_4	白	离异	男	AB	律师
X_5	蓝	未婚	男	O	教师
…	…	…	…	…	…

解：显然，数据对象维数 $d=5$，由于 X_1 和 X_2 在婚姻状况和血型两个分量上取相同的值，因此，由公式(5-12)得 $s(X_1,X_2)=2/5$。

同理，$s(X_1,X_3)=2/5$，因为 X_1 和 X_3 在照片背景颜色、性别两个分量上取相同的值。

4. 序数属性的相似度

序数属性的值之间具有实际意义的顺序或排位，但相继值之间的差值是未知的。如果数据集 S 的属性都是序数属性，设其第 k 个属性的取值有 m_k 个状态且有大小顺序。

下面以一个简单的例子来介绍序数属性的相似度计算方法。

例 5-5 假设某校用考试成绩、奖学金和月消费 3 个属性来描述学生在校的信息，如表 5-6 所示。其中第 1 个属性考试成绩取 $m_1=5$ 个状态，其顺序排位为优秀 > 良好 > 中等 > 及格 > 不及格；第 2 个属性奖学金取 $m_2=3$ 个状态，其顺序排位为甲等 > 乙等 > 丙等；第 3 个属性月消费取 $m_3=3$ 个状态，其顺序排位为高 > 中 > 低。

表 5-6 有 3 个序数属性的数据集

对象 ID	考试成绩	奖学金	月消费
X_1	优秀	甲等	中
X_2	良好	乙等	高
X_3	中等	丙等	高
…	…	…	…

解:序数属性的数据对象之间相似度计算的基本思想是将其转换为数值型属性,并用距离函数来计算,主要分为三个步骤。

(1) 将第 k 个属性的域映射为一个整数的排位集合,比如考试成绩的域为{优秀,良好,中等,及格,不及格},其整数排位集合为{5,4,3,2,1},最大排位数 $m_1=5$;然后将每个数据对象 X_i 对应分量的取值 x_{ik} 用其对应排位数代替并仍记为 x_{ik},比如,表 5-6 中 X_2 的考试成绩属性值 x_{21} 为"良好",则用 4 代替,这样得到整数表示的数据对象仍记为 X_i。奖学金的域为{甲等,乙等,丙等}⇒{3,2,1},其最大排位数 $m_2=3$;月消费的域为{高,中,低}⇒{3,2,1},其最大排位数 $m_3=3$。

结果如表 5-7 所示。

表 5-7 用其排位的整数代替的序数属性数据集

对象 ID	考试成绩	奖学金	月消费
X_1	5	3	2
X_2	4	2	3
X_3	3	1	3
…	…	…	…

(2) 将整数表示的数据对象 X_i 的每个分量映射到[0,1]实数区间之上,其映射方法为:

$$z_{ik}=(x_{ik}-1)/(m_k-1) \tag{5-13}$$

其中 m_k 是第 k 个属性排位整数的最大值,再以 z_{ik} 代替 X_i 中的 x_{ik},就得到数值型的数据对象,并仍然记作 X_i。

比如,X_2 的考试成绩排位整数是 4,映射为 $z_{21}=(4-1)/(5-1)=0.75$;X_2 的奖学金排位整数是 2,映射为 $z_{22}=(2-1)/(3-1)=0.50$;X_2 的月消费排位整数是 3,映射为 $z_{23}=(3-1)/(3-1)=1$。类似地,可以计算 X_1、X_3 的各个属性的实数值。映射后的结果如表 5-8 所示。

表 5-8 用其实数代替排位数的数据集

对象 ID	考试成绩	奖学金	月消费
X_1	1.00	1.00	0.50
X_2	0.75	0.50	1.00
X_3	0.50	0	1.00
…	…	…	…

(3) 根据实际情况选择一种距离公式,计算任意两个数值型数据对象 X_i 和 X_j 的相似度。

这里选用欧几里得距离函数计算任意两点之间的相似度:

$$d(X_1,X_2)=\sqrt{(1-0.75)^2+(1-0.5)^2+(0.5-1)^2}=\sqrt{0.0625+0.25+0.25}=0.75$$

同理可得:

$$d(X_1,X_3)=1.22 \qquad d(X_2,X_3)=0.56$$

从计算结果可知 $d(X_2,X_3)$ 的值是最小的，而且从表5-6也可以看出，3个数据对象之间的确是 X_2 与 X_3 的差异度最小、最相似。

5. 混合属性的相似度

若数据集 $S=\{X_1,X_2,\cdots,X_m\}$ 的所有属性都是数值属性(连续属性)，则称 S 为数值属性数据集。若 S 的所有属性都是离散属性，则称 S 为离散属性数据集。若 S 既有数值属性，又有离散属性，称 S 为混合属性数据集。

对于混合属性数据集 S，通常有两种思路来描述其数据对象之间的相似度或相异度。

将每种类型的属性分成一组，然后使用每种属性类型的相似度或相异度定义，分别对 S 进行数据挖掘分析(如聚类分析)。如果这些分析能够得到兼容的结果，则将其融合形成 S 的挖掘结果，但在实际应用中常常不能产生兼容的结果。

一种更可取的方法是将所有属性类型集成处理，保证在数据挖掘时只做一次分析。基本思想如下：

假设 S 有 d 个属性，根据第 k 属性的类型，计算 S 关于第 k 属性的相异度矩阵 $\boldsymbol{D}^{(k)}(S)$ $(k=1,2,\cdots,d)$，最后将其集成为 S 的相异度矩阵 $\boldsymbol{D}(S)$，如公式(5-14)就是 S 相异度的一种集成方法。

$$d(X_i,X_j)=\frac{\sum_{k=1}^{d}\delta^{(k)}(X_i,X_j)\times d^{(k)}(X_i,X_j)}{\sum_{k=1}^{d}\delta^{(k)}(X_i,X_j)} \tag{5-14}$$

其中相异度 $d^{(k)}(X_i,X_j)$ 的取值都在[0,1]内，因此属性类型有3种计算方法。

(1) 当第 k 属性是分类或二元属性时，比较 X_i 和 X_j 在第 k 属性的取值。

如果 $x_{ik}=x_{jk}$，则 $d^{(k)}(X_i,X_j)=0$，否则 $d^{(k)}(X_i,X_j)=1$。

(2) 当第 k 属性是数值属性时，先求出 S 第 k 属性所有非缺失值的最大值 $\max_k$ 和最小值 $\min_k$，则有：

$$d^{(k)}(X_i,X_j)=\frac{|x_{ik}-x_{jk}|}{\max_k-\min_k} \tag{5-15}$$

(3) 当第 k 属性是序数属性时，先将 X_i 的第 k 属性值转换为[0,1]区间的实数 $z_{ik}=(x_{ik}-1)/(m_k-1)$，其中 m_k 是 X 第 k 属性排位数的最大值，x_{ik} 是 X_i 的第 k 属性值对应的排位数。

用 z_{ik} 和 z_{jk} 代替第(2)种方法公式中的 x_{ik} 和 x_{jk} 即可。

通常，以上公式中的指示符 $\delta^{(k)}(X_i,X_j)=1$，仅在以下情况取值为0：

① X_i 和 X_j 的第 k 属性分量 x_{ik} 和 x_{jk} 都取空值或有一个取空值。

② 当第 k 属性为非对称二元属性且 $x_{ik}=x_{jk}=0$ 时。

因此，$\delta^{(k)}(X_i,X_j)=0$ 表示对象 X_i 和对象 X_j 在第 k 属性上的相异度集成到 S 的相异度矩阵中没有意义。

例5-6 设有表5-9所示的混合属性数据集 S，试计算其相异度矩阵。

表 5-9 混合属性数据集 S

顾客 ID	性别	婚姻状况	当月消费额	学位
X_1	男	已婚	1230	其他
X_2	男	单身	2388	硕士
X_3	男	离异	3586	博士
X_4	女	已婚	3670	硕士
X_5	男	单身	1025	学士
X_6	女	丧偶	2890	其他

解：从表 5-9 可知，数据集 S 除顾客 ID 外，共有 4 个属性。下面分别计算 S 关于第 1、第 2、第 3 和第 4 属性的相异度矩阵。

(1) 第 1 属性“性别”是二元属性，其相异度矩阵为：

$$\boldsymbol{D}^{(1)}(S)=\begin{pmatrix} 0 & & & & & \\ 0 & 0 & & & & \\ 0 & 0 & 0 & & & \\ 1 & 1 & 1 & 0 & & \\ 0 & 0 & 0 & 1 & 0 & \\ 1 & 1 & 1 & 0 & 1 & 0 \end{pmatrix}$$

(2) 第 2 属性“婚姻状况”是分类属性，其相异度矩阵为：

$$\boldsymbol{D}^{(2)}(S)=\begin{pmatrix} 0 & & & & & \\ 1 & 0 & & & & \\ 1 & 1 & 0 & & & \\ 0 & 1 & 1 & 0 & & \\ 1 & 0 & 1 & 1 & 0 & \\ 1 & 1 & 1 & 1 & 1 & 0 \end{pmatrix}$$

(3) 第 3 属性“当月消费额”是数值属性，其相异度矩阵为：

$$\boldsymbol{D}^{(3)}(S)=\begin{pmatrix} 0 & & & & & \\ 0.44 & 0 & & & & \\ 0.89 & 0.45 & 0 & & & \\ 0.92 & 0.48 & 0.03 & 0 & & \\ 0.08 & 0.52 & 0.97 & 1 & 0 & \\ 0.63 & 0.19 & 0.26 & 0.29 & 0.71 & 0 \end{pmatrix}$$

其中，$d^{(3)}(X_2,X_1)=|x_{23}-x_{13}|/|\max_3-\min_3|=|2388-1230|/2645=0.44$，其他数值类似计算。

(4) 第 4 属性“学位”是序数属性，首先转换成排位数，如表 5-10 所示。

表 5-10　第 4 属性转换成排位数的数据

顾客 ID	X_1	X_2	X_3	X_4	X_5	X_6
第 4 属性	x_{14}	x_{24}	x_{34}	x_{44}	x_{54}	x_{64}
属性的取值	其他	硕士	博士	硕士	学士	其他
属性排位数	1	3	4	3	2	1

再将排位数转换为[0,1]区间的实数,如表 5-11 所示。

表 5-11　将排位数转换为[0,1]区间的实数

顾客 ID	X_1	X_2	X_3	X_4	X_5	X_6
转换后第 4 属性	z_{14}	z_{24}	z_{34}	z_{44}	z_{54}	z_{64}
属性排位数	0	0.67	1	0.67	0.33	0

最后按公式(5-15)计算 X_i 与 X_j 在第 4 属性上的相异度 $d^{(4)}(X_i,X_j)$,得其相异度矩阵:

$$\boldsymbol{D}^{(4)}(S)=\begin{pmatrix} 0 \\ 0.67 & 0 \\ 1 & 0.33 & 0 \\ 0.67 & 0 & 0.33 & 0 \\ 0.33 & 0.34 & 0.67 & 0.34 & 0 \\ 0 & 0.67 & 1 & 0.67 & 0.33 & 0 \end{pmatrix}$$

(5) 最后利用公式(5-14),将 S 关于每个属性的相异度矩阵 $\boldsymbol{D}^{(k)}(S)$ $(k=1,2,3,4)$ 集成为 S 关于所有属性的相异度矩阵 $\boldsymbol{D}(S)$。

由于所有指示符 $\delta^{(k)}(X_i,X_j)=1$,因此,$\boldsymbol{D}(S)$ 的元素就是 $\boldsymbol{D}^{(1)}(S)$、$\boldsymbol{D}^{(2)}(S)$、$\boldsymbol{D}^{(3)}(S)$、$\boldsymbol{D}^{(4)}(S)$ 对应元素之和的平均值。

例如,对 X_1 与 X_2 有:

$$\begin{aligned} d(X_2,X_1)&=[d^{(1)}(X_2,X_1)+d^{(2)}(X_2,X_1)+d^{(3)}(X_2,X_1)+d^{(4)}(X_2,X_1)]/4 \\ &=[0+1+0.44+0.67]/4=0.53 \end{aligned}$$

$\boldsymbol{D}(S)$ 的其他元素类似计算,最后可得混合属性数据集 X 的相异度矩阵:

$$\boldsymbol{D}(S)=\begin{pmatrix} 0 \\ 0.53 & 0 \\ 0.72 & 0.45 & 0 \\ 0.65 & 0.62 & 0.59 & 0 \\ 0.35 & 0.21 & 0.66 & 0.83 & 0 \\ 0.66 & 0.71 & 0.82 & 0.49 & 0.76 & 0 \end{pmatrix}$$

5.2 基于划分的聚类算法

聚类分析最简单、最基本的版本是划分,它把对象组织成多个互斥的组或簇。为了简洁

基于划分的聚类算法 1▶

地说明问题，我们假定簇个数作为背景知识给定。这个参数是划分方法的起点。

相应地，给定 n 个数据对象的数据集 D，以及要生成的簇数 k，划分算法把数据对象组织成 $k(k \leqslant n)$ 个分区，其中每个分区代表一个簇。这些簇的形成旨在优化一个客观划分准则，如基于距离的相异性函数，使得根据数据集的属性，在同一个簇中的对象是"相似的"，而不同簇中的对象是"相异的"。

本节将学习最著名、最常用的划分方法 —— 基于质心的（centroid-based）划分方法（k-means 算法）和基于中心的（medoid-based）划分方法（PAM 算法）。

5.2.1　基于质心的划分方法 ——k-means 算法

k-means算法（也称作k 均值算法）是很典型的基于距离的聚类算法，以欧氏距离作为相似度度量。其以 k 为输入参数，把 n 个对象的集合分为k 个簇，使得结果簇内的相似度高，而簇间的相似度低。簇的相似度是关于簇中对象的均值度量，可以看作簇的质心（centroid）或重心（center of gravity）。

k 均值算法的处理流程如下。首先，随机地选择 k 个对象，每个对象代表一个簇的初始中心，对剩余的每个对象，根据其与各个簇中心的欧氏距离，将它指派到最相似的簇。然后计算每个簇的新均值，使用更新后的均值作为新的簇中心，重新分配所有对象。这个过程不断重复，直到簇不发生变化，或等价地，直到质心不发生变化。

1. k-means 算法的过程

k-means 算法的过程如下。

算法 5.1：k-means 算法。用于划分的 k-means 算法，其中每个簇的中心都用簇中所有对象的均值来表示。

输入：①k：簇的数目；②D：包含 n 个对象的数据集。

输出：k 个簇的集合。

方法：

```
(1) 从数据集 D 中任意选择 k 个对象作为初始簇中心；
(2) repeat
(3)     for 数据集 D 中每个对象 P do
(4)        计算对象 P 到 k 个簇中心的距离
(5)        将对象 P 指派到与其最近（距离最短）的簇；
(6)     end for
(7)        计算每个簇中对象的均值，作为新的簇中心；
(8) until  k 个簇的簇中心不再发生变化
```

例 5-7　考虑二维空间的对象集合，如图 5-4(a) 所示，令k =3，即用户要求将这些对象划分成 3 个簇。

解：根据算法 5.1，任意选择 3 个对象作为 3 个初始的簇中心，其中簇中心用"+" 标记。根据与簇中心的距离，每个对象被分配到最近的一个簇，这种分配形成了图 5-4(a) 中虚线所描绘的轮廓。

下一步，更新簇中心。也就是说，根据簇中的当前对象，重新计算每个簇的均值。使用这些新的簇中心，把对象重新分布到离簇中心最近的簇中。这样的重新分布形成了图5-4(b)中虚线所描绘的轮廓。

重复这一过程，形成图5-4(c)所示结果。

这种迭代地将对象重新分配到各个簇，以改进划分的过程称为迭代的重定位(iterative relocation)。最终，对象的重新分配不再发生，处理过程结束，聚类过程返回结果簇。

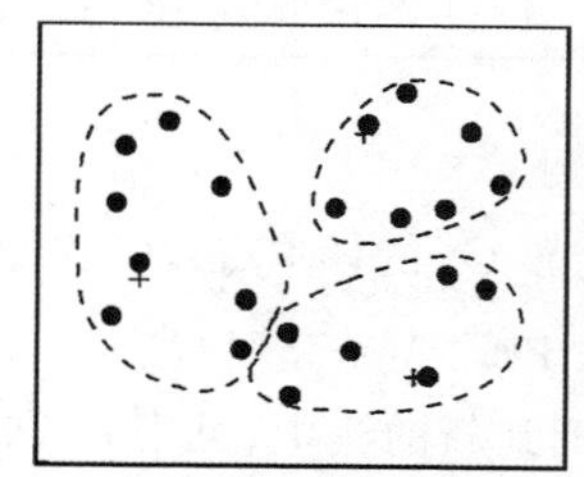
(a) 初始聚类

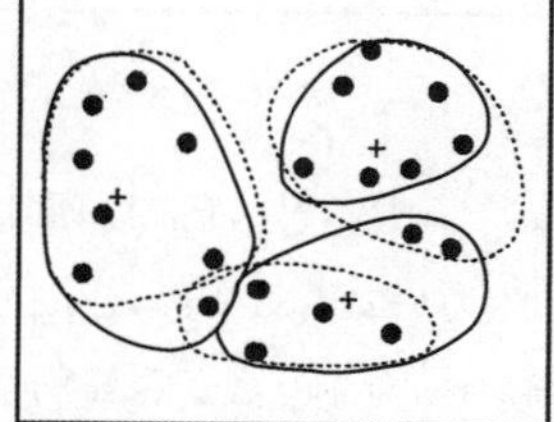
(b) 迭代

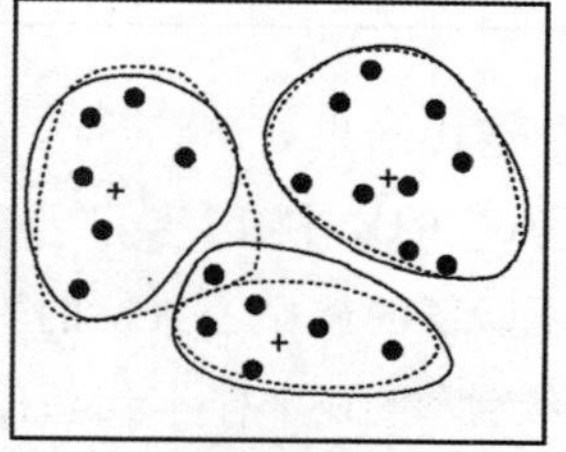
(c) 最终的聚类

图5-4 使用k-means算法聚类对象集(每个簇的均值用"+"标注)

例5-8 对表5-12中的二维数据，使用k-means算法将其划分为2个簇，假设初始簇中心为$P_7(4,5)$，$P_{10}(5,5)$。

表5-12 k-means聚类过程示例数据集

	P_1	P_2	P_3	P_4	P_5	P_6	P_7	P_8	P_9	P_{10}
x	3	3	7	4	3	8	4	4	7	5
y	4	6	3	7	8	5	5	1	4	5

解：对于给定的数据集，k-means算法聚类的执行过程如下：

① 根据题目，假设划分的两个簇分别为C_1和C_2，中心分别为(4,5)和(5,5)，计算10个样本到这2个簇中心的距离(欧几里得距离)，并将10个样本指派到与其最近的簇，见表5-13。

表5-13 第一轮迭代中10个样本到新的簇中心的距离的平方

d^2	P_1	P_2	P_3	P_4	P_5	P_6	P_7	P_8	P_9	P_{10}
P_7	2	2	13	4	10	16	—	16	10	—
P_{10}	5	5	8	5	13	9	—	17	5	—

第一轮迭代结果如下。

属于簇C_1的样本有$\{P_7,P_1,P_2,P_4,P_5,P_8\}$；属于簇$C_2$的样本有$\{P_{10},P_3,P_6,P_9\}$。

重新计算新的簇的中心，C_1的中心为(3.5,5.17)，C_2的中心为(6.75,4.25)。

注意：

重新计算新的簇的中心：$x=(x_1+x_2+\cdots+x_n)/n$，$y=(y_1+y_2+\cdots+y_n)/n$，n为该簇中样本的个数。

② 继续计算 10 个样本到新的簇中心的距离，重新分配到新的簇中，见表 5-14。

表 5-14　第二轮迭代中 10 个样本到新的簇中心的距离的平方

d^2	x	y	P_1	P_2	P_3	P_4	P_5	P_6	P_7	P_8	P_9	P_{10}
C_1	3.5	5.17	1.62	0.94	16.96	3.6	8.26	20.28	0.28	17.64	13.62	2.28
C_2	6.75	4.25	14.13	17.13	1.63	15.13	28.13	2.13	8.13	18.13	0.13	3.63

第二轮迭代结果如下。

属于簇 C_1 的样本有$\{P_1,P_2,P_4,P_5,P_7,P_8,P_{10}\}$；属于簇 C_2 的样本有$\{P_3,P_6,P_9\}$。

重新计算新的簇中心：C_1 的中心为(3.71,5.14)，C_2 的中心为(7.33,4)。

③ 继续计算 10 个样本到新的簇中心的距离，重新分配到新的簇中，见表 5-15。

表 5-15　第三轮迭代中 10 个样本到新的簇中心的距离的平方

d^2	x	y	P_1	P_2	P_3	P_4	P_5	P_6	P_7	P_8	P_9	P_{10}
C_1	3.71	5.14	1.8	1.24	15.4	3.54	8.68	18.42	0.1	17.22	12.12	1.68
C_2	7.33	4	18.75	22.75	1.11	20.09	34.75	1.45	12.09	20.09	0.11	6.43

第三轮迭代结果如下。

属于簇 C_1 的样本有$\{P_1,P_2,P_4,P_5,P_7,P_8,P_{10}\}$；属于簇 C_2 的样本有$\{P_3,P_6,P_9\}$。

发现簇中心不再发生变化，算法终止。

整个聚类过程如图 5-5 所示。

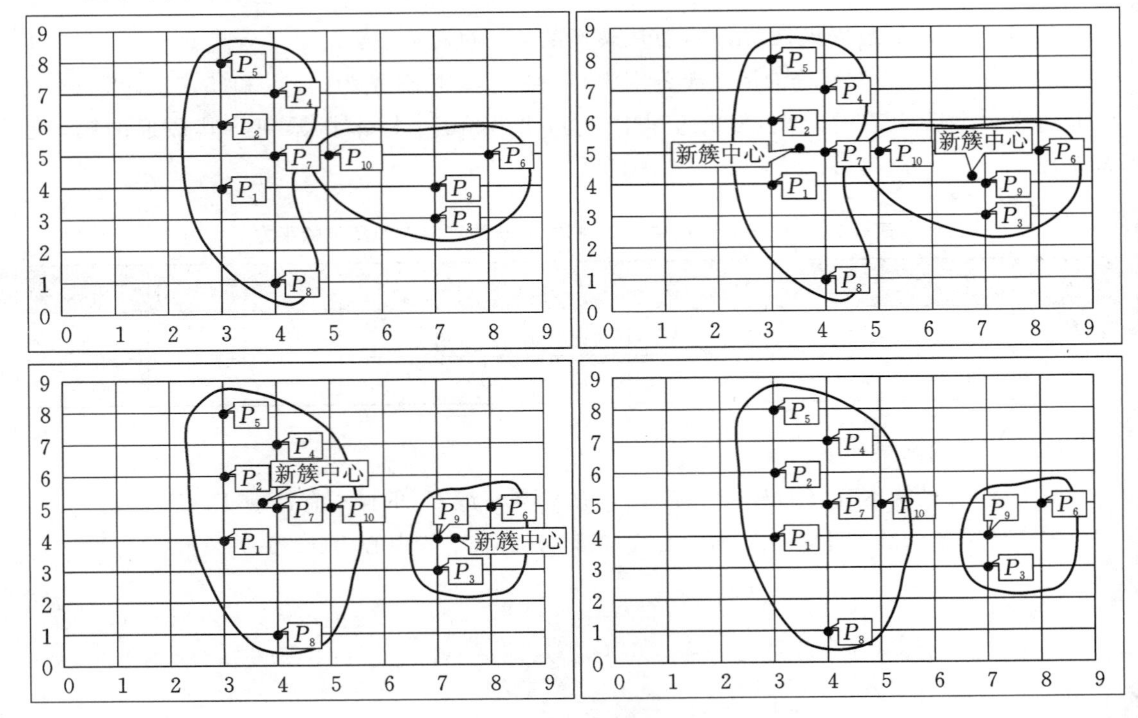

图 5-5　k-means 算法聚类过程示例

k 均值算法不能保证收敛于全局最优解，并且它常常终止于一个局部最优解。结果可能依赖于初始簇中心的随机选择。实践中，为了得到好的结果，通常设定不同的初始簇中心，多次运行 k-means 算法。

2. k-means 算法的特点

1）优点

① k-means 算法是解决聚类问题的一种经典算法，算法简单、快速，容易实现。

② 对于处理大数据集，该算法是相对可伸缩和高效的，计算的复杂度大约是 $O(nkt)$，其中 n 是所有对象的数目，k 是簇的数目，t 是迭代的次数。一般来说，$k \ll n, t \ll n$。

③ 算法尝试找出 k 个划分，当簇是密集的、球状或团状的，且簇与簇之间区别明显时，它的聚类效果较好。

2）缺点

① 簇的个数难以确定。要求用户必须事先给出要生成的簇数 k 可以算是该方法的一个缺点。然而，针对如何克服这一缺点已经有一些研究，如提供 k 值的近似范围，然后使用分析技术，通过比较由不同 k 值得到的聚类结果，确定最佳的 k 值。

② 聚类结果对初始值的选择较敏感。算法首先需要确定一个初始划分，然后对初始划分进行优化，这个初始聚类中心的选择对聚类结果有较大的影响，一旦初始值选择得不好，可能无法得到有效的聚类结果。

③ 这类算法采用爬山式(hill-climbing) 技术寻找最优解，其每次调整都是为了寻求更好的聚类结果，因此很容易陷入局部最优解，无法得到全局最优解。

④ 对噪声和异常数据敏感。因为少量的这类数据能够对均值产生极大的影响。

⑤ 不能用于发现非凸形状的簇，或具有各种不同大小的簇，如图 5-6 所示。

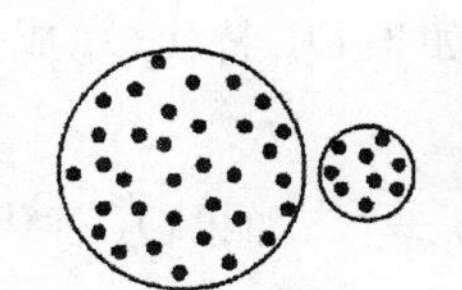

(a) 大小不同的簇　　(b) 形状不同的簇

图 5-6　基于质心的划分方法不能识别的簇

5.2.2　基于中心的划分方法——PAM 算法

PAM(partitioning around medoids，围绕中心点的划分) 作为最早提出的 k 中心点算法之一，选用簇中位置最中心的对象作为代表对象，试图对 n 个对象给出 k 个划分。代表对象也被称为中心点，其他对象则被称为非代表对象。

1. PAM 算法基本思想

PAM 算法最初随机选择 k 个对象作为中心点，然后反复地用非代表对象来代替代表对象，试图找出更好的中心点，以改进聚类的质量。在每次迭代中，分析所有可能的对象对，每个对中的一个对象是中心点，而另一个是非代表对象。对可能的各种组合，估算聚类结果的质量。一个对象 O_i 可以被使最大平方误差值减少的对象代替。在一次迭代中产生的最佳对象集合成为下次迭代的中心点，继续用其他对象替换代表对象的迭代过程，直到结果聚类

基于划分的聚类算法 3▶

的质量不可能被任何替换提高。

为了判定一个非代表对象 O_h 是否是当前一个代表对象 O_i 的好的替代，对于每一个非中心点 O_j，考虑下面的四种情况，如图 5-7 所示。

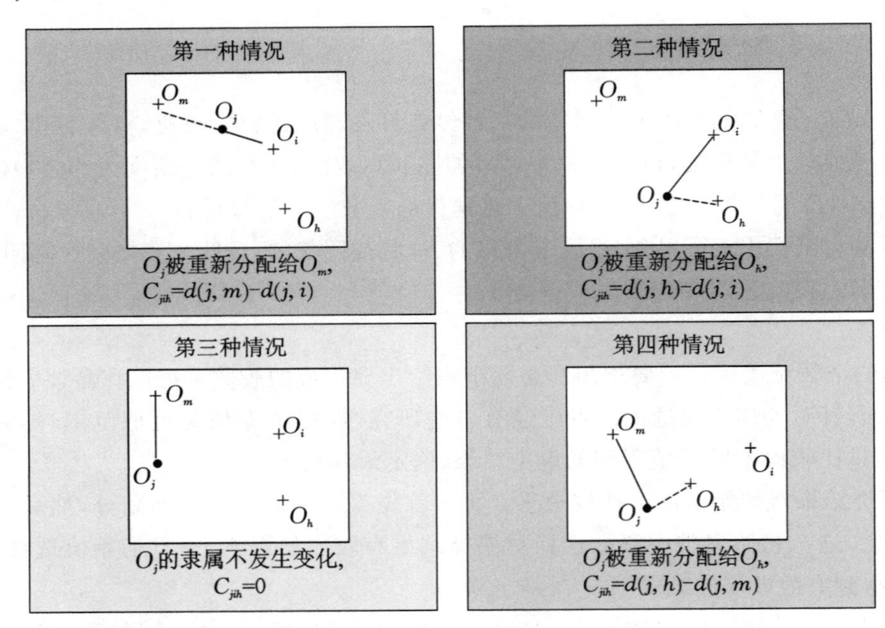

图 5-7　PAM 算法代价函数的四种情况

第一种情况：O_j 当前隶属于中心点 O_i。如果 O_h 替代 O_i 成为中心点，且 O_j 离 O_m 最近，$i \neq m$，那么 O_j 被重新分配给 O_m。

第二种情况：O_j 当前隶属于中心点 O_i。如果 O_h 替代 O_i 成为一个中心点，且 O_j 离 O_h 最近，那么 O_j 被重新分配给 O_h。

第三种情况：O_j 当前隶属于中心点 O_m，$m \neq i$。如果 O_h 替代 O_i 成为一个中心点，而 O_j 依然离 O_m 最近，那么对象的隶属不发生变化。

第四种情况：O_j 当前隶属于中心点 O_m，$m \neq i$。如果 O_h 替代 O_i 成为一个中心点，且 O_j 离 O_h 最近，那么 O_j 被重新分配给 O_h。

其实，不管哪种情况，都是把非中心点分配到最近的中心点。

每当重新分配发生时，平方误差 E 所产生的差别对代价函数有影响。因此，如果一个当前的代表对象被非代表对象所代替，代价函数将计算平方误差值所产生的差别。替换的总代价是所有非代表对象所产生的代价之和。

- 如果总代价是负的，那么实际的平方误差将会减小，O_i 可以被 O_h 替代。
- 如果总代价是正的，则当前的中心点 O_i 被认为是可接受的，在本次迭代中没有变化。

总代价定义如下：

$$\mathrm{TC}_{ih} = \sum_{j=1}^{n} C_{jih} \tag{5-16}$$

其中，C_{jih} 表示 O_j 在 O_i 被 O_h 代替后产生的代价。图 5-7 给出了四种情况中代价函数的计算公式，其中所引用的符号有：O_i 和 O_m 是两个原中心点，O_h 将替换 O_i 成为新的中心点。

2. PAM 算法过程

PAM 算法过程见算法 5.2。

算法 5.2 PAM 算法。

输入：①k：簇的数目；②D：包含 n 个对象的数据集。

输出：k 个簇，使得所有对象与其最近中心点的相异度总和最小。

方法：

```
(1) 从 D 中任意选择 k 个对象作为初始的簇中心点；
(2) REPEAT
(3)     指派每个剩余的对象给离它最近的中心点所代表的簇；
(4)     REPEAT
(5)       选择一个未被选择的中心点 Oi；
(6)       REPEAT
(7)           选择一个未被选择过的非中心点对象 Oh；
(8)           计算用 Oh 代替 Oi 的总代价并记录在 S 中；
(9)       UNTIL 所有的非中心点都被选择过；
(10)    UNTIL 所有的中心点都被选择过；
(11) IF 在 S 中的所有非中心点代替所有中心点后计算出的总代价有小于 0 的存在 THEN 找出 S 中的用非中心点替代中心点后代价最小的一个，并用该非中心点替代对应的中心点，形成一个新的 k 个中心点的集合；
(12) UNTIL 没有再发生簇的重新分配，即所有的 S 都大于 0。
```

例 5-9 利用 PAM 算法对 5 个点进行聚类。假如空间中的 5 个点$\{A、B、C、D、E\}$如图 5-8(a) 所示，各点之间的距离关系如表 5-16 所示，根据所给的数据对其运行 PAM 算法，实现划分聚类(设 $k=2$)。

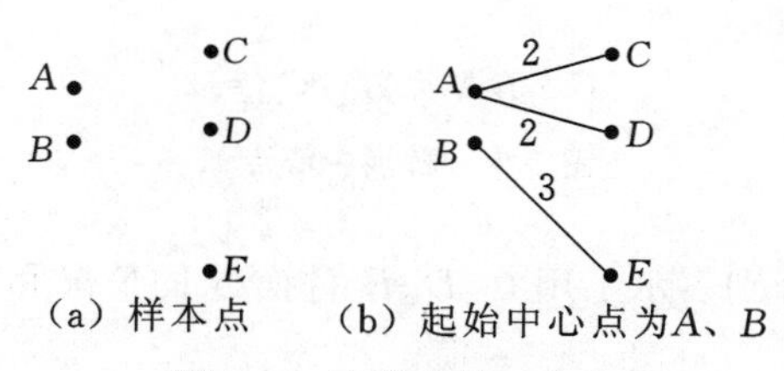

(a) 样本点　　(b) 起始中心点为A、B

图 5-8　空间中的 5 个点

表 5-16　5 个样本点间的距离关系

样本点	A	B	C	D	E
A	0	1	2	2	3
B	1	0	2	4	3
C	2	2	0	1	5
D	2	4	1	0	3
E	3	3	5	3	0

第一步，建立阶段：假如从 5 个对象中随机抽取的 2 个中心点为$\{A,B\}$，则样本被划分为

$\{A,C,D\}$ 和 $\{B,E\}$，如图 5-8(b) 所示。

第二步，交换阶段：假定中心点 A、B 分别被非中心点 $\{C、D、E\}$ 替换，根据 PAM 算法，需要计算下列代价 ——TC_{AC}、TC_{AD}、TC_{AE}、TC_{BC}、TC_{BD}、TC_{BE}。

以 TC_{AC} 为例说明计算过程：

① 当 A 被 C 替换以后，A 不再是一个中心点，因为 A 离 B 比 A 离 C 近，所以 A 被分配到 B 中心点代表的簇，$C_{AAC}=d(A,B)-d(A,A)=1$。

② B 是一个中心点，当 A 被 C 替换以后，B 不受影响，$C_{BAC}=0$。

③ C 原先属于 A 中心点所在的簇，当 A 被 C 替换以后，C 是新中心点，符合 PAM 算法代价函数的第二种情况，$C_{CAC}=d(C,C)-d(C,A)=0-2=-2$。

④ D 原先属于 A 中心点所在的簇，当 A 被 C 替换以后，离 D 最近的中心点是 C，根据 PAM 算法代价函数的第二种情况，$C_{DAC}=d(D,C)-d(D,A)=1-2=-1$。

⑤ E 原先属于 B 中心点所在的簇，当 A 被 C 替换以后，离 E 最近的中心仍然是 B，根据 PAM 算法代价函数的第三种情况，$C_{EAC}=0$。

因此，$TC_{AC}=C_{AAC}+C_{BAC}+C_{CAC}+C_{DAC}+C_{EAC}=1+0-2-1+0=-2$。

在上述代价计算完毕后，要选取一个最小的代价。显然有多种替换可以选择，假设选择第一个最小代价的替换(也就是 C 替换 A)，根据图 5-9(a) 所示，样本点被划分为 $\{B,A,E\}$ 和 $\{C,D\}$ 两个簇。图 5-9(b) 和图 5-9(c) 分别表示了 D 替换 A、E 替换 A 的情况和相应的代价。

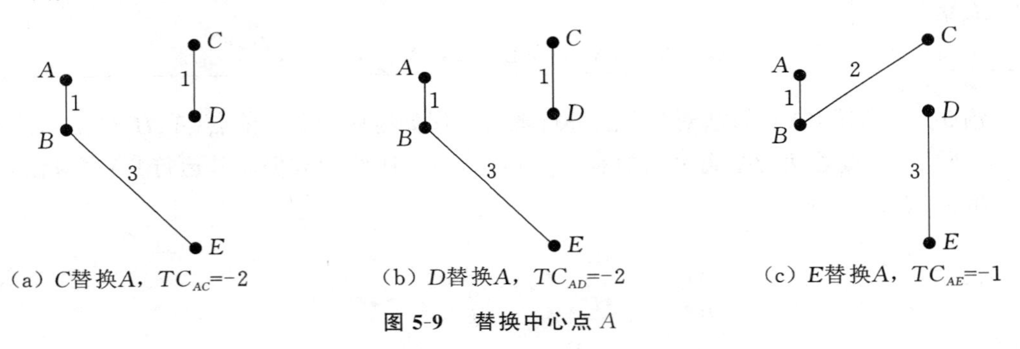

图 5-9　替换中心点 A

图 5-10(a)、(b)、(c) 分别表示了用 C、D、E 替换 B 的情况和相应的代价。

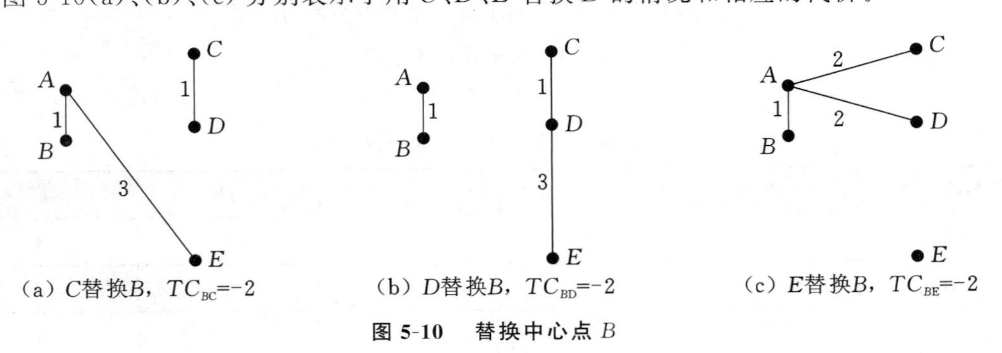

图 5-10　替换中心点 B

通过上述计算，已经完成了 PAM 算法的第一次迭代。在下一迭代中，将用其他的非中心点 $\{A,D,E\}$ 替换中心点 $\{B,C\}$，找出具有最小代价的替换。一直重复上述过程，直到代价不再减小为止。

3. PAM 算法的特点

(1) 消除了 k 均值算法对于孤立点的敏感性。当存在“噪声”和孤立点数据时,PAM 算法比 k 均值算法更健壮,这是因为中心点算法不容易被极端数据影响。

(2) PAM 算法比 k 均值算法的代价要高。PAM 需要测试所有的替换,对小的数据集非常有效,对大数据集效率不高,特别是 n 和 k 都很大的时候。因为在替换中心点时,每个点的替换代价都可能需要计算,计算代价相当高。每次迭代的复杂度是 $O(k(n-k)^2)$。

(3) PAM 算法必须指定聚类的数目 k,k 的取值对聚类质量有重大影响。

5.3 层次聚类算法

尽管划分方法满足把对象集划分成一些互斥的组群的基本聚类要求,但是在某些情况下,我们想把数据划分成不同层上的组群,如层次。层次聚类算法(hierarchical clustering method)将数据对象组成层次结构或簇的“树”。

层次聚类算法对给定的数据集进行层次的分解,直到满足某种条件为止。该算法可以分为凝聚的和分裂的,取决于层次分解是以自底向上(合并)还是自顶向下(分裂)的方式形成。

凝聚的层次聚类算法使用自底向上的策略。它从令每个对象形成自己的簇开始,并且迭代地把簇合并成越来越大的簇,直到所有的对象都在一个簇中,或者满足某个终止条件。该单个簇成为层次结构的根。在合并步骤,它找出两个最接近的簇(根据某种相似性度量),并且合并它们,形成一个簇。因为每次迭代合并两个簇,其中每个簇至少包含一个对象,因此凝聚方法最多需要 n 次迭代。凝聚层次聚类的代表是 AGNES 算法。

分裂的层次聚类算法使用自顶向下的策略。它从把所有对象置于一个簇中开始,该簇是层次结构的根。然后,它把根上的簇划分成多个较小的子簇,并且递归地把这些簇划分成更小的簇。划分过程继续,直到最底层的簇都足够凝聚 —— 或者仅包含一个对象,或者簇内的对象彼此都充分相似。分裂层次聚类的代表是 DIANA 算法。

在凝聚或分裂的层次聚类中,用户都可以指定期望的簇个数作为终止条件。

图 5-11 显示了一种凝聚的层次聚类算法 AGNES 和一种分裂的层次聚类算法 DIANA 在一个包含五个对象的数据集 $\{a,b,c,d,e\}$ 上的处理过程。初始,AGNES 算法将每个对象作为一个簇,然后这些簇根据某种准则逐步合并。例如,如果簇 C_1 中的一个对象和簇 C_2 中的一个对象之间的距离是所有属于不同簇的对象间欧氏距离中最小的,则 C_1 和 C_2 可能被合并。这是一种单链接(single-linkoge) 方法,因为每个簇都用簇中所有对象代表,而两个簇之间的相似度用不同簇中最近的数据点对的相似度来度量。簇合并过程反复进行,直到所有的对象最终形成一个簇。

DIANA 算法以相反的方法处理。所有的对象形成一个初始簇,根据某种原则(如簇中最近的相邻对象的最大欧氏距离)将该簇分裂。簇的分裂过程反复进行,直到最终每个新的簇只包含一个对象。

通常,使用一种称为树状图(dendrogram) 的树形结构来表示层次聚类的过程。它展示对象是如何一步一步被分组聚集(在凝聚方法中)或划分(在分裂方法中)的。图 5-12 显示了图 5-11 中的 5 个对象的树状图,其中,$l=0$ 显示在第 0 层 5 个对象都作为单元素簇。在 $l=1$,对象 a 和 b 被聚在一起形成第一个簇,并且它们在后续各层一直在一起。我们还可以用一

层次聚类算法 1 ▶

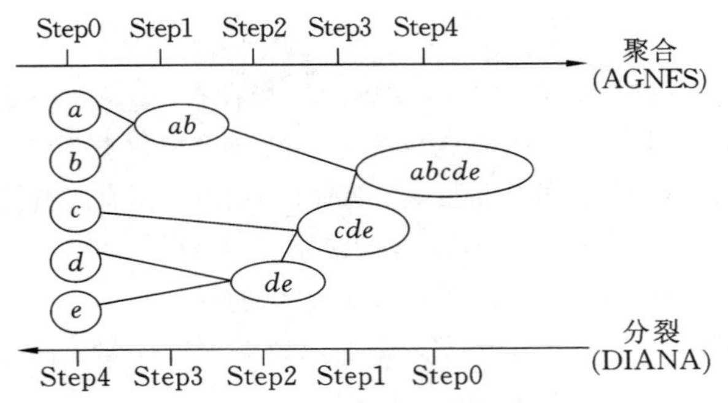

图 5-11　两种不同层次聚类算法

个垂直的数轴来显示簇间的相似尺度。例如，当两组对象{a,b}和{c,d,e}的相似度大约为0.16时，它们被合并形成一个簇。

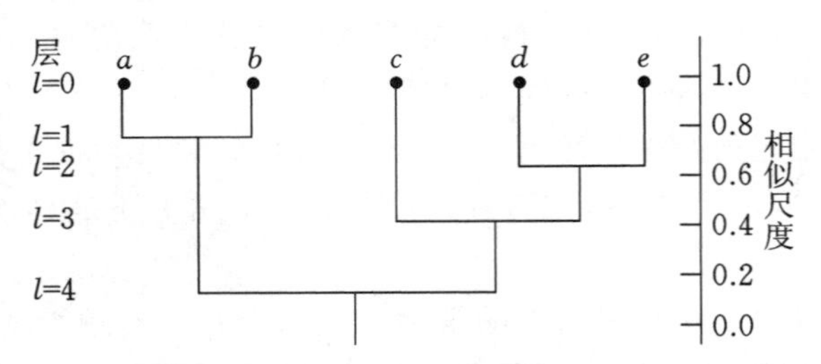

图 5-12　数据对象{a,b,c,d,e}的层次聚类的树状图表示

分裂算法的一个挑战是如何把一个大簇划分成几个较小的簇。例如，把 n 个对象的集合划分成两个互斥的子集有 $2^{n-1}-1$ 种可能的方法，其中 n 是对象数。当 n 很大时，考察所有的可能性的计算量是令人望而却步的。因此，分裂算法通常使用启发式方法进行划分，但可能导致不精确的结果。为了效率，分裂算法通常不对已经做出的划分决策回溯。一旦一个簇被划分，该簇的任何可供选择的其他划分都不再被考虑。由于分裂算法的这一特点，凝聚算法远比分裂算法多。

5.3.1 AGNES 算法

AGNES(agglomerative nesting)算法最初将每个对象作为一个簇，然后这些簇根据某些准则被一步步地合并。两个簇间的相似度由这两个不同簇中距离最近的数据点对的相似度来确定。聚类的合并过程反复进行，直到所有的对象最终满足簇数目。AGNES 算法过程见算法 5.3。

算法 5.3　AGNES 算法。

输入：①D：包含 n 个对象的数据库；②k：终止条件簇的数目。

输出：k 个簇，达到终止条件规定簇数目。

方法：

```
(1) 将每个对象当成一个初始簇；
(2) REPEAT
(3)       根据两个簇中最近的数据点找到最近的两个簇；
(4)       合并两个簇，生成新的簇的集合；
(5) UNTIL 达到定义的簇的数目。
```

> **注意：**
> 簇的最小距离由公式(5-17)计算。

$$\mathrm{dist}_{\min}(C_i,C_j)=\min_{p\in C_i,p'\in C_j}\{|p-p'|\} \tag{5-17}$$

其中 $|p-p'|$ 是两个对象或点 p 和 p' 之间的欧式距离。

如果簇 C_1 中的一个对象和簇 C_2 中的一个对象之间的距离是所有属于不同簇的对象间欧式距离中最小的，则 C_1 和 C_2 可能被合并。

例 5-10 在表 5-17 中给定的样本上运行 AGNES 算法，假定算法的终止条件为 2 个簇。

表 5-17 AGNES 算法样本数据集

序号	属性 1	属性 2	序号	属性 1	属性 2
1	1	1	5	3	4
2	1	2	6	3	5
3	2	1	7	4	4
4	2	2	8	4	5

各簇距离的平方如表 5-18 所示。

表 5-18 各簇距离的平方

d^2	2	3	4	5	6	7	8
1	1	1	2	13	20	18	25
2		2	1	8	13	13	18
3			1	10	17	13	20
4				5	10	8	13
5					1	1	2
6						2	1
7							1

第 1 步：根据初始簇计算每个簇之间的距离，随机找出距离最小的两个簇进行合并。由表 5-18 可知，最小距离为 1，有多组簇的距离都是 1，即有多个选择，这里，选择合并{1}、{2}为一个簇。合并后的结果为{1,2}，{3}，{4}，{5}，{6}，{7}，{8}。

第 2 步：对上一次合并后的簇计算簇间距离，再找出距离最近的两个簇进行合并，最小距离为 1，同样有多个选择，此处选择合并{3}、{4} 为一簇。合并后的结果为{1,2}，{3,4}，{5}，{6}，{7}，{8}。

第 3 步：重复第 2 步的工作，合并{5}、{6} 成为一簇。合并后的结果为{1,2}，{3,4}，{5,6}，{7}，{8}。

第 4 步：重复第 2 步的工作，合并{7}、{8} 成为一簇。合并后的结果为{1,2}，{3,4}，{5,6}，{7,8}。

层次聚类算法 2▶

第 5 步：合并{1,2}、{3,4} 成为一簇。合并后的结果为{1,2,3,4}，{5,6}，{7,8}。

第 6 步：合并{5,6}、{7,8} 成为一簇。合并后的结果为{1,2,3,4}，{5,6,7,8}。

由于合并后的簇的数目已经达到了用户输入的终止条件，程序结束。

上述步骤对应的执行过程及结果如表 5-19 所示。

表 5-19　AGNES 算法的执行过程及结果

步骤	最近的簇距离	最近的两个簇	合并后的新簇
1	1	{1}，{2}	{1,2}，{3}，{4}，{5}，{6}，{7}，{8}
2	1	{3}，{4}	{1,2}，{3,4}，{5}，{6}，{7}，{8}
3	1	{5}，{6}	{1,2}，{3,4}，{5,6}，{7}，{8}
4	1	{7}，{8}	{1,2}，{3,4}，{5,6}，{7,8}
5	1	{1,2}，{3,4}	{1,2,3,4}，{5,6}，{7,8}
6	1	{5,6}，{7,8}	{1,2,3,4}，{5,6,7,8} 结束

AGNES 算法比较简单，但经常会遇到合并点选择的困难。假如一组对象被合并，下一步的处理将在新生成的簇上进行。已做处理不能撤销，聚类之间也不能交换对象。如果在某一步没有很好地选择合并的决定，可能会导致低质量的聚类结果。

这种聚类方法不具有很好的可伸缩性，因为合并的决定需要检查和估算大量的对象或簇。

假定在开始的时候有 n 个簇，在结束的时候有 1 个簇，则在主循环中有 $n-1$ 次迭代，在第 i 次迭代中，我们必须在 $n-i+1$ 个簇中找到最靠近的两个聚类。另外，AGNES 算法必须计算所有对象两两之间的距离，因此这个算法的复杂度为 $O(n^2)$，该算法对于 n 很大的情况是不适用的。

5.3.2 DIANA 算法

DIANA(divisive analysis) 算法是典型的分裂聚类算法。该算法首先将所有的对象初始化到一个簇中，然后根据一些原则(比如最邻近的最大欧式距离)将该簇分类，直到到达用户指定的簇数目或者两个簇之间的距离超过了某个阈值。

在聚类中，用户需要定义希望得到的簇数目作为一个结束条件。同时，DIANA 算法使用下面两种测度方法：

① 簇的直径：在一个簇中的任意两个数据点的距离中的最大值。

② 平均相异度(平均距离)，计算公式如下。

$$d_{\text{avg}}(x)=\frac{1}{n-1}\sum_{y\in C\wedge y\neq x}\text{dist}(x,y) \tag{5-18}$$

DIANA 算法过程见算法 5.4。

算法 5.4　DIANA 算法。

输入：①D：包含 n 个对象的数据库；②k：终止条件簇的数目。

输出：k 个簇，达到终止条件规定簇数目。

方法：

(1) 将 D 中所有对象整个当成一个初始簇；

◀ 层次聚类算法 3

```
(2) FOR (i = 1; i ≠ k; i++) DO BEGIN
(3)   在所有簇中挑出具有最大直径的簇 C;
(4)   找出 C 中与其他点平均相异度最大的点 p 并把 p 放入 splinter group,剩余的放在 old party 中;
(5)   REPEAT
(6)       在 old party 里找出到最近的 splinter group 中的点的距离 <= 到 old party 中最近点的距离的点,并将该点加入 splinter group。
(7)   UNTIL 没有新的 old party 的点被分配给 splinter group;
(8)   splinter group 和 old party 为被选中的簇分裂成的两个簇,与其他簇一起组成新的簇集合。
(9) END FOR
```

例 5-11 DIANA 聚类。在表 5-17 中给定的样本上运行 DIANA 算法,假定算法的终止条件为 2 个簇。

第 1 步,找到具有最大直径的簇,对簇中的每个点计算平均相异度(假定距离函数采用的是欧式距离)。

1 的平均距离为(1＋1＋1.414＋3.6＋4.47＋4.24＋5)/7＝2.96。

(注意:1 的平均距离就是 1 距离其他各个点的长度之和除以 7)

类似地,2 的平均距离为 2.526,3 的平均距离为 2.68,4 的平均距离为 2.18,5 的平均距离为 2.18,6 的平均距离为 2.68,7 的平均距离为 2.526,8 的平均距离为 2.96。

挑出平均相异度最大的点 1 放到 splinter group 中,剩余点放在 old party 中。

第 2 步,在 old party 里找出到最近的 splinter group 中的点的距离不大于到 old party 中最近的点的距离的点,将该点放入 splinter group 中,该点是 2。

第 3 步,重复第 2 步的工作,在 splinter group 中放入点 3。

第 4 步,重复第 2 步的工作,在 splinter group 中放入点 4。

第 5 步,没有在 old party 中的点放入了 splinter group 中且达到终止条件($k=2$),程序终止。如果没有达到终止条件,应该从分裂好的簇中选一个直径最大的簇继续分裂。

上述步骤对应的执行过程及结果如表 5-20 所示。

表 5-20 DIANA 算法的执行过程及结果

步骤	具有最大直径的簇	splinter group	old party
1	{1,2,3,4,5,6,7,8}	{1}	{2,3,4,5,6,7,8}
2	{1,2,3,4,5,6,7,8}	{1,2}	{3,4,5,6,7,8}
3	{1,2,3,4,5,6,7,8}	{1,2,3}	{4,5,6,7,8}
4	{1,2,3,4,5,6,7,8}	{1,2,3,4}	{5,6,7,8}
5	{1,2,3,4,5,6,7,8}	{1,2,3,4}	{5,6,7,8} 结束

DIANA 算法比较简单,但其有以下缺点:已做的分裂操作不能撤销,类之间不能交换对象;如果在某步没有选择好分裂点,可能会导致低质量的聚类结果;时间复杂度为 $O(n^2)$,大数据集不太适用。

层次聚类算法 4▶

5.4 基于密度的聚类算法

通常将簇看作数据空间中被低密度区域(代表噪声)分割开的稠密对象区域。基于密度的聚类算法的指导思想是,只要一个区域中的点的密度大于某个域值,就把它加到与之相近的聚类中去。这类算法能克服基于距离的算法只能发现"类圆形"聚类的缺点,可发现任意形状的聚类,如图 5-13 所示,并且对噪声数据不敏感。

图 5-13 任意形状的聚类

典型的基于密度的聚类算法包括 DBSCAN(density-based spatial clustering of applications with noise,具有噪声的基于密度的聚类应用)、OPTICS(ordering points to identify the clustering structure,通过点排序识别聚类结构)。

本书主要介绍 DBSCAN。

1. 基本概念

DBSCAN 是一个比较有代表性的基于密度的聚类算法。它将簇定义成密度相连的点的最大集合,能够把具有足够高密度的区域划分为簇,并可在有"噪声"的数据库中发现任意形状的聚类。

定义 5.1 对象的ε-邻域。以数据集 D 中的一个点 p 为圆心,以 ε 为半径的圆形区域内的数据点的集合称为 p 的ε-邻域。

定义 5.2 核心对象。如果一个对象的ε-邻域所包含的样本点数大于等于 MinPts,则称该对象为核心对象。

例如,在图 5-14 中,$\varepsilon=1$ cm,MinPts=5,p 是一个核心对象。

定义 5.3 直接密度可达。给定一个对象集合 D,如果 q 在 p 的ε-邻域内,而 p 是一个核心对象,对象 q 从对象 p 出发是直接密度可达的。

例如,在图 5-14 中,$\varepsilon=1$ cm,MinPts=5,p 是一个核心对象,对象 q 从对象 p 出发是直接密度可达的。然而,从 p 到 $z_i(i=1,2,3)$ 就不是直接密度可达的。

定义 5.4 密度可达。给定一个对象集合 D,如果存在一个对象链 $p_1,p_2,\cdots,p_n,p_1=p,p_n=q$,对于 $p_i\in D(1\leqslant i\leqslant n)$,$p_{i+1}$ 是从 p_i 关于ε和 MitPts 直接密度可达的,则对象 q 是从对象 p 关于ε和 MinPts 密度可达的。

例如,在图 5-15 中,$\varepsilon=1$ cm,MinPts=5,p 是一个核心对象,p_2 从 p 关于ε和 MitPts 直接密度可达,p_3 从 p_2 关于ε和 MitPts 直接密度可达,p_4 从 p_3 关于ε和 MitPts 直接密度可达,q 从 p_4 关于ε和 MitPts 直接密度可达,则对象 q 是从对象 p 关于ε和 MinPts 密度可达的。

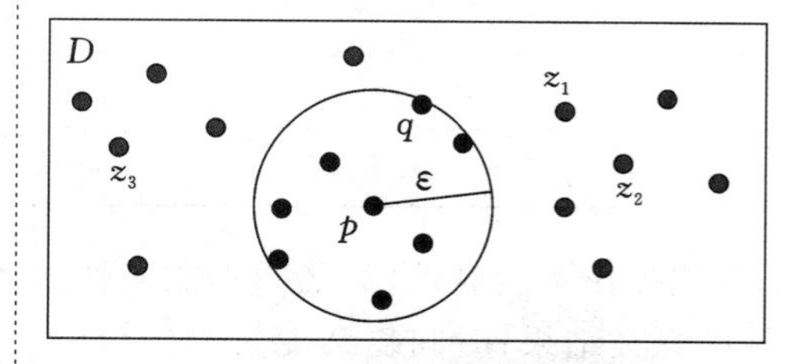

图 5-14 核心对象和直接密度可达

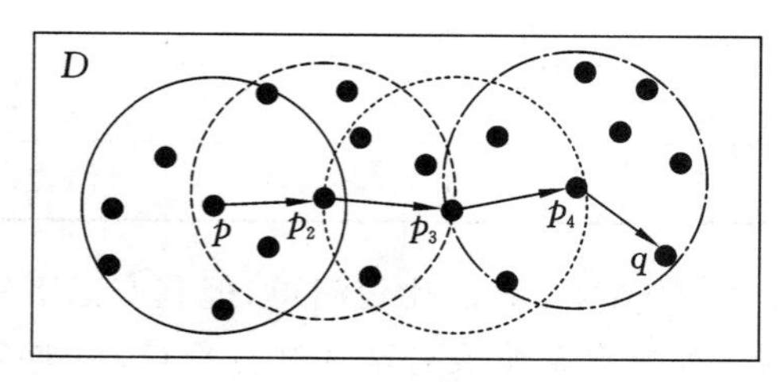

图 5-15 密度可达

注意：

密度可达不是等价关系，因为它不一定是对称的。如果O_1和O_2都是核心对象，并且O_1是从O_2密度可达的，则O_2是从O_1密度可达的。然而，如果O_2是核心对象而O_1不是，则O_1可能是从O_2密度可达的，反过来不一定成立。

定义5.5 密度相连。如果对象集合D中存在一个对象O，使得对象p和q是从O关于ε和MinPts密度可达的，那么对象p和q是关于ε和MinPts密度相连的，如图5-16所示。密度相连是一个对称的关系。

定义5.6 噪声。一个基于密度的簇是基于密度可达性的最大的密度相连对象的集合。不包含在任何簇中的对象被认为是“噪声”，如图5-17所示。

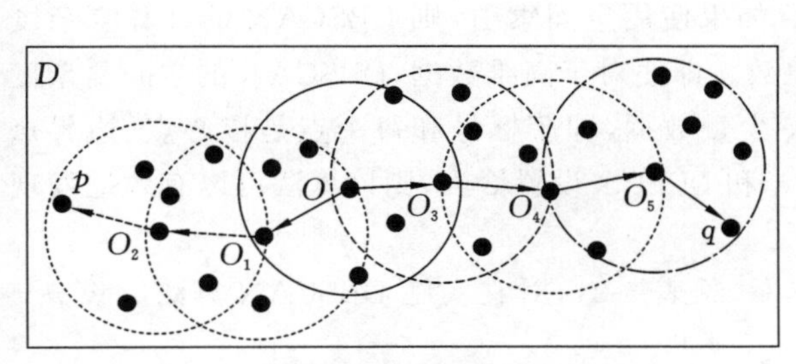

图5-16 密度相连

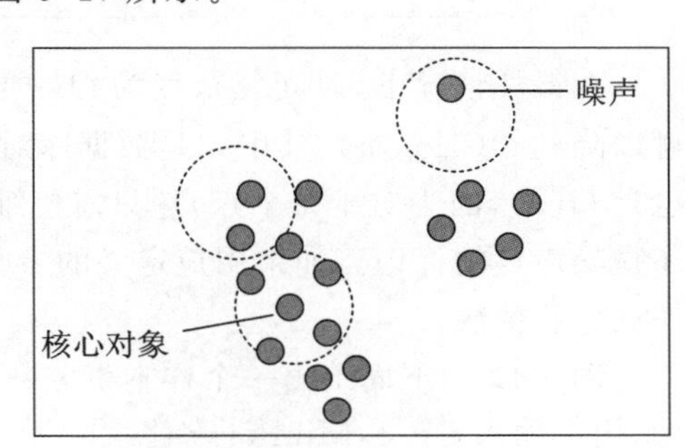

图5-17 噪声

2. DBSCAN算法过程

初始，给定数据集D中的所有对象都被标记为“unvisited”。DBSCAN随机地选择一个未访问的对象p，标记p为“visited”，并检查p的ε-邻域是否至少包含MinPts个对象。如果不是，则p被标记为噪声点。否则为p创建一个新的簇C，并且把p的ε-邻域中的所有对象都放到候选集合N中。DBSCAN迭代地把N中不属于其他簇的对象添加到C中。在此过程中，对于N中标记为“unvisited”的对象p'，DBSCAN把它标记为“visited”，并且检查它的ε-邻域。如果p'的ε-邻域至少有MinPts个对象，则p'的ε-邻域中的对象都被添加到N中。DBSCAN继续添加对象到C，直到C不能再扩展，即直到N为空。此时，簇C完全生成，于是被输出。

为了找出下一个簇，DBSCAN从剩下的对象中随机地选择一个未访问的对象。聚类过程继续，直到所有对象都被访问。DBSCAN算法的伪代码见算法5.5。

算法5.5 DBSCAN，一种基于密度的聚类算法。

输入：①D：一个包含n个对象的数据集；②ε：半径参数；③MinPts：邻域密度阈值。

输出：基于密度的簇的集合。

方法：

```
(1) 标记所有对象为 unvisited;
(2) do
(3) 随机选择一个 unvisited 对象 p;
(4) 标记 p 为 visited;
(5) if p 的 ε-邻域至少有 MinPts 个对象
```

```
(6) 创建一个新簇 C,并把 p 添加到 C;
(7) 令 N 为 p 的 ε- 邻域中的对象的集合;
(8)     for N 中每个点 p′
(9)        if p′是 unvisited
(10) 标记 p′为 visited;
(11)            if p′的 ε- 邻域至少有 MinPts 个点,把这些点添加到 N
(12)        if p′还不是任何簇的成员,把 p′添加到 C;
(13)    end for
(14) 输出 C;
(15)  else 标记 p 为噪声;
(16) until 没有标记为 unvisited 的对象;
```

在最坏情况下,时间复杂度为 $O(n^2)$。如果使用空间索引,则 DBSCAN 的计算复杂度可以降到 $O(n\log_2 n)$,其中 n 是数据库对象数。即便对于高维数据,DBSCAN 的空间复杂度也是 $O(n)$,因为对于每个点,它只需要维持少量数据,即簇标号和每个点是核心点、边界点还是噪声点的标识。如果用户定义的参数 ε 和 MinPts 设置恰当,则该算法可以有效地发现任意形状的簇。

例 5-12 下面给出一个样本事务数据库,见表 5-21,对它实施 DBSCAN 算法。设 $n=12$,用户输入 $\varepsilon=1$,MinPts $=4$。

表 5-21 样本事务数据库

序号	属性 1	属性 2	序号	属性 1	属性 2
1	1	0	7	4	1
2	4	0	8	5	1
3	0	1	9	0	2
4	1	1	10	1	2
5	2	1	11	4	2
6	3	1	12	1	3

第 1 步,在数据库中选择一点 1,由于在以它为圆心的、以 1 为半径的圆内包含 2 个点(小于 4),因此它不是核心点,选择下一点。

第 2～3 步,在数据库中选择点 2、3,与点 1 类似,点 2、3 不是核心点。

第 4 步,在数据库中选择一点 4,由于在以它为圆心的、以 1 为半径的圆内包含 5 个点,因此它是核心点,创建簇 $C_1\{4\}$,将 4 的 ε-邻域中的 4 个点(1、3、5、10)添加到集合 N,在集合 N 中,{1,3}visited 且不是任何簇的成员,把{1,3} 添加到簇 C_1:{4,1,3},此时集合 N 为{5,10}。

第 5 步,选择集合 N 中的一点 5,在以它为圆心的、以 1 为半径的圆内包含 5 个点,因此它不是核心点。5 不是任何簇的成员,把 5 添加到 C_1:{4,1,3,5},此时 N 为{10}。

第 6 步,选择集合 N 中的一点 10,在以它为圆心的、以 1 为半径的圆内包含 4 个点,因此它是核心点。10 不是任何簇的成员,把 10 添加到 C_1:{4,1,3,5,10},把 10 的 ε- 邻域中的 9、12 添加到集合 N,即 N 为{9,12}。

第7步，选择集合 N 中的一点9，在以它为圆心的、以1为半径的圆内包含3个点，因此它不是核心点。9不是任何簇的成员，把9添加到 C_1:{4,1,3,5,10,9}，此时 N 为{12}。

第8步，选择集合 N 中的一点12，在以它为圆心的、以1为半径的圆内包含2个点，因此它不是核心点。12不是任何簇的成员，把12添加到 C_1:{4,1,3,5,10,9,12}，此时集合 N 为{}。簇 C_1 完毕，输出簇 C_1:{4,1,3,5,10,9,12}。

第9步，在数据库中选择一点6，由于在以它为圆心的、以1为半径的圆内包含3个点(小于4)，因此它不是核心点，选择下一点。

第10步，在数据库中选择一点7，由于在以它为圆心的、以1为半径的圆内包含5个点，因此它是核心点，创建簇 C_2{7}，将7的ε-邻域中的4个点(2、6、8、11)添加到集合 N，在集合 N 中，{2,6}visited且不是任何簇的成员，把{2,6}添加到簇 C_2:{7,2,6}，此时集合 N 为{8,11}。

第11步，选择集合 N 中的一点8，它不是核心点，也不是任何簇的成员，把8添加到 C_2:{7,2,6,8}，此时 N 为{11}。

第12步，选择集合 N 中的一点11，它不是核心点，也不是任何簇的成员，把11添加到 C_2:{7,2,6,8,11}，此时 N 为{}。簇 C_2 完毕，输出簇 C_2:{7,2,6,8,11}。

最终聚出的类为 C_1:{4,1,3,5,10,9,12}，C_2:{7,2,6,8,11}。

DBSCAN算法执行过程如表5-22所示。

表5-22　DBSCAN算法执行过程

步骤	选择的点	在ε中的点的个数	通过计算可达点而找到的新簇
1	1	2{1,4}	无
2	2	2{2,7}	无
3	3	3{3,4,9}	无
4	4	5{1,3,4,5,10}	簇 C_1:{4}　　N:{1,3,5,10} 1、3不是任何簇的成员，把1、3添加到 C_1:{4,1,3}，N:{5,10}
5	5	3{4,5,6}	5不是任何簇的成员，把5添加到 C_1:{4,1,3,5}，N:{10}
6	10	4{4,10,9,12}	10不是任何簇的成员，把10添加到 C_1:{4,1,3,5,10}，N:{9,12}
7	9	3{3,9,10}	9不是任何簇的成员，把9添加到 C_1:{4,1,3,5,10,9}，N:{12}
8	12	2{10,12}	12不是任何簇的成员，把12添加到 C_1:{4.1,3,5,10,9,12}， N:{}，簇 C_1 完毕
9	6	3{5,6,7}	无
10	7	5{2,6,7,8,11}	簇 C_2:{7}　　N:{2,6,8,11} 2、6不是任何簇的成员，把2、6添加到 C_2:{7,2,6}，N:{8,11}
11	8	2{7,8}	8不是任何簇的成员，把8添加到 C_2:{7,2,6,8}，N:{11}
12	11	2{6,11}	11不是任何簇的成员，把11添加到 C_2:{7,2,6,8,11}， N:{}，簇 C_2 完毕

例5-13　表5-23所示的数据集在二维平面上的表示如图5-18所示，取ε=3、MinPts=3来演示DBSCAN算法的聚类过程。

表 5-23　二维平面上的数据集

P_1	P_2	P_3	P_4	P_5	P_6	P_7	P_8	P_9	P_{10}	P_{11}	P_{12}	P_{13}
1	2	2	4	5	6	6	7	9	1	3	5	3
2	1	4	3	8	7	9	9	5	12	12	12	3

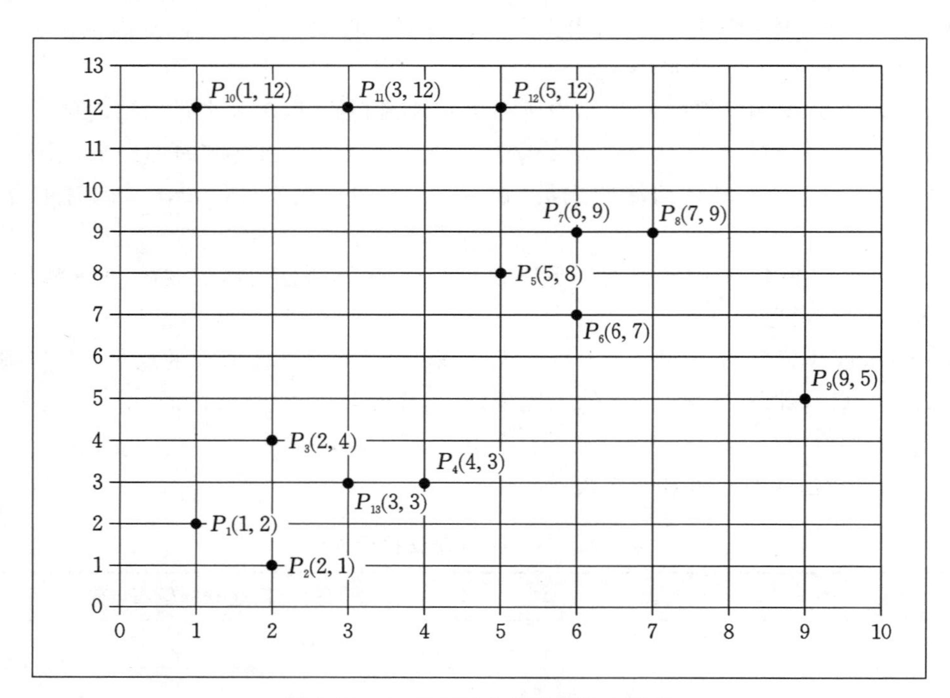

图 5-18　二维平面上的数据集示意图

第一步，随机选择一个点，如 $P_1(1,2)$，其 ε- 邻域中包含 $\{P_1,P_2,P_3,P_{13}\}$，P_1 是核心点，其邻域中的点构成簇 1 的一部分，依次检查 P_2、P_3、P_{13} 的 ε- 邻域，进行扩展，将点 P_4 并入，P_4 为边界点。

第二步，检查点 P_5，其 ε- 邻域中包含 $\{P_5,P_6,P_7,P_8\}$，P_5 是核心点，其邻域中的点构成簇 2 的一部分，依次检查 P_6、P_7、P_8 的 ε- 邻域，进行扩展，每个点都是核心点，不能扩展。

第三步，检查点 P_9，其 ε- 邻域中包含 $\{P_9\}$，P_9 为噪声点或边界点。

第四步，检查点 P_{10}，其 ε- 邻域中包含 $\{P_{10},P_{11}\}$，P_{10} 为噪声点或边界点；检查 P_{11}，其 ε- 邻域中包含 $\{P_{10},P_{11},P_{12}\}$，P_{11} 为核心点，其邻域中的点构成簇 3 的一部分；进一步检查，P_{10}、P_{12} 为边界点。

所有点标记完毕，P_9 没有落在任何核心点的邻域内，为噪声点。

最终识别出 3 个簇，P_9 为噪声点。簇 1 包含 $\{P_1,P_2,P_3,P_4,P_{13}\}$，$P_4$ 为边界点，其他点为核心点；簇 2 包含 $\{P_5,P_6,P_7,P_8\}$，其全部点均为核心点；簇 3 包含 $\{P_{10},P_{11},P_{12}\}$，其中 P_{10}、P_{12} 为边界点，P_{11} 为核心点。

注意：

如果 MinPts = 4，则簇 3 中的点均被识别成噪声点。

3. DBSCAN 算法的优缺点

(1) 优点:能克服基于距离的算法只能发现"类圆形"的聚类的缺点,可发现任意形状的聚类,有效地处理数据集中的噪声数据,对数据输入顺序不敏感。

(2) 缺点:对输入参数敏感,确定参数 ε、MinPts 困难,若选取不当,将造成聚类质量下降;由于在 DBSCAN 算法中,变量 ε、MinPts 是全局唯一的,当空间聚类的密度不均匀、聚类间距离相差很大时,聚类质量较差;计算密度单元的计算复杂度大,需要建立空间索引来降低计算量,且对数据维数的伸缩性较差。这类方法需要扫描整个数据库,每个数据对象都可能引起一次查询,因此当数据量大时会造成频繁的 I/O 操作。

5.5 聚类算法评价

一个好的聚类算法产生高质量的簇,即高的簇内相似度和低的簇间相似度。通常评估聚类结果质量的准则有内部质量评价准则和外部质量评价准则。

假设数据集 $D=\{o_1,o_2,\cdots,o_n\}$ 被一个聚类算法划分为 k 个簇$\{C_1,C_2,\cdots,C_k\}$,n_i 表示簇 C_i 中的对象数,数据集 D 的实际类别数为 s,n_{ij} 表示簇 C_i 中包含类别 j 的对象数,则有 $n_i=\sum_{j=1}^{s} n_{ij}$,总的样本数 $n=\sum_{i=1}^{k} n_i$。

1. 内部质量评价准则

内部质量评价准则是利用数据集的固有特征和量值来评价一个聚类算法的结果,即通过计算簇内平均相似度、簇间平均相似度或整体相似度来评价聚类结果。聚类有效指标主要用来评价聚类效果的优劣和判断簇的最优个数,理想的聚类效果是具有最小的簇内距离和最大的簇间距离,因此,已有的聚类有效性主要通过簇内距离和簇间距离的某种形式的比值来度量,这类指标包括 CH、DB 和 Dunn 等。

例如,CH 指标的定义如下:

$$\mathrm{CH}(k)=\frac{\mathrm{trace}B/(k-1)}{\mathrm{trace}W/(n-k)} \tag{5-19}$$

其中,$\mathrm{trace}B=\sum_{i=1}^{k} n_i \times \mathrm{dist}(z_i-z)^2$,$\mathrm{trace}W=\sum_{i=1}^{k}\sum_{o\in C_i}\mathrm{dist}(o-z_i)^2$,$z=\frac{1}{n}\sum_{i=1}^{n} o_i$ 为整个数据集的均值,$z_i=\frac{1}{n}\sum_{o\in C_i}^{n_i} o$ 为簇 C_i 的均值。trace$B$ 表示簇间距离,trace$W$ 表示簇内距离。CH 值越大,意味着聚类中的每个簇自身越紧密,且簇与簇之间更分散,即聚类效果越好。

例 5-14 图 5-19(a) 所示的数据集有图 5-19(b)、(c)、(d) 三种聚类结果,这里 $n=16$,距离函数采用欧几里得距离。采用 CH 指标判断聚类结果的好坏。

解:对于聚类结果 1,$k=4$,可以求得 $z_1=(2,6)$,$z_2=(3,2)$,$z_3=(6,6)$,$z_4=(6,2)$,$z=(4.3125,4)$,trace$B=111.44$,trace$W=12$,CH$=37.15$。计算过程如下:

$$\begin{aligned}\mathrm{trace}B &= n_1\times\mathrm{dist}(z_1-z)^2+n_2\times\mathrm{dist}(z_2-z)^2+n_3\times\mathrm{dist}(z_3-z)^2+n_4\times\mathrm{dist}(z_4-z)^2\\ &=3\times[(2-4.3125)^2+(6-4)^2]+5\times[(3-4.3125)^2+(2-4)^2]\\ &\quad+5\times[(6-4.3125)^2+(6-4)^2]+3\times[(6-4.3125)^2+(2-4)^2]\\ &=111.44\end{aligned}$$

$$\begin{aligned}\text{trace}W &= \sum_{o\in C_1}\text{dist}(o-z_1)^2+\sum_{o\in C_2}\text{dist}(o-z_2)^2+\sum_{o\in C_3}\text{dist}(o-z_3)^2+\sum_{o\in C_4}\text{dist}(o-z_4)^2\\ &=(1+0+1)+(1+1+0+1+1)+(1+1+0+1+1)+(1+0+1)=12\end{aligned}$$

对于聚类结果 2,$k=3$,可以求得 $z_1=(2,6)$,$z_2=(4.125,2)$,$z_3=(6,6)$,$z=(4.3125,4)$,$\text{trace}B=94.58$,$\text{trace}W=28.87$,$\text{CH}=21.29$。

对于聚类结果 3,$k=3$,可以求得 $z_1=(2,6)$,$z_2=(3,2)$,$z_3=(6,4.5)$,$z=(4.3125,4)$,$\text{trace}B=81.44$,$\text{trace}W=42$,$\text{CH}=12.6$。

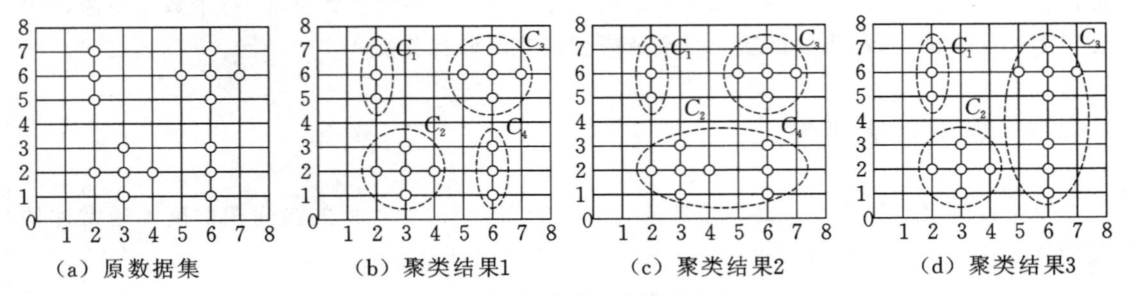

图 5-19 数据集的三种聚类结果

通过 CH 值的比较可以看出聚类结果 1 最好。相较于聚类结果 2,聚类结果 1 的簇内距离和簇间距离都得到了改善,即聚类结果 1 的簇间距离大于聚类结果 2 的簇间距离,聚类结果 1 的簇内距离小于聚类结果 2 的簇内距离。聚类结果 2 与聚类结果 3 相比,聚类结果 2 的簇间距离大于聚类结果 3 的簇间距离,且其簇内距离明显小于聚类结果 3 的簇内距离,所以聚类结果 2 较聚类结果 3 好些。

2. 外部质量评价准则

外部质量评价准则是基于一个已经存在的人工分类数据集(已知每个对象的类别)进行评价的,这样可以将聚类输出结果直接与之进行比较,求出 n_{ij}。外部质量评价准则与聚类算法无关,理想的聚类结果是,相同类别的对象被划分到相同的簇中,不同类别的对象被划分到不同的簇中。常用的外部质量评价指标有聚类熵等。

对于簇 C_i,其聚类熵定义为:

$$E(C_i)=-\sum_{j=1}^{s}\frac{n_{ij}}{n_i}\log_2\left(\frac{n_{ij}}{n_i}\right) \tag{5-20}$$

整体聚类熵定义为所有聚类熵的加权平均值:

$$E=\frac{1}{n}\sum_{i=1}^{k}n_i\times E(C_i) \tag{5-21}$$

显然,E 越小,聚类效果也越好,反之亦然。

例 5-15 图 5-20(a) 所示的数据集是由人工进行分类的,有两种聚类算法生成图 5-20(b) 和图 5-20(c) 所示的两种聚类结果,这里 $n=16$。采用聚类熵指标判断聚类结果的好坏。

解:聚类结果 1 是完全正确的分类,$n_{ii}=n_i=1(1\leqslant i\leqslant k)$,$n_{ij}=0(i\neq j)$,显然 $E(C_i)=0$,求出 $E=0$。

聚类结果 2 存在分类错误,$n_1=1$,$n_{11}=1$;$n_2=4$,$n_{22}=4$;$n_3=7$,$n_{31}=2$,$n_{33}=5$;$n_4=4$,$n_{42}=1$,$n_{44}=3$。

$$E(C_1)=0$$

$$E(C_2)=0$$

$$E(C_3)=-\left[\frac{2}{7}\times\log_2\left(\frac{2}{7}\right)+\frac{5}{7}\times\log_2\left(\frac{5}{7}\right)\right]=0.86$$

$$E(C_4)=-\left[\frac{1}{4}\times\log_2\left(\frac{1}{4}\right)+\frac{3}{4}\times\log_2\left(\frac{3}{4}\right)\right]=0.81$$

$$E=(7\times0.86+4\times0.84)/16=0.58$$

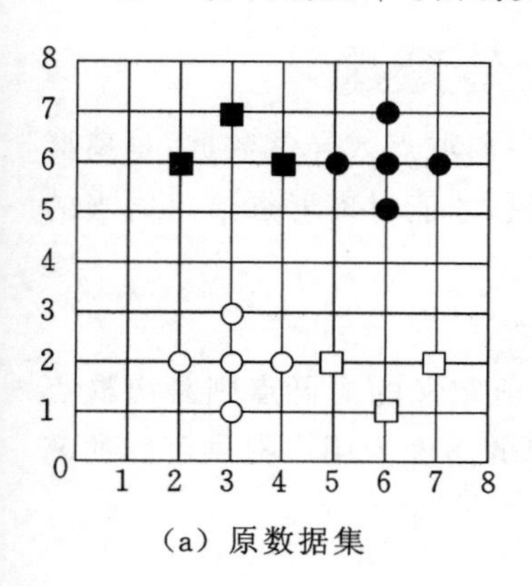

(a) 原数据集

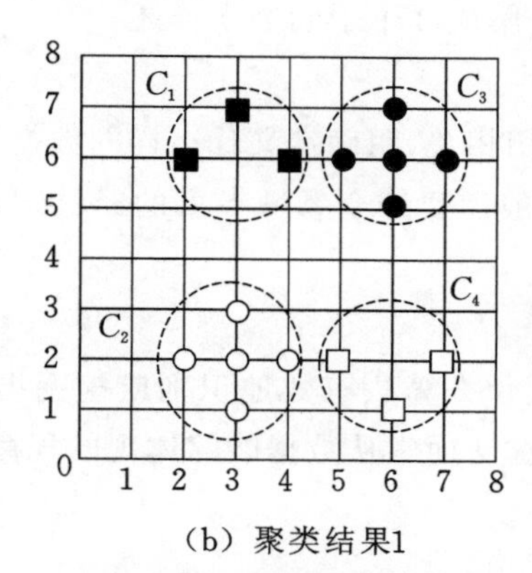

(b) 聚类结果1

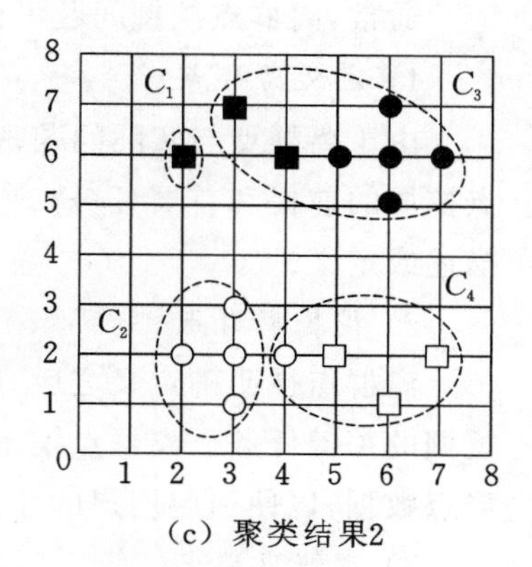

(c) 聚类结果2

图 5-20　数据集的两种聚类结果

聚类结果 1 的聚类熵小于聚类结果 2 的聚类熵，所以聚类结果 1 更优。

5.6 离群点挖掘

Outlier 一词通常翻译为离群点，也翻译为异常。所谓离群点，是指那些与数据的一般行为或模型不一致的数据对象，它们与数据的其他部分非常不同或不一致。离群点在不同的应用场合有许多别名，如孤立点、异常点、新颖点、偏离点、例外点、噪音、异常数据等。

离群点挖掘可以描述为，给定 n 个数据点或对象的集合及预期的离群点的数目 k，发现与剩余的数据相比显著相异的、异常的或不一致的头 k 个对象。离群点挖掘在中文文献中又有异常数据挖掘、异常数据检测、离群数据挖掘、例外数据挖掘和稀有事件挖掘等类似术语。

5.6.1 相关问题概述

1. 离群点的产生

一般来说，离群点产生的主要原因有以下 3 个方面：

(1) 数据来源于欺诈、入侵、疾病暴发、不寻常的实验结果等。比如，某人每月话费平均 200 元左右，某月突然增加到数千元；某人的信用卡通常每月消费 5000 元左右，而某个月消费超过 3 万元等。

这类离群点在数据挖掘中通常是相对有趣的，是应用重点之一。

(2) 数据变量的固有变化，反映了数据分布的自然特征，如气候突然变化、顾客新的购买模式、基因突变等。

(3) 数据测量和收集误差，主要是由人为错误、测量设备故障或存在噪音造成的。例如，一个学生某门课程的成绩为 −100，可能是由于程序默认值设置不当；而一个公司的高层管理人员的工资明显高于普通员工的工资看上去像是一个离群点，却是合理的数据。

类似高层管理人员工资这样的离群点并不能提供有趣的信息，只会降低数据及数据挖掘的质量，因此，许多数据挖掘算法都设法消除这类离群点。

2. 离群点挖掘问题

通常，离群点挖掘问题可分解成 3 个子问题来描述。

1) 定义离群点

由于离群点与实际问题密切相关，明确定义什么样的数据是离群点或异常数据，是离群点挖掘的前提和首要任务。一般需要结合领域专家的经验知识，才能对离群点给出恰当的描述或定义。

2) 挖掘离群点

离群点被明确定义之后，用什么算法有效地识别或挖掘出所定义的离群点则是离群点挖掘的关键任务。离群点挖掘算法通常从数据能够体现的规律的角度为用户提供可疑的离群点数据，以便引起用户的注意。

3) 理解离群点

对挖掘结果的合理解释、理解并指导实际应用是离群点挖掘的目标。由于离群点产生的机制是不确定的，用离群点挖掘算法检测出来的“离群点”是否真正对应实际的异常行为，不可能由离群点挖掘算法来说明和解释，而只能由行业或领域专家来解释。

3. 离群点的相对性

离群点是数据集中明显偏离大部分数据的特殊数据，但“明显”以及“大部分”都是相对的，即离群点的与众不同具有相对性。因此，在定义和挖掘离群点时需要考虑以下几个问题。

1) 全局或局部的离群点

一个数据对象相对于它的局部近邻对象可能是离群的，但相对于整个数据集并不是离群的。如身高 1.9 米的同学在我校数学专业 1 班是一个离群点，但在包括姚明等职业球员在内的全国人民中就不是离群点。

2) 离群点的数量

离群点的数量虽然是未知的，但正常点的数量应该远远超过离群点的数量，即离群点的数量在大数据集中所占的比例应该是较低的，一般认为该比例应该低于 5% 甚至低于 1%。

3) 点的离群程度

应以对象的偏离程度，即离群因子(outlier factor) 或离群值得分(outlier score) 来刻画一个数据偏离群体的程度，然后将离群因子高于某个阈值的对象过滤出来，提供给决策者或领域专家理解和解释，并在实际工作中应用。

5.6.2 基于距离的方法

基于距离的离群点检测方法认为，一个对象如果远离其余大部分对象，则它就是一个离群点。这种方法不仅原理简单而且使用方便。基于距离的离群点检测方法有多种，本书介

绍的是基于 k 最近邻(k-nearest neighbour,KNN) 距离的离群点挖掘方法。

1. 基本概念

定义 5.7 k 最近邻距离。设有正整数 k,对象 X 的 k 最近邻距离是满足以下条件的 $d_k(X)$:

① 除 X 以外,至少有 k 个对象 Y 满足 $d(X,Y) \leqslant d_k(X)$。

② 除 X 以外,至多有 $k-1$ 个对象 Y 满足 $d(X,Y) < d_k(X)$。

其中,$d(X,Y)$ 是对象 X 与 Y 之间的某种距离函数。

一个对象的 k 最近邻距离越大,越可能远离大部分数据对象,因此可以将对象 X 的 k 最近邻距离 $d_k(X)$ 当作它的离群因子。

定义 5.8 k 最近邻域。令 $D(X,k)=\{Y \mid d(X,Y) \leqslant d_k(X) \wedge Y \neq X\}$,则称 $D(X,k)$ 是 X 的 k 最近邻域。

其中,$D(X,k)$ 是以 X 为中心,距离 X 不超过 $d_k(X)$ 的对象 Y 所构成的集合。值得注意的是,X 不属于它的 k 最近邻域,即 $X \notin D(X,k)$。

特别地,X 的 k 最近邻域 $D(X,k)$ 包含的对象个数可能远远超过 k,即 $|D(X,k)| \geqslant k$。

定义 5.9 设有正整数 k,对象 X 的 k 最近邻离群因子定义为

$$\mathrm{OF}_1(X,k)=\frac{\sum\limits_{Y \in D(X,k)} d(X,Y)}{|D(X,k)|} \tag{5-22}$$

2. 算法描述

对于给定的数据集和最近邻个数,可利用公式(5-22) 计算每个数据对象的最近邻离群因子,并将其按从大到小的顺序排序输出,其中离群因子较大的若干对象最有可能是离群点,一般要由决策者或行业领域专家进行分析判断。基于距离的离群点检测算法见算法 5.6。

算法 5.6 基于距离的离群点检测算法。

输入:①S:数据集;②k:最近邻个数。

输出:疑似离群点及对应的离群因子降序排列表。

方法:

```
(1) Repeat
(2)      取 S 中一个未被处理的对象 X
(3)      确定 X 的 k 最近邻域 D(X,k)
(4)      计算 X 的 k 最近邻离群因子 OF1(X,k)
(5) Until S 中每个点都已经处理
(6) 对 OF1(X,k) 降序排列,并输出(X, OF1(X,k))
```

3. 计算实例

例 5-16 表 5-24 给出了有 11 个点的二维数据集 S,令 $k=2$,试计算 X_7、X_{10}、X_{11} 到其他所有点的离群因子(采用欧几里得距离)。

表 5-24　有 11 个点的二维数据集 S

ID	$Attr_1$	$Attr_2$	ID	$Attr_1$	$Attr_2$	ID	$Attr_1$	$Attr_2$
X_1	1	2	X_5	2	2	X_9	3	2
X_2	1	3	X_6	2	3	X_{10}	5	7
X_3	1	1	X_7	6	8	X_{11}	5	2
X_4	2	1	X_8	2	4			

解:为了直观地理解算法原理,将 S 中的数据对象展示在图 5-21 所示的平面上。

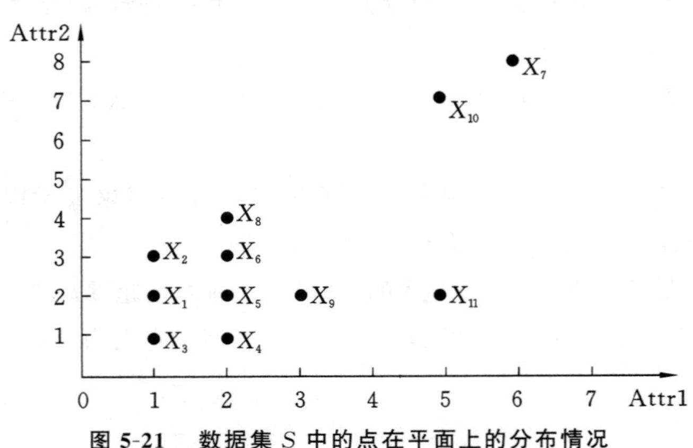

图 5-21　数据集 S 中的点在平面上的分布情况

下面分别计算指定的点和其他点的离群因子。

(1) 计算对象 X_7 的离群因子。

从图 5-21 可以看出,距离 $X_7=(6,8)$ 最近的一个点为 $X_{10}=(5,7)$,且 $d(X_7,X_{10})=1.41$,其他最近的点可能是 $X_{11}=(5,2)$、$X_9=(3,2)$、$X_8=(2,4)$。经计算得 $d(X_7,X_{11})=6.08$、$d(X_7,X_9)=6.71$、$d(X_7,X_8)=5.66$。

因为 $k=2$,所以 $d_2(X_7)=5.66$,故根据定义,得 $D(X_7,2)=\{X_{10},X_8\}$。

按照公式(5-22),X_7 的离群因子:

$$\mathrm{OF}_1(X_7,2)=\frac{\sum\limits_{Y\in D(X_7,2)} d(X_7,Y)}{|D(X_7,2)|}=\frac{d(X_7,X_{10})+d(X_7,X_8)}{2}=\frac{1.41+5.66}{2}=3.54$$

(2) 计算对象 X_{10} 的离群因子。

从图 5-21 可以看出,距离 $X_{10}=(5,7)$ 最近的一个点为 $X_7=(6,8)$,且 $d(X_{10},X_7)=1.41$,其他最近的点可能是 $X_{11}=(5,2)$、$X_9=(3,2)$、$X_8=(2,4)$。经计算得 $d(X_{10},X_{11})=5$、$d(X_{10},X_9)=5.39$、$d(X_{10},X_8)=4.24$。

因为 $k=2$,所以 $d_2(X_{10})=4.24$,故得 $D(X_{10},2)=\{X_7,X_8\}$。X_{10} 的离群因子:

$$\mathrm{OF}_1(X_{10},2)=\frac{\sum\limits_{Y\in D(X_{10},2)} d(X_{10},Y)}{|D(X_{10},2)|}=\frac{d(X_{10},X_7)+d(X_{10},X_8)}{2}=\frac{1.41+4.24}{2}=2.83$$

(3) 计算对象 X_{11} 的离群因子。

从图 5-21 可以看出,距离 $X_{11}=(5,2)$ 最近的一个点为 $X_9=(3,2)$,且 $d(X_{11},X_9)=2$,其他最近的点可能是 $X_4=(2,1)$、$X_5=(2,2)$、$X_6=(2,3)$。经计算得 $d(X_{11},X_4)=3.16$、$d(X_{11},X_5)=3$、$d(X_{11},X_6)=3.16$。

因为 $k=2$,所以 $d_2(X_{11})=3$,故得 $D(X_{11},2)=\{X_9,X_5\}$。X_{11} 的离群因子:

$$\mathrm{OF}_1(X_{11},2)=\frac{\sum\limits_{Y\in D(X_{11},2)} d(X_{11},Y)}{|D(X_{11},2)|}=\frac{d(X_{11},X_9)+d(X_{11},X_5)}{2}=\frac{2+3}{2}=2.5$$

(4) 计算对象 X_5 的离群因子。

从图 5-21 可以看出,距离 $X_5=(2,2)$ 最近的点有 $X_1=(1,2)$、$X_4=(2,1)$、$X_6=(2,3)$、$X_9=(3,2)$ 且 $d(X_5,X_i)=1(i=1,4,6,9)$。因为 $k=2$,所以 $d_2(X_5)=1$,故得 $D(X_5,2)=\{X_1,X_4,X_6,X_9\}$。$X_5$ 的离群因子:

$$\mathrm{OF}_1(X_5,2)=\frac{\sum\limits_{Y\in D(X_5,2)} d(X_5,Y)}{|D(X_5,2)|}=\frac{d(X_5,X_1)+d(X_5,X_4)+d(X_5,X_6)+d(X_5,X_9)}{4}$$

$$=\frac{4}{4}=1$$

类似地,可以计算得到其余对象的离群因子,如表 5-25 所示。

表 5-25　11 个二维数据点的离群因子排序表

ID	序号	OF_1 值	ID	序号	OF_1 值	ID	序号	OF_1 值
X_7	1	3.54	X_8	5	1.21	X_3	9	1
X_{10}	2	2.83	X_5	6	1	X_2	10	1
X_{11}	3	2.5	X_6	7	1	X_1	11	1
X_9	4	1.27	X_4	8	1			

4. 离群因子阈值

按照 k 最近邻的理论,离群因子越大,越有可能是离群点,因此,必须指定一个阈值来区分离群点和正常点。最简单的方法就是指定离群点个数,但这种方法过于简单,有时会漏掉一些真实的离群点或者把过多的正常点也归于可能的离群点,给领域专家或决策者对离群点的理解和解释带来困难。下面介绍一种简单的离群因子分割阈值法:

(1) 离群因子分割阈值法首先将离群因子按降序排列,同时把数据对象按照离群因子的排序重新编号。

(2) 以离群因子 $\mathrm{OF}_1(X,k)$ 为纵坐标,以离群因子顺序号为横坐标,即以(序号,OF_1 值)为点在平面上标出,连接形成一条非递增的折线,并从中找到折线急剧下降与平缓下降交叉的点所对应的离群因子作为阈值,离群因子小于等于这个阈值的对象为正常对象,其他就是可能的离群点。

例 5-17　对例 5-16 的数据集 S,其离群因子按降序排列与序号汇总在表 5-25 中。根据离群因子分割阈值法找到离群点的方法如下。

首先以表 5-25 的(序号,OF_1 值)作为平面上的点,在平面上标出并用折线连接,如图 5-22 所示。

观察图 5-22 可以发现,第 4 个点,即(4,1.27)左边的折线下降非常陡,右边的折线则下降非常平缓,因此,选择离群因子 1.27 作为阈值。由于 X_7、X_{10} 和 X_{11} 的离群因子分别是 3.54、2.83 和 2.5,它们都大于 1.27,因此,这 3 个点最有可能是离群点,而其余点就是普通点。

再观察图 5-21 可以发现,X_7、X_{10} 和 X_{11} 的确远离左边密集的多数对象,因此,将它们当

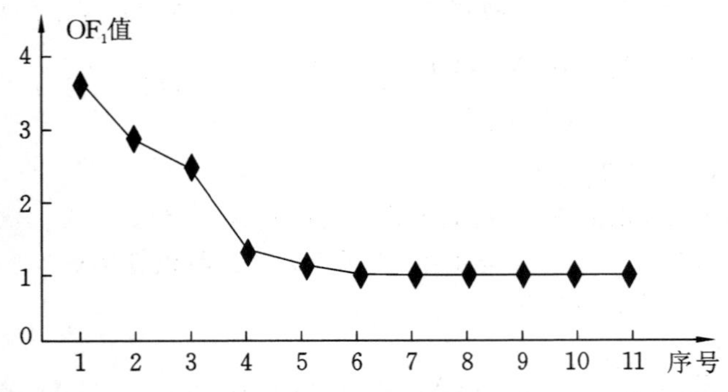

图 5-22　对应表 5-25 的点(序号,OF_1 值)在平面上的折线图

作数据集 S 的离群点是合理的。

5. 算法评价

基于距离的离群点检测方法的最大优点是原理简单且使用方便,其不足点主要体现在以下几个方面。

① 缺乏简单有效的方法来确定参数 k,检测结果对参数 k 的敏感程度也没有大家一致接受的分析结果。

② 时间复杂性为 $O(|S|^2)$,对于大规模数据集缺乏伸缩性。

③ 由于使用全局离群因子阈值,在具有不同密度区域的数据集中挖掘离群点较为困难。

5.6.3　基于相对密度的方法

基于距离的方法是一种全局离群点检测方法,但不能处理具有不同密度区域的数据集,即无法检测出局部密度区域内的离群点。而实际应用中数据并非都是单一密度分布的,当数据集含有多种密度分布或由不同密度子集混合而成时,基于距离的离群点检测方法通常效果不佳,因为一个对象是否为离群点不仅取决于它与周围数据的距离大小,而且与邻域内的密度状况有关。

1. 相对密度的概念

从基于密度的角度看,离群点是在低密度区域中的对象,因此,需要引进 k 最近邻局部密度及相对密度的概念。

定义 5.10　k 最近邻局部密度 den。一个对象 X 的 k 最近邻局部密度(density)定义为:

$$\mathrm{den}(X,k)=\frac{|D(X,k)|}{\sum\limits_{Y\in D(X,k)} d(X,Y)} \tag{5-23}$$

定义 5.11　k 最近邻局部相对密度 rden。一个对象 X 的 k 最近邻局部相对密度(relative density)定义为:

$$\mathrm{rden}(X,k)=\frac{\sum\limits_{Y\in D(X,k)} \mathrm{den}(Y,k)/|D(X,k)|}{\mathrm{den}(X,k)} \tag{5-24}$$

其中 $D(X,k)$ 就是对象 X 的 k 最近邻域(定义 5.8 给出),$|D(X,k)|$ 是该集合的对象个数。

2. 算法描述

基于相对密度的离群点检测方法通过比较对象的密度与它的邻域中的对象的平均密度来检测离群点，以 $\mathrm{rden}(X,k)$ 作为离群因子 $\mathrm{OF}_2(X,k)$，其计算分两步：

① 根据最近邻个数 k，计算每个对象 X 的 k 最近邻局部密度 $\mathrm{den}(X,k)$；

② 计算 X 的近邻平均密度以及 k 最近邻局部相对密度 $\mathrm{rden}(X,k)$。

一个数据集由多个自然簇构成，在簇内靠近核心点的对象的相对密度接近于1，而处于簇的边缘或是簇的外面的对象的相对密度相对较大。因此，相对密度值越大就越可能是离群点。

基于相对密度的离群点检测算法见算法5.7。

算法 5.7 基于相对密度的离群点检测算法。

输入：①S：数据集；②k：最近邻个数。

输出：疑似离群点及对应的离群因子降序排列表。

方法：

```
(1)  Repeat
(2)        取 S 中一个未被处理的对象 X
(3)        确定 X 的 k 最近邻域 D(X, k)
(4)        利用 D(X, k) 计算 X 的密度 den(X, k)
(5) Until S 中所有对象都已经处理
(6) Repeat
(7)       取 S 中第一个对象 X
(8)       确定 X 的相对密度 rden(X, k)，并赋值给 OF2(X, k)
(9) Until S 中所有对象都已经处理
(10) 对 OF2(X, k) 降序排列，并输出(X, OF2(X, k))
```

例 5-18 对于例5-16给出的二维数据集 S（详见表5-24），令 $k=2$，试计算 X_7、X_{10}、X_{11} 等对象基于相对密度的离群因子（采用欧几里得距离）。

解：因为 $k=2$，所以根据算法5.7，需要求出所有对象的2-最近邻局部密度。

(1) 找出表5-24中每个数据对象的2-最近邻域 $D(X_i,2)$。

按照例5-16的相同计算方法可得：

$D(X_1,2)=\{X_2,X_3,X_5\}$ $D(X_2,2)=\{X_1,X_6\}$ $D(X_3,2)=\{X_1,X_4\}$

$D(X_4,2)=\{X_3,X_5\}$ $D(X_5,2)=\{X_1,X_4,X_6,X_9\}$ $D(X_6,2)=\{X_2,X_5,X_8\}$

$D(X_7,2)=\{X_{10},X_8\}$ $D(X_8,2)=\{X_2,X_6\}$ $D(X_9,2)=\{X_5,X_4,X_6\}$

$D(X_{10},2)=\{X_7,X_8\}$ $D(X_{11},2)=\{X_9,X_5\}$

(2) 计算每个数据对象的密度 $\mathrm{den}(X_i,2)$。

① 计算 X_1 的密度。

由于 $D(X_1,2)=\{X_2,X_3,X_5\}$，因此经计算有 $d(X_1,X_2)=1$，$d(X_1,X_3)=1$，$d(X_1,X_5)=1$，根据公式(5-23)得：

$$\mathrm{den}(X_1,2)=\frac{|D(X_1,2)|}{\sum\limits_{Y\in D(X_1,2)} d(X_1,Y)}=\frac{|D(X_1,2)|}{d(X_1,X_2)+d(X_1,X_3)+d(X_1,X_5)}=\frac{3}{1+1+1}=1$$

② 计算 X_2 的密度。

由于 $D(X_2,2)=\{X_1,X_6\}$，因此经计算有 $d(X_2,X_1)=1$，$d(X_2,X_6)=1$，根据公式(5-23)得：

$$\text{den}(X_2,2)=\frac{|D(X_2,2)|}{\sum_{Y\in D(X_2,2)} d(X_2,Y)}=\frac{2}{1+1}=1$$

③ 类似计算可得 X_3、X_4、X_5、X_6 的密度都是 1。

④ 计算 X_7 的密度。

由于 $D(X_7,2)=\{X_{10},X_8\}$，因此经计算有 $d(X_7,X_{10})=1.41$，$d(X_7,X_8)=5.66$；根据公式(5-23)得：

$$\text{den}(X_7,2)=\frac{|D(X_7,2)|}{\sum_{Y\in D(X_7,2)} d(X_7,Y)}=\frac{2}{5.66+1.41}=0.28$$

⑤ 类似计算可得 X_8、X_9、X_{10}、X_{11} 的密度，并全部汇总于表 5-26。

表 5-26　11 个对象的二维数据集的密度表

ID	$\|D(X_i,k)\|$	den 值	ID	$\|D(X_i,k)\|$	den 值	ID	$\|D(X_i,k)\|$	den 值
X_1	3	1	X_5	4	1	X_9	3	0.78
X_2	2	1	X_6	3	1	X_{10}	2	0.35
X_3	2	1	X_7	2	0.28	X_{11}	2	0.4
X_4	2	1	X_8	2	0.83			

(3) 计算每个对象 X_i 的相对密度 $\text{rden}(X_i,2)$，根据算法 5.7，当获得每个对象的密度值后，就需要计算每个对象的 X_i 的相对密度 $\text{rden}(X_i,2)$，并将其作为离群因子 $\text{OF}_2(X_i,2)$。

① 计算 X_1 的相对密度。

利用表 5-26 中每个对象的密度值，根据相对密度公式(5-24)有：

$$\text{rden}(X_1,2)=\frac{\sum_{Y\in D(X_1,2)} \text{den}(Y,2)/|D(X_1,2)|}{\text{den}(X_1,2)}=\frac{(1+1+1)/3}{1}=1=\text{OF}_2(X_1,2)$$

② 类似计算可得 X_2、X_3、X_4 的相对密度都是 1。

③ 计算 X_5 的相对密度。

利用表 5-26 中每个对象的密度值，根据相对密度公式(5-24)有：

$$\text{rden}(X_5,2)=\frac{\sum_{Y\in D(X_5,2)} \text{den}(Y,2)/|D(X_5,2)|}{\text{den}(X_5,2)}=\frac{(1+1+1+0.78)/4}{1}=0.95=\text{OF}_2(X_5,2)$$

④ 类似计算可得 X_6、X_7、X_8、X_9、X_{10}、X_{11} 的相对密度，其结果汇总于表 5-27。

表 5-27　11 个对象的二维数据集的相对密度降序排列表

ID	rden 值	ID	rden 值	ID	rden 值
X_{11}	2.23	X_8	1.21	X_4	1
X_7	2.09	X_1	1	X_5	0.95
X_{10}	1.57	X_2	1	X_6	0.94
X_9	1.28	X_3	1		

例 5-19 两种离群点挖掘算法。设有表 5-28 所示的数据集，取 $k=2、3、5$，利用欧式距离计算每个点的 k 最近邻局部密度、k 最近邻局部相对密度（离群因子 OF_2）以及基于 k 最近邻距离的离群因子 OF_1。

表 5-28 有 16 个对象的二维数据集 S

ID	$Attr_1$	$Attr_2$	ID	$Attr_1$	$Attr_2$	ID	$Attr_1$	$Attr_2$
X_1	35	90	X_7	145	165	X_{13}	160	160
X_2	40	75	X_8	145	175	X_{14}	160	170
X_3	45	95	X_9	150	170	X_{15}	50	240
X_4	50	80	X_{10}	150	170	X_{16}	110	185
X_5	60	96	X_{11}	155	165			
X_6	70	80	X_{12}	155	175			

解：(1) 为了便于理解，可将 S 的点的相对位置在二维平面上标出，如图 5-23 所示。

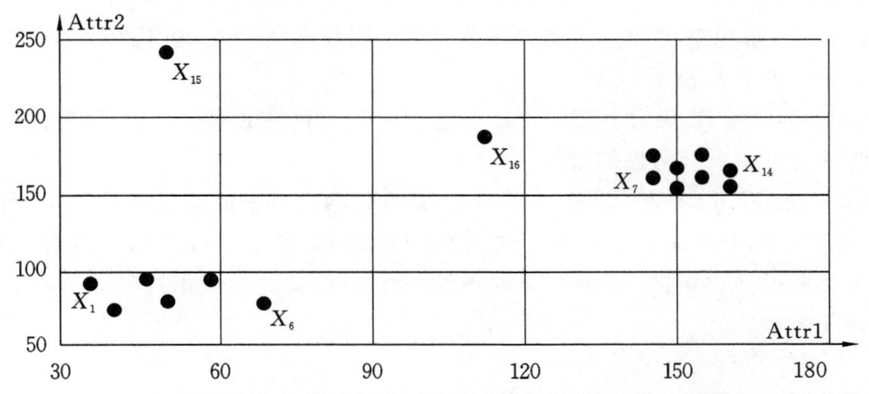

图 5-23 将数据集 S 的点的相对位置在二维平面上标出

(2) 分别利用基于距离和相对密度的算法，计算每个对象的 k 最近邻局部密度 den、k 最近邻局部相对密度（离群因子 OF_2）以及基于 k 最近邻距离的离群因子 OF_1，其结果汇总于表 5-29。

表 5-29 当 $k=2、3、5$ 时的 den、OF_1 和 OF_2 的比较

ID	$k=2$			$k=3$			$k=5$		
	den	OF_2	OF_1	den	OF_2	OF_1	den	OF_2	OF_1
X_1	0.07	1.01	13.50	0.07	1.01	15.01	0.05	1.05	21.43
X_2	0.07	1.00	13.50	0.06	1.08	15.87	0.05	1.05	21.40
X_3	0.08	0.86	13.11	0.07	0.89	14.01	0.05	0.87	18.36
X_4	0.07	1.01	13.50	0.07	1.01	15.01	0.06	0.78	16.78
X_5	0.06	1.18	17.59	0.06	1.07	17.59	0.05	1.05	21.50
X_6	0.05	1.27	19.43	0.04	1.47	22.67	0.04	1.37	26.97
X_7	0.14	1.25	7.07	0.12	1.31	8.54	0.10	1.36	9.66

续表

ID	$k=2$			$k=3$			$k=5$		
	den	OF_2	OF_1	den	OF_2	OF_1	den	OF_2	OF_1
X_8	0.14	1.25	7.07	0.12	1.31	8.54	0.10	1.36	9.66
X_9	0.18	0.84	5.66	0.18	0.79	5.66	0.18	0.71	5.66
X_{10}	0.18	0.84	5.66	0.18	0.79	5.66	0.18	0.71	5.66
X_{11}	0.14	1.08	7.07	0.14	0.98	7.07	0.12	1.03	8.05
X_{12}	0.14	1.17	7.07	0.14	1.10	7.07	0.12	1.15	8.24
X_{13}	0.12	1.21	8.54	0.09	1.72	11.34	0.08	1.74	12.83
X_{14}	0.14	1.00	7.07	0.11	1.28	8.83	0.11	1.20	8.83
X_{15}	0.01	8.23	98.25	0.01	9.14	105.85	0.01	13.14	112.33
X_{16}	0.03	5.42	38.96	0.02	5.96	40.54	0.02	5.68	41.65

（3）简单分析。

① 从图5-23可以看出，X_{15} 和 X_{16} 是 S 中两个明显的离群点，基于距离和相对密度的方法都能较好地将其挖掘出来；

② 从这个例子来看，两种算法对 k 的敏感程度没有预想的那么高，也许是离群点 X_{15} 和 X_{16} 与其他对象分离十分明显的缘故。

③ 从表5-29看出，不管 k 取2、3或5，X_1 所在区域的den值都明显低于 X_7 所在区域的den值，这与图5-23显示的区域密度一致。但两个区域的相对密度值 OF_2 没有明显的差别，这是相对密度的性质决定的，即对于均匀分布的数据点，其核心点相对密度都是1，而不管点之间的距离是多少。

本章小结

• 聚类是一个把数据对象集划分成多个组或簇的过程，使得簇内的对象具有很高的相似性，但与其他簇中的对象很不相似。

• 聚类分析具有广泛的应用，包括商务智能、图像模式识别、Web搜索、生物学和安全。聚类分析可以用作独立的数据挖掘工具来获得对数据分布的了解，也可以作为其他数据挖掘算法的预处理步骤。

• 聚类分析是数据挖掘研究的一个活跃领域，与机器学习的无监督学习有关。

• 聚类是一个充满挑战的领域，其典型的要求包括可伸缩性、处理不同类型的数据和属性的能力、发现任意形状的簇、确定输入参数的最小领域知识需求、处理噪声和异常数据的能力、对输入次序不敏感、聚类高维数据的能力、基于约束的聚类，以及聚类的可解释性和可用性。

• 目前已经开发了许多聚类算法。这些算法可以分为划分方法、层次方法、基于密度的方法、基于网格的方法等。有些算法可能涉及多个范畴。

• 划分方法首先创建 k 个划分的初始集合，其中参数 k 是要构建的划分数目。然后，采用迭代重定位技术，设法通过将对象从一个簇移到另一个来改进划分的质量。典型的划分方法有 k 均值、k 中心点算法。

• 层次方法创建给定数据对象集的层次分解。根据层次分解的形成方式，该方法可以分为凝聚的（自底向上的）或分裂的（自顶向下的）方法。凝聚层次聚类的代表是 AGNES 算法；分裂层次聚类的代表是 DIANA 算法。

• 基于密度的方法基于密度的概念聚类对象。DBSCAN 算法根据邻域对象的密度生成簇。

• 一个好的聚类算法产生高质量的簇，即高的簇内相似度和低的簇间相似度。通常评估聚类结果质量的准则有内部质量评价准则和外部质量评价准则。

• 离群点检测和分析对于欺诈检测、定制市场、医疗分析和许多其他任务都是非常有用的。离群点分析方法通常包括基于距离的方法、基于相对密度的方法等。

习题 5

5-1 对象 $o_1=(1,8,5,10)$，$o_2=(3,18,15,30)$，计算两个对象的曼哈顿距离、欧几里得距离和闵可夫斯基距离（$q=4$）。

5-2 简述一个好的聚类算法应具有哪些特征。

5-3 假设数据挖掘的任务是将表 5-30 所示的 8 个点（用 (z,y) 代表位置）聚类为 3 个簇，距离函数是欧氏距离。初始我们选择 A_1、B_1 和 C_1 分别作为每个簇的中心，用 k 均值算法给出：

（1）在第一轮执行后的 3 个簇中心。

（2）最后的 3 个簇。

表 5-30 8 个数据点的数据集 S

序号	属性 1	属性 2	序号	属性 1	属性 2
1	2	10	5	7	5
2	2	5	6	6	4
3	8	4	7	1	2
4	5	8	8	4	9

5-4 设有数据集 $S=\{(1,1),(2,1),(1,2),(2,2),(4,3),(5,3),(4,4),(5,4)\}$，令 $k=3$，假设初始簇中心选取为：①(1,1)，(1,2)，(2,2)；②(4,3)，(5,3)，(5,4)；③(1,1)，(2,2)，(5,3)。

试分别用 k 均值算法将 S 划分为 k 个簇，并对 3 次聚类结果进行比较分析。

5-5 已知数据集 S 为平面上 14 个数据点（见表 5-31），令 $k=2$ 和 $k=3$，请用 AGNES 算法分别将 S 聚类为 2 个簇和 3 个簇。

表 5-31 14 个数据点的数据集 S

ID	属性 1	属性 2	ID	属性 1	属性 2
X_1	1	0	X_8	5	1
X_2	4	0	X_9	0	2
X_3	0	1	X_{10}	1	2
X_4	1	1	X_{11}	4	2
X_5	2	1	X_{12}	1	3
X_6	3	1	X_{13}	4	5
X_7	4	1	X_{14}	5	6

5-6 在表 5-30 中给定的样本上运行 AGNES 算法，假定算法的终止条件为 3 个簇，初始簇为{1}，{2}，{3}，{4}，{5}，{6}，{7}，{8}。

5-7 在表 5-30 中给定的样本上运行 DIANA 算法，假定算法的终止条件为 3 个簇，初始簇为{1，2，3，4，5，6，7，8}。

5-8 对于表 5-31 所示的数据点集 S，令 $k=2$ 和 $k=3$，请用 DIANA 算法分别将 S 聚类为 2 个簇和 3 个簇。

5-9 对于表 5-31 所示的数据点集 S，给定密度($\varepsilon=1$，MinPts$=4$)，试用 DBSCAN 算法对其聚类。

5-10 对于表 5-31 所示的数据点集 S，令 $k=4$，试用欧几里得距离计算 X_{12}、X_{13}、X_{14} 到其他所有点的离群因子。

5-11 对于表 5-31 所示的数据点集 S，试求出所有的离群因子并按降序排列，再根据离群因子分割阈值法找到离群点的阈值和所有可能的离群点。

5-12 对于表 5-31 所示的数据点集 S，令 $k=4$，试用欧几里得距离计算 X_{12}、X_{13}、X_{14} 等对象基于相对密度的离群因子，并根据离群因子分割阈值法找到离群点的阈值和所有可能的离群点。

5-13 假设距离函数采用欧式距离，对表 5-31 的数据点集 S，用 $k=2$、3、5 分别计算每个点的 k 最近邻局部密度、k 最近邻局部相对密度（离群因子 OF_2）以及基于 k 最近邻距离的离群因子 OF_1。

作业讲解

第6章

分类规则挖掘

通过分析由已知类别的数据对象组成的训练数据集，建立描述并区分数据对象类别的分类函数或分类模型是分类的任务，分类模型也常被称为分类器。分类的目的就是利用分类模型预测未知类别数据对象的所属类别。分类是数据挖掘中的一项非常重要的任务，在医疗诊断、信用分级、市场调查等方面都有着广泛的应用。

分类和聚类是两个容易混淆的概念，但事实上它们有着显著的区别：在分类中，为了建立分类模型而分析的数据对象的类别是已知的，然而，在聚类时处理的所有数据对象的类别都是未知的。因此，分类是有指导的，而聚类是无指导的。

数据分类与数值预测都是预测问题，都是首先通过分析训练数据集建立模型，然后利用模型预测数据对象。在数据挖掘中，如果预测目标是数据对象在类别属性（离散属性）上的取值（类别），则称为分类；如果预测目标是数据对象在预测属性（连续属性）上的取值或取值区间，则称为预测。例如，对100名男女进行体检，测量了身高和体重，但是事后发现，a和b两人忘了填写性别，c和d两人没有记录体重。现在根据其他人的情况，推断a和b两人的性别是分类，估计c和d两人的体重则是预测。

6.1 分类问题概述

分类首先通过分析由已知类别的数据对象组成的训练数据集，建立描述并区分数据对象类别的分类模型（即分类模型学习），然后利用分类模型预测未知类别的数据对象的所属类别（即数据对象分类）。

因此，分类过程分为两个阶段：学习阶段与分类阶段，如图 6-1 所示，图中左边是学习阶段，右边是分类阶段。

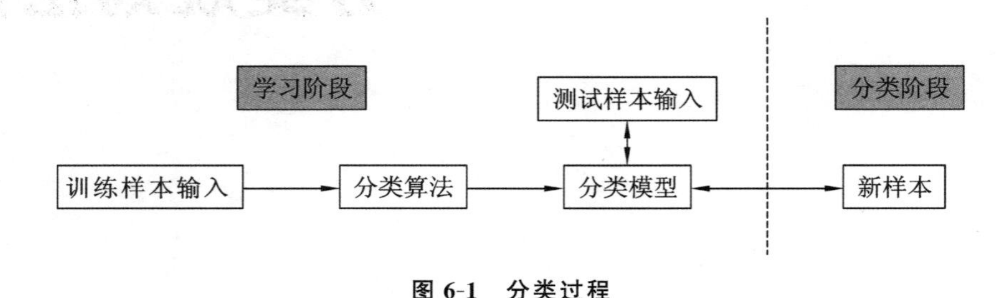

图 6-1 分类过程

1. 学习阶段

学习阶段得到的分类模型不仅要很好地描述或拟合训练样本，还要正确地预测或分类新样本，因此，需要利用测试样本评估分类模型的准确率，只有分类模型的准确率满足要求，才能利用该分类模型分类新样本。

1）建立分类模型

通过分类算法分析训练数据集建立分类模型。训练数据集 S 中的元组或记录称为训练样本，每个训练样本由 $m+1$ 个属性描述，其中有且仅有一个属性称为类别属性，表示训练样本所属的类别。属性集合可用矢量 $\boldsymbol{X}=(A_1,\cdots,A_m,C)$ 表示，其中 $A_i(1\leqslant i\leqslant m)$ 对应描述属性，可以具有不同的值域，当一个属性的值域为连续域时，该属性称为连续属性(numerical attribute)，否则称为离散属性(discrete attribute)；C 表示类别属性，$C=(c_1,c_2,\cdots c_k)$，即训练数据集有 k 个不同的类别。那么，S 就隐含地确定了一个从描述属性矢量($\boldsymbol{X}$-$\{C\}$)到类别属性 C 的映射函数 $H:(\boldsymbol{X}\text{-}\{C\})\rightarrow C$。建立分类模型就是通过分类算法将隐含函数 H 表示出来。

分类算法有多种，如决策树分类算法、神经网络分类算法、贝叶斯分类算法、k 最近邻分类算法、遗传分类算法、粗糙集分类算法、模糊集分类算法等。

分类算法可以根据下列标准进行比较和评估。

① 准确率。涉及分类模型正确地预测新样本所属类别的能力。

② 速度。涉及建立和使用分类模型的计算开销。

③ 强壮性。涉及给定噪声数据或具有空缺值的数据，分类模型正确预测的能力。

④ 可伸缩性。涉及给定的大量数据，有效地建立分类模型的能力。

⑤ 可解释性。涉及分类模型提供的理解和洞察的层次。

分类模型有分类规则、判定树等多种形式。例如，分类规则以 IF-THEN 的形式表示，类似条件语句，规则前件（IF 部分）表示某些特征判断，规则后件（THEN 部分）表示当规则

◀ 分类问题概述

前件为真时样本所属的类别。例如,“IF 收入＝‘高’ THEN 信誉＝‘优’”表示当顾客的收入高时,他的信誉为优。

2) 评估分类模型的准确率

利用测试数据集评估分类模型的准确率。测试数据集中的元组或记录称为测试样本,与训练样本相似,每个测试样本的类别是已知的,但是在建立分类模型时,分类算法不分析测试样本。在评估分类模型的准确率时,首先利用分类模型对测试数据集中的每个测试样本的类别进行预测,并将已知的类别与分类模型预测的类别进行比较,然后计算分类模型的准确率。分类模型正确分类的测试样本数占总测试样本数的百分比称为该分类模型的准确率。如果分类模型的准确率可以接受,就可以利用该分类模型对新样本进行分类。否则,需要重新建立分类模型。

评估分类模型准确率的方法有保持(holdout)、k 折交叉验证等。保持方法将已知类别的样本随机地划分为训练数据集与测试数据集两个集合,一般而言,训练数据集占 2/3,测试数据集占 1/3。分类模型的建立在训练数据集上进行,分类模型准确率的评估在测试数据集上进行。k 折交叉验证方法将已知类别的样本随机地划分为大小大致相等的 k 个子集:S_1,S_2,…,S_k,并进行 k 次训练与测试。第 i 次,子集 S_i 作为测试数据集,分类模型准确率的评估在其上进行,其余子集的并集作为训练数据集,分类模型的建立在其上进行。进行 k 次训练得到 k 个分类模型,当利用分类模型对测试样本或者新样本进行分类时,可以综合考虑 k 个分类模型的分类结果,将出现次数最多的分类结果作为最终的分类结果。

2. 分类阶段

分类阶段就是利用分类模型对未知类别的新样本进行分类。

例如,通过已有的数据集信息,结合分类模型和客户信息,判别客户是否会流失。数据分类过程主要包含两个步骤:第一步,如图 6-2 所示,建立一个描述已知数据集类别或概念的模型,该模型是通过对数据库中各数据行内容的分析而获得的。

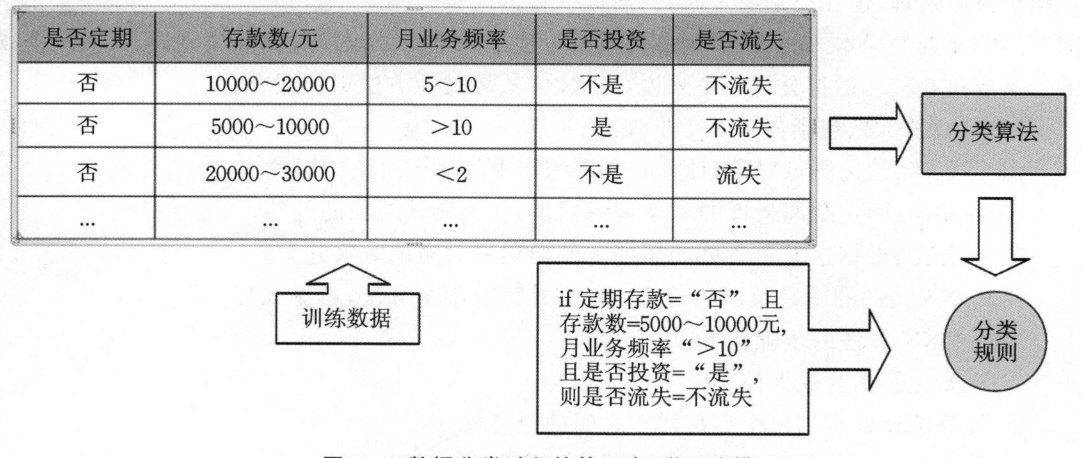

是否定期	存款数/元	月业务频率	是否投资	是否流失
否	10000～20000	5～10	不是	不流失
否	5000～10000	＞10	是	不流失
否	20000～30000	＜2	不是	流失
...	...	...	...	...

图 6-2 数据分类过程的第一步:学习建模

第二步,如图 6-3 所示,用所获得的模型进行分类操作,首先对模型分类准确率进行估计,若模型的准确率可以接受,则可以采用模型对新数据进行预测。

是否定期	存款数/元	月业务频率	是否投资	是否流失
否	10000～20000	5～10	不是	不流失
否	5000～10000	>10	是	不流失
否	20000～30000	<2	不是	流失
…	…	…	…	…

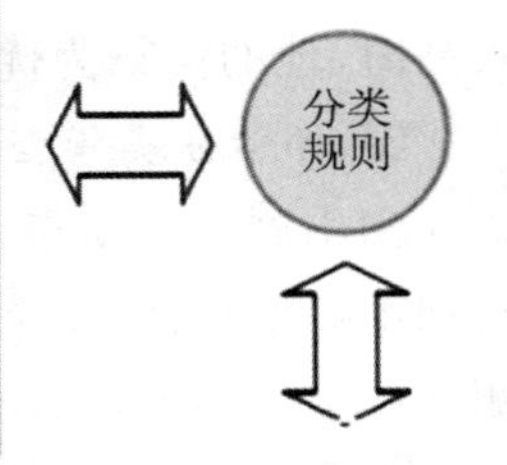

不流失

新数据：
“是”，“5000～10000”，
“<2”，“是”，是否流失？

图 6-3　数据分类过程中的第二步：分类测试

6.2 最近邻分类法

6.2.1 KNN 算法原理

k 最近邻(k-nearest neighbor,KNN)分类算法是一个理论上比较成熟的方法，也是最简单的机器学习算法之一。该算法最初由 Cover 和 Hart 于 1968 年提出，它根据距离函数计算待分类样本 X 和每个训练样本间的距离(作为相似度)，选择与待分类样本距离最小的 k 个样本作为 X 的 k 个最近邻，最后以 X 的 k 个最近邻中的大多数样本所属的类别作为 X 的类别。

KNN 算法中，所选择的邻居都是已经正确分类的对象。该方法在类别决策上只依据最邻近的一个或者几个样本的类别来决定待分样本所属的类别。KNN 方法虽然从原理上也依赖于极限定理，但在类别决策时，只与极少量的相邻样本有关。由于 KNN 方法主要靠周围有限的邻近的样本，而不是靠判别类域的方法来确定待分样本所属的类别，因此对于类域的交叉或重叠较多的待分样本集来说，KNN 方法较其他方法更为适合。

KNN 算法大致包括如下 3 个步骤。

① 算距离：给定测试对象，计算它与训练集中的每个对象的距离。

② 找邻居：圈定距离最近的 k 个训练对象，作为测试对象的近邻。

③ 做分类：根据这 k 个近邻归属的主要类别来对测试对象分类。

因此最为关键的就是距离的计算。距离计算有很多方法，参见 5.1.4 节。

实现 KNN 算法的步骤如下：

① 初始化距离为最大值。

② 计算测试样本和每个训练样本之间的距离 dist。

③ 得到目前 k 个最近邻样本中的最大距离 maxdist。

④ 如果 dist 小于 maxdist，则将该训练样本作为 k 最近邻样本。

⑤ 重复步骤② 、③ 和④ ，直到测试样本和所有训练样本之间的距离都计算完毕。

⑥ 统计 k 个最近邻样本中每个类别出现的次数。

⑦ 选择出现频率最高的类别作为测试样本的类别。

◀最近邻分类法

例 6-1 以表 6-1 所示的水的各离子浓度作为样本数据，使用 KNN 算法对 H 样本进行分类，假设 $k=3$。

表 6-1 水的各离子浓度样本数据

样本	Ca^{2+}浓度	Mg^{2+}浓度	Na^{+}浓度	Cl^{-}浓度	类型
A	0.2	0.5	0.1	0.1	冰川水
B	0.4	0.3	0.4	0.3	湖泊
C	0.3	0.4	0.6	0.3	冰川水
D	0.2	0.6	0.2	0.1	冰川水
E	0.5	0.5	0.1	0	湖泊水
F	0.3	0.3	0.4	0.4	湖泊水
H	0.1	0.5	0.2	0.2	?

解：采用欧几里得距离，计算样本 A～F 到样本 H 的距离的平方分别为：

$\text{distance}(H,A)^2=0.03$　$\text{distance}(H,B)^2=0.18$　$\text{distance}(H,C)^2=0.22$

$\text{distance}(H,D)^2=0.03$　$\text{distance}(H,E)^2=0.21$　$\text{distance}(H,F)^2=0.16$

由计算结果可知，H 的 3 个最近邻为 A、D、F，其中 A、D 的类别是冰川水，F 的类别是湖泊水，在 H 的 3 个最近邻中，出现频率最高的类别为冰川水，因此 H 的分类为冰川水。

例 6-2 已知表 6-2 所示的动物特征的各类样本数据，使用 KNN 算法对未知样本 $X=\{1,1,0,1,?\}$进行分类。($k=4$，使用简单匹配系数计算相似度)

表 6-2 动物特征的各类样本数据

样本数据	warm_blooded	feathers	fur	swims	Lays_eggs
1	1	1	0	0	1
2	0	0	0	1	1
3	1	1	0	0	1
4	1	1	0	0	1
5	1	0	0	1	0
6	1	0	1	0	0

解：首先，分别计算样本 X 与其他 6 个已知样本数据的简单匹配系数相似度：

$\text{SMC}(X,1)=3/4$　$\text{SMC}(X,2)=2/4$　$\text{SMC}(X,3)=3/4$

$\text{SMC}(X,4)=3/4$　$\text{SMC}(X,5)=3/4$　$\text{SMC}(X,6)=1/4$

由计算结果可知，与 X 最相似的是样本 1、3、4、5，其中样本 1、3、4 的 Lays_eggs=1，样本 5 的 Lays_eggs=0，所以，样本 X 的 Lays_eggs=1。

6.2.2 KNN 算法的特点及改进

1. KNN 算法的特点

KNN 算法的优点如下：

(1) 算法思路较为简单,易于实现。

(2) 当有新样本要加入训练集中时,无须重新训练(即重新训练的代价低)。

(3) 计算时间和空间线性于训练集的规模,对某些问题而言是可行的。

KNN 算法的缺点如下:

(1) 分类速度慢。KNN 算法的时间复杂度和空间复杂度会随着训练集规模和特征维数的增大而快速增加,因此每次新的待分类样本都必须与所有训练集一同计算相似度并进行比较,以便取出靠前的 k 个已分类样本。KNN 算法的时间复杂度为 $O(Kmn)$,这里 m 是特征个数,n 是训练集样本的个数。

(2) 各属性的权重相同,影响准确率。当样本不均衡时,如一个类的样本容量很大,而其他类的样本容量很小时,有可能导致输入一个新样本时,该样本的 k 个邻居中大容量类的样本占多数。该算法只计算"最近的"邻居样本,如果某一类的样本数量很大,那么有可能新样本并不接近这类样本,却会将新样本分到该类下,从而影响分类准确率。

(3) 样本库容量依赖性较强。

(4) k 值不好确定。k 值过小,将导致近邻数目过少,会降低分类精度,同时会放大噪声数据的干扰;在 k 值过大的情况下,如果待分类样本属于训练集中包含数据较少的类,那么在选择 k 个近邻的时候,实际上并不相似的数据也被包含进来,造成噪声增加,从而导致分类效果的降低。

2. KNN 算法的改进策略

1) 从降低计算复杂度的角度

当样本容量较大以及特征属性较多的时候,KNN 算法分类的效率将大大降低,可以采用的改进方法如下。

① 进行特征选择。使用 KNN 算法之前对特征属性进行约简,删除那些对分类结果影响较小(或不重要)的特征,则可以加快 KNN 算法的分类速度。

② 缩小训练样本集的大小。在原有训练集中删除与分类相关性不大的样本。

③ 通过聚类,将聚类所产生的中心点作为新的训练样本。

2) 从优化相似度度量方法的角度

很多 KNN 算法基于欧几里得距离来计算样本的相似度,但这种方法对噪声特征非常敏感。为了改变传统 KNN 算法中特征作用相同的缺点,可以在度量相似度的距离公式中给特征赋予不同权重,特征的权重一般根据各个特征在分类中的作用而设定,计算权重的方法有很多,例如信息增益的方法。另外,可以针对不同的特征类型,采用不同的相似度度量公式,更好地反映样本间的相似性。

3) 从优化判决策略的角度

传统的 KNN 算法的决策规则存在的缺点是,当样本分布不均匀(训练样本各类别之间数目不均衡,或者即使基本数目接近,但其所占区域大小不同)时,只按照前 k 个近邻顺序而不考虑它们的距离会造成分类不准确,改进的方法有很多,例如可以采用均匀化样本分布密度的方法加以改进。

4) 从选取恰当 k 值的角度

由于 KNN 算法中的大部分计算都发生在分类阶段,而且分类效果很大程度上依赖于 k 值的选取,到目前为止,没有成熟的方法和理论指导 k 值的选择,大多数情况下需要通过反复试验来调整 k 值。

6.3 决策树分类方法

6.3.1 概述

1. 决策树的基本概念

决策树(decision tree)是一种树形结构,包括决策节点(内部节点)、分支和叶节点三个部分。其中决策节点代表某个测试,通常对应于待分类对象的某个属性,在该属性上的不同测试结果对应一个分支。叶节点存放某个类标号值,表示一种可能的分类结果。分支表示某个决策节点的不同取值。

如图 6-4 所示,在根节点处,使用体温这个属性把冷血脊椎动物和恒温脊椎动物区别开来。因为所有的冷血脊椎动物都是非哺乳动物,所以用一个类称号为非哺乳动物的叶节点作为根节点的右孩子。如果脊椎动物的体温是恒温的,则接下来用胎生这个属性来区分哺乳动物与其他恒温动物(主要是鸟类)。

决策树可以用来对未知样本进行分类,分类过程如下:从决策树的根节点开始,从上往下沿着某个分支往下搜索,直到叶节点,以叶节点的类标号值作为该未知样本所属类标号。

图 6-5 显示了应用决策树预测火烈鸟的类标号所经过的路径,路径终止于类称号为非哺乳动物的叶节点。虚线表示在未标记的脊椎动物上使用各种属性测试条件的结果。火烈鸟最终被指派到非哺乳动物类。

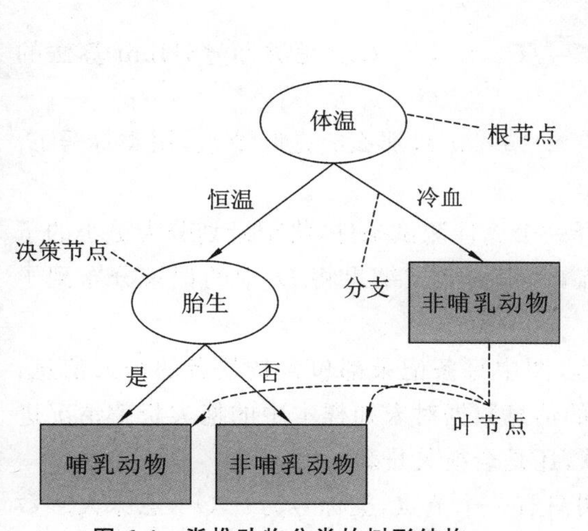

图 6-4 脊椎动物分类的树形结构

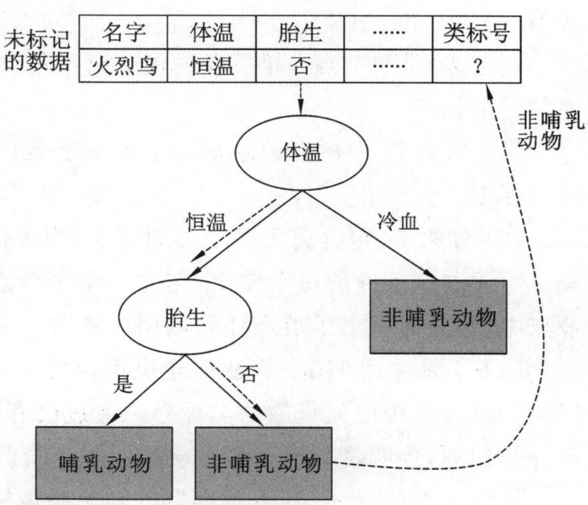

图 6-5 用决策树进行预测示例

2. 决策树的构建

使用决策树方法对未知属性进行分类预测的关键在于决策树的构建,在构建决策树的过程中需重点解决两个问题:

① 如何选择合适的属性作为决策树的节点去划分训练样本;

② 如何在适当位置停止划分过程,从而得到大小合适的决策树。

决策树的工作原理流程如图 6-6 所示。

决策树分类方法 1▶

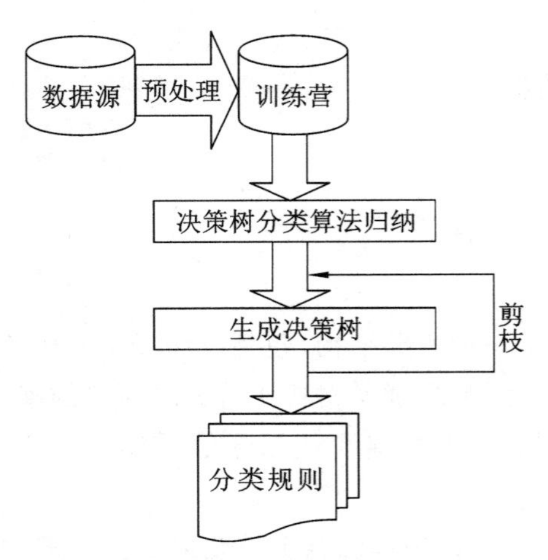

图 6-6　决策树工作原理流程图

决策树学习的目的是希望生成一棵能够揭示数据集结构并且预测能力强的树，在树完全生长的时候有可能预测能力反而降低，为此通常需要获得大小合适的树。

一般来说有两种获取方法：一种方法为定义树的停止生长条件，常见条件包括最小划分实例数、划分阈值和最大树深度等。另一种方法是对完全生长决策树进行剪枝，即对决策树的子树进行评估，若去掉该子树后整个决策树表现更好，则该子树将被剪枝。

决策树构建的经典算法为 Hunt 算法。该算法通常采用贪心策略，在选择划分数据的属性时，采取一系列局部最优决策来构建决策树。Hunt 算法是许多决策树算法的基础，包括 ID3、C4.5 和 CART。

假定 D_t 是与节点 t 相关联的训练记录集，$C=\{C_1,C_2,\cdots,C_m\}$ 是类标号，Hunt 算法的递归定义如下：

(1) 如果 D_t 中所有记录都属于同一个类 $C_i(1\leqslant i\leqslant m)$，那么 t 是叶节点，用类标号 C_i 进行标记。

(2) 如果 D_t 包含属于多个类的记录，则选择一个属性测试条件，将记录划分为更小的子集。对于测试条件的每个输出，创建一个子节点，并根据测试结果将 D_t 中的记录分布到子节点中，然后对每个子节点递归调用该算法。

图 6-7 是使用 Hunt 算法构建决策树的过程，图中每条记录都包含贷款者的个人信息，以及贷款者是否拖欠贷款的类标号。通过已有的信息数据对未知样本中的拖欠贷款情况进行分类预测，预测贷款申请者是会按时归还贷款，还是会拖欠贷款。

如图 6-7(b)所示，该分类问题的初始决策树只有一个节点，类标号为“NO”，意味大多数贷款者都按时归还贷款。然而，该树需要进一步细化，因为根节点包含两个类的记录。根据“有房者”测试条件，这些记录被划分为较小的子集。选取属性测试条件的理由稍后讨论，目前，我们假定此处这样选是划分数据的最优标准。接下来，对根节点的每个子女递归地调用 Hunt 算法。从给出的训练数据集可以看出，有房的贷款者都按时偿还了贷款，因此，根节点的左子女为叶节点，标记为“NO”，如图 6-7(c)所示。对于右子女，我们需要继续递归调用 Hunt 算法，直到所有的记录都属于同一个类为止。每次递归调用所形成的决策树显示在图 6-7(d)和图 6-7(e)中。

如果属性值的每种组合都在训练数据中出现，并且每种组合都具有唯一的类标号，则

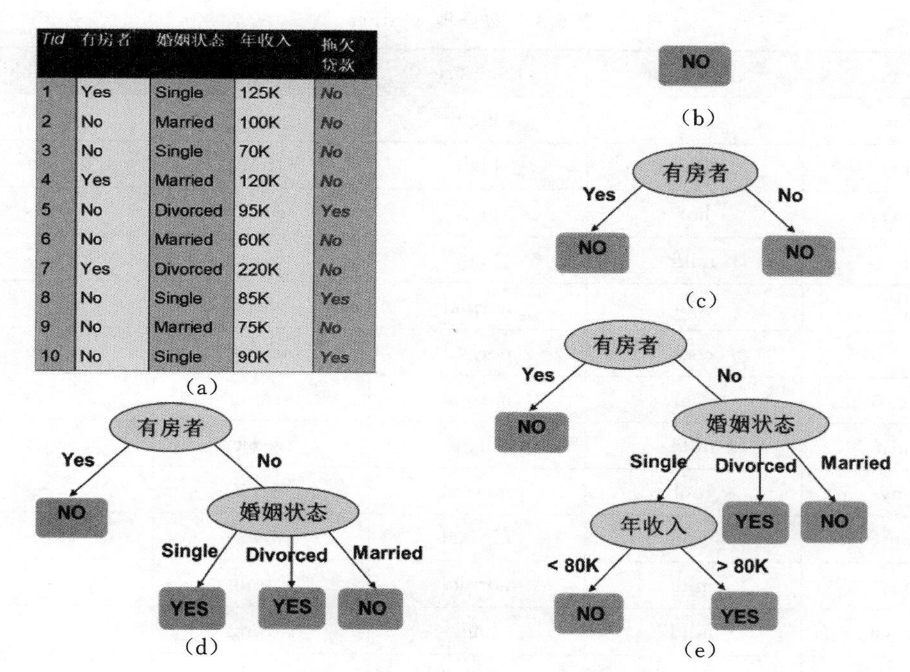

Tid	有房者	婚姻状态	年收入	拖欠贷款
1	Yes	Single	125K	No
2	No	Married	100K	No
3	No	Single	70K	No
4	Yes	Married	120K	No
5	No	Divorced	95K	Yes
6	No	Married	60K	No
7	Yes	Divorced	220K	No
8	No	Single	85K	Yes
9	No	Married	75K	No
10	No	Single	90K	Yes

图 6-7　Hunt 算法构建决策树

Hunt 算法是有效的。但是对于大多数实际情况，这些假设太苛刻了。

虽然可以采用任何一个属性对数据集进行划分，但选择不同的属性最后所形成的决策树差异很大。属性选择是决策树算法中的重要步骤，常见的属性选择标准包括信息增益(information gain)和 Gini 系数。

- 信息增益是决策树常用的分支准则，在树的每个节点上选择具有最高信息增益的属性作为当前节点的划分属性。
- Gini 系数是一种不纯度函数，用来度量数据集的数据关于类的纯度。

信息增益和 Gini 系数是信息论中的概念，下面介绍信息论的相关概念。

6.3.2　信息论

1. 信息熵

熵(entropy，也称信息熵)用来度量一个属性的信息量。

假定 S 为训练集，S 的目标属性 C 具有 m 个可能的类标号值，$C=\{C_1,C_2,\cdots,C_m\}$，训练集 S 中，C_i 在所有样本中出现的频率为 $P_i(i=1,2,3,\cdots,m)$，则该训练集 S 所包含的信息熵定义为：

$$\text{Entropy}(S)=\text{Entropy}(p_1,p_2,\cdots,p_m)=-\sum_{i=1}^{m}p_i\log_2 p_i \qquad (6\text{-}1)$$

熵越小表示样本对目标属性的分布越纯，反之，熵越大表示样本对目标属性的分布越混乱。

例 6-3　数据集 weather 如表 6-3 所示，求数据集 weather 关于目标属性 play ball 的熵。

表 6-3　数据集 weather

outlook	temperature	humidity	wind	play ball
sunny	hot	high	weak	no
sunny	hot	high	strong	no
overcast	hot	high	weak	yes
rain	mild	high	weak	yes
rain	cool	normal	weak	yes
rain	cool	normal	strong	no
overcast	cool	normal	strong	yes
sunny	mild	high	weak	no
sunny	cool	normal	weak	yes
rain	mild	normal	weak	yes
sunny	mild	normal	strong	yes
overcast	mild	high	strong	yes
overcast	hot	normal	weak	yes
rain	mild	high	strong	no

解:令 weather 数据集为 S,其中有 14 个样本,目标属性 play ball 有 2 个值{yes, no}。14 个样本的分布如下:

9 个样本的类标号 play ball 取值为 yes,5 个样本的类标号 play ball 取值为 No。所以,play ball=yes 在所有样本 S 中出现的概率为 9/14,play ball=no 在所有样本 S 中出现的概率为 5/14。

因此数据集 S 的熵为:

$$\text{Entropy}(S)=\text{Entropy}\left(\frac{9}{14},\frac{5}{14}\right)=-\frac{9}{14}\log_2\frac{9}{14}-\frac{5}{14}\log_2\frac{5}{14}=0.94$$

2. 信息增益

信息增益是划分前样本数据集的不纯程度(熵)和划分后样本数据集的不纯程度(熵)的差值。

假设划分前样本数据集为 S,并用属性 A 来划分样本集 S,则按属性 A 划分 S 的信息增益 Gain(S,A)为样本集 S 的熵减去按属性 A 划分 S 后的样本子集的熵:

$$\text{Gain}(S,A)=\text{Entropy}(S)-\text{Entropy}_A(S) \tag{6-2}$$

按属性 A 划分 S 后的样本子集的熵定义如下:假定属性 A 有 k 个不同的取值,从而将 S 划分为 k 个样本子集 $\{S_1,S_2,\cdots,S_k\}$,则按属性 A 划分 S 后的样本子集的信息熵为:

$$\text{Entropy}_A(S)=\sum_{i=1}^{k}\frac{|S_i|}{|S|}\text{Entropy}(S_i) \tag{6-3}$$

其中 $|S_i|$ $(i=1,2,\cdots,k)$ 为样本子集 S_i 中包含的样本数,$|S|$ 为样本集 S 中包含的样本数。信息增益越大,说明使用属性 A 划分后的样本子集越纯,越有利于分类。

例 6-4 同样以数据集 weather 为例，设该数据集为 S，假定用属性 wind 来划分 S，求 S 对属性 wind 的信息增益。

解：(1) 首先由例 6-3 计算得到数据集 S 的熵值为 0.94。

(2) 属性 wind 有 2 个可能的取值{weak，strong}，它将 S 划分为 2 个子集：$\{S_1, S_2\}$。S_1 为 wind 属性取值为 weak 的样本子集，共有 8 个样本，如表 6-4 所示；S_2 为 wind 属性取值为 strong 的样本子集，共有 6 个样本，如表 6-5 所示。下面分别计算样本子集 S_1 和 S_2 的熵。

表 6-4　wind 属性取值为 weak 的样本子集 S_1

outlook	temperature	humidity	wind	play ball
sunny	hot	high	weak	no
overcast	hot	high	weak	yes
rain	mild	high	weak	yes
rain	cool	normal	weak	yes
sunny	mild	high	weak	no
sunny	cool	normal	weak	yes
rain	mild	normal	weak	yes
overcast	hot	normal	weak	yes

表 6-5　wind 属性取值为 strong 的样本子集 S_2

outlook	temperature	humidity	wind	play ball
sunny	hot	high	strong	no
rain	cool	normal	strong	no
overcast	cool	normal	strong	yes
sunny	mild	normal	strong	yes
overcast	mild	high	strong	yes
rain	mild	high	strong	no

对于样本子集 S_1，play ball＝yes 的有 6 个样本，play ball＝no 的有 2 个样本，则

$$\text{Entropy}(S_1) = -\frac{6}{8}\log_2\frac{6}{8} - \frac{2}{8}\log_2\frac{2}{8} = 0.811$$

对于样本子集 S_2，play ball＝yes 的有 3 个样本，play ball＝no 的有 3 个样本，则

$$\text{Entropy}(S_2) = -\frac{3}{6}\log_2\frac{3}{6} - \frac{3}{6}\log_2\frac{3}{6} = 1$$

利用属性 wind 划分 S 后的熵为

$$\begin{aligned}\text{Entropy}_{\text{wind}}(S) &= \sum_{i=1}^{k}\frac{|S_i|}{|S|}\text{Entropy}(S_i) = \frac{|S_1|}{|S|}\text{Entropy}(S_1) + \frac{|S_2|}{|S|}\text{Entropy}(S_2) \\ &= \frac{8}{14}\text{Entropy}(S_1) + \frac{6}{14}\text{Entropy}(S_2) = 0.571 \times 0.811 + 0.429 \times 1 = 0.892\end{aligned}$$

按属性 wind 划分数据集 S 所得的信息增益值为

$$\text{Gain}(S,\text{wind}) = \text{Entropy}(S) - \text{Entropy}_{\text{wind}}(S) = 0.94 - 0.892 = 0.048$$

6.3.3 ID3 算法

1. ID3 算法过程

ID3 算法伪代码如算法 6.1 所示。

```
算法 6.1  ID3 算法。
函数:DT(S,F)。
输入:训练集数据 S,训练集数据属性集合 F。
输出:ID3 决策树。
方法:
  if 样本 S 全部属于同一个类别 C then
     创建一个叶节点,并标记类标号为 C;
     return;
else
     计算属性集 F 中每一个属性的信息增益,假定增益值最大的属性为 A;
     创建节点,取属性 A 为该节点的决策属性;
     for 节点属性 A 的每个可能的取值 V  do
          为该节点添加一个新的分支,假设 Sv 为属性 A 取值为 V 的样本子集;
          if 样本 Sv 全部属于同一个类别 C then
               为该分支添加一个叶节点,并标记类标号为 C;
          else
               递归调用 DT(Sv, F-{A}),为该分支创建子树;
          end if
     end for
end if
```

例 6-5 同样以表 6-3 所示的数据集 weather 为例,使用 ID3 算法实现决策树的构建。

分析:数据集具有属性 outlook、temperature、humidity、wind。其中 outlook = {sunny, overcast, rain};temperature={hot, mild, cool};humidity= {high, normal};wind= {weak, strong}。

解:首先计算总数据集 S 对所有属性的信息增益,寻找根节点的最佳分裂属性。$\text{Gain}(S,\text{outlook}) = 0.246$;$\text{Gain}(S,\text{temperature}) = 0.029$;$\text{Gain}(S,\text{humidity}) = 0.152$;$\text{Gain}(S,\text{wind}) = 0.049$。

显然,这里 outlook 属性具有最高信息增益值,因此将它选为根节点。

然后,以 outlook 作为根节点,根据 outlook 的可能取值建立分支,对每个分支递归建立子树。因为 outlook 有 3 个可能值,因此对根节点建立 3 个分支{sunny, overcast, rain}。以 outlook 为根节点建立决策树如图 6-8 所示。

下面,首先对 outlook 的 sunny 分支建立子树。

找出数据集中 outlook = sunny 的样本子集 $S_{\text{outlook=sunny}}$,如表 6-6 所示。

◀ 决策树分类方法 3

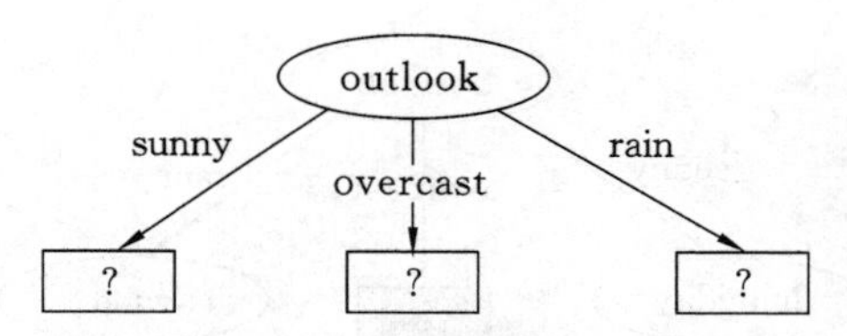

图 6-8　以 outlook 为根节点建立决策树

表 6-6　outlook = sunny 的样本子集 $S_{outlook=sunny}$

outlook	temperature	humidity	wind	play ball
sunny	hot	high	weak	no
sunny	hot	high	strong	no
sunny	mild	high	weak	no
sunny	cool	normal	weak	yes
sunny	mild	normal	strong	yes

然后依次计算剩下 3 个属性对该样本子集 $S_{outlook=sunny}$ 划分后的信息增益，计算过程如下：

$$E(S_{outlook=sunny}) = -\frac{3}{5}\log_2\frac{3}{5} - \frac{2}{5}\log_2\frac{2}{5} = 0.971$$

$$E_{temperature}(S_{outlook=sunny}) = 0 + \frac{2}{5}\times\left(-\frac{1}{2}\log_2\frac{1}{2} - \frac{1}{2}\log_2\frac{1}{2}\right) + 0 = 0.4$$

$$E_{humidity}(S_{outlook=sunny}) = 0$$

$$E_{wind}(S_{outlook=sunny}) = \frac{3}{5}\times\left(-\frac{1}{3}\log_2\frac{1}{3} - \frac{2}{3}\log_2\frac{2}{3}\right) + \frac{2}{5}\times\left(-\frac{1}{2}\log_2\frac{1}{2} - \frac{1}{2}\log_2\frac{1}{2}\right)$$
$$= 0.951$$

所以：Gain($S_{outlook=sunny}$，humidity) = 0.971、Gain($S_{outlook=sunny}$，temperature) = 0.571、Gain($S_{outlook=sunny}$，wind) = 0.02。

显然，humidity 具有最高信息增益值，因此它被选为 outlook 节点下 sunny 分支下的决策节点，如图 6-9 所示。

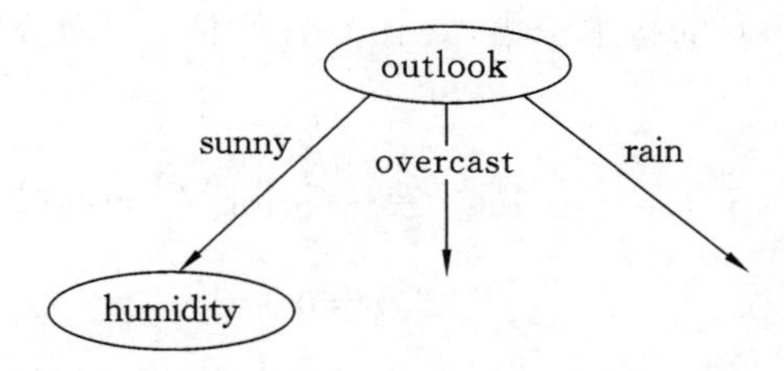

图 6-9　在 outlook 节点下 sunny 分支情况

采用同样的方法，依次对 outlook 的 overcast 分支、rain 分支建立子树，最后得到一棵可以预测类标号未知的样本的决策树，如图 6-10 所示。

完整的决策树建立后，可以对未知样本进行预测。下面利用决策树对类标号未知的样本 X 进行预测：$X = \{$rain，hot，normal，weak，?$\}$

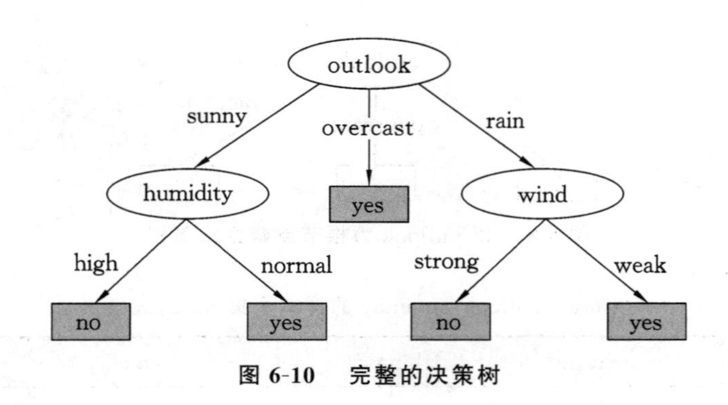

图 6-10　完整的决策树

根据图 6-11 所示的完整的决策树对未知样本进行预测，使用未知样本中各决策节点的值对树进行遍历，最后叶子节点值是 yes，因此"?"应为 yes。

例 6-6　表 6-7 是关于动物的数据集 S，根据现有数据集判断样本是否会生蛋。以 ID3 算法构建决策树。

表 6-7　关于动物的数据集

样本数据	warm_blooded	feathers	fur	swims	lays_eggs
1	1	1	0	0	1
2	0	0	0	1	1
3	1	1	0	0	1
4	1	1	0	0	1
5	1	0	0	1	0
6	1	0	1	0	0

解：假设目标分类属性是 lays_eggs，计算 $E(S)$：

$$E(S)=E\left(\frac{4}{6},\frac{2}{6}\right)=-\frac{4}{6}\log_2\frac{4}{6}-\frac{2}{6}\log_2\frac{2}{6}=0.918$$

以 warm_blooded 属性为例，warm_blooded 有 2 个可能的取值{1,0}，它将 S 划分为 2 个子集：$\{S_1,S_2\}$，S_1 为 warm_blooded 属性取值为 1 的样本子集，共有 5 个样本；S_2 为 warm_blooded 属性取值为 0 的样本子集，共有 1 个样本。下面分别计算样本子集 S_1 和 S_2 的熵。

$$E(S_1)=-\frac{2}{5}\log_2\frac{2}{5}-\frac{3}{5}\log_2\frac{3}{5}=0.971$$

$$E(S_2)=0$$

$$E_{\text{warm\_blooded}}(S)=\frac{5}{6}E(S_1)+\frac{1}{6}E(S_2)=0.809$$

$$\text{Gain}(S,\text{warm\_blooded})=E(S)-E_{\text{warm\_blooded}}(S)=0.109$$

类似地，$\text{Gain}(S,\text{feathers})=0.459$，$\text{Gain}(S,\text{fur})=0.316$，$\text{Gain}(S,\text{swims})=0.044$。

由于 feathers 在属性中具有最高的信息增益，所以它被选作测试属性，并以此创建一个节点，数据集被划分成两个子集，如图 6-11 所示。

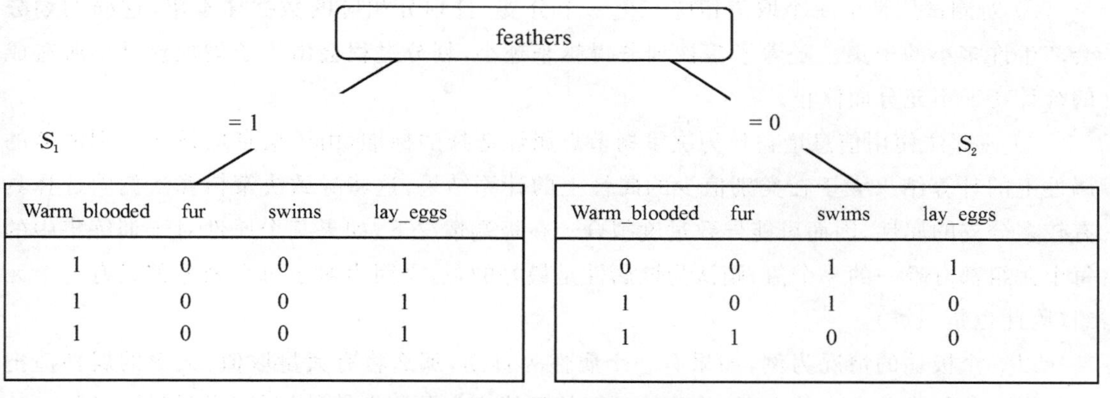

Warm_blooded	fur	swims	lay_eggs
1	0	0	1
1	0	0	1
1	0	0	1

Warm_blooded	fur	swims	lay_eggs
0	0	1	1
1	0	1	0
1	1	0	0

图 6-11　以 feathers 作为决策树根节点

对于 feathers＝1 的左子树中的所有元组，其类别标记均为 1，所以，得到一个叶节点，类别标记为 lays_eggs＝1。

对于 feathers＝0 的右子树中的所有元组，计算其他三个属性的信息增益：

$$\text{Gain}(S_{\text{feathers}=0}, \text{warm\_blooded}) = 0.918$$

$$\text{Gain}(S_{\text{feathers}=0}, \text{fur}) = 0.318$$

$$\text{Gain}(S_{\text{feathers}=0}, \text{swims}) = 0.318$$

所以，对于右子树，可以把 warm_blooded 作为决策属性。对于 warm_blooded＝0 的左子树中的所有元组，其类别标记均为 1，所以，得到一个叶节点，类别标记为 lays_eggs＝1。右子树同理，最后得到决策树如图 6-12 所示。

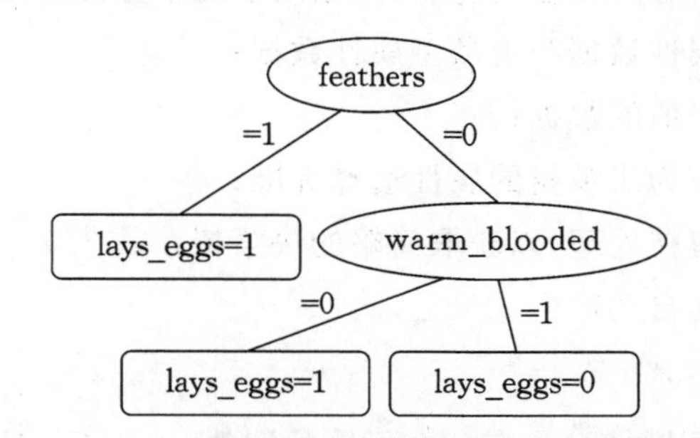

图 6-12　判断动物样本是否会生蛋的决策树

2. ID3 算法小结

ID3 算法是所有可能的决策树空间中一种自顶向下的、贪婪的搜索方法。ID3 搜索的假设空间是可能的决策树的集合，搜索目的是构造与训练数据一致的一棵决策树，搜索策略是爬山法，在构造决策树时从简单到复杂，用信息增益作为爬山法的评价函数。

ID3 算法的核心是在决策树各级节点上选择属性，用信息增益作为属性选择的标准，使得在每个非叶节点进行测试时能获得关于被测数据最大的类别信息，使得该属性将数据集分成子集后，系统的熵值最小。

ID3 算法的优点是理论清晰，方法简单，学习能力较强。但是 ID3 算法也存在以下缺点：

① 只能处理分类属性数据，无法处理连续型数据。

② 对测试属性的每个取值相应产生一个分支，且划分相应的数据样本集，这样的划分会产生许多小的子集。随着子集被划分得越来越小，划分过程会由于子集规模过小所造成的统计特征不充分而停止。

③ 该算法使用信息增益作为决策树节点属性选择的标准，由于信息增益在类别值多的属性上的计算结果大于在类别值少的属性上的计算结果，这将导致决策树算法偏向选择具有较多分支的属性，因而可能导致过度拟合。在极端情况下，如果某个属性对于训练集中的每个元组都有唯一的一个值，则认为该属性是最好的，这是因为对于每个划分都只有一个元组（因此也是一类）。

以一个极端的情况为例，如果有一个属性为日期，那么将有大量取值，太多的属性值把训练样本分割成非常小的空间，单独的日期就可能完全预测训练数据的目标属性。因此，这个属性可能会有非常高的信息增益，从而被选作树的根节点的决策属性，并形成一颗深度为1级但非常宽的树。

当然，这个决策树对于测试数据的分类性能可能会相当差，因为它过分完美地分割了训练数据，不是一个好的分类器。

避免出现这种不足的方法是在选择决策树节点时不用信息增益来判别。一个可以选择的度量标准是信息增益率，信息增益率在C4.5算法中介绍。

6.3.4 C4.5算法

基于ID3算法存在的不足，Quinlan于1993年对其做出改进，提出了改进的决策树分类算法C4.5。该算法继承了ID3算法的优点，并在以下几个方面对ID3算法进行了改进：

① 能够处理连续型属性数据和离散型属性数据；

② 能够处理具有缺失值的数据；

③ 使用信息增益率作为决策树的属性选择标准；

④ 对生成的树进行剪枝处理，以获取简略的决策树；

⑤ 从决策树到规则的自动产生。

1. C4.5算法的概念描述

假定S为训练集，目标属性C具有m个可能的取值，$C=\{C_1,C_2,\cdots,C_m\}$，即训练集S的目标属性具有m个类标号值C_1、C_2，…，C_m。C4.5算法所涉及的概念描述如下：

（1）假定训练集S中，C_i在所有样本中出现的频率为$P_i(i=1,2,3,\cdots,m)$，则该集合S所包含的信息熵为：

$$\text{Entropy}(S)=-\sum\nolimits_{i=1}^{m}p_i\log_2 p_i \tag{6-4}$$

（2）设用属性A来划分S中的样本，计算属性A对集合S的划分熵值$\text{Entropy}_A(S)$定义如下。

若属性A为离散型数据，并具有k个不同的取值，则属性A依据这k个不同取值将S划分为k个子集$\{S_1,S_2,\cdots,S_k\}$，属性A划分S的信息熵为：

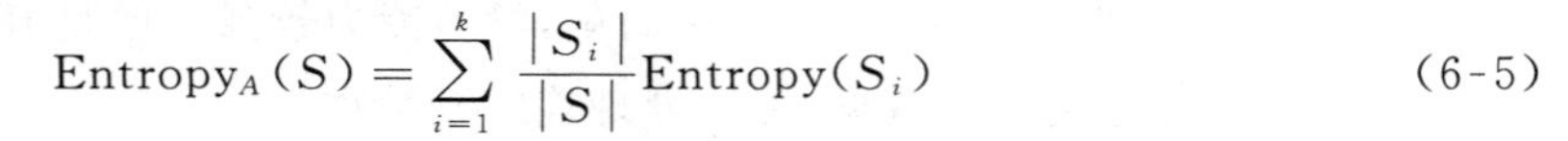

$$\text{Entropy}_A(S)=\sum_{i=1}^{k}\frac{|S_i|}{|S|}\text{Entropy}(S_i) \tag{6-5}$$

◀ 决策树分类方法 4

其中 $|S_i|$ 和 $|S|$ 分别是 S_i 和 S 中包含的样本个数。

如果属性 A 为连续型数据，则按属性 A 的取值递增排序，将每对相邻值的中点看作可能的分裂点，对每个可能的分裂点，计算：

$$\text{Entropy}_A(S)=\frac{|S_L|}{|S|}\text{Entropy}(S_L)+\frac{|S_R|}{|S|}\text{Entropy}(S_R) \tag{6-6}$$

其中 S_L 和 S_R 分别对应于该分裂点划分的左、右两部分子集，选择 $\text{Entropy}_A(S)$ 值最小的分裂点作为属性 A 的最佳分裂点，并以该最佳分裂点按属性 A 对集合 S 的划分熵值作为属性 A 划分 S 的熵值。

例 6-7 客户贷款资料信息数据集 S 如表 6-8 所示，对连续型数据——年收入进行处理，如图 6-13 所示。

表 6-8 客户贷款资料信息数据集 S

Tid	有房者	婚姻状态	年收入 / 千元	拖欠贷款
1	Yes	Single	125	No
2	No	Married	100	No
3	No	Single	70	No
4	Yes	Married	120	No
5	No	Divorced	95	Yes
6	No	Married	60	No
7	Yes	Divorced	220	No
8	No	Single	85	Yes
9	No	Married	75	No
10	No	Single	90	Yes

类		No		No		No		Yes		Yes		Yes		No		No		No		No		
	年收入/千元																					
排序后的值→		60		70		75		85		90		95		100		120		125		220		
划分点→	55		65		72		80		87		92		97		110		122		172		230	
	≤	>	≤	>	≤	>	≤	>	≤	>	≤	>	≤	>	≤	>	≤	>	≤	>	≤	>
Yes	0	3	0	3	0	3	0	3	1	2	2	1	3	0	3	0	3	0	3	0	3	0
No	0	7	1	6	2	5	3	4	3	4	3	4	3	4	4	3	5	2	6	1	7	0

图 6-13 对年收入这一连续属性的处理

对于第一个候选 $v=55$，没有年收入小于 55 千元的记录；另一方面，年收入大于或等于 55 千元的样本记录数目分别为 3(类 Yes) 和 7(类 No)。计算以 55 作为分裂点的 $\text{Entropy}_A(S)$ 值。后面分别计算以 65，72，…，230 作为分裂点的熵值。选择 $\text{Entropy}_A(S)$ 值最小的分裂点作为属性年收入的最佳分裂点。

(3) C4.5 算法以信息增益率作为决策树节点选择标准，不仅考虑信息增益的大小程度，还考虑为获得信息增益所付出的"代价"。

C4.5 通过引入属性的分裂信息来调节信息增益,分裂信息定义为:

$$\text{SplitE}(A) = -\sum_{i=1}^{k} \frac{|S_i|}{|S|} \log_2 \frac{|S_i|}{|S|} \tag{6-7}$$

信息增益率定义为:

$$\text{GainRatio}(A) = \frac{\text{Gain}(S, A)}{\text{SplitE}(A)} \tag{6-8}$$

如果某个属性有较多的分类取值,则它的信息熵会偏大,但信息增益率由于考虑了分裂信息而使得信息熵降低,进而消除了属性取值数目所带来的影响。

2. C4.5 算法决策树的建立

C4.5 算法决策树的建立过程可以分为两个阶段:

① 使用训练集数据,依据 C4.5 算法构建一棵完全生长的决策树。

② 对树进行剪枝,最后得到一棵最优决策树。

决策树生长阶段的 C4.5 算法伪代码见算法 6.2。

算法 6.2 C4.5 算法 —— 决策树生长阶段。

函数名:CDT(S,F)。

输入:训练集数据 S,训练集数据属性集合 F。

输出:一棵未剪枝的 C4.5 决策树。

方法:

```
if 样本 S 全部属于同一个类别 C then
     创建一个叶节点,并标记类标号为 C;
return;
else
     计算属性集 F 中每一个属性的信息增益率,假定增益率值最大的属性为 A;
     创建节点,取属性 A 为该节点的决策属性;
     for 节点属性 A 的每个可能的取值 V  do
          为该节点添加一个新的分支,假设 Sv 为属性 A 取值为 V 的样本子集;
          if 样本 Sv 全部属于同一个类别 C
          then
               为该分支添加一个叶节点,并标记为类标号为 C;
          else
          则递归调用 CDT(Sv,F-{A}),为该分支创建子树;
     end if
  end for
end if
```

决策树剪枝处理阶段的 C4.5 算法伪代码见算法 6.3。

算法 6.3 C4.5 算法 —— 决策树剪枝处理阶段。

```
函数名:Prune(node)。
输入:待剪枝子树 node。
输出:剪枝后的子树。
方法:
计算待剪子树 node 中叶节点的加权估计误差 leafError;
if 待剪子树 node 是一个叶节点 then
    return 叶节点误差;
else
    计算 node 的子树误差 subtreeError;
    计算 node 的分支误差 branchError 为该节点中频率最大一个分支误差
    if  leafError 小于 branchError 和 subtreeError
    then
        剪枝,设置该节点为叶节点;
        error= leafError;
    else if branchError 小于 leafError 和 subtreeError
    then
    剪枝,以该节点中频率最大那个分支替换该节点;
    error= branchError;
    else
        不剪枝
        error= subtreeError;
        return error;
    end if
end if
```

例 6-8 以表 6-3 所示的数据集 weather 为例,演示 C4.5 算法对该数据集进行训练,建立一棵决策树的过程,对未知样本进行预测。

解:第一步:计算所有属性划分数据集 S 所得的信息增益。

$$\text{Gain}(S,\ \text{outlook}) = 0.246$$

$$\text{Gain}(S,\ \text{temperature}) = 0.029$$

$$\text{Gain}(S,\ \text{humidity}) = 0.152$$

$$\text{Gain}(S,\ \text{wind}) = 0.049$$

第二步:计算各个属性的分裂信息和信息增益率。

以 outlook 属性为例,取值为 overcast 的样本有 4 个,取值为 rain 的样本有 5 个,取值为 sunny 的样本有 5 个,则 outlook 的分裂信息为:

$$\text{SplitEoutlook} = -\frac{5}{14}\log_2\frac{5}{14} - \frac{4}{14}\log_2\frac{4}{14} - \frac{5}{14}\log_2\frac{5}{14} = 1.576$$

outlook 的信息增益率为:

$$\text{GainRatio}(\text{outlook}) = \frac{\text{Gain}(S,\text{outlook})}{\text{SplitE}(\text{outlook})} = 0.156$$

同理,依次计算其他属性的信息增益率如下:

$$\text{GainRatio}(\text{temperature}) = \frac{\text{Gain}(S,\text{temperature})}{\text{SplitE}(\text{temperature})} = \frac{0.029}{1.556} = 0.019$$

$$\text{GainRatio(humidity)} = \frac{\text{Gain}(S, \text{humidity})}{\text{SplitE(humidity)}} = \frac{0.152}{1} = 0.152$$

$$\text{GainRatio(wind)} = \frac{\text{Gain}(S, \text{wind})}{\text{SplitE(wind)}} = \frac{0.049}{0.985} = 0.0497$$

第三步：取信息增益率最大的那个属性作为分裂节点，因此最初选择 outlook 属性作为决策树的根节点，产生 3 个分支，如图 6-14 所示。

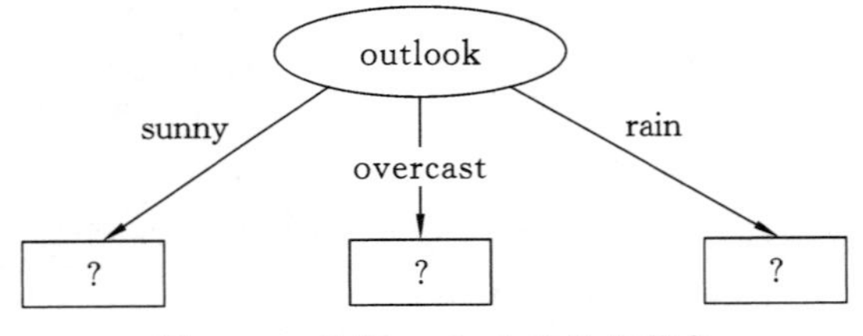

图 6-14　选取 outlook 作为根节点

第四步：对根节点的不同取值的分支，递归调用以上方法求子树，最后通过 C4.5 算法获得的决策树如图 6-15 所示。

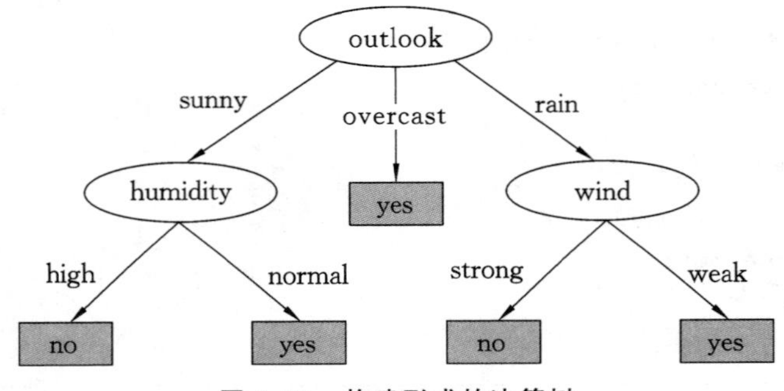

图 6-15　构建形成的决策树

3. 决策树的剪枝处理

在创建决策树时，由于数据中的噪声和离群点，许多分支反映的是训练数据中的异常。剪枝方法可用来处理这种过分拟合数据的问题。通常，剪枝方法使用统计度量，剪去最不可靠的分支。

在先剪枝(prepruning) 方法中，通过提前停止树的构建(如决定在给定的节点不再分裂或划分训练元组的子集) 而对树“剪枝”。一旦停止，节点就成为树叶。该树叶可以持有子集元组中最频繁的类，或这些元组的概率分布。

更常用的方法是后剪枝(postpruning)，它由“完全生长” 的树剪去子树。后剪枝有两种不同的操作：子树置换(subtree replacement)、子树提升(subtree raising)。在每个节点，学习方案可以决定是应该进行子树置换、子树提升，还是保留子树不剪枝。

子树置换与子树提升分别如图 6-16(a)、(b) 所示。

此外，还有一种剪枝方法 ——reduced-error pruning(REP，错误率降低剪枝)。该剪枝方法考虑将树上的每个节点作为修剪的候选对象，决定是否修剪这个节点的步骤如下：

① 删除以此节点为根的子树；

② 使其成为叶节点；

③ 赋予该节点关联的训练数据的最常见分类；

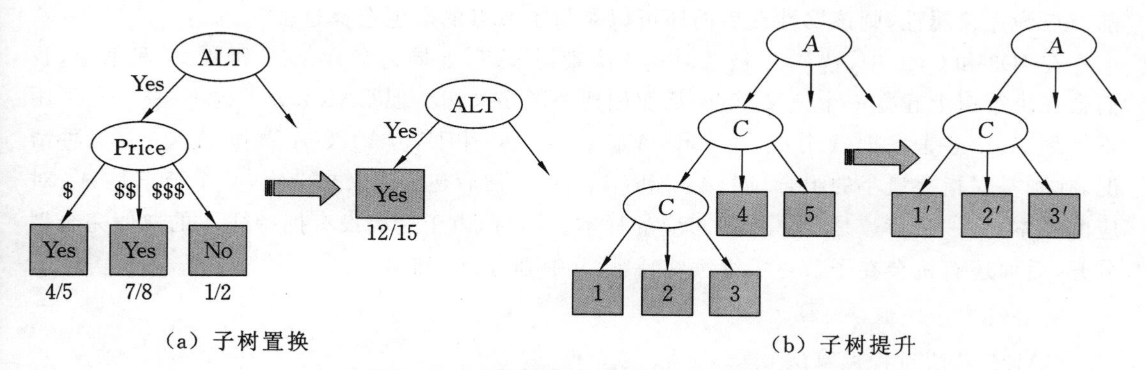

(a) 子树置换

(b) 子树提升

图 6-16　决策树的子树置换与子树提升

④ 当修剪后的树对于验证集合的性能不会比原来的树差时，才真正删除该节点。

与其他分类算法相比，C4.5 分类算法的优点是产生的分类规则易于理解，准确率较高；其缺点是在构造树的过程中，需要对数据集进行多次的顺序扫描和排序，因而导致算法的低效。

此外，C4.5 算法只适合于能够驻留于内存的数据集，当训练集大到内存无法容纳时，程序无法运行。为适应大规模数据集，在 C4.5 后出现了 SLIQ 和 SPRINT 等算法。

6.3.5　CART 算法

CART 是 L. Breiman 等人在 1984 年提出的决策树算法，其原理与 ID3 相似。在 CART 中提出了杂度削减的概念，按杂度削减最大分裂节点生长决策树。与 ID3 不同的是，CART 最终生成二叉树，然后利用重采样技术进行误差估计和剪枝，最后选择最优的作为最终构建的决策树。这些算法均要求训练集全部或一部分在分类的过程中一直驻留在内存中。

1. 基尼指数

CART 基于基尼(Gini) 指数最小化准则来进行特征选择，生成二叉树。基尼指数代表了模型的不纯度，基尼指数越小，则不纯度越低，特征越好。这点和信息增益是相反的。

在分类问题中，若给定样本集合 D，假设有 K 个类别，样本属于第 k 个类别的概率为 p_k，则基尼指数的表达式为：

$$\text{Gini}(D)=1-\sum_{k=1}^{K}p_k^2 \tag{6-9}$$

同样，给定样本集合 D，如果根据特征 A 的某个值 a，把 D 分为 D_1 和 D_2 两个子集(即 $D_1 \in D \mid A=a, D_2=D-D_1$)，则在特征 A 的条件下，集合 D 的基尼指数表达式为：

$$\text{Gini}_A(D)=\frac{D_1}{D}\text{Gini}(D_1)+\frac{D_2}{D}\text{Gini}(D_2) \tag{6-10}$$

基尼指数 $\text{Gini}(D)$ 表示集合 D 的不纯度，基尼指数 $\text{Gini}_A(D)$ 表示经 $A=a$ 分割后，集合 D 的不纯度。基尼指数越大，样本集合的不纯度也越大，这一点与熵相似。

2. 连续型特征处理

CART 处理连续值问题与 C4.5 一样，都是将连续的特征离散化，唯一区别在于，C4.5 采用信息增益率，而 CART 算法采用的是基尼指数。

具体思路如下：m 个样本的连续特征 A 有 m 个，将样本从小到大排序，取相邻两个样本值的平均数，则会得到 $m-1$ 个二分类点。分别计算这 $m-1$ 个点作为二分类点时的基尼指数，选择基尼指数最小的点作为该连续特征的最优切分点。与 ID3 和 C4.5 不同的是，如果当前节点为连续属性，则该属性在后面还可以参与子节点的产生选择过程。

在 ID3 和 C4.5 中，特征 A 被选取建立决策树节点，如果它有 A_1、A_2 和 A_3 三种取值，我们会在决策树上建立一个三叉节点，从而创建一颗多叉树。但 CART 分类树不一样，它采用不停地二分，会考虑把 A 分成 $\{A_1\}$ 和 $\{A_2, A_3\}$、$\{A_2\}$ 和 $\{A_1, A_3\}$、$\{A_3\}$ 和 $\{A_1, A_2\}$ 三种情况，找到基尼指数最小的组合，如 $\{A_2\}$ 和 $\{A_1, A_3\}$，然后建立二叉树节点，一个节点是 A_2 对应的样本，另一个节点是 $\{A_1, A_3\}$ 对应的样本。同时，由于这次没有把特征 A 的取值完全划分开，后面还有机会在子节点中继续在特征 A 中划分 A_1 和 A_3。

3. CART 生成算法

CART 算法过程见算法 6.4。

算法 6.4 CART 算法。

输入：训练数据集 D，停止计算参数的条件.

输出：CART 决策树。

方法：根据训练数据集，从根节点开始，递归地对每个节点进行以下操作，构建二叉决策树。

(1) 设节点的训练数据集为 D，计算现有特征对该数据集的基尼指数。此时，对每一个特征 A，对其可能取的每个值 a，根据样本点对 $A = a$ 的测试为“是”或“否”将 D 分割成 D_1 和 D_2 两部分，利用公式 (6-10) 计算 $A = a$ 时的基尼指数。

(2) 在所有可能的特征 A 以及它们所有可能的切分点 a 中，选择基尼指数最小的特征及其对应的切分点作为最优特征与最优切分点。依据最优特征与最优切分点，从现节点生成两个子节点，将训练数据集依特征分配到两个子节点中去。

(3) 对两个子节点递归地调用(1)、(2)，直至满足停止条件。

(4) 生成 CART 决策树。

算法停止计算的条件是节点中的样本个数小于预定阈值，或样本集的基尼指数小于预定阈值(样本基本属于同一类)，或者没有更多特征。

注意：

ID3 算法和 C4.5 算法生成子节点后是将上一步的特征剔除，而 CART 算法是将上一步特征的取值剔除。也就是说，在 CART 算法中一个特征可以参与多次节点的生成，ID3 算法和 C4.5 算法中每个特征最多只能参与一次节点的生成。

例 6-9 还是以贷款申请的例子来理解 CART 算法生成决策树的过程，客户贷款资料信息数据集 S 如表 6-8 所示，其中样本特征有 3 个，分别为是有房者、婚姻状态和年收入，其中有房者和婚姻状态是离散型取值，而年收入是连续型取值。拖欠贷款属于分类的结果。

解：(1) 对于有房者这个特征，它是一个二分类离散数据，根据表 6-9 所示的有房者分类数据，计算其基尼系数为：

表 6-9 有房者分类数据

拖欠贷款	有房者	
	Yes	No
Yes	0	3
No	3	4

$$\text{Gini}_{有房者}(S)=\frac{3}{10}\text{Gini}(S_{有房者=\text{Yes}})+\frac{7}{10}\text{Gini}(S_{有房者=\text{No}})$$

$$=\frac{3}{10}\left(1-\left(\left(\frac{3}{3}\right)^2+\left(\frac{0}{3}\right)^2\right)\right)+\frac{7}{10}\left(1-\left(\left(\frac{4}{7}\right)^2+\left(\frac{3}{7}\right)^2\right)\right)=0.343$$

(2) 婚姻状态属性是有3个取值的离散型特征，它有3种分类情况，要计算出每一种分类对应的基尼指数。

① 根据表6-10所示的离婚分类数据，婚姻状态为离婚的基尼指数为：

表6-10 离婚分类数据

拖欠贷款	婚姻状态	
	Single 或 Married	Divorced
No	6	1
Yes	2	1

$$\text{Gini}_{婚姻状态}(S)=\frac{2}{10}\text{Gini}(S_{婚姻状态=\text{Divorced}})+\frac{8}{10}\text{Gini}(S_{婚姻状态=\text{Single或Married}})$$

$$=\frac{2}{10}\left(1-\left(\left(\frac{1}{2}\right)^2+\left(\frac{1}{2}\right)^2\right)\right)+\frac{8}{10}\left(1-\left(\left(\frac{6}{8}\right)^2+\left(\frac{2}{8}\right)^2\right)\right)=0.4$$

② 根据表6-11所示的已婚分类数据，婚姻状态为已婚的基尼指数为：

表6-11 已婚分类数据

拖欠贷款	婚姻状态	
	Single 或 Divorced	Married
No	3	4
Yes	3	0

$$\text{Gini}_{婚姻状态}(S)=\frac{4}{10}\text{Gini}(S_{婚姻状态=\text{Married}})+\frac{6}{10}\text{Gini}(S_{婚姻状态=\text{Single或Divorced}})$$

$$=\frac{4}{10}\left(1-\left(\left(\frac{4}{4}\right)^2+\left(\frac{0}{4}\right)^2\right)\right)+\frac{6}{10}\left(1-\left(\left(\frac{3}{6}\right)^2+\left(\frac{3}{6}\right)^2\right)\right)=0.3$$

③ 根据表6-12所示的单身分类数据，婚姻状况为单身的基尼指数为：

表6-12 单身分类数据

拖欠贷款	婚姻状态	
	Married 或 Divorced	Single
No	5	2
Yes	1	2

$$\text{Gini}_{婚姻状态}(S)=\frac{4}{10}\text{Gini}(S_{婚姻状态=\text{Single}})+\frac{6}{10}\text{Gini}(S_{婚姻状态=\text{Married或Divorced}})$$

$$=\frac{4}{10}\left(1-\left(\left(\frac{2}{4}\right)^2+\left(\frac{2}{4}\right)^2\right)\right)+\frac{6}{10}\left(1-\left(\left(\frac{5}{6}\right)^2+\left(\frac{1}{6}\right)^2\right)\right)=0.3667$$

由以上 3 个计算结果得知，对于婚姻状态特征，基尼指数最小的最优切分点为{Single 或 Divorced}、{Married}。

(3) 对于年收入这个连续型数据，要先将其转换为离散型数据并计算对应的基尼指数，如图 6-17 所示。

	60	70	75	85	90	95	100	120	125	220								
	65		72		80		87		92		97		110		122		172	
	≤	>	≤	>	≤	>	≤	>	≤	>	≤	>	≤	>	≤	>	≤	>
是	0	3	0	3	0	3	1	2	2	1	3	0	3	0	3	0	3	0
否	1	6	2	5	3	4	3	4	3	4	3	4	4	3	5	2	6	1
Gini	0.400		0.375		0.343		0.417		0.400		0.300		0.343		0.375		0.400	

图 6-17　对年收入这一连续属性的处理对应的基尼系数

通过计算得出：当以 97 作为切分点时其基尼指数最小，所以选择 97 作为年收入特征的最优切分点。

此时，通过比较发现，婚姻状态的最优切分点{Single 或 Divorced}、{Married}和年收入的最优切分点 97，计算得到的基尼指数一样，都是 0.3，所以可以随意选择婚姻状态和年收入其中的任意一个作为最优特征。选择的最优特征不一样，构造出来的决策树也会不一样。在选择好一个最优特征后，可将数据分为 D_1 和 D_2 两个部分，对这两个部分分别再用以上方法计算其基尼指数。

假设选择婚姻状态为最优特征，得到的一棵决策树如图 6-18 所示。

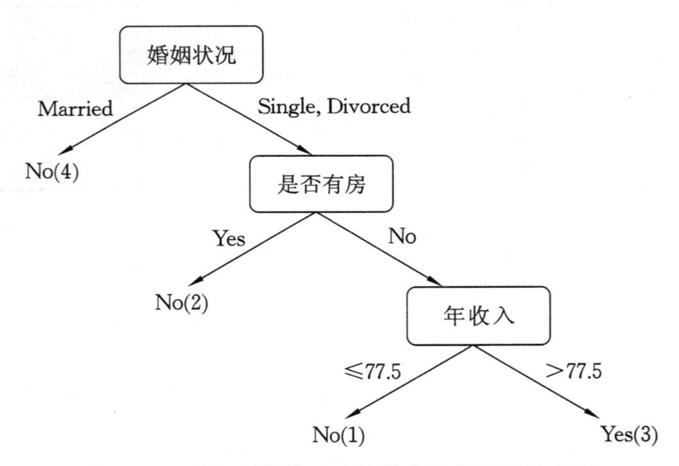

图 6-18　选择婚姻状况为最优特征得到的决策树

6.4 贝叶斯分类方法

贝叶斯方法是一种研究不确定性的推理方法。不确定性常用贝叶斯概率表示，它是一种主观概率。通常的经典概率代表事件的物理特性，是不随人意识变化的客观存在。贝叶斯概率则是人的认识，是个人主观的估计，随个人主观认识的变化而变化。例如事件的贝叶斯概率只指个人对该事件的置信程度，因此是一种主观概率。

◀ 贝叶斯分类方法 1

投掷硬币可能出现正反面两种情形，经典概率代表硬币正面朝上的概率，这是一个客观存在；贝叶斯概率则指个人相信硬币会正面朝上的程度。

贝叶斯概率是主观的，对其估计取决于先验知识的正确性和后验知识的丰富和准确度。因此贝叶斯概率可能随个人掌握信息的不同而发生变化。比如，对即将进行的羽毛球单打比赛结果进行预测，不同人对胜负的主观预测都不同。如果对双方运动员的情况和各种现场的分析一无所知，就会认为两者的胜负比例为 1∶1；如果知道其中一人为本届奥运会羽毛球单打冠军，而另一人只是某省队新队员，则可能给出的概率是奥运会冠军和省队队员的胜负比例为 3∶1；如果进一步知道奥运冠军刚好在前一场比赛中受过伤，则对他们胜负比例的主观预测可能会下调为 2∶1。所有的预测推断都是主观的，是基于后验知识的一种判断，取决于对各种信息的掌握。

经典概率方法强调客观存在，它认为不确定性是客观存在的。在同样的羽毛球单打比赛预测中，从经典概率的角度看，如果认为胜负比例为 1∶1，则意味着在相同的条件下，如果两人进行 100 场比赛，其中一人可能会取得 50 场的胜利，同时丢掉另外 50 场。

主观概率不像经典概率那样强调多次重复，因此在许多不可能出现重复事件的场合能得到很好的应用。例如上面提到的对羽毛球比赛胜负的预测，不可能进行重复的实验，因此，利用主观概率，按照个人对事件的相信程度而对事件做出推断是一种很合理且易于解释的方法。

贝叶斯分类方法的主要算法有朴素贝叶斯分类算法和贝叶斯信念网络分类算法等。朴素贝叶斯分类算法和贝叶斯信念网络分类算法都是建立在贝叶斯定理基础上的算法。

6.4.1 贝叶斯定理

1. 基础知识

假定 X 为类标号未知的一个数据样本，令 Y 为某种假定，如样本 X 属于某特定类别 C，分类问题就是计算概率 $P(Y|X)$ 的问题，即在给定观察样本 X 的情况下假设 Y 成立的概率有多大。涉及的概率如下：

$P(Y)$ 表示假设 Y 的先验概率(prior probability)。

$P(X)$ 表示样本数据 X 的先验概率。

$P(Y|X)$ 表示在条件 X 下，假设 Y 的后验概率(posterior probability)。

$P(X|Y)$ 表示在给定假设 Y 的前提条件下，样本 X 的后验概率。

例如：假设数据集由 3 个属性构成：{年龄，收入，是否购买计算机}，样本 X 为{35，4000，？}，假设 Y 为“顾客将购买计算机”，则：

$P(Y)$ 表示任意给定的顾客将购买计算机的概率，而不考虑年龄、收入等其他信息。

$P(X)$ 表示数据集中，样本年龄为 35，工资为 4000 的概率。

$P(Y|X)$ 表示已知顾客的年龄和收入分别为 35 和 4000，顾客购买计算机的概率。

$P(X|Y)$ 表示已知顾客购买计算机，顾客年龄和收入属性值为 35 和 4000 的概率。

2. 贝叶斯定理

假设 X、Y 是一对随机变量，联合概率 $P(X=x \cap Y=y)$ 是指 X 取值 x 且 Y 取值 y 的概率。条件概率是指一随机变量在另一随机变量取值已知的情况下取某一个特定值的概率，例如 $P(Y=y|X=x)$ 是指在变量 X 取值 x 的情况下，变量 Y 取值 y 的概率。

贝叶斯定理是指 X 和 Y 的联合概率和条件概率满足如下关系：

$$P(X \cap Y)=P(Y \mid X)P(X)=P(X \mid Y)P(Y)$$

$$P(Y \mid X)=\frac{P(X \mid Y)}{P(X)}P(Y) \tag{6-11}$$

例 6-10 贝叶斯定理的应用。考虑 A 和 B 两队之间的足球比赛，假设过去的比赛中，65% 的比赛 A 队取胜，35% 的比赛 B 队取胜。A 队胜的比赛中只有 30% 是在 B 队的主场，B 队取胜的比赛中 75% 是在主场。

(1) 如果下一场比赛在 B 队的主场进行，请预测哪支球队最有可能胜出。

(2) B 队成为东道主的概率是多少?

解：假定随机变量 X 代表东道主，X 取值范围为 $\{A,B\}$；随机变量 Y 代表比赛的胜利者，取值范围为 $\{A,B\}$。

由题意得知：A 队取胜的概率为 0.65，表示为 $P(Y=A)=0.65$；B 队取胜的概率为 0.35，表示为 $P(Y=B)=0.35$；A 队取胜时 B 队作为东道主的概率是 0.3，表示为 $P(X=B \mid Y=A)=0.3$；B 队取胜时作为东道主的概率是 0.75，表示为：$P(X=B \mid Y=B)=0.75$。

(1) 下一场比赛在 B 队主场，A 队胜出的概率表示为 $P(Y=A \mid X=B)$，B 队胜出的概率表示为 $P(Y=B \mid X=B)$，即判断 $P(Y=A \mid X=B)$ 和 $P(Y=B \mid X=B)$ 谁大，谁大即表示谁最有可能胜出。

依据贝叶斯定理计算如下：

$$\begin{aligned}P(Y=A \mid X=B) &= P(X=B \mid Y=A)\times P(Y=A)/P(X=B)\\ &=(0.3\times 0.65)/P(X=B)=0.195/P(X=B)\end{aligned}$$

$$\begin{aligned}P(Y=B \mid X=B) &= P(X=B \mid Y=B)\times P(Y=B)/P(X=B)\\ &=(0.75\times 0.35)/P(X=B)=0.2625/P(X=B)\end{aligned}$$

根据计算结果可知，$P(Y=A \mid X=B) < P(Y=B \mid X=B)$，由此可以得出，下一场比赛 B 队最有可能胜出。

(2) 依据贝叶斯定理计算如下：

$$\begin{aligned}P(X=B) &= P(X=B,Y=A)+P(X=B,Y=B)\\ &=P(X=B \mid Y=A)\times P(Y=A)+P(X=B \mid Y=B)\times P(Y=B)\\ &=0.3\times 0.65+0.75\times 0.35\\ &=0.195+0.2625\\ &=0.4575\end{aligned}$$

6.4.2 朴素贝叶斯分类算法

朴素贝叶斯分类基于一个简单的假定：在给定分类特征条件下，描述属性值之间是相互独立的。朴素贝叶斯分类算法利用贝叶斯定理来预测一个未知类别的样本属于各个类别的可能性，选择其中可能性最大的一个类别作为该样本的最终类别。

朴素贝叶斯分类思想是：假设样本空间有 m 个类别 $\{C_1,C_2,\cdots,C_m\}$，数据集有 n 个属性 $\{A_1,A_2,\cdots,A_n\}$，给定一未知类别的样本 $X=(x_1,x_2,\cdots,x_n)$，其中 x_i 表示第 i 个属性 A_i 的取值，即 $x_i \in A_i$，对应的朴素贝叶斯网络如图 6-19 所示。用贝叶斯公式计算样本 $X=(x_1,x_2,\cdots,x_n)$ 属于类别 $C_k(1 \leqslant k \leqslant m)$ 的概率 $P(C_k \mid X)$。

◀ 贝叶斯分类方法 2

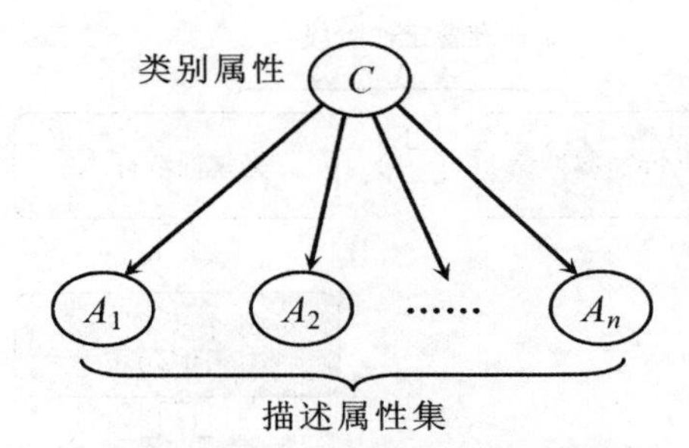

图 6-19　朴素贝叶斯网络的结构示意图

根据贝叶斯定理：

$$P(C_k \mid X)=\frac{P(X \mid C_k)P(C_k)}{P(X)} \tag{6-12}$$

由于 $P(X)$ 对所有类为常数，因此，最大化后验概率 $P(C_k \mid X)$ 可转化为最大化先验概率 $P(X \mid C_k)P(C_k)$。

① $P(C_k)$ 为先验概率，可以用 d_k/d 计算得到，其中 d_k 是属于类别 C_k 的训练样本的个数，d 是训练样本的总数。

② 由朴素贝叶斯分类器的属性独立性假设，假设各属性 $A_i(i=1,2,\cdots,n)$ 间相互独立，则

$$P(X \mid C_k)=P(x_1,x_2,\cdots,x_n \mid C_k)=\prod_{i=1}^{n} P(x_i \mid C_k) \tag{6-13}$$

其中 x_i 表示元组 X 属性 A_i 的值。

对于每个属性，考察该属性是离散的还是连续的。例如，为了计算 $P(x_i \mid C_k)$，考虑如下情况：

① 如果 A_i 是离散的，则概率可由 $P(x_i \mid C_k)=d_{ik}/d_k$ 计算得到，其中 d_{ik} 是训练样本集合中属于类 C_k 并且属性 A_i 取值为 x_i 的样本个数，d_k 是属于类 C_k 的训练样本个数。

② 如果 A_i 是连续的，则需要多做一点工作。通常，假定连续值属性服从均值为 μ、标准差为 σ 的高斯分布，由下式定义：

$$g(x,\mu,\sigma)=\frac{1}{\sqrt{2\pi}\sigma}\mathrm{e}^{-\frac{(x-\mu)^2}{2\sigma^2}} \tag{6-14}$$

因此：

$$P(x_k \mid C_i)=g(x_k,\mu_{c_i},\sigma_{c_i}) \tag{6-15}$$

朴素贝叶斯分类算法的基本流程如图 6-20 所示。

① 准备工作阶段：确定样本数据的特征属性，获取训练样本并对训练样本数据集和测试样本数据集进行离散化处理和缺失值处理。

② 分类器训练阶段：扫描训练样本数据集，计算每个类别的先验概率 $P(C_i)$，并对每个特征属性计算所有划分的条件概率 $P(X \mid C_i)$。

③ 应用阶段：对每个类别分别计算 $P(X \mid C_i)P(C_i)$，以 $P(X \mid C_i)P(C_i)$ 最大的项作为未知样本 X 的所属类别。

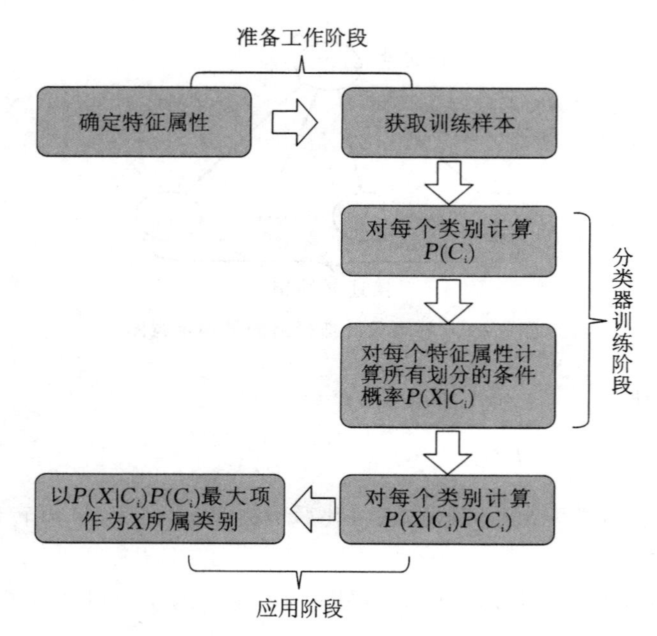

图 6-20　朴素贝叶斯分类算法的基本流程

例 6-11　训练样本如表 6-13 所示，新样本为 X =（'31…40'，'中'，'否'，'优'），应用朴素贝叶斯分类对新样本进行分类。

表 6-13　训练样本表

年龄	收入	学生	信誉	购买计算机
⩽30	高	否	中	否
⩽30	高	否	优	否
31…40	高	否	中	是
⩾41	中	否	中	是
⩾41	低	是	中	是
⩾41	低	是	优	否
31…40	低	是	优	是
⩽30	中	否	中	否
⩽30	低	是	中	是
⩾41	中	是	中	是
⩽30	中	是	优	是
31…40	中	否	优	是
31…40	高	是	中	是
⩾41	中	否	优	否

解：由训练样本集 S 建立贝叶斯网络，如图 6-21 所示。

① 根据类别"购买计算机"属性的取值，分为两个类，C_1 表示"购买计算机＝是"的类，C_2 表示"购买计算机＝否"的类，它们的先验概率 $P(C_i)$ 根据训练样本集计算如下：

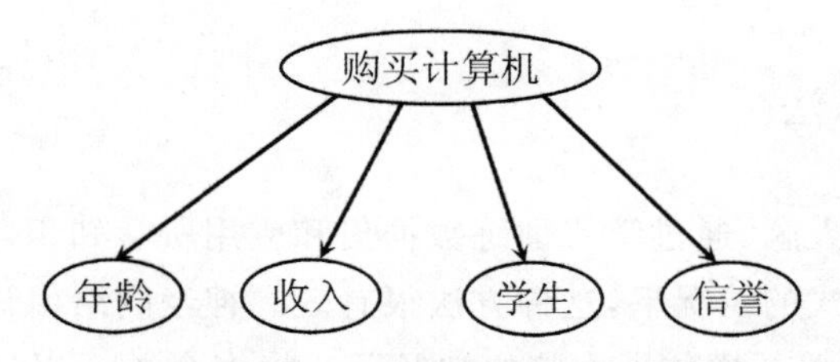

图 6-21 例 6-11 的贝叶斯网络

$$P(C_1)=P(\text{购买计算机}=\text{'是'})=9/14=0.64$$
$$P(C_2)=P(\text{购买计算机}=\text{'否'})=5/14=0.36$$

② 计算 $P(\text{购买计算机}=\text{'是'}\mid X)$。

P(年龄＝‘31…40’|购买计算机＝‘是’)＝4/9，P(收入＝‘中’|购买计算机＝‘是’)＝4/9，P(学生＝‘否’|购买计算机＝‘是’)＝3/9，P(信誉＝‘优’|购买计算机＝‘是’)＝3/9，则

$$\begin{aligned}P(X\mid \text{购买计算机}=\text{'是'})&=P(\text{年龄}=\text{'31…40'}\mid \text{购买计算机}=\text{'是'})\\&\times P(\text{收入}=\text{'中'}\mid \text{购买计算机}=\text{'是'})\\&\times P(\text{学生}=\text{'否'}\mid \text{购买计算机}=\text{'是'})\\&\times P(\text{信誉}=\text{'优'}\mid \text{购买计算机}=\text{'是'})\\&=4/9\times 4/9\times 3/9\times 3/9=0.0219\end{aligned}$$

引入条件独立性，假设使用以上概率得到：

$$\begin{aligned}P(\text{购买计算机}=\text{'是'}\mid X)&=P(\text{购买计算机}=\text{'是'})\\&\times P(X\mid \text{购买计算机}=\text{'是'})/P(X)\\&=0.64\times 0.0219/P(X)=0.01/P(X)\end{aligned}$$

③ 计算 $P(\text{购买计算机}=\text{'否'}\mid X)$。

先求出下面的条件概率：

P(年龄＝‘31…40’|购买计算机＝‘否’)＝0，P(收入＝‘中’|购买计算机＝‘否’)＝2/5；P(学生＝‘否’|购买计算机＝‘否’)＝4/5，P(信誉＝‘优’|购买计算机＝‘否’)＝3/5，则

$$\begin{aligned}P(X\mid \text{购买计算机}=\text{'否'})&=P(\text{年龄}=\text{'31…40'}\mid \text{购买计算机}=\text{'否'})\\&\times P(\text{收入}=\text{'中'}\mid \text{购买计算机}=\text{'否'})\\&\times P(\text{学生}=\text{'否'}\mid \text{购买计算机}=\text{'否'})\\&\times P(\text{信誉}=\text{'优'}\mid \text{购买计算机}=\text{'否'})\\&=0\times 2/5\times 4/5\times 3/5=0\end{aligned}$$

$$\begin{aligned}P(\text{购买计算机}=\text{'否'}\mid X)&=P(\text{购买计算机}=\text{'否'})\\&\times P(X\mid \text{购买计算机}=\text{'否'})/P(X)\\&=5/14\times 0/P(X)=0\end{aligned}$$

④ 结论：由于 $P(\text{购买计算机}=\text{'是'}\mid X)>P(\text{购买计算机}=\text{'否'}\mid X)$，所以新样本的类别是“是”。

朴素贝叶斯分类算法的优点：容易实现，在大多数情况下所获得的结果比较好。

朴素贝叶斯分类算法的缺点：算法成立的前提是假设各属性之间互相独立，当数据集满足这种独立性假设时，分类准确度较高。而实际领域中，数据集可能并不完全满足独立性假设。

6.5 神经网络算法

神经网络可以模仿人脑,通过学习训练数据集和应用所学知识,生成分类和预测模型。在数据没有任何明显模式的情况下,这种方法很有效。神经网络由许多单元(也常常称作神经元或节点)构成,这些单元模仿了人脑的神经元。将多个单元以适当的方式连接起来,就构成了神经网络。单元之间的连接相当于人脑中神经元的连接。单元之间的连接方式有多种,从而形成了多种神经网络。在分类中,应用较多的是前馈神经网络。本节主要介绍前馈神经网络和该网络所使用的误差后向传播算法。

6.5.1 前馈神经网络概述

前馈神经网络是分层网络模型,具有一个输入层和一个输出层,输入层和输出层之间有一个或多个隐藏层。每个层具有若干单元,前一层单元与后一层单元之间通过有向加权边相连。包含一个隐藏层的前馈神经网络(也常常称作两层前馈神经网络)结构如图 6-22 所示。

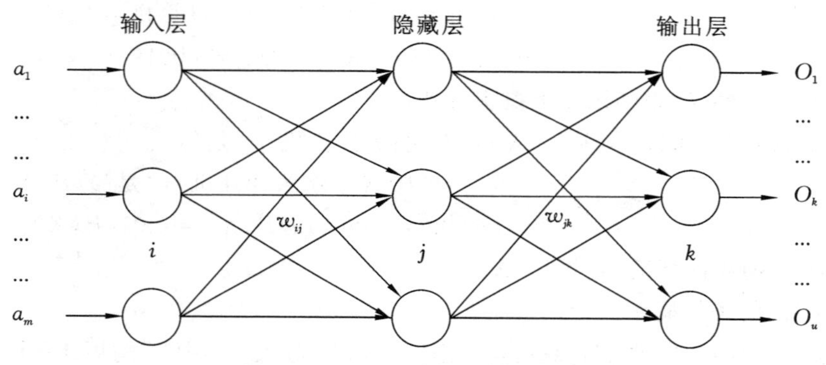

图 6-22 两层前馈神经网络结构

在图 6-22 中,所有有向加权边都是从前一层单元到后一层单元,a_i 是输入层第 i 个单元的输入,w_{ij} 是隐藏层第 j 个单元与输入层第 i 个单元之间的连接权值,w_{jk} 是输出层第 k 个单元与隐藏层第 j 个单元之间的连接权值,O_k 是输出层第 k 个单元的输出。

输入层单元的数目与训练样本的描述属性数目对应,通常一个连续属性对应一个输入层单元,一个 p 值离散属性对应 p 个输入层单元;输出层单元的数目与训练样本的类别数目对应,当类别数目为 2 时,输出层可以只有一个单元;目前,隐藏层的层数及隐藏层的单元数尚无理论指导,一般通过实验选取。

在输入层,各单元的输出可以等于输入,也可以按一定比例调节,使其值落在 −1 和 +1 之间。而在其他层,每个单元的输入都是前一层各单元输出的加权和,输出是输入的某种函数,称为激活函数。

隐藏层、输出层任意单元 j 的输入为

$$\mathrm{net}_j = \sum_i w_{ij} Q_i + \theta_j \tag{6-16}$$

式中,w_{ij} 是单元j 与前一层单元i 之间的连接权值;Q_i 是单元i 的输出;θ_j 为改变单元j 活性

的偏置，一般在区间[−1,1]上取值。

单元 j 的输出为

$$O_j = f(\text{net}_j) \tag{6-17}$$

如果 f 采用 S 型激活函数，即

$$f(\alpha) = \frac{1}{1+e^{-\alpha}} \tag{6-18}$$

则

$$O_j = f(\text{net}_j) = \frac{1}{1+e^{-\text{net}_j}} \tag{6-19}$$

对于隐藏层、输出层任意单元 j，由它的输入计算它的输出的过程如图 6-23 所示。

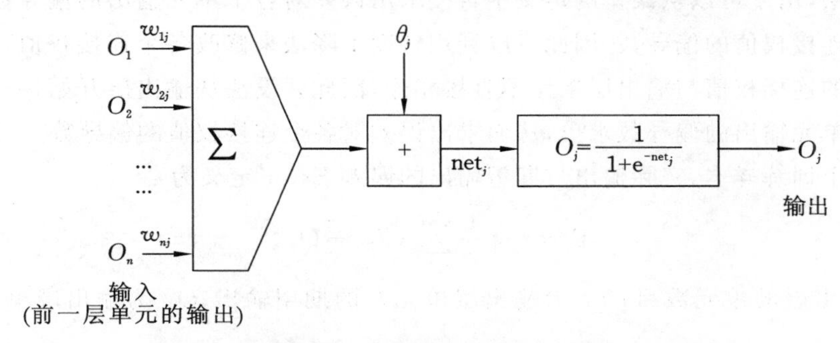

图 6-23　计算隐藏层、输出层任意单元 j 的输出的过程

由于前馈神经网络的结构影响训练的效率与质量，而它的定义没有标准，因此它的定义采用尝试的方法。如果某个经过训练的前馈神经网络的准确率太低，则重新定义前馈神经网络结构并重新训练。

例 6-12　定义前馈神经网络结构。因为离散属性“颜色”有三个取值，“形状”有两个取值，分别采用 3 位、2 位编码，所以输入层有五个单元。因为类别属性“蔬菜”有三个取值，采用 3 位编码，所以输出层有三个单元。如果只用一个具有四个单元的隐藏层并且采用全连接，则两层前馈神经网络结构如图 6-24 所示。

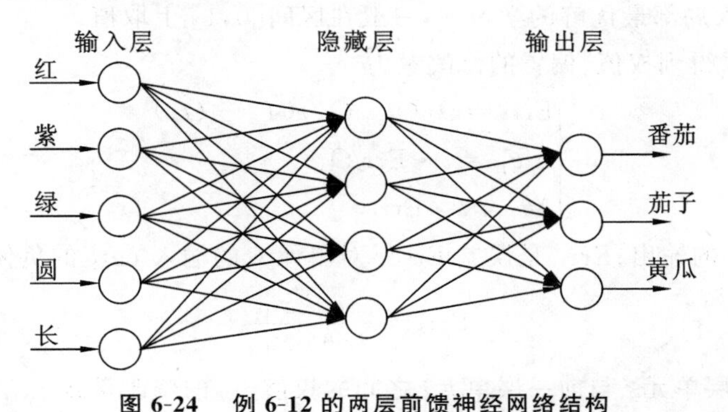

图 6-24　例 6-12 的两层前馈神经网络结构

6.5.2　学习前馈神经网络

确定了网络结构（网络层数、各层单元数）之后，应该确定各单元的偏置及单元之间的连

接权值。学习过程就是调整这组权值和偏置，使每个训练样本在输出层单元上获得期望输出。学习目的就是找出一组权值和偏置，这组权值和偏置能使所有训练样本在输出层单元上获得期望输出。但是，在一般情况下，输出层单元的实际输出与期望输出不会完全相同，只能使它们之间的误差尽可能地小。

学习使用误差后向传播算法。该算法的基本思想是：首先赋予每条有向加权边初始权值、每个隐藏层与输出层单元初始偏置；然后迭代地处理每个训练样本，输入它的描述属性值，计算输出层单元的实际输出，比较实际输出与期望输出(类别属性值)，将它们之间的误差从输出层经每个隐藏层向输入层“后向传播”，根据误差修改每条有向加权边的权值及每个隐藏层与输出层单元的偏置，使实际输出与期望输出之间的误差最小。

在输出层，由于可以从误差的定义中直接求出误差对各个单元输出的偏导数，从而求出误差对各个连接权值的偏导数，因此可以利用梯度下降法来修改各个连接权值。在隐藏层，由于要调整的连接权值与输出层单元不直接相连，因此要设法从输出层开始，一层一层地把误差对各个单元输出的偏导数求出，从而求出误差对各个连接权值的偏导数。

对于某个训练样本，实际输出与期望输出的误差 Error 定义为

$$\mathrm{Error}=\frac{1}{2}\sum_{k=1}^{c}(T_k-O_k)^2 \tag{6-20}$$

式中，c 为输出层的单元数目；T_k 为输出层单元 k 的期望输出；O_k 为输出层单元 k 的实际输出。

首先考虑输出层单元 k 与前一层单元 j 之间的权值 w_{jk} 的修改量 Δw_{jk} 和单元 k 的偏置 θ_k 的修改量 $\Delta\theta_k$。

为使 Error 最小，采用使 Error 沿梯度方向下降的方式，即分别取 Error 关于 w_{jk}、θ_k 的偏导数，并令它们正比于 Δw_{jk}、$\Delta\theta_k$，则

$$\begin{cases}\Delta w_{jk}=-l\dfrac{\partial \mathrm{Error}}{\partial w_{jk}}\\[2ex]\Delta\theta_k=-l\dfrac{\partial \mathrm{Error}}{\partial \theta_k}\end{cases} \tag{6-21}$$

式中，l 为避免陷入局部最优解的学习率，一般在区间[0,1]上取值。

求解上式可以得到权值、偏置的修改量为

$$\begin{cases}\mathrm{Err}_k=O_k(1-O_k)(T_k-O_k)\\ \Delta w_{jk}=l\cdot \mathrm{Err}_k O_j\\ \Delta\theta_k=l\cdot \mathrm{Err}_k\end{cases} \tag{6-22}$$

式中，O_j 为单元 j 的输出；Err_k 是误差 Error 对单元 k 的输入 net_k 的负偏导数，即

$$\mathrm{Err}_k=-\frac{\partial \mathrm{Error}}{\partial\, \mathrm{net}_k}$$

类似地，隐藏层单元 j 与前一层单元 i 之间的权值 w_{ij} 的修改量 Δw_{jk}、单元 j 的偏置 θ_j 的修改量 $\Delta\theta_j$ 为

$$\begin{cases}\mathrm{Err}_k=O_j(1-O_j)\sum\limits_{k}\mathrm{Err}_k w_{jk}\\ \Delta w_{ij}=l\cdot \mathrm{Err}_j O_i\\ \Delta\theta_j=l\cdot \mathrm{Err}_j\end{cases} \tag{6-23}$$

式中，l 为学习率；O_i 为单元 i 的输出；O_j 为单元 j 的输出；Err_k 为与单元 j 相连的后一层单元 k 的误差；w_{jk} 为单元 j 与单元 k 相连的有向加权边的权值。

权值、偏置的修改公式为

$$\begin{cases} w_{ij} = w_{ij} + \Delta w_{ij} \\ \theta_j = \theta_j + \Delta\theta_j \end{cases} \tag{6-24}$$

权值、偏置的更新有两种策略：

① 处理一个训练样本更新一次，称为实例更新，一般采用这种策略。

② 累积权值、偏置，当处理所有训练样本后再一次更新，称为周期更新。

6.5.3 BP神经网络模型与学习算法

处理所有训练样本一次，称为一个周期。一般在训练前馈神经网络时，误差后向传播算法经过若干周期以后，可以使误差 Error 小于设定阈值 ε，此时认为网络收敛，结束迭代过程。此外，可以定义如下结束条件：

① 前一周期所有的权值变化都很小，小于某个设定阈值。

② 前一周期预测的准确率很大，大于某个设定阈值。

③ 周期数大于某个设定阈值。

误差后向传播算法见算法6.5。

算法6.5：误差后向传播算法。

输入：训练数据集 S，前馈神经网络 NT，学习率 l。

输出：经过训练的前馈神经网络 NT。

方法：

(1) 在区间[-1,1]上随机初始化 NT 中每条有向加权边的权值、每个隐藏层与输出层单元的偏置

(2) while 结束条件不满足

  (2.1) for S 中每个训练样本 s

    (2.1.1) for 隐藏层与输出层中每个单元 j // 从第一个隐藏层开始向前传播输入

$$net_j = \sum_i w_{ij} O_i + \theta_j$$

$$O_j = \frac{1}{1 + e^{-net_j}}$$

    (2.1.2) for 输出层中每个单元 k

$$Err_k = O_k(1 - O_k)(T_k - O_k)$$

    (2.1.3) for 隐藏层中每个单元 j // 从最后一个隐藏层开始向后传播误差

$$Err_k = O_j(1 - O_j)\sum_k Err_k w_{jk}$$

    (2.1.4) for NT 中每条有向加权边的权值 w_{ij}

$$w_{ij} = w_{ij} + l \cdot Err_j O_i$$

    (2.1.5) for 隐藏层与输出层中每个单元的偏置 θ_j

$$\theta_j = \theta_j + l \cdot Err_j$$

这个算法的学习过程由正向传播和反向传播组成。正向传播过程中，训练样本从输入层传入，经隐藏层传向输出层，每一层单元的状态只影响下一层单元的状态。如果输出层不

能得到期望输出，则转入反向传播过程，将误差沿原来的连接通路传回，通过修改权值和偏置，使误差最小。

误差后向传播算法要求输入层单元的输入是连续值，并对连续值进行规格化以便提高训练的效率与质量。如果训练样本的描述属性是离散属性，则需要对其编码，编码方法有两种。

(1) p 值离散属性：可以采用 p 位编码。假设 p 值离散属性的可能取值为(a_1,a_2,…,a_p)，当某训练样本的该属性值为 a_1 时，则编码为(1,0,…,0)；当某训练样本的该属性值为 a_2 时，则编码为(0,1,…,0)；依次类推。

(2) 二值离散属性：除采用 2 位编码外还可以采用 1 位编码。当编码为 1 时表示一个属性值，当编码为 0 时表示另一个属性值。

这样，在前馈神经网络中，一个连续属性对应输入层的一个单元，一个 p 值离散属性对应输入层的 p 个单元，即它的一位编码对应输入层的一个单元。

例 6-13 误差向后传播算法。图 6-25 所示是一个多层前馈神经网络，利用神经网络进行分类学习计算。网络的初始权值和偏差如表 6-14 所示，第一个训练样本 $X=\{1,0,1\}$。

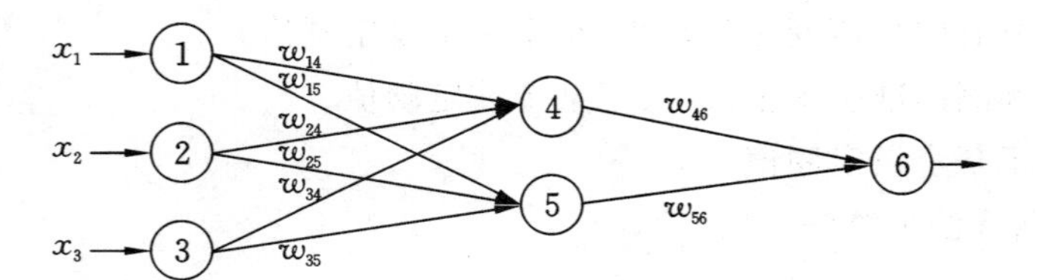

图 6-25 一个多层前馈神经网络的示意描述

表 6-14 网络的初始权值和偏差

x_1	x_2	x_3	w_{14}	w_{15}	w_{24}	w_{25}	w_{34}	w_{35}	w_{46}	w_{56}	θ_4	θ_5	θ_6
1	0	1	0.2	−0.3	0.4	0.1	−0.5	0.2	0.3	−0.2	−0.4	0.2	0.1

解：给定第一个样本 X，它被输入到网络中，然后计算每个单元的纯输入和输出，所有的计算值如表 6-15 所示，每个单元的误差也被计算并后传。误差值如表 6-16 所示。所有权值和偏差更新情况如表 6-17 所示。

表 6-15 每个隐含层和输出层的纯输入和输出

单元 j	纯输入 I_j	输出 O_j
4	$(0.2\times1)+(0.4\times0)+(-0.5\times1)+(-0.4)=-0.7$	$1/(1+e^{0.7})=0.33$
5	$(-0.3\times1)+(0.1\times0)+(0.2\times1)+0.2=0.1$	$1/(1+e^{-0.1})=0.52$
6	$(-0.3\times0.33)+(-0.2\times0.52)+0.1=-0.1$	$1/(1+e^{0.1})=0.47$

表 6-16 每个单元的误差

单元 j	Err_j
6	$(1-0.47)\times0.47\times(1-0.47)=0.1320$
5	$0.1320\times(-0.3)\times0.33\times(1-0.33)=-0.0088$
4	$0.1320\times(-0.2)\times0.52\times(1-0.52)=-0.0066$

表 6-17　权值与偏差的更新

权值或偏差	新数据
w_{14}	$0.2+0.9\times(-0.0088)\times1=0.1921$
w_{15}	$-0.3+0.9\times(-0.0066)\times1=-0.3059$
w_{24}	$0.4+0.9\times(-0.0088)\times0=0.4$
w_{25}	$0.1+0.9\times(-0.0066)\times0=0.1$
w_{34}	$-0.5+0.9\times(-0.0088)\times1=-0.5079$
w_{35}	$0.2+0.9\times(-0.0066)\times1=0.1941$
θ_4	$-0.4+0.9\times(-0.0088)=-0.4079$
θ_5	$0.2+0.9\times(-0.0066)=0.1941$
θ_6	$0.1+0.9\times0.1320=0.2188$

利用神经网络和误差后向传播算法进行分类预测计算时，在确定网络结构、学习速率或误差函数等方面都有一些方法来帮助完成相应网络参数的选择工作。基于 BP 的前馈神经网络分类算法简单易学，在数据没有任何明显模式的情况下，方法很有效。但是在收敛速度、隐藏层的层数和节点个数的选取、局部极小问题等方面还是存在一些不足。

本章小结

• 分类挖掘利用分类模型预测未知类别数据对象的所属类别，是一种重要的数据挖掘方法。分类和预测是数据分析的两种形式，它们可从数据集中抽取出描述重要数据集或预测未来数据趋势的模型。

• KNN 算法是简单的机器学习算法之一，通过计算待分类样本与训练样本的相似度实现待分类样本的属性分类。

• ID3、C4.5、CART 均是基于决策树归纳的贪心算法，算法利用信息论原理来帮助选择(构造决策树时)非叶节点所对应的测试属性；剪枝处理则通过修剪决策树中与噪声数据相对应的分支来改进决策树的预测准确率。

• 朴素贝叶斯分类和贝叶斯信念网络均是基于贝叶斯有关事后概率的定理而提出的。与朴素贝叶斯分类(其假设各类别之间相互独立)不同的是，贝叶斯信念网络容许类别之间存在条件依赖并通过对(条件依赖)属性子集进行定义描述来加以实现。

• 神经网络也是一种分类学习方法。它利用误差后向传播算法及梯度下降策略来搜索神经网络中的一组权重，以使相应网络的输出与实际数据类别之间的均方差最小。可以从(受过训练的)神经网络中抽取相应规则知识以帮助改善(学习所获)网络的可理解性。

习题 6

6-1　简述分类与预测的异同。

6-2　简述数据分类过程。

6-3　简述判定树分类的主要步骤。

6-4　在判定树归纳中，为什么树剪枝是有用的？

6-5　给定 k 和描述每个样本的属性数 n，写一个最邻近分类算法。

6-6　给定判定树，有两种选择：

(1) 将判定树转换成规则，然后对结果规则剪枝；

(2) 对判定树剪枝，然后将剪枝后的树转换成规则。

相对于(2)，(1) 的优点是什么？

6-7　为什么朴素贝叶斯分类称为"朴素"的？简述朴素贝叶斯分类的主要思想。

6-8　表 6-18 所示是二元分类问题的数据集，计算按属性 A 和 B 划分时的信息增益。决策树归纳算法将会选择哪个属性？

表 6-18　二元分类数据集

A	B	类标号	A	B	类标号
T	F	+	F	F	−
T	T	+	F	F	−
T	T	+	F	F	−
T	F	−	T	T	−
T	T	+	T	F	−

6-9　已知样本集 S 如表 6-19 所示，请列出决策树算法中 Income 属性的信息增益的计算过程(可不必计算结果，列出计算式子即可)。

表 6-19　样本集 S

No.	Income	Age	Have_iPhone	Buy_iPad
1	high	young	yes	yes
2	high	old	yes	yes
3	medium	young	no	yes
4	high	old	no	yes
5	medium	young	no	no
6	medium	young	no	no
7	medium	old	no	no
8	medium	old	no	no

课堂练习及作业讲解

6-10　假设学生成绩如表 6-20 所示，“期中成绩 X”属性是描述属性，“期末成绩 Y”属性是预测属性。

表 6-20　学生成绩表

期中成绩 X	72	50	81	74	94	86	59	83	65	33	88	81
期末成绩 Y	84	63	77	78	90	75	49	79	77	52	74	90

(1) 写出建立回归方程的过程。

(2) 预测期中成绩为 86 分的学生的期末成绩。

6-11　在一个荒岛上，岛上到处都长满了蘑菇，有些蘑菇已被确定是有毒的，而其他是无毒的。有关数据如表 6-21 所示。

表 6-21　蘑菇特征表

实例	厚实否	有味否	有斑点否	光滑否	有毒否
A	0	0	0	0	0
B	0	0	1	0	0
C	1	1	0	1	0
D	1	0	0	1	1
E	0	1	1	0	1
F	0	0	1	1	1
G	0	0	0	1	1
H	1	1	0	0	1
U	1	1	0	0	?

使用你学过的某种算法预测 U 蘑菇是否有毒。

6-12　表 6-22 由雇员数据库的训练数据组成，数据已泛化。对于给定的行，count 表示 department、status、age 和 salary 在该行上具有给定值的元组数。

表 6-22　雇员训练数据

department	age	salary	count	status
sales	31…35	46K…50K	30	senior
sales	26…30	26K…30K	40	junior
sales	31…35	31K…35K	40	junior
systems	21…25	46K…50K	20	junior
systems	31…35	66K…70K	5	senior
systems	26…30	46K…50K	3	junior
systems	41…45	66K…70K	3	senior

续表

department	age	salary	count	status
marketing	36…40	46K…50K	10	senior
marketing	31…35	41K…45K	4	junior
secretary	46…50	36K…40K	4	senior
secretary	26…30	26K…30K	6	junior

设 status 是类标号属性。给定一个数据元组，它的属性 department、age 和 salary 的值分别为“systems”、“26…30”和“46K…50K”。使用朴素贝叶斯分类算法预测该元组的 status。

第7章

基于SQL Server 2022构建数据仓库及OLAP

基于 SQL Server 2022 构建数据仓库及 OLAP,准备工作如下：

① 在安装了 Microsoft SQL Server 2022 的基础上,下载并安装 Visual Studio 2022。

② 使用 Visual Studio 2022 安装 SQL Server Data Tools(SSDT)。

③ 对于 Analysis Services、Integration Services 项目,可以从 Visual Studio 的“扩展”→“管理扩展”或从应用市场安装相应的扩展：Microsoft Analysis Services Projects 2022、SQL Server Integration Services Projects 2022。

7.1 需求分析

7.1.1 需求调查

northwind示例数据库是一个名为 Northwind Traders 的虚构公司的销售数据库，该公司从事世界各地的特产食品进出口贸易。对 Northwind Traders 公司的有关决策者进行需求调查后得到了以下需求：

希望能够针对每一个员工做销售业绩分析；

希望能够针对每一产品做销售分析；

希望能够针对每一分类产品做销售分析；

希望能够针对每一供货商做销售分析；

希望能够针对每一顾客做销售分析；

希望能够针对每一国家的顾客做销售分析；

希望能够针对每一城市的顾客做销售分析；

希望能够针对年、季、月做销售分析。

7.1.2 分析整理

1. 确定主题

经归纳发现，决策者所关心的所有统计查询都与销售有关，因此，确定数据仓库的主题为销售主题，该主题涉及的事实包括销售量、销售额，相关的维度主要有顾客、员工、产品、供货商、时间。

2. 数据源的分析及确定

进行需求分析所需的数据均存放在 northwind 数据库中，共有 13 张基本表，这 13 张表的说明如下：

(1) 区域表 Region 如表 7-1 所示。

表 7-1　Region 表

序号	列名	数据类型	主键	允许空	字段说明
1	RegionID	int	√		区域编号
2	RegionDescription	nchar(50)			区域名称

(2) 销售地域信息表 Territories 如表 7-2 所示。

表 7-2　Territories 表

序号	列名	数据类型	主键	允许空	字段说明
1	TerritoryID	nvarchar(20)	√		地域编号
2	TerritoryDescription	nchar(50)			地域描述
3	RegionID	int			区域编号

(3)供货商信息表 Suppliers 如表 7-3 所示。

表 7-3　Suppliers 表

序号	列名	数据类型	主键	允许空	字段说明
1	SupplierID	int	√		厂商编号
2	CompanyName	nvarchar(40)			公司名称
3	ContactName	nvarchar(30)		√	联系人
4	ContactTitle	nvarchar(30)		√	职务
5	Address	nvarchar(60)		√	地址
6	City	nvarchar(15)		√	城市
7	Region	nvarchar(15)		√	地区
8	PostalCode	nvarchar(10)		√	邮政编码
9	Country	nvarchar(15)		√	国家
10	Phone	nvarchar(24)		√	电话
11	Fax	nvarchar(24)		√	传真
12	HomePage	ntext		√	主页

(4)承运信息表 Shippers 如表 7-4 所示。

表 7-4　Shippers 表

序号	列名	数据类型	主键	允许空	字段说明
1	ShipperID	int	√		承运商编号
2	CompanyName	nvarchar(40)			公司名称
3	Phone	nvarchar(24)		√	电话

(5)产品类别表 Categories 如表 7-5 所示。

表 7-5　Categories 表

序号	列名	数据类型	主键	允许空	字段说明
1	CategoryID	int	√		类别编号
2	CategoryName	nvarchar(15)			类别名称
3	Description	ntext		√	描述
4	Picture	image		√	图片

(6) 产品信息表 Products 如表 7-6 所示。

表 7-6 Products 表

序号	列名	数据类型	主键	允许空	字段说明
1	ProductID	int	√		产品编号
2	ProductName	nvarchar(40)	√		产品名称
3	SupplierID	int		√	厂商编号
4	CategoryID	int		√	类别编号
5	QuantityPerUnit	nvarchar(20)		√	单位数量
6	UnitPrice	money		√	单位价格
7	UnitsInStock	smallint		√	库存数量
8	UnitsOnOrder	smallint		√	订购数量
9	ReorderLevel	smallint		√	再订购水平
10	Discontinued	bit			断货标志

(7) 顾客类别说明表 CustomerDemographics 如表 7-7 所示。

表 7-7 CustomerDemographics 表

序号	列名	数据类型	主键	允许空	字段说明
1	CustomerTypeID	nchar(10)	√		顾客类别编号
2	CustomerDesc	ntext		√	描述

(8) 顾客信息表 Customers 如表 7-8 所示。

表 7-8 Customers 表

序号	列名	数据类型	主键	允许空	字段说明
1	CustomerID	nchar(5)	√		顾客编号
2	CompanyName	nvarchar(40)			公司名称
3	ContactName	nvarchar(30)		√	联系姓名
4	ContactTitle	nvarchar(30)		√	联系名称
5	Address	nvarchar(60)		√	地址
6	City	nvarchar(15)		√	城市
7	Region	nvarchar(15)		√	区域
8	PostalCode	nvarchar(10)		√	邮政编码
9	Country	nvarchar(15)		√	国家
10	Phone	nvarchar(24)		√	电话
11	Fax	nvarchar(24)		√	传真

(9) 顾客类别表 CustomerCustomerDemo 如表 7-9 所示。

表 7-9 CustomerCustomerDemo 表

序号	列名	数据类型	主键	允许空	字段说明
1	CustomerID	nchar(5)	√		顾客编号
2	CustomerTypeID	nchar(10)	√		顾客类别编号

(10) 员工信息表 Employees 如表 7-10 所示。

表 7-10 Employees 表

序号	列名	数据类型	主键	允许空	字段说明
1	EmployeeID	int	√		员工编号
2	LastName	nvarchar(20)			姓
3	FirstName	nvarchar(10)			名
4	Title	nvarchar(30)		√	职位
5	TitleOfCourtesy	nvarchar(25)		√	称呼
6	BirthDate	datetime		√	出生日期
7	HireDate	datetime		√	入职时间
8	Address	nvarchar(60)		√	地址
9	City	nvarchar(15)		√	城市
10	Region	nvarchar(15)		√	区域
11	PostalCode	nvarchar(10)		√	邮政编码
12	Country	nvarchar(15)		√	国家
13	HomePhone	nvarchar(24)		√	家庭电话
14	Extension	nvarchar(4)		√	分机
15	Photo	image		√	照片
16	Notes	ntext		√	备注
17	ReportsTo	int		√	上级编号
18	PhotoPath	nvarchar(255)		√	照片路径

(11) 雇员销售地域表 EmployeeTerritories 如表 7-11 所示。

表 7-11 EmployeeTerritories 表

序号	列名	数据类型	主键	允许空	字段说明
1	EmployeeID	int	√		雇员编号
2	TerritoryID	nvarchar(20)	√		地域编号

(12) 订单表 Orders 如表 7-12 所示。

表 7-12　Orders 表

序号	列名	数据类型	主键	允许空	字段说明
1	OrderID	int	√		订单编号
2	CustomerID	nchar(5)		√	顾客编号
3	EmployeeID	int		√	员工编号
4	OrderDate	datetime		√	订购日期
5	RequiredDate	datetime		√	预计到达日期
6	ShippedDate	datetime		√	发货日期
7	ShipVia	int		√	承运商编号
8	Freight	money		√	运费
9	ShipName	nvarchar(40)		√	货主姓名
10	ShipAddress	nvarchar(60)		√	货主地址
11	ShipCity	nvarchar(15)		√	货主所在城市
12	ShipRegion	nvarchar(15)		√	货主所在地域
13	ShipPostalCode	nvarchar(10)		√	货主邮政编码
14	ShipCountry	nvarchar(15)		√	货主所在国家

(13) 订单明细表 Order Details 如表 7-13 所示。

表 7-13　Order Detais 表

序号	列名	数据类型	主键	允许空	字段说明
1	OrderID	int	√		订单编号
2	ProductID	int	√		产品编号
3	UnitPrice	money			单价
4	Quantity	smallint			数量
5	Discount	real			折扣

northwind 数据库中各个表的关系如图 7-1 所示。

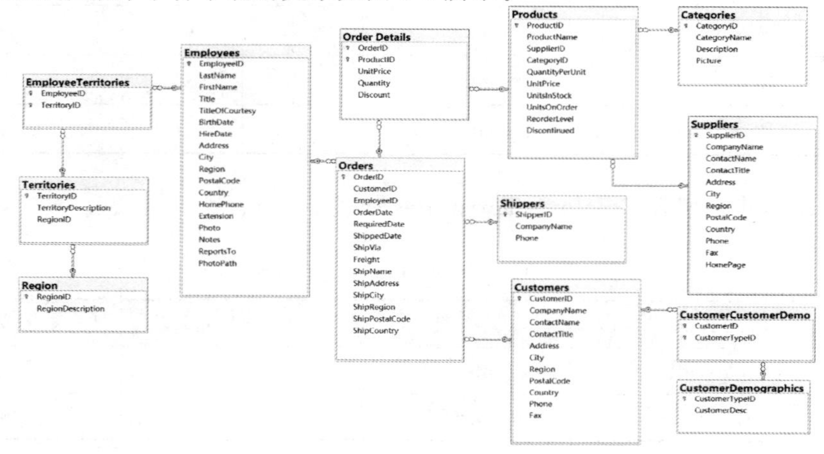

图 7-1　northwind 数据库关系图

需求分析中所需的数据涉及的表格为 Suppliers、Categories、Products、Customers、Employees、Orders、Order Detais。

7.2 数据仓库的设计

根据需求调查和分析结果，可以设计“销售”主题的多维数据模型如下：

销售(顾客，员工，产品，时间；销售量，销售额)

供货商维表作为产品维表的扩展维表，不直接与事实表关联。

7.2.1 维表设计

1. 顾客维表 DimCustomer

由于要对每一顾客、每一城市的顾客、每一国家的顾客进行销售分析，因此，顾客维的属性构成包括顾客编号、公司名称、地址、城市、国家，维的层次关系设计为：

顾客编号→公司名称→地址→城市→国家

Customers 数据源表与顾客维表之间的属性对应关系如表 7-14 所示。

表 7-14 Customers 数据源表与顾客维表之间的属性对应关系

Customers 数据源表				顾客维表		
列名	数据类型	字段说明		列名	数据类型	字段说明
CustomerID	nchar(5)	顾客编号	→	CustomerID	nchar(5)	顾客编号
CompanyName	nvarchar(40)	公司名称	→	CompanyName	nvarchar(40)	公司名称
ContactName	nvarchar(30)	联系姓名				
ContactTitle	nvarchar(30)	联系名称				
Address	nvarchar(60)	地址	→	Address	nvarchar(60)	地址
City	nvarchar(15)	城市	→	City	nvarchar(15)	城市
Region	nvarchar(15)	区域				
PostalCode	nvarchar(10)	邮政编码				
Country	nvarchar(15)	国家	→	Country	nvarchar(15)	国家
Phone	nvarchar(24)	电话				
Fax	nvarchar(24)	传真				

2. 员工维表 DimEmployee

由于要对每一个员工做销售业绩分析，因此，员工维的属性构成包括员工编号、姓名、职位、称呼、入职时间、城市、国家，维的层次关系设计为：

员工编号→姓名→城市→国家；员工编号→姓名→职位

Employees 数据源表与员工维表之间的属性对应关系如表 7-15 所示。

表 7-15 Employees 数据源表与员工维表之间的属性对应关系

Employees 数据源表				员工维表		
列名	数据类型	字段说明	→	列名	数据类型	字段说明
EmployeeID	int	员工编号		EmployeeID	int	员工编号
LastName	nvarchar(20)	姓	}→	Name	nvarchar(31)	姓名
FirstName	nvarchar(10)	名				
Title	nvarchar(30)	职位	→	Title	nvarchar(30)	职位
TitleOfCourtesy	nvarchar(25)	称呼	→	TitleOfCourtesy	nvarchar(25)	称呼
BirthDate	datetime	出生日期				
HireDate	datetime	入职时间	→	HireDate	datetime	入职时间
Address	nvarchar(60)	地址				
City	nvarchar(15)	城市	→	City	nvarchar(15)	城市
Region	nvarchar(15)	区域				
PostalCode	nvarchar(10)	邮政编码				
Country	nvarchar(15)	国家	→	Country	nvarchar(15)	国家
HomePhone	nvarchar(24)	家庭电话				
Extension	nvarchar(4)	分机				
Photo	image	照片				
Notes	ntext	备注				
ReportsTo	int	上级编号				
PhotoPath	nvarchar(255)	照片路径				

员工维表的姓名由“FirstName+" "+LastName”得到。

3. 产品维表 DimProduct

由于要对每一产品、每一分类产品做销售分析，因此，产品维的属性构成包括产品编号、产品名称、厂商编号、单位价格、库存数量、类别名称，维的层次关系设计为以下两种情况：

产品编号→产品名称→类别名称；产品编号→产品名称→厂商编号

Products、Categories 数据源表与员工维表之间的属性对应关系如表 7-16 所示。

4. 供货商维表 DimSupplier

由于要对每一供货商做销售分析，因此，供货商维的属性构成包括厂商编号、公司名称、地址、城市、国家，维的层次关系设计为：

厂商编号→公司名称→地址→城市→国家

Suppliers 数据源表与供货商维表之间的属性对应关系如表 7-17 所示。

表7-16 Products、Categories数据源表与产品维表之间的属性对应关系

Products数据源表				产品维表		
列名	数据类型	字段说明		列名	数据类型	字段说明
ProductID	int	产品编号	→	ProductID	int	产品编号
ProductName	nvarchar(40)	产品名称	→	ProductName	nvarchar(40)	产品名称
SupplierID	int	厂商编号	→	SupplierID	int	厂商编号
CategoryID	int	类别编号				
QuantityPerUnit	nvarchar(20)	单位数量				
UnitPrice	money	单位价格	→	UnitPrice	money	单位价格
UnitsInStock	smallint	库存数量	→	UnitsInStock	smallint	库存数量
UnitsOnOrder	smallint	订购数量				
ReorderLevel	smallint	再订购水平				
Categories数据源表						
列名	数据类型	字段说明				
CategoryID	int	类别编号				
CategoryName	nvarchar(15)	类别名称	→	CategoryName	nvarchar(15)	类别名称
Description	ntext	描述				
Picture	image	图片				

表7-17 Suppliers数据源表与供货商维表之间的属性对应关系

Suppliers数据源表				供货商维表		
列名	数据类型	字段说明		列名	数据类型	字段说明
SupplierID	int	厂商编号	→	SupplierID	int	厂商编号
CompanyName	nvarchar(40)	公司名称	→	CompanyName	nvarchar(40)	公司名称
ContactName	nvarchar(30)	联系人				
ContactTitle	nvarchar(30)	职务				
Address	nvarchar(60)	地址	→	Address	nvarchar(60)	地址
City	nvarchar(15)	城市	→	City	nvarchar(15)	城市
Region	nvarchar(15)	地区				
PostalCode	nvarchar(10)	邮政编码				
Country	nvarchar(15)	国家	→	Country	nvarchar(15)	国家
Phone	nvarchar(24)	电话				
Fax	nvarchar(24)	传真				
HomePage	ntext	主页				

5. 时间维表 DimTime

由于要对年、季、月做销售分析，因此，时间维表的属性构成包括时间编号、原始时间、年、月、季度，维的层次关系设计为：

时间编号→原始时间→月→季度→年

时间维表 DimTime 的属性说明如表 7-18 所示。

表 7-18 时间维表的属性说明

列名	数据类型	字段说明	列名	数据类型	字段说明
DateID	char(8)	时间编号	OrderDate	datetime	原始时间
year	int	年	month	int	月
quarter	int	季度			

时间维表只有原始时间属性与 Orders 表中的 OrderDate 有对应关系，月、季度、年属性均由 Orderdate 派生而得。其派生方法是利用 year(OrderDate)从 OrderDate 中取出 year 作为年属性，利用 month(OrderDate)从 OrderDare 中取出 month 作为月属性，利用如下方式由 OrderDate 中的月计算出季度属性：

```
case
when month(OrderDate) <=3 then 1
when month(OrderDate) <=6 then 2
when month(OrderDate) <=9 then 3
else 4
```

对于形如“19980215”的时间编号属性，由以下方式派生出：

```
CONVERT(char(8),OrderDate,112)
```

CONVERT 函数的语法为

```
CONVERT(data_type(length),data_to_be_converted,style)
```

其中：data_type(length)规定目标数据类型(带有可选的长度)；data_to_be_converted 含有需要转换的值；style 规定日期/时间的输出格式。此处的 style 设为 112，表示输出格式为 yyyymmdd。

7.2.2 事实表设计

销售事实表 sale 的属性包括员工编号、产品编号、顾客编号、时间编号、销售量、销售额，度量属性为销售量、销售额。其中：员工编号 EmployeeID 来自 Orders 表的 EmployeeID，作为外键关联 Employees 表的 EmployeeID；产品编号 ProductID 来自 Order Details 表的 ProductID，作为外键关联 Products 表的 ProductID；顾客编号来自 Orders 表的 CustomerID，作为外键关联 Customers 表的 CustomerID；时间编号 DateID 由 Orders 表的 OrderDate 派生而来；销售量 Quantity 来自 Order Details 表；销售额 Total 由 Order Details 表中的 Quantity、UnitPrice、Discount 计算得到，计算式子为 Quantity×UnitPrice×(1.0－

Discount)。

销售事实表 sale 的属性说明如表 7-19 所示。

表 7-19　销售事实表的属性说明

列名	数据类型	字段说明	列名	数据类型	字段说明
EmployeeID	int	员工编号	ProductID	int	产品编号
CustomerID	nchar(5)	顾客编号	DateID	char(8)	时间编号
Quantity	smallint	销售量	Total	real	销售额

7.2.3　数据仓库的雪花模型图

根据前面的维表、事实表的设计,可以得到"销售"主题的数据仓库的雪花模型图,它是在 8.3.2 节完成数据仓库创建后在 SQL Server 中看到的基本表联系图,如图 7-2 所示。

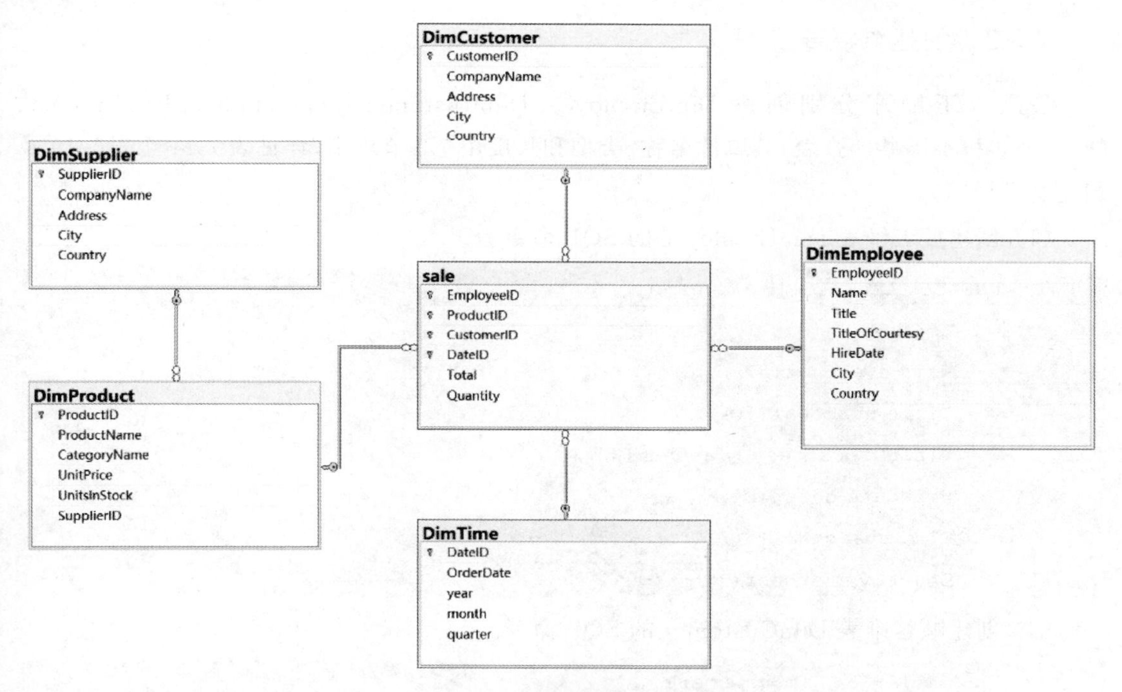

图 7-2　数据仓库的雪花模型图

7.3　数据仓库的构建

7.3.1　创建数据仓库名称

在 SQL Server 2022 中为数据仓库新建一个数据库命名为:northwindDW,如图 7-3 所示。

图 7-3　建立数据仓库 northwindDW

7.3.2　创建维度表和事实表

按照以下顺序分别创建 DimEmployee、DimCustomer、DimSupplier、DimProduct、DimTime 和 sale 共 6 张表，其属性名称、类型和长度由 7.2 节规定（详见表 7-14 至表 7-19 及相关文字说明）。

（1）创建员工维表 DimEmployee 的 SQL 命令。

```
CREATE TABLE [DimEmployee] (
    EmployeeID int primary key,
    Name nvarchar(31),
    Title nvarchar(30),
    TitleOfCourtesy nvarchar(25),
    HireDate datetime,
    City nvarchar(15),
    Country nvarchar(15))
```

（2）创建顾客维表 DimCustomer 的 SQL 命令。

```
CREATE TABLE [DimCustomer] (
    CustomerID nchar(5) primary key,
    CompanyName nvarchar(40),
    Address nvarchar(60),
    City nvarchar(15),
    Country nvarchar(15))
```

（3）创建供货商维表 DimSupplier 的 SQL 命令。

```
CREATE TABLE [DimSupplier] (
    SupplierID int primary key,
    CompanyName nvarchar(40),
```

```
    Address nvarchar(60),
    City nvarchar(15),
    Country nvarchar(15))
```

(4) 创建产品维表 DimProduct 的 SQL 命令。

```
CREATE TABLE [DimProduct] (
    ProductID int primary key,
    ProductName nvarchar(40),
    CategoryName nvarchar(15),
    UnitPrice money,
    UnitsInStock smallint,
    SupplierID int,
    foreign key(SupplierID) references DimSupplier(SupplierID))
```

(5) 创建时间维表 DimTime 的 SQL 命令。

```
CREATE TABLE [DimTime] (
    DateID char(8) primary key,
    OrderDate datetime,
    year int,
    month int,
    quarter int)
```

(6) 创建事实表 sale 的 SQL 命令。

```
CREATE TABLE [sale] (
    EmployeeID int,
    ProductID int,
    CustomerID nchar(5),
    DateID char(8),
    Total real,
    Quantity smallint,
  primary key(EmployeeID, ProductID, CustomerID, DateID),
    foreign key(EmployeeID) references DimEmployee(EmployeeID),
    foreign key(ProductID) references DimProduct(ProductID),
    foreign key(CustomerID) references DimCustomer(CustomerID),
    foreign key(DateID) references DimTime(DateID))
```

至此,已成功完成数据仓库名称及其维表和事实表的创建,并为数据抽取、转换和加载做好了准备。

7.3.3 数据的抽取、转换和加载

数据的抽取、转换和加载可以通过在 SQL Server Integration Services 项目中配置 ETL 包,实现从源数据库 northwind 中抽取数据,并将其转换后加载到数据仓库 northwindDW 之中。

1. 建立 Integration Services 项目

在"开始"菜单中选择"Visual Studio 2022"，打开"Visual Studio 2022"，选择"文件"→"新建"→"项目"，如图 7-4 所示。

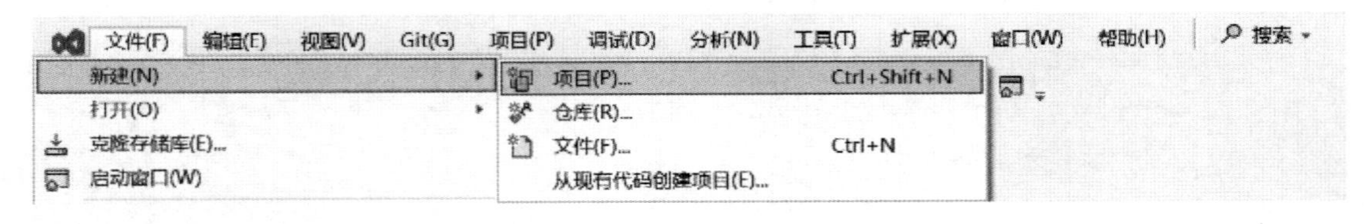

图 7-4 新建项目

在打开的"创建新项目"窗口的搜索栏中输入"Integration Services"，然后选中"Integration Services Project"。点击"下一步"，打开"配置新项目"窗口，输入项目名称后即可点击"创建"按钮完成 Integration Services 项目的创建。

2. 创建 SSIS 包

在 Integration Services 项目创建完成后，在解决方案资源管理器中，有一个默认的名为 Package.dtsx 的 SSIS 包。

(1) 建立 OLE DB 连接。

在桌面下方的"连接管理器"处点击右键，选择"新建 OLE DB 连接"，如图 7-5 所示。

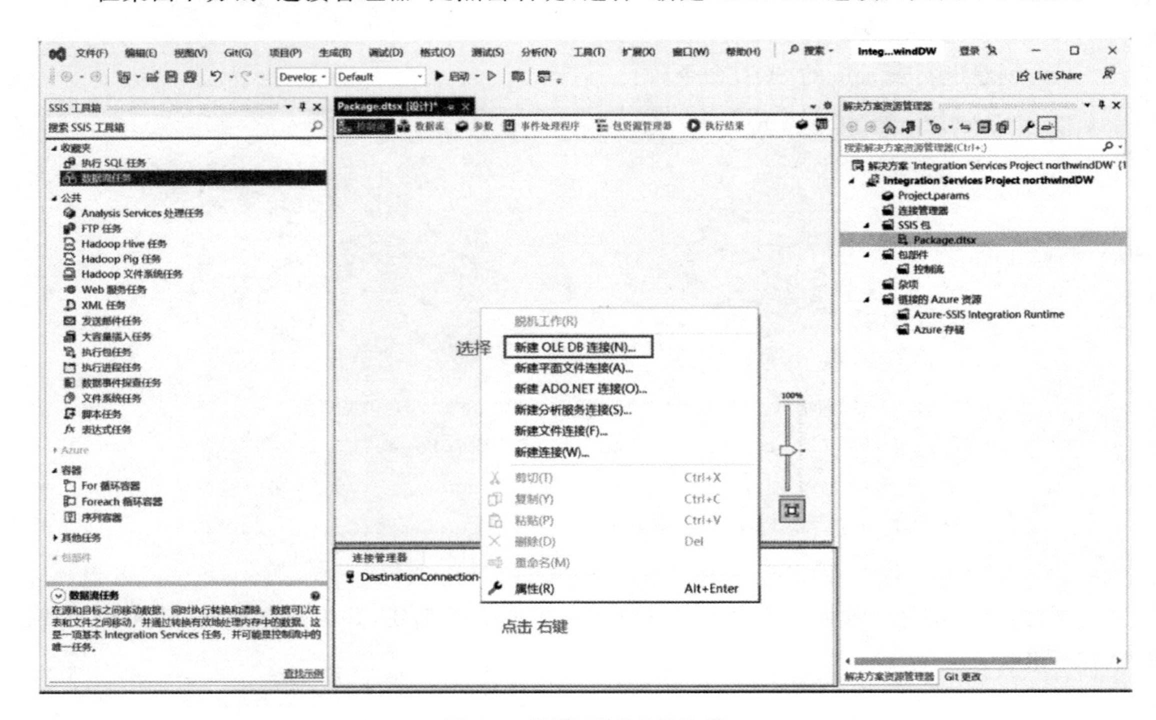

图 7-5 新建 OLE DB 连接

首先，创建一个 OLE DB 连接用于连接数据源 northwind 数据库，然后将这个连接重命名为"SourceConnection-northwind"。具体设置如图 7-6 所示。

然后，以相同的方式创建另外一个连接用于连接目标数据仓库 northwindDW(在图 7-6

所示的第⑤步中选择 northwindDW 数据仓库即可)，然后将这个连接重命名为"DestinationConnection-northwindDW"。

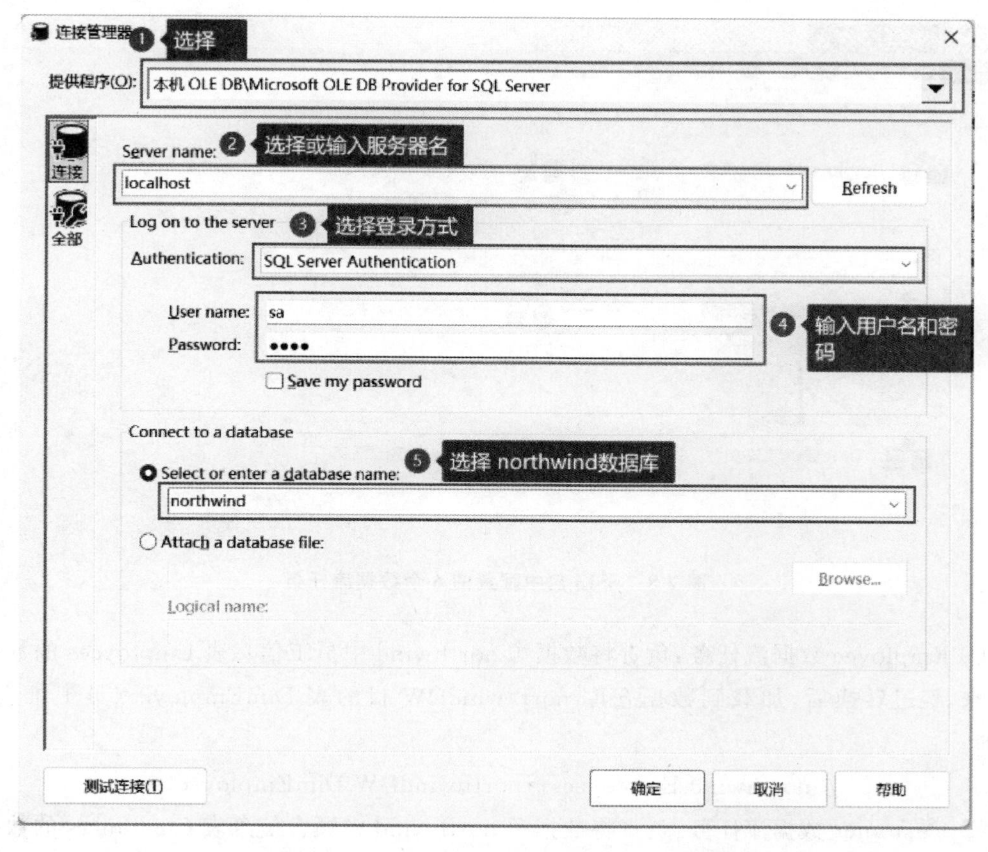

图 7-6 SourceConnection-northwind 的设置

(2) 配置控制流。

一个 SSIS 包通常由若干个数据流任务连接起来的控制流组成，它们是从数据源中抽取数据，并将其清理、合并转换后加载到数据仓库的一个集成解决方案。

控制流的创建过程如图 7-7 所示。

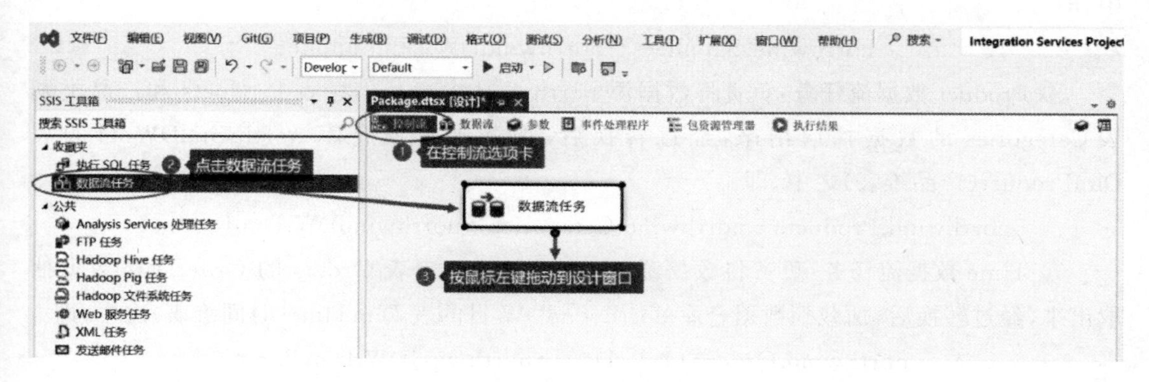

图 7-7 控制流的创建过程

共需创建 6 个数据流任务，并对数据流任务进行重命名以便于区分，拖动箭头连接各个数据流任务以设置它们的执行顺序。图 7-8 显示的是已经完成配置的 SSIS 包。

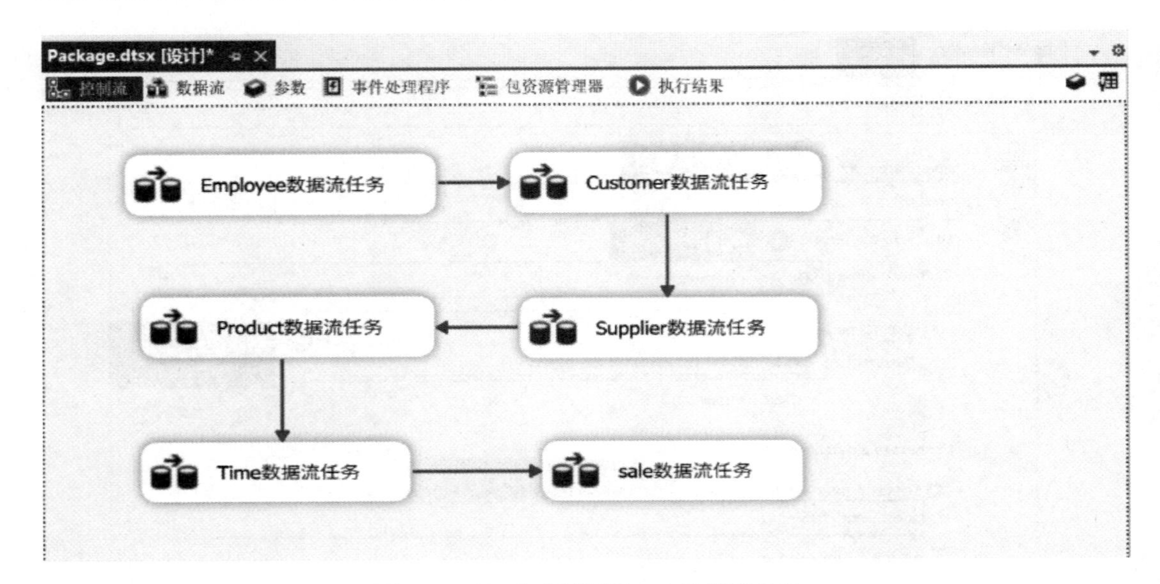

图 7-8　SSIS 包中配置的 6 个数据流任务

① Employee 数据流任务：负责将数据源 northwind 中员工信息表 Employees 的数据抽取出来，经过转换后，加载到数据仓库 northwindDW 目的表 DimEmployee（员工维表）之中，即

northwind.Employees→northwindDW.DimEmployee

② Customer 数据流任务：负责将数据源 northwind 中顾客信息表 Customers 的数据抽取出来，经过转换后，加载到数据仓库 northwindDW 目的表 DimCustomer（顾客维表）之中，即

northwind.Customers→northwindDW.DimCustomer

③ Supplier 数据流任务：负责将数据源 northwind 中供货商信息表 Suppliers 的数据抽取出来，经过转换后，加载到数据仓库 northwindDW 目的表 DimSupplier（供货商维表）之中，即

northwind.Suppliers→northwindDW.DimSupplier

④ Product 数据流任务：负责将数据源 northwind 中产品信息表 Products 和产品类别表 Categories 的数据抽取出来，经过转换后，加载到数据仓库 northwindDW 目的表 DimProduct（产品维表）之中，即

northwind.Products＋northwind.Categories→northwindDW.DimProduct

⑤ Time 数据流任务：负责将数据源 northwind 中订单表 Orders 的 OrderDate 数据抽取出来，经过转换后，加载到数据仓库 northwindDW 目的表 DimTime（时间维表）之中，即

northwind.Orders.OrderDate→northwindDW.DimTime

⑥ sale 数据流任务：负责将数据源 northwind 中订单表 Orders 和订单明细表 Order Details 的数据抽取出来，经过转换后，加载到数据仓库 northwindDW 目的表 sale（销售事实

表)之中,即

northwind.Orders+northwind.Order Details →northwindDW.sale

接下来的任务就是为这个 SSIS 包 Package.dtsx 配置这 6 个具体的数据流任务。

(3) 配置各个数据流任务。

① 配置 Employee 数据流任务。

在图 7-9 中点击"数据流"选项卡,并在"数据流任务"对应的下拉列表框中选择"Employee 数据流任务",进入"数据流"配置窗口。在左侧的工具箱中,把"OLE DB 源"和"OLE DB 目标"控件拖入设计窗口中,并分别重命名为"Employee 源"和"DimEmployee 目标",然后将"Employee 源"控件的绿色箭头连接到"DimEmployee 目标"控件上。

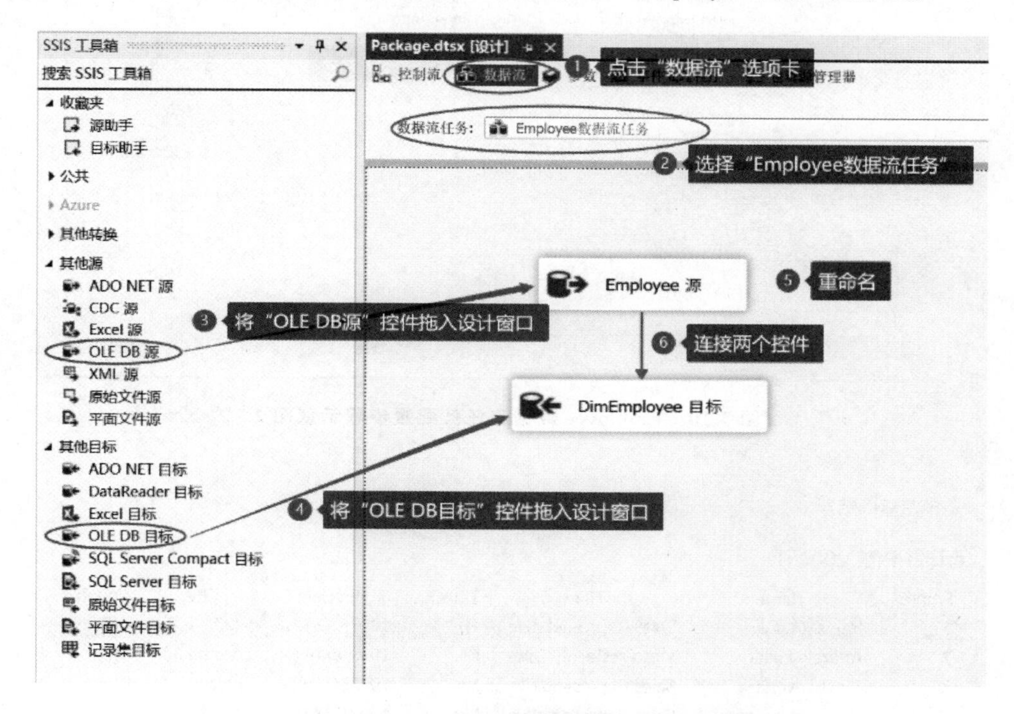

图 7-9 Employee 数据流任务配置步骤示意图 1

接下来,右键点击"Employee 源"控件,选择"编辑",打开"OLE DB Source Editor"编辑器窗口。在"OLE DB 连接管理器"处选择前面配置好的"SourceConnection-northwind"连接,在"数据访问模式"处选择"SQL 命令",在"SQL 命令文本"框中输入需要导入 DimEmployee 维表的相关数据的 SQL 查询命令。相关设置如图 7-10 所示。

再点击"预览"按钮,即可预览相关数据,如图 7-11 所示。

然后,右键点击"DimEmployee 目标"控件,选择"编辑",打开"OLE DB Destination Editor"编辑器窗口。在"OLE DB 连接管理器"处选择"DestinationConnection-northwindDW",在"数据访问模式"处选择"表或视图",在"表或视图的名称"处选择"DimEmployee"表。相关设置如图 7-12 所示。

之后点击左侧"映射",查看源跟目标之间的映射,如图 7-13 所示,查看映射无误后,点击"确定"按钮,完成"DimEmployee 目标"控件的设置。

至此,完成 Employee 数据流任务的配置工作。

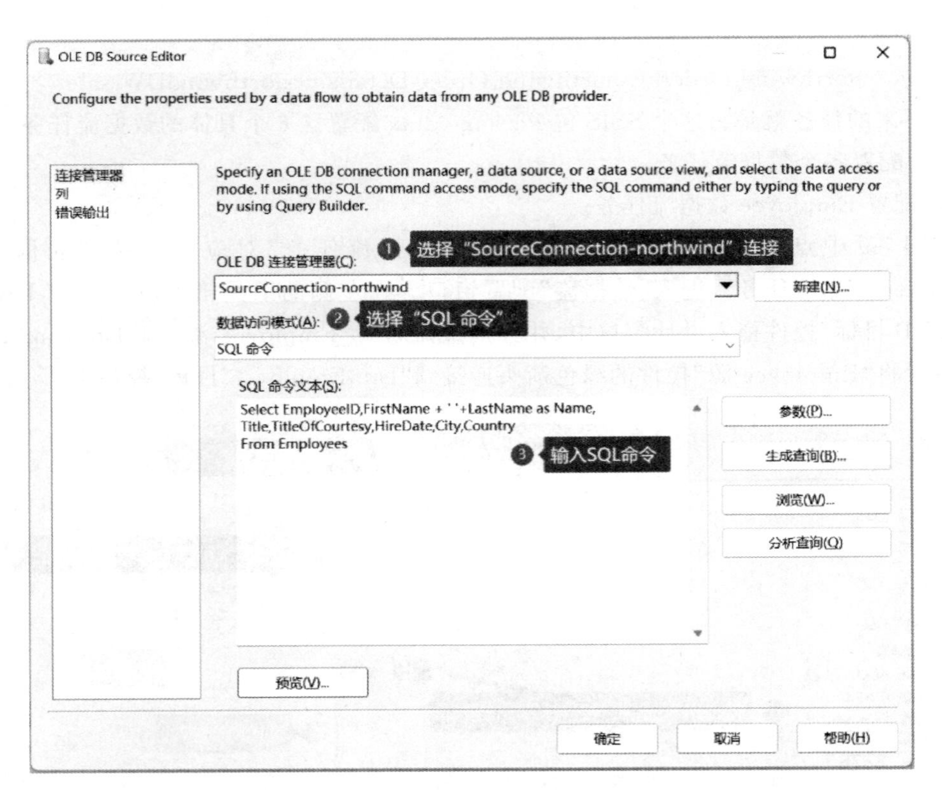

图 7-10　Employee 数据流任务配置步骤示意图 2

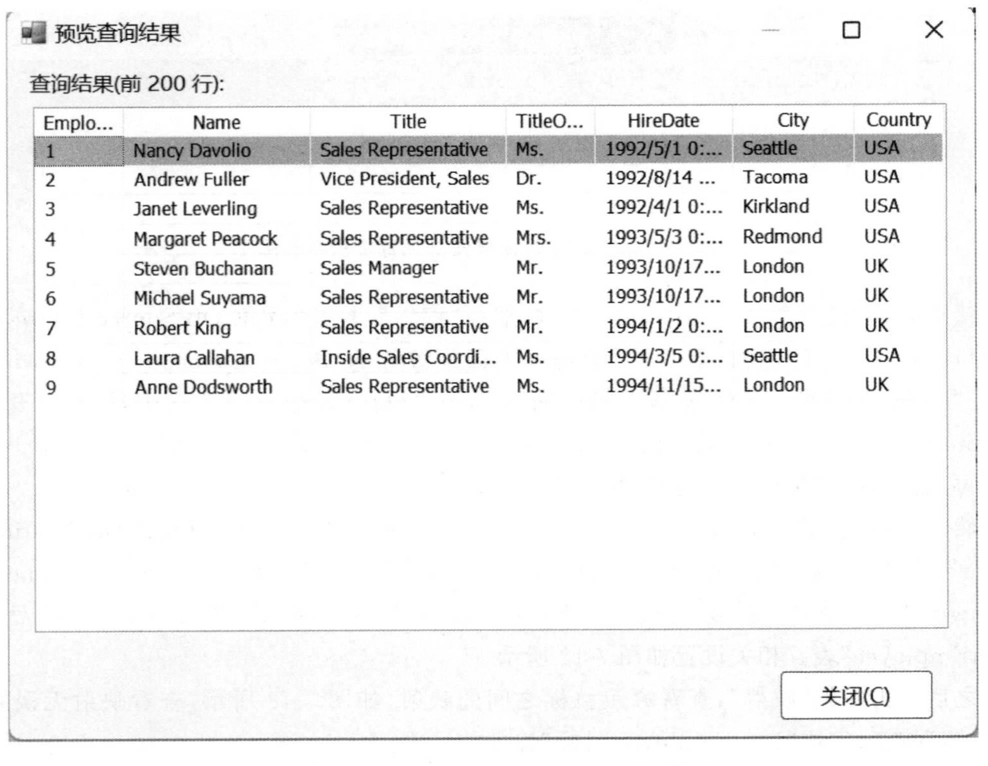

图 7-11　预览导入 DimEmployee 维表的数据

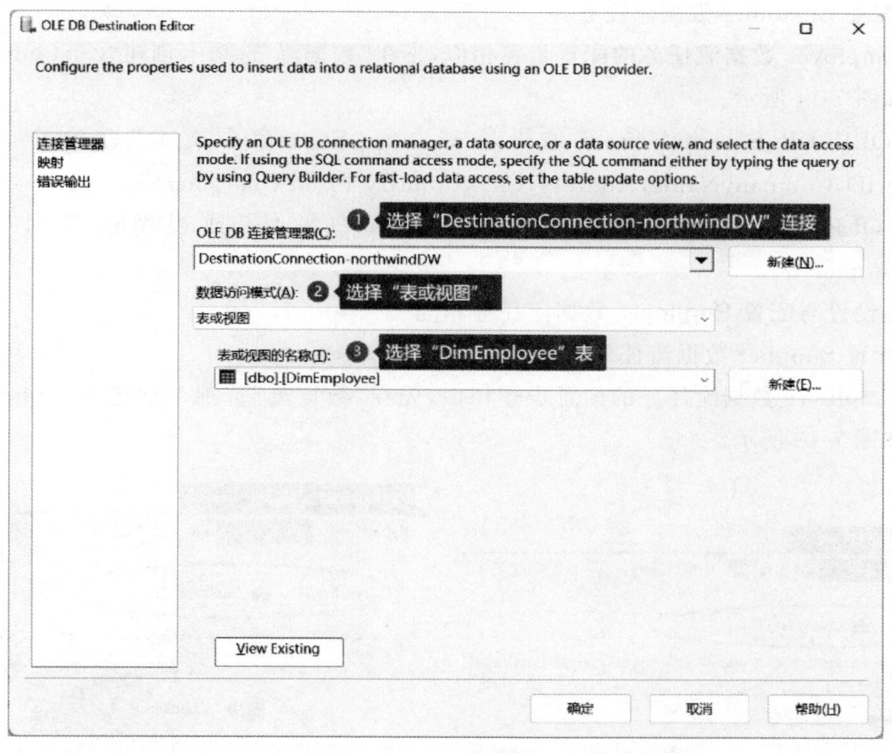

图 7-12　Employee 数据流任务配置步骤示意图 3

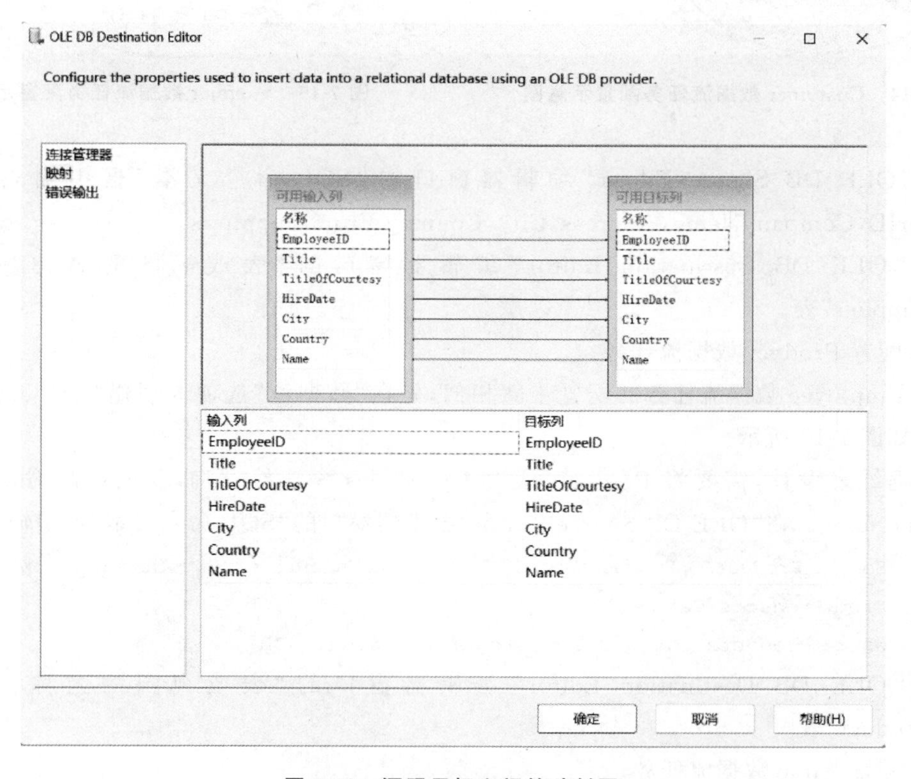

图 7-13　源跟目标之间的映射图

② 配置 Customer 数据流任务。

与 Employee 数据流任务的配置步骤相似，先在“数据流”选项卡创建“Customer 数据流任务”，如图 7-14 所示。

在“OLE DB Source Editor”编辑器窗口的“SQL 命令文本”框中输入“Select CustomerID,CompanyName,Address,City,Country From Customers”。

在“OLE DB Destination Editor”编辑器窗口的“表或视图的名称”处选择“DimCustomer”表。

其他设置与配置 Employee 数据流任务相同。

③ 配置 Supplier 数据流任务。

与 Employee 数据流任务的配置步骤相似，先在“数据流”选项卡创建“Supplier 数据流任务”，如图 7-15 所示。

图 7-14 Customer 数据流任务配置示意图

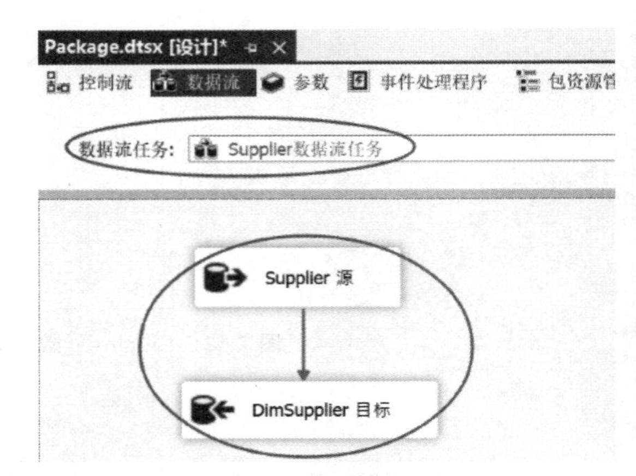

图 7-15 Supplier 数据流任务配置示意图

在“OLE DB Source Editor”编辑器窗口的“SQL 命令文本”框中输入“Select SupplierID,CompanyName,Address,City,Country From Suppliers”。

在“OLE DB Destination Editor”编辑器窗口的“表或视图的名称”处选择“DimSupplier”表。

④ 配置 Product 数据流任务。

与 Employee 数据流任务的配置步骤相似，先在“数据流”选项卡创建“Product 数据流任务”，如图 7-16 所示。

根据维表设计，需要将 Products 表和 Categories 表连接查询，获取产品对应的类别 CategoryName。在“OLE DB Source Editor”编辑器窗口的“SQL 命令文本”框中输入：

```
Select ProductID,ProductName,CategoryName,UnitPrice,UnitsInStock,SupplierID
From Products,Categories
Where Products.CategoryID=Categories.CategoryID
```

在“OLE DB Destination Editor”编辑器窗口的“表或视图的名称”处选择“DimProduct”表。

⑤ 配置 Time 数据流任务。

与 Employee 数据流任务的配置步骤相似，先在“数据流”选项卡创建“Time 数据流任务”，如图 7-17 所示。

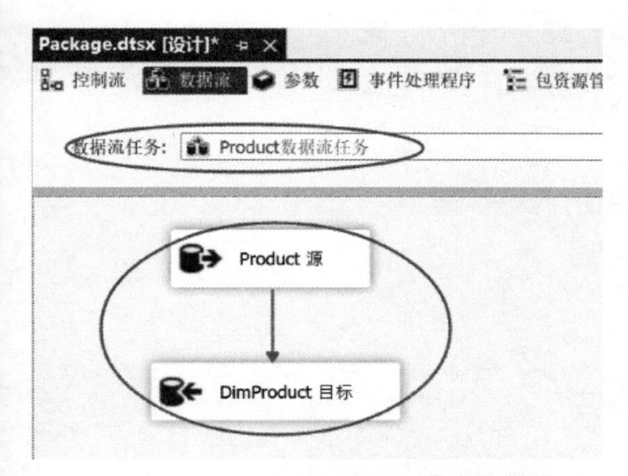

图 7-16　Product 数据流任务配置示意图

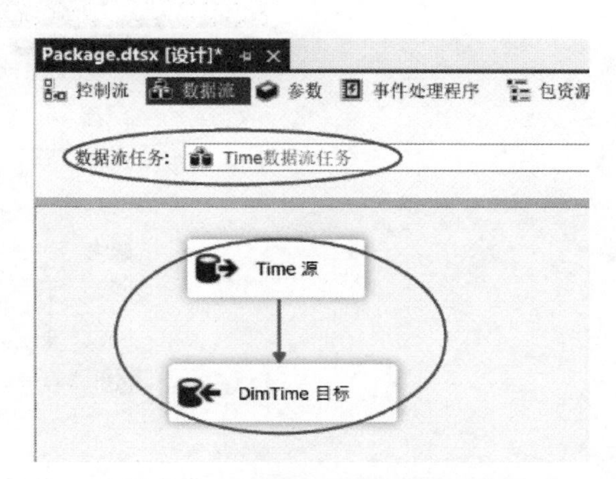

图 7-17　Time 数据流任务配置示意图

根据维表设计，需要将 Orders 表的 OrderDate 进行解析，计算出对应的 month、quarter、year，同时，需要将 OrderDate 转换为形如“yyyymmdd”的 DateID。在“OLE DB Source Editor”编辑器窗口的“SQL 命令文本”框中输入：

```
SELECT distinct [OrderDate], convert(char(8),OrderDate,112) as DateID, year
(OrderDate) as year,month(OrderDate) as month,quarter=
case
when month(OrderDate) <=3 then 1
when month(OrderDate) <=6 then 2
when month(OrderDate) <=9 then 3
else 4
end
FROM Orders
```

在“OLE DB Destination Editor”编辑器窗口的“表或视图的名称”处选择“DimTime”表。

⑥ 配置 sale 数据流任务。

与 Employee 数据流任务的配置步骤相似，先在“数据流”选项卡创建“sale 数据流任务”，如图 7-18 所示。

根据销售事实表 sale 的设计，需要将 Orders 表和 Order Details 表连接查询，获取所需数据，同时，需要将 Orders 表中的 OrderDate 转换为形如“yyyymmdd”的 DateID，还需要由 OrderDetails 表中的 Quantity、UnitPrice、Discount 计算销售额 Total。在“OLE DB Source Editor”编辑器窗口的“SQL 命令文本”框中输入：

```
SELECT o.EmployeeID,od.ProductID,o.CustomerID,
CONVERT(char(8),o.OrderDate,112) as DateID,
od.Quantity* od.UnitPrice* (1.0-od.Discount) as Total,
od.Quantity
FROM Orders o,[Order Details] od
WHERE o.OrderID= od.OrderID
```

图 7-18 sale 数据流任务配置示意图

在“OLE DB Destination Editor”编辑器窗口的“表或视图的名称”处选择“Sale”表。

到此为止，设立了一个 northwindDW 数据库，库中有 6 个空表（Sale、DimEmployee、DimCustomer、DimProduct、DimSupplier、DimTime）和 1 个 SSIS 任务包。接下来需执行 SSIS 任务包将数据抽取到 northwindDW 数据库的相应的表中。

3. 执行 SSIS 包

点击工具栏上的“启动”按钮，如图 7-19 所示，即可完成数据源 northwind 中的数据的抽取、转换并加载到目标数据仓库 northwindDW 中。

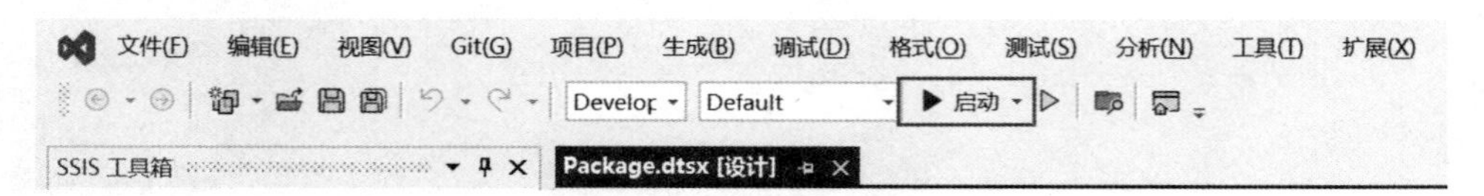

图 7-19 点击启动按钮执行 SSIS 包

在设计窗口的“控制流”选项卡中，即可看到运行结果，如图 7-20 所示。在“数据流”选项卡中的“数据流任务”下拉列表框中选择各个数据流任务，即可查看运行结果，如图 7-21 所示。

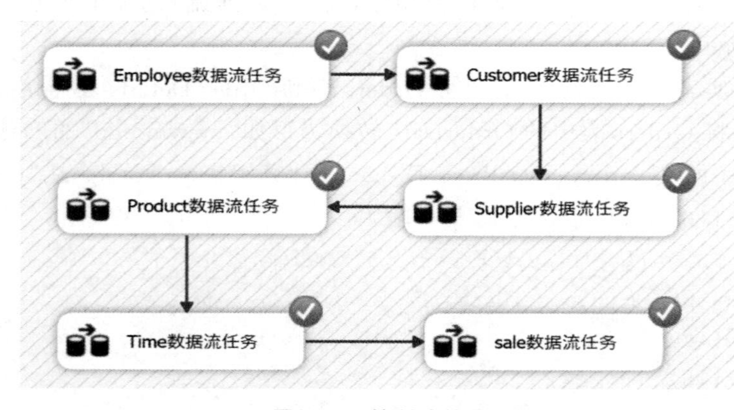

图 7-20 控制流结果

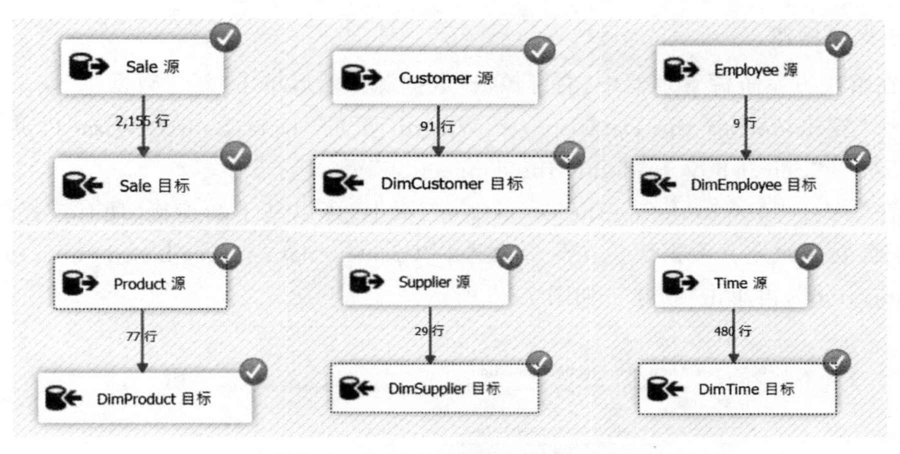

图 7-21 各个数据流任务的结果

到此便完成了数据仓库 northwindDW 的创建及数据的初次装载，后续可以把包 package.dtsx 部署到 SQL Server 的 SSIS 服务器中，使其能够根据指定的时间节点自动运行这个包，完成从 northwind 不断抽取数据并追加到数据仓库 northwindDW 的任务。

7.4 数据仓库的 OLAP 应用

1. 新建 Analysis Services 多维项目

在"开始"菜单中选择"Visual Studio 2022"，打开 Visual Studio 2022，选择"文件"→"新建"→"项目"，在打开的"创建新项目"窗口的搜索栏中输入"Analysis Services"，然后选中"Analysis Services 多维项目"，点击"下一步"。

打开"配置新项目"窗口，输入项目名称后即可点击"创建"按钮完成 Analysis Services 多维项目的创建。

创建的新项目窗口右侧的解决方案资源管理器如图 7-22 所示。

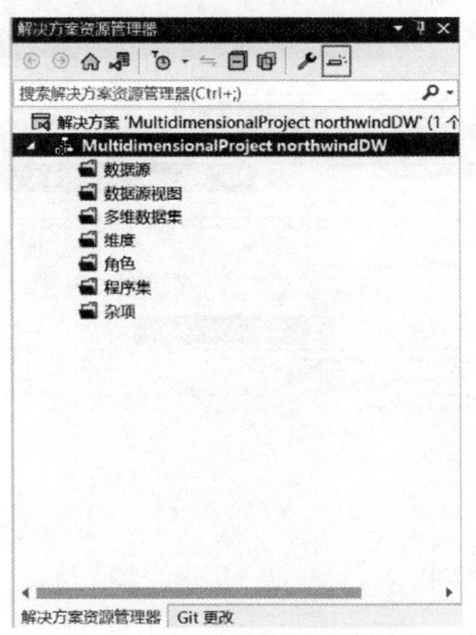

图 7-22 解决方案资源管理器

2. 定义数据源

① 在解决方案资源管理器中,右键单击"数据源",然后单击"新建数据源"。

② 在"Welcome to the Data Source Wizard"页的"Data Source Wizard"页上,单击"Next"以打开"Select how to define the connection"页。

③ 在"Select how to define the connection"页上,可以基于新连接、现有连接或以前定义的数据源对象来定义数据源。在此步骤选中"Create a data source based on an existing or new connection",再单击"新建",如图 7-23 所示。

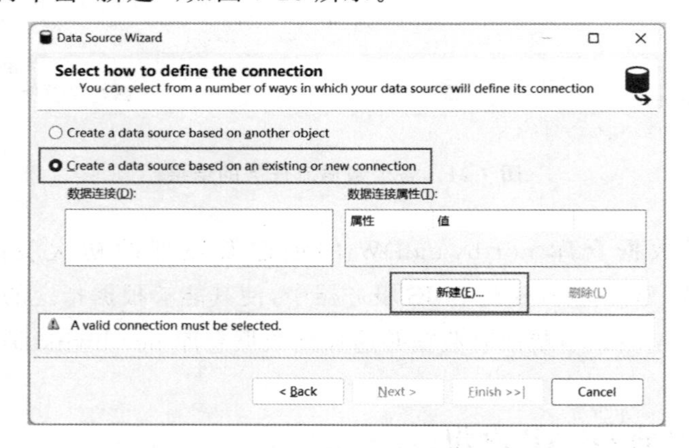

图 7-23 基于新连接定义数据源

④ 在"连接管理器"对话框中,为数据源定义连接属性。在"提供程序"列表框中,选中"本机 OLE DB\Microsoft OLE DB Provider for SQL Server"。在"Server name"文本框中,键入 localhost(若要连接到本地计算机上的命名实例,可键入 localhost\<instance 名称>;若要连接到特定的计算机而不是本地计算机,可键入该计算机名称或 IP 地址)。在"Log on to the server"中选择登录方式"SQL Server Authentication",并输入用户名和密码。在"Select or enter a database name"列表中,选择 northwindDW。设置完成后,单击"测试连接"以测试与数据库的连接。如图 7-24 所示。

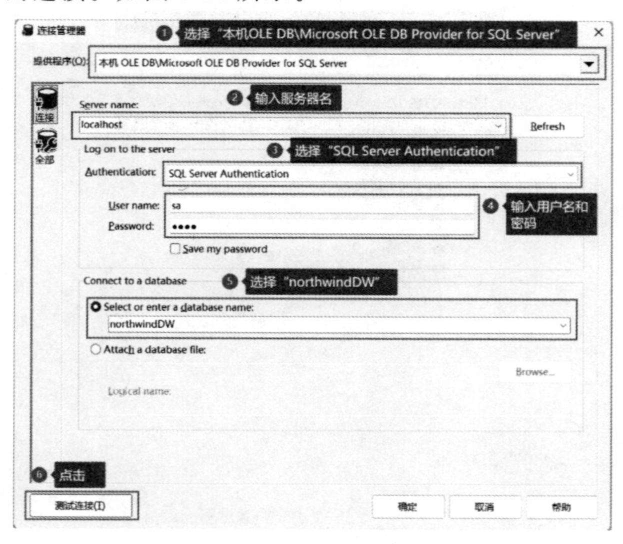

图 7-24 定义数据源连接属性

单击“确定”,然后单击“下一步”。

⑤ 在向导的“Impersonation Information”页上,定义用于连接到数据源的 SQL Server Analysis Services 的安全凭据。若选中“使用特定 Windows 用户名和密码”,模拟会影响用于连接数据源的 Windows 账户,SQL Server Analysis Services 不支持模拟来处理 OLAP 对象。所以此处选择“使用服务账户”,如图 7-25 所示,然后单击“Next”。

⑥ 在“完成向导”页上,接受默认名称 Northwind DW.ds,然后单击“完成”,创建新的数据源。

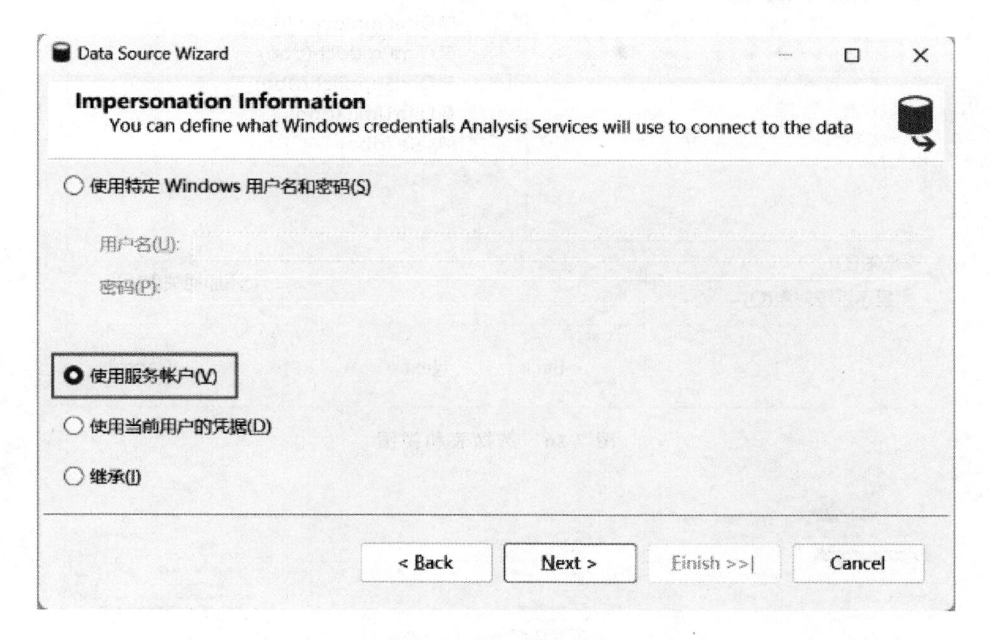

图 7-25 模拟信息设置

3. 定义数据源视图

① 在解决方案资源管理器中(在 Microsoft Visual Studio 窗口的右侧),右键单击“数据源视图”,然后单击“新建数据源视图”。

② 在“欢迎使用数据源视图向导”页上,单击“Next”,此时将显示“选择数据源”页。在此页的“关系数据源”下,选择刚才创建的 Northwind DW.ds 数据源,然后单击“Next”。

③ 在“选择表和视图”页上,可以从选定的数据源提供的对象列表中选择表和视图。在“可用对象”列表中,按住 Ctrl 键的同时单击各个表以选择多个表,然后单击“>”,将选中的表添加到“包含的对象”列表中,单击“Next”。如图 7-26 所示。

④ 在“完成向导”页面的“名称”栏中,可不修改默认的数据源视图名称 Northwind DW.dsv,然后单击“完成”。

Northwind DW.dsv 数据源视图显示在解决方案资源管理器的“数据源视图”文件夹中。数据源视图的内容也会显示在数据源视图设计器中,可查看所有表及其相互关系。如图 7-27 所示。

4. 创建多维数据集

① 在解决方案资源管理器中,右键单击“多维数据集”,然后单击“新建多维数据集”。

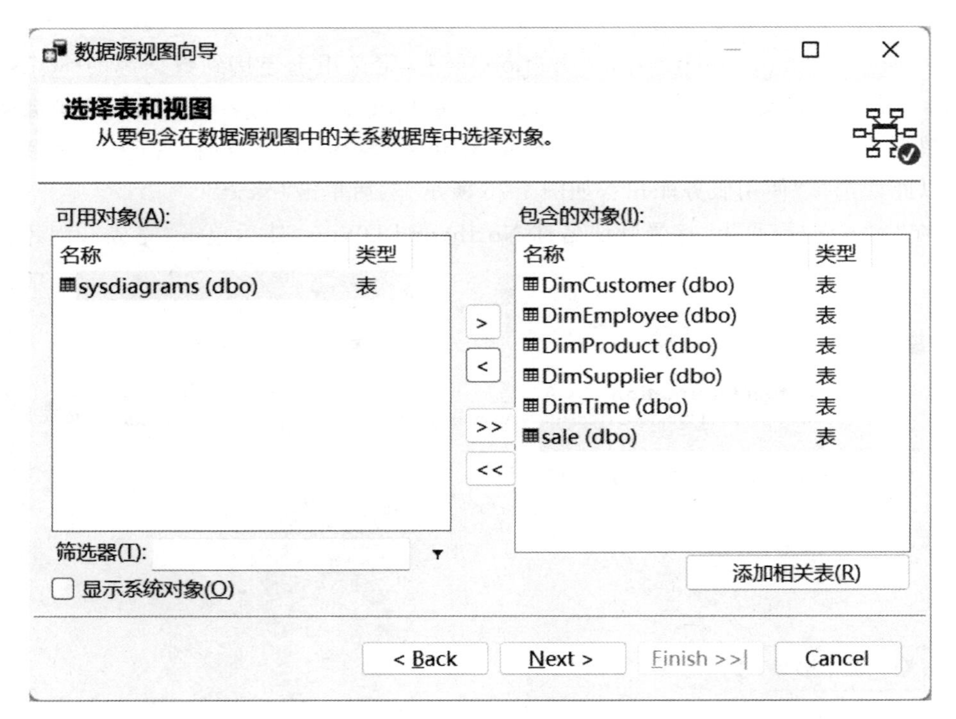

图 7-26 选择表和视图

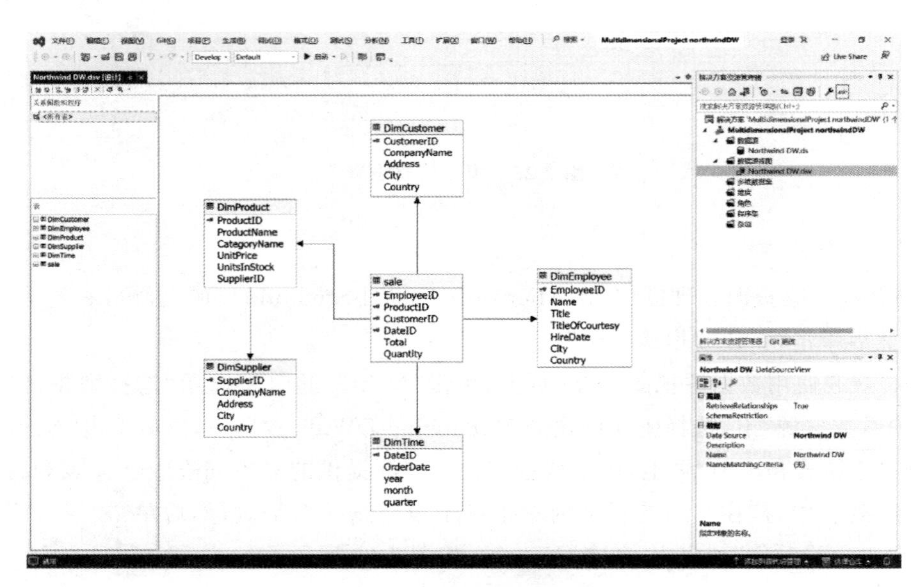

图 7-27 创建的数据源视图

在“欢迎使用多维数据集向导”页上，单击“下一步”。

② 在“选择创建方法”页上，选中“使用现有表”选项，然后单击“下一步”。

③ 在“选择度量值组表”页上，将 sale 作为度量值组表，度量值组表（又称为事实数据表）包含感兴趣的度量值（如销售量、销售额），然后单击“Next”。如图 7-28 所示。

④ 在“选择度量值”页上，在度量值组中选择度量值 Total、Quantity。

⑤ 在“选择新维度”页上，选择要创建的新维度。此处选中 DimEmployee、DimCustomer、

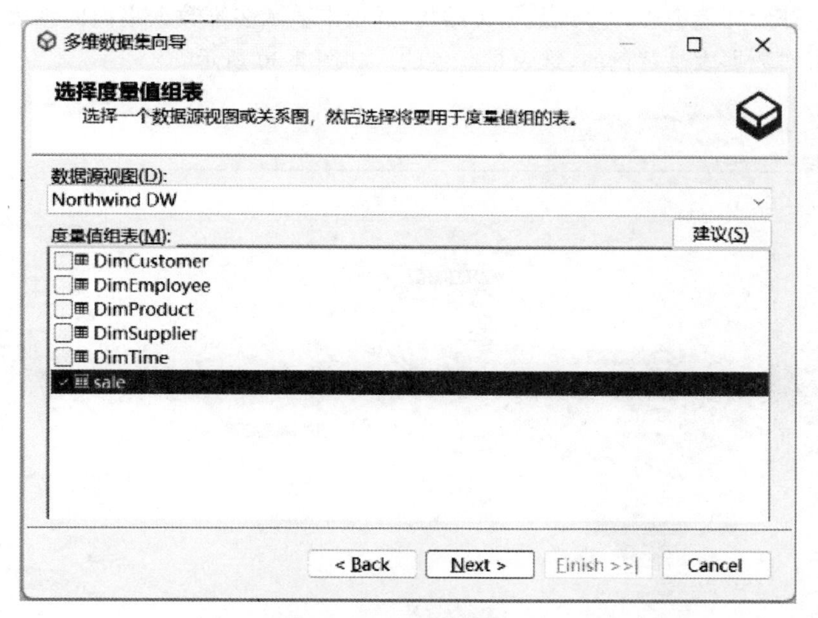

图 7-28　选择度量值组表

DimTime、DimProduct 复选框，然后单击“Next”。

⑥ 在“完成向导”页上，采用默认的多维数据集的名称 Northwind DW。在“预览”窗格中，可以看到前面选中的度量值组及其度量值，还可以看到 DimEmployee、DimCustomer、DimTime、DimProduct 四个维度。如图 7-29 所示。单击“完成”以完成向导。

多维数据集向导
完成向导
命名多维数据集并查看其结构，然后单击“完成”保存多维数据集。
多维数据集名称(C):
Northwind DW
预览(P):
度量值组
Sale
Total
Quantity
维度
DimEmployee
DimCustomer
DimTime
DimProduct
< Back　Next >　完成(F)　Cancel

图 7-29　完成向导

在解决方案资源管理器中，Northwind DW.cube 多维数据集显示在“多维数据集”文件夹中，DimEmployee、DimCustomer、DimTime、DimProduct 四个维度显示在“维度”文件夹中。此外，在开发环境中心，“多维数据集结构”选项卡显示多维数据集内的维表和事实数据表。注意，事实数据表是黄色的，维表是蓝色的。如图 7-30 所示。

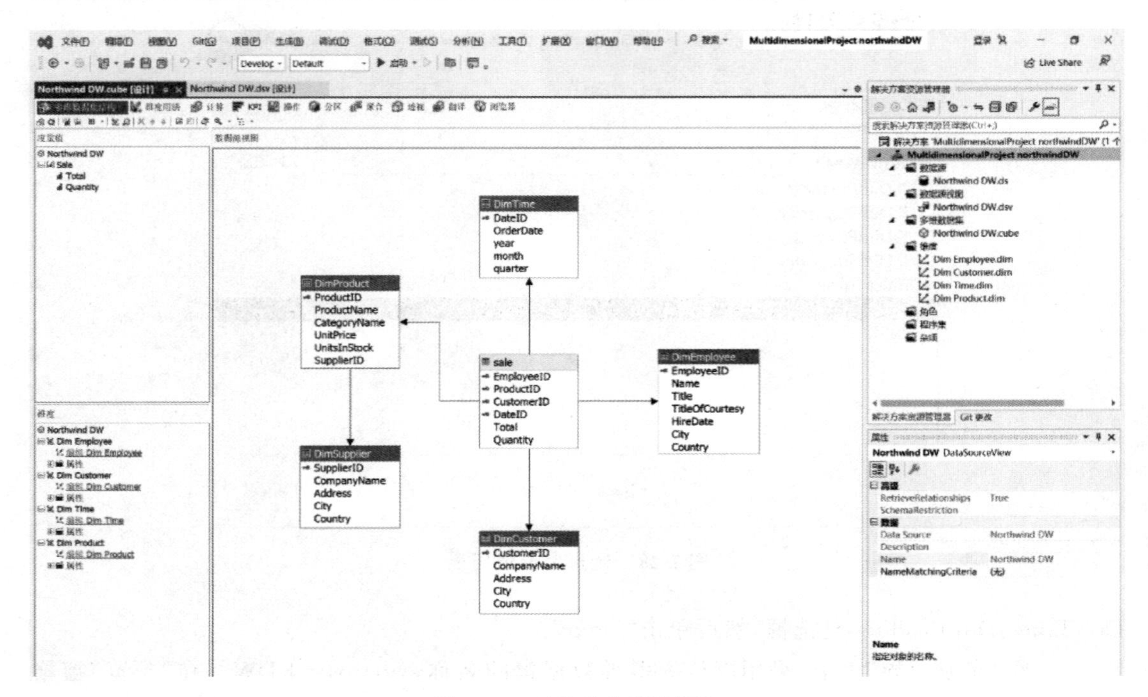

图 7-30 创建的多维数据集

5. 设置维层次

依据 7.2.1 节的维表设计，在图 7-30 所示的窗口左下角的“维度”栏中，点击编辑相应维度。

(1) 设置 DimEmployee 维。

打开“DimEmployee.dim[设计]”选项卡，在“维度结构”选项卡右侧的“数据源视图”栏中，将构成维层次的属性拖动到左侧的“属性”栏，最后从“属性”栏中依次将属性按层次关系的先后拖动到“层次结构”栏中，最后将层次结构重命名为“员工层次”，如图 7-31 所示。

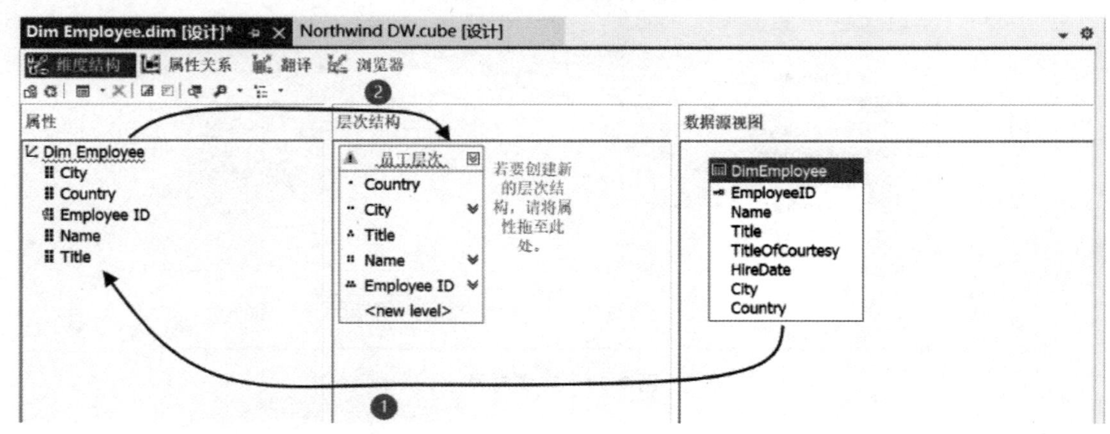

图 7-31 DimEmployee 维的层次结构设置

点击“属性关系”选项卡，建立各属性之间的关系。右键单击图中的箭头，选择“编辑属性关系”。在“编辑属性关系”对话框中，设置好“源属性”和“相关属性”，在“关系类型”处选择“刚性(不随时间变化)”。图 7-32 所示即为 EmployeeID 与 Name 属性之间的关系设置，以相同的方式设置好各属性之间的关系，结果仍如图 7-32 所示。

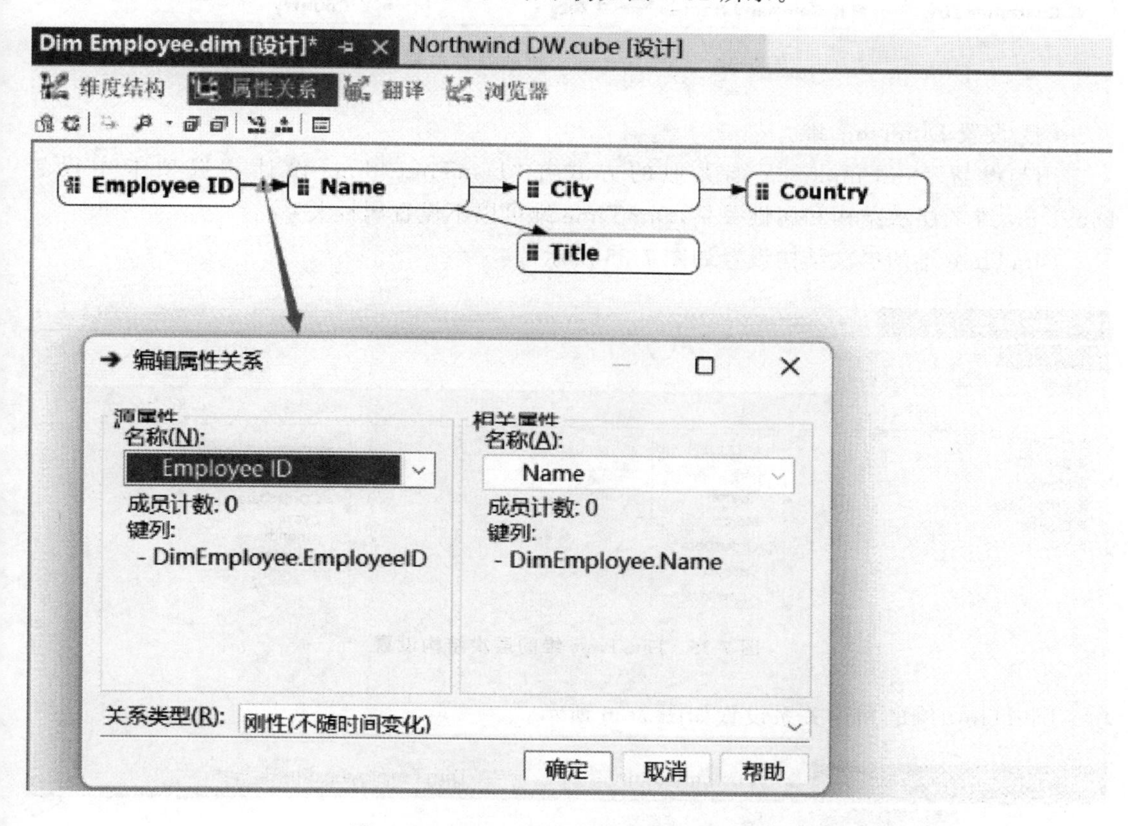

图 7-32　DimEmployee 维的属性关系设置

(2) 设置 DimCustomer 维。

用与设置 DimEmployee 维类似的方式在“DimCustomer.dim[设计]”选项卡中设置 DimCustomer 维的层次结构和属性关系。

DimCustomer 维的层次结构设置如图 7-33 所示。

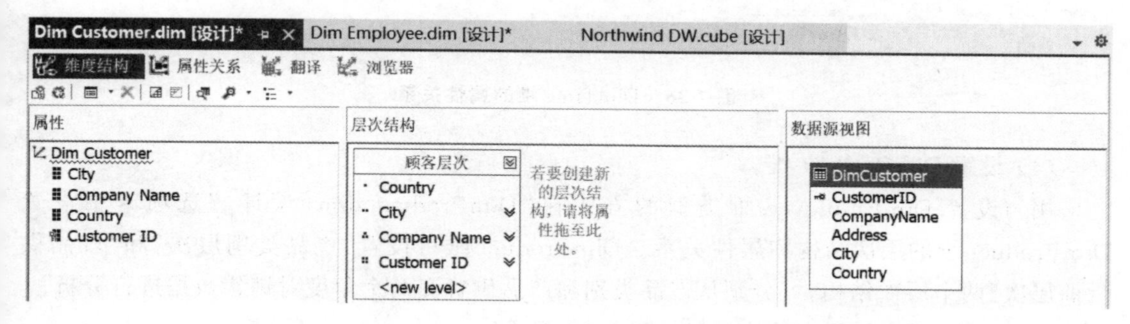

图 7-33　DimCustomer 维的层次结构设置

DimCustomer 维的属性关系设置如图 7-34 所示。

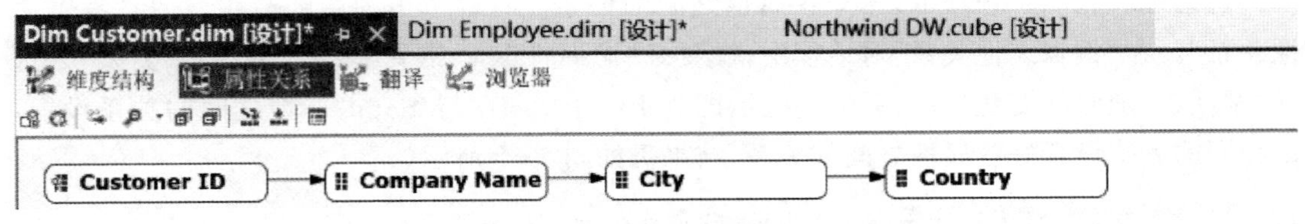

图 7-34 DimCustomer 维的属性关系设置

(3) 设置 DimTime 维。

用与设置 DimEmployee 维类似的方式在“DimTime.dim[设计]”选项卡中设置 DimTime 维的层次结构和属性关系,DimTime 维可以不设置属性关系。

DimTime 维的层次结构设置如图 7-35 所示。

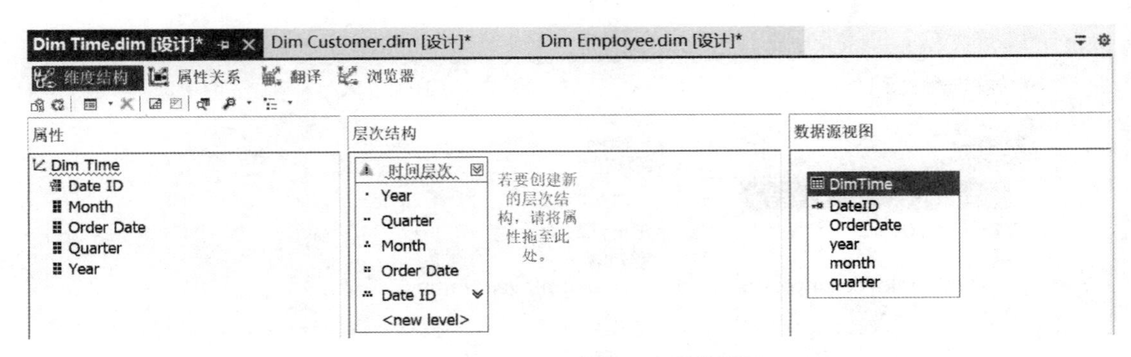

图 7-35 DimTime 维的层次结构设置

DimTime 维的属性关系设置如图 7-36 所示。

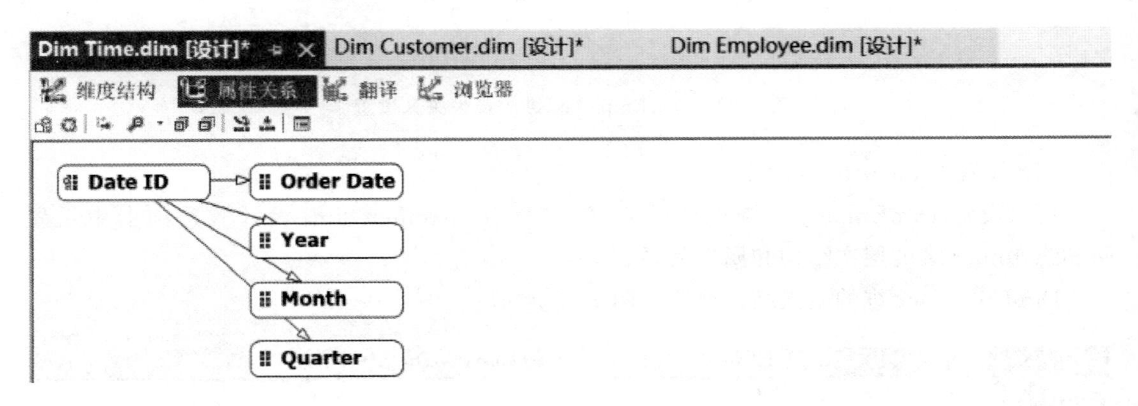

图 7-36 DimTime 维的属性关系

(4) 设置 DimProduct 维。

用与设置 DimEmployee 维类似的方式在“DimProduct.dim[设计]”选项卡中设置 DimProduct 维的层次结构和属性关系。DimProduct 维可设置“产品类别层次”和“产品供货商层次”两个层次结构,可分别从产品类别和产品供货商两个角度对销售数据进行分析。

DimProduct 维的层次结构设置如图 7-37 所示。

DimProduct 维的属性关系设置如图 7-38 所示。

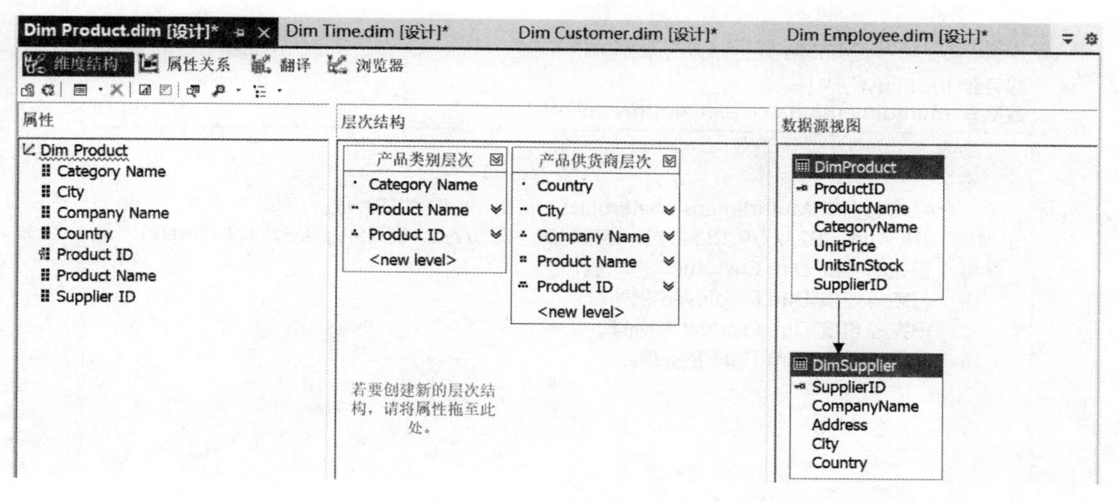

图 7-37　DimProduct 维的层次结构设置

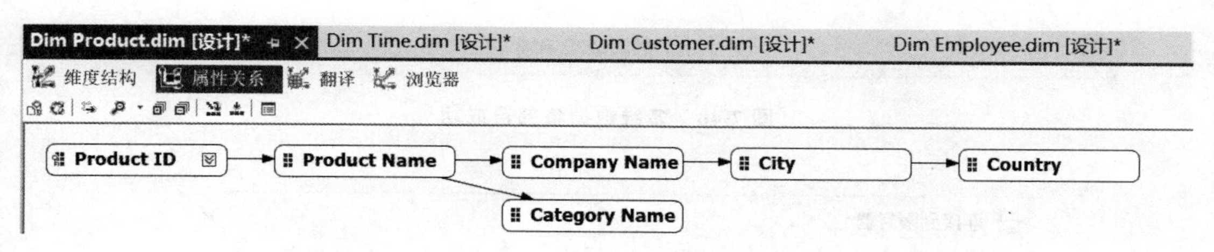

图 7-38　DimProduct 维的属性关系设置

6. 部署多维数据集

点击工具栏上的“启动”按钮，如图 7-39 所示，即可完成多维数据集的部署。部署 SQL Server Analysis Services 项目会在 SQL Server Analysis Services 实例中创建项目中定义的对象。处理 SQL Server Analysis Services 实例中的对象会将基础数据源中的数据复制到多维数据集对象中。

图 7-39　点击启动按钮，部署多维数据集

多维数据集部署成功如图 7-40 所示。

打开 SQL Server 2022 的“SQL Server Management Studio”，在“连接到服务器”窗口中的“服务器类型”下拉列表中选择“Analysis Services”，然后点击“连接”按钮，如图 7-41 所示。之后即可在“对象资源管理器”的“数据库”中看到部署的多维数据集 MultidimensionalProject northwindDW，如图 7-42 所示。

7. 进行 OLAP

要浏览多维数据集中的数据，Excel 是首选的解决方案。

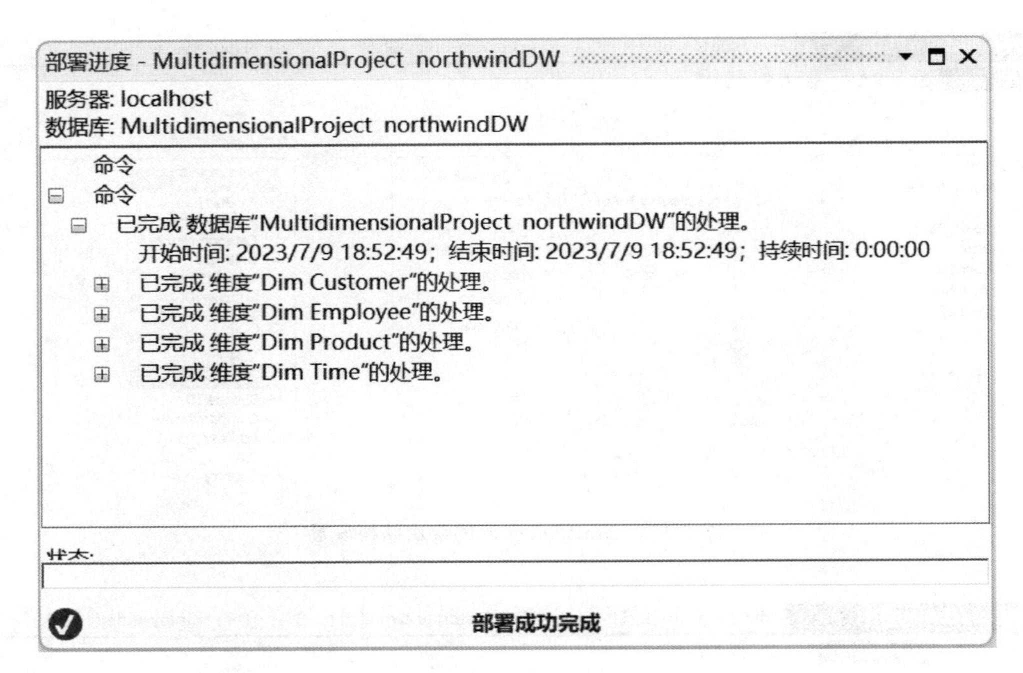

图 7-40　多维数据集部署成功

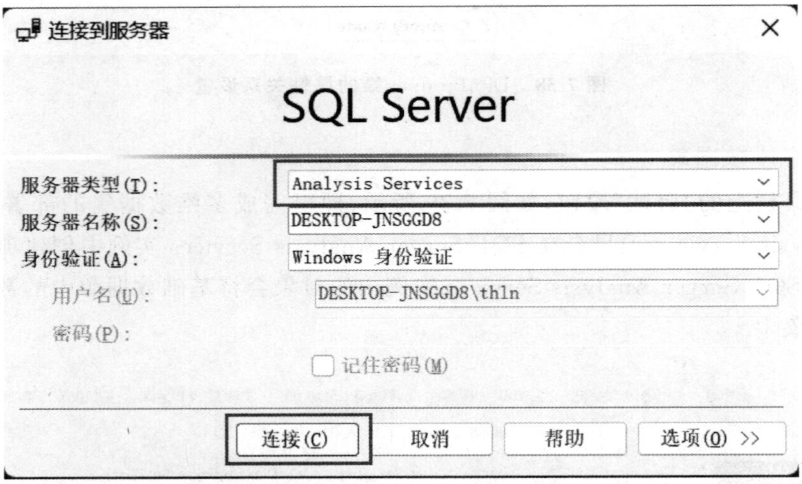

图 7-41　"连接到服务器"窗口

打开 Excel，在"数据"选项卡中点击"自其他来源"，在菜单中选择"来自 Analysis Services"，如图 7-43 所示。

打开数据连接向导，在"连接数据库服务器"窗口中，在"1.服务器名称"栏中输入"localhost"，表示连接本机，在"2.登录凭据"中选择"使用 Windows 验证"。

在打开的"选择数据库和表"窗口中，在"选择包含您所需的数据的数据库"的下拉列表中选择"MultidimensionalProject northwindDW"，在"连接到指定的多维数据集或表"栏中显示数据库中的多维数据集，然后点击"下一步"按钮。如图 7-44 所示。

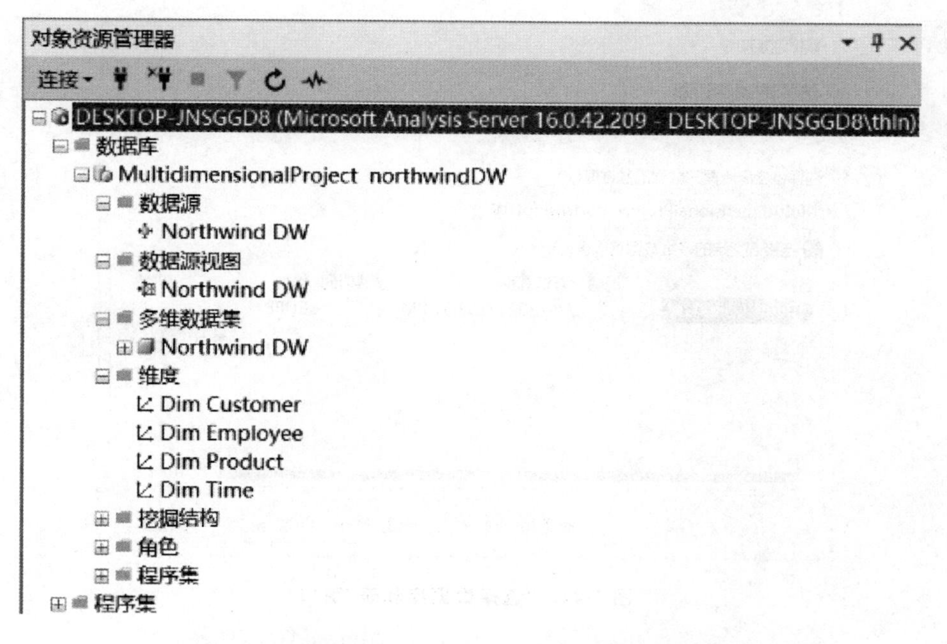

图 7-42　部署的 SQL Server Analysis Services 实例

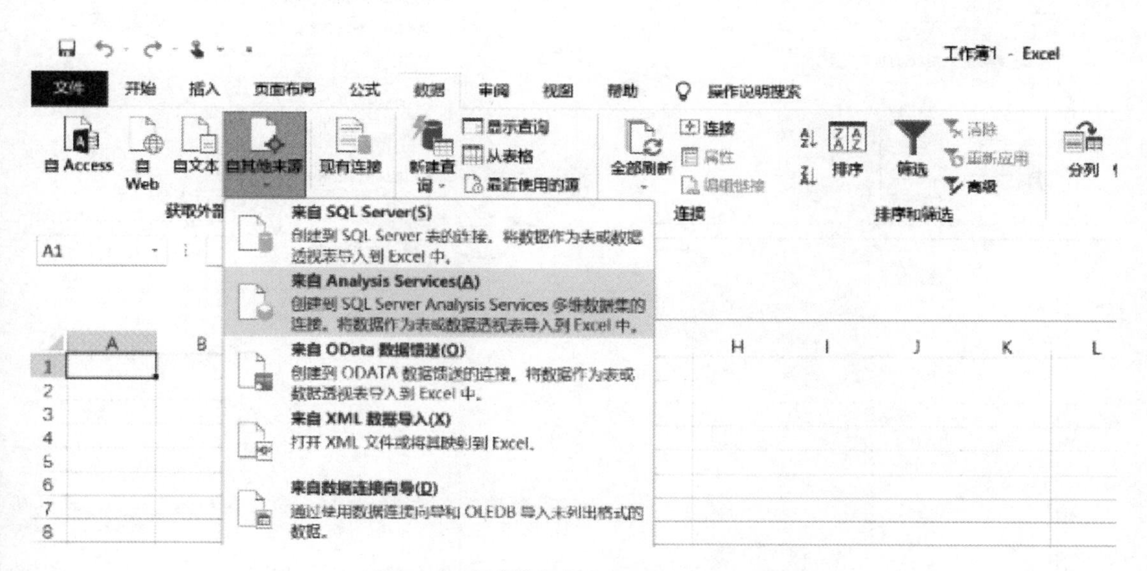

图 7-43　选择“来自 Analysis Services”

在打开的“保持数据连接文件并完成”窗口中采用默认设置，然后点击“完成”按钮。

在打开的“导入数据”窗口中同样采用默认设置，然后点击“确定”按钮。

打开的数据透视表界面如图 7-45 所示。在“数据透视表字段”列表中，可将 Total 和 Quantity（销售额和销售量）度量值添加到下方的“值”区域。同样，在“数据透视表字段”列表中，可以依次展开各个维表，并将维表中的层次结构拖到“行”或“列”区域，也可将层次结构拖到“筛选”区域进行切片或切块操作。

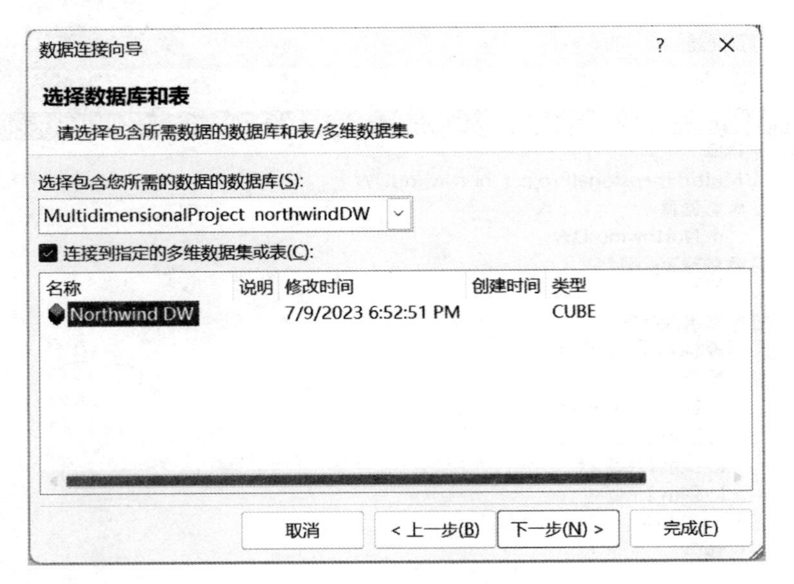

图 7-44 “选择数据库和表”窗口

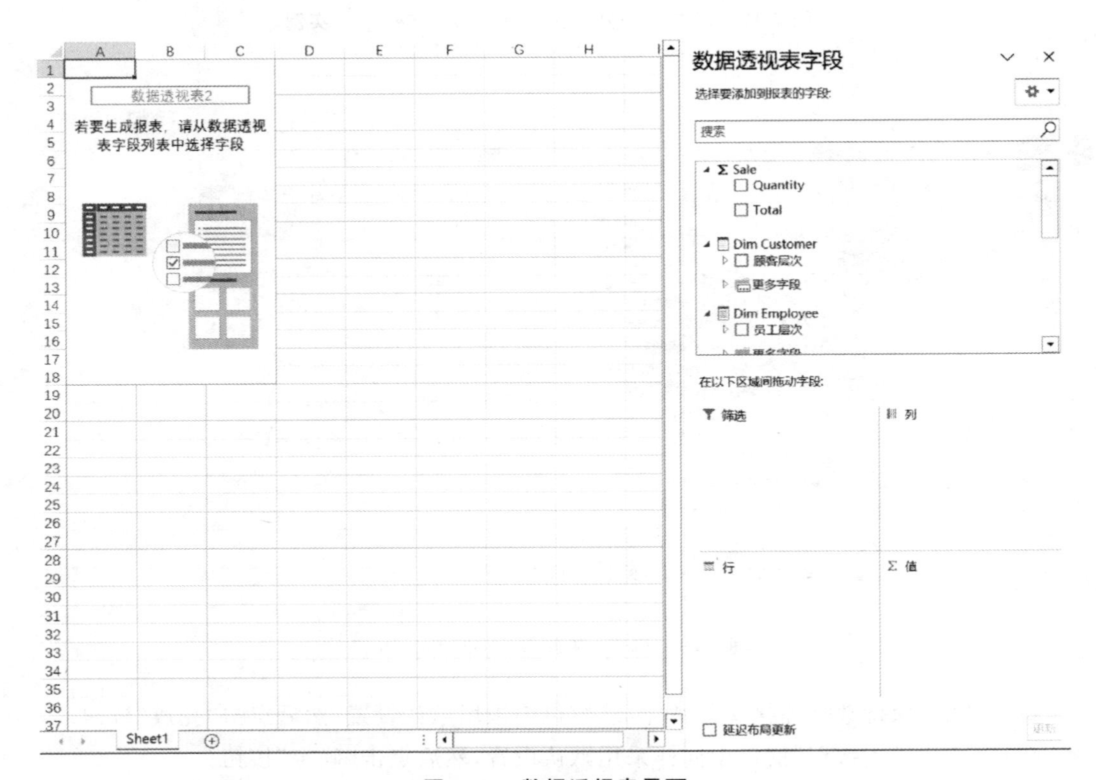

图 7-45 数据透视表界面

图 7-46 所示为各个类别的产品在各个年份的销售额和销售量数据。

点击类别左侧的“+”即可对类别进行下钻操作，显示各个产品在各个年份的销售额和销售量数据，如图 7-47 所示。再依次点击类别左侧的“−”即可进行上卷操作，还原为图 7-46 所示的各个类别的产品在各个年份的销售数据。

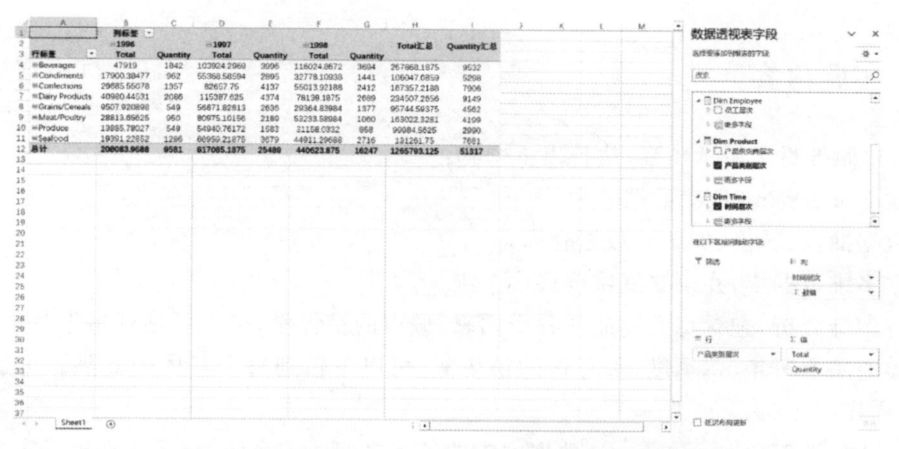

行标签	1996 Total	1996 Quantity	1997 Total	1997 Quantity	1998 Total	1998 Quantity	Total汇总	Quantity汇总
Beverages	47919	1842	103924.2969	3996	116024.8672	3694	267868.1875	9532
Condiments	17900.38477	962	55368.58594	2895	32778.10938	1441	106047.0859	5298
Confections	29685.55078	1357	82657.75	4137	55013.92188	2412	167357.2188	7906
Dairy Products	40980.44031	2086	115387.625	4374	78139.1875	2689	234507.2656	9149
Grains/Cereals	9507.920898	549	56871.82813	2636	29364.83984	1377	95744.59375	4562
Meat/Poultry	28813.65625	950	80975.10156	2180	53233.58984	1060	163022.3281	4199
Produce	13885.78027	549	54940.76172	1583	31158.0332	858	99984.5625	2990
Seafood	19391.22852	1286	66959.21875	3679	44911.29688	2716	131261.75	7681
总计	208083.9688	9581	617085.1875	25489	440623.875	16247	1265793.125	51317

图 7-46 各个类别的产品在各个年份的销售额和销售量数据

行标签	1996 Total	1996 Quantity	1997 Total	1997 Quantity	1998 Total	1998 Quantity	Total汇总	Quantity汇总
Beverages								
Chai	1605.600098	125	4887	304	6295.5	399	12788.09961	828
Chang	3017.959961	226	7038.550293	435	6299.450195	396	16355.96094	1057
Chartreuse verte	3558.23999	266	4475.700195	283	4260.599609	244	12294.54004	793
Côte de Blaye	24874.40039	140	49198.08594	223	67324.25	260	141396.7344	623
Guaraná Fantástica	556.7400513	158	1630.125	421	2317.5	546	4504.365234	1125
Ipoh Coffee	4931.199707	136	11069.90039	258	7525.600098	186	23526.69922	580
Lakkalikööri	2046.23999	146	7379.100098	447	6335.100098	388	15760.44043	981
Laughing Lumberjack Lager	42	5	910	65	1444.800049	114	2396.800049	184
Outback Lager	1809	156	5468.399902	413	3395.25	248	10672.65039	817
Rhönbräu Klosterbier	738.4200439	120	4485.544922	630	2953.524902	405	8177.489746	1155
Sasquatch Ale	1002.400024	90	2107	171	3241	245	6350.399902	506
Steeleye Stout	3736.800049	274	5274.899902	346	4632.299805	263	13643.99902	883
Condiments								
Aniseed Syrup	240	30	1724	190	1080	108	3044	328
Chef Anton's Cajun Seasoning	1851.52002	107	5214.879883	264	1501.5	82	8567.900391	453
Chef Anton's Gumbo Mix	1931.199951	129	373.625	19	3042.375	150	5347.200195	298
Genen Shouyu	310	25	1474.824951	97			1784.824951	122
Grandma's Boysenberry Spread	720	36	2500	100	3917	165	7137	301
Gula Malacca	2042.125	138	6737.94043	396	1135.880005	67	9915.945313	601
Louisiana Fiery Hot Pepper Sauce	2473.799805	155	9373.18457	490	2022.905029	100	13869.88965	745
Louisiana Hot Spiced Okra	408	30	2958	208	17	1	3383	239
Northwoods Cranberry Sauce	3920	140	4260	114	4592	118	12772	372
Original Frankfurter grüne Soße	655.1999512	63	4761.379883	432	3755.050049	296	9171.629883	791
Sirop d'érable			9091.5	396	5261.100098	207	14352.59961	603
Vegie-spread	3348.540039	109	6899.254883	189	6453.299805	147	16701.09375	445
Confections								
Chocolade			1282.012451	130	86.70000458	8	1368.712402	138
Gumbär Gummibärchen	3361.5	160	10443.07813	382	6044.566406	211	19849.14453	753
Maxilaku	1920	120	3128.600098	183	4196	217	9244.599609	520
NuNuCa Nuß-Nougat-Creme	775.5999756	71	1692.599854	152	1236.199951	95	3704.399902	318
Pavlova	3128.195068	252	8663.422852	571	5424.158203	335	17215.77539	1158
Schoggi Schokolade	1272.375	40	10974	260	2853.5	65	15099.875	365
Scottish Longbreads	1294	133	4157.5	385	3262.5	281	8714	799

图 7-47 各个产品在各个年份的销售额和销售量数据

将"顾客层次"拖动到"筛选"区域，然后点击数据透视表中的 按钮，选择要查看的国家或城市或公司顾客对应的销售额和销售量数据。图 7-48 所示即为 USA 的顾客购买的各个产品在各个年份的销售额和销售量数据。

顾客层次 USA

行标签	1996 Total	1996 Quantity	1997 Total	1997 Quantity	1998 Total	1998 Quantity	Total汇总	Quantity汇总
Beverages								
Chai	[illegible]	38	72	5	2178	137	2797.199951	180
Chang	[illegible]	25	1810.699951	130	2074.800049	139	4170.5	294
Chartreuse ve	[illegible]	30	180	10	34.20000076	2	603	42
Côte de Blay	[illegible]	20	12713.875	55	24637.25	95	41356.32422	170
Guaraná Fan	[illegible]		64.80000305	18	321.75	79	386.5499878	97
Ipoh Coffee	[illegible]	15	1104	24			1656	39
Lakkalikööri	[illegible]		2160	120	766	50	2925	170
Laughing Lur	[illegible]		140	10			140	10
Outback Lag	[illegible]		213.75	15	90	6	303.75	21
Rhönbräu Kl	[illegible]	6	1219.849976	167	914.5	124	2171.550049	297
Sasquatch A	[illegible]		1066.800049	87	490	35	1556.800049	122
Steeleye Stou	[illegible]	100	576	39	589.5	35	2454.300049	174
Condiments								
Aniseed Syru	[illegible]				40	4	40	4
Chef Anton's Cajun Seasoning	616	35			434.5	26	1050.5	61
Chef Anton's Gumbo Mix	163.1999969	12	85.40000153	4	1494.5	70	1743.099976	86
Genen Shouyu			930	60			930	60
Grandma's Boysenberry Spread					24.5	1	24.5	1
Gula Malacca			2183.48999	140	233.3999939	12	2416.889893	152
Louisiana Fiery Hot Pepper Sauce			336	20	508.3575134	27	844.3575439	47
Louisiana Hot Spiced Okra					17	1	17	1
Northwoods Cranberry Sauce	1680	70			72	2	1752	72
Original Frankfurter grüne Soße			553.7999878	50	416	32	969.7999878	82
Sirop d'érable			2969.700195	135	171	6	3140.700195	141
Vegie-spread	2386.800049	80	842.8800049	24	439	10	3668.680176	114
Confections								
Gumbär Gummibärchen	1307.25	70	1654.350098	55			2961.600098	125
Maxilaku			835	43	340	20	1175	63
NuNuCa Nuß-Nougat-Creme	58.80000305	7	367.5	35			426.2999878	42
Pavlova	387.1149902	31	1995.834961	154	1918.453003	110	4301.40332	295
Schoggi Schokolade			3950	100			3950	100

图 7-48 USA 的顾客购买的各个产品在各个年份的销售额和销售量数据

7.5 实验内容

(1) 按照教材中所示步骤,执行以下内容:

新建 NorthWind DW 数据仓库。

将数据抽取、转换、加载到数据仓库。

建立多维数据集,并设置好维度层次。

进行多维分析:查看每类商品在各个国家、城市的销售额,可以下钻到每个具体的商品;查看每类商品在每年、每季度、每月份的销售额,可以下钻到每个具体的商品。可适当做切片、切块操作。

(2) 根据图 7-49 所示的 pubs 数据库中的各表之间的关系图,分析并理解各表之间的数据及关系,并构建一个分析图书销售状况的数据仓库,可以分析各个作者、各个商店、各个出版社、各个类别的图书的销售状况。

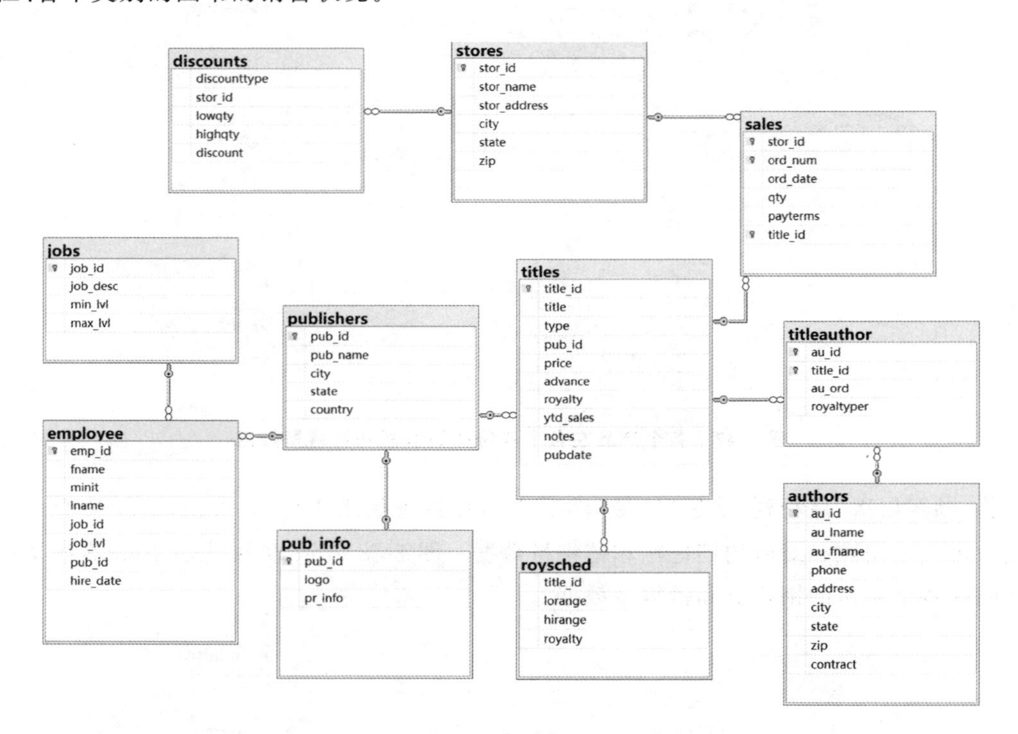

图 7-49　pubs 数据库中各表之间的关系

第8章

实践关联规则挖掘

在 Python 中，主要使用 Efficient-Apriori 和 mlxtend.frequent_patterns 中的 Apriori 算法进行关联规则的挖掘。

Eficient-Apriori 是一个 Python 第三方库，用于快速地实现 Apriori 算法，在使用之前需要先安装该库。该库不仅具有高效性能和易用性，还提供了丰富的文档、代码示例和数据集，帮助用户在数据挖掘领域深入研究和实践。

mlxtend 是一个 Python 库，用于机器学习和数据科学任务中的扩展功能。它提供了一系列方便实用的工具和函数，可用于特征选择、模型评估、数据可视化等任务。mlxtend 中包含了 Apriori 算法，用于发现数据集中的频繁项集和关联规则。该方法基于 Apriori 算法，从一个独热编码的 DataFrame 中获取频繁项集，根据最小支持度筛选出频繁项集，可以用于发现数据中频繁出现的组合。

8.1 Efficient-Apriori 实践关联规则

Efficient-Apriori 包是 Apriori 算法的稳定高效的实现，该模块适用于 Python 3.6+，使用如下命令安装：pip install efficient-apriori。

Efficient-Apriori 包中有一个 apriori 函数，原型如下（这里只列出了常用参数）：

```
apriori(data, min_support=0.5, min_confidence=0.5)
```

【参数】

data：表示数据集，是一个列表。列表中的元素可以是元组，也可以是列表。

min_support：表示最小支持度，小于最小支持度的项集将被舍去。该参数的取值范围是[0,1]，表示一个百分比，比如 0.3 表示 30%，那么支持度小于 30%的项集将被舍去。该参数的默认值为 0.5，常见的取值有 0.5、0.1、0.05。

min_confidence：表示最小可信度。该参数的取值范围也是[0,1]。该参数的默认值为 0.5，常见的取值有 1.0、0.9、0.8。

8.1.1 Efficient-Apriori 简单应用

代码如下：

```
from efficient_apriori import apriori
# 设置数据集
data=[('牛奶','面包','尿布'), ('可乐','面包', '尿布', '啤酒'), ('牛奶','尿布', '啤酒', '鸡蛋'),('面包', '牛奶', '尿布', '啤酒'), ('面包', '牛奶', '尿布', '可乐')]
# 挖掘频繁项集和频繁规则
itemsets, rules=apriori(data, min_support=0.5, min_confidence=1)
print(itemsets)
print(rules)
```

代码说明：

① data 是个 List 数组类型，其中每个值都可以是一个集合。实际上也可以把 data 数组中的每个值设置为 List 数组类型，比如：

```
data= [['牛奶','面包','尿布'], ['可乐','面包', '尿布', '啤酒'], ['牛奶','尿布', '啤酒', '鸡蛋'],['面包', '牛奶', '尿布', '啤酒'], ['面包', '牛奶', '尿布', '可乐']]
```

两者的运行结果是一样的，Efficient-Apriori 工具包把每一条数据集里的项式都放到了一个集合中进行运算，并没有考虑它们之间的先后顺序。因为实际情况下，同一个购物篮中的物品也不需要考虑购买的先后顺序。

② 挖掘频繁项集和频繁规则。

该函数的使用很简单，就一行代码，设置如下：最小支持度为 0.5，最小可信度为 1。

```
itemsets, rules=apriori(data, min_support=0.5, min_confidence=1)
```

③ 查看频繁项集和频繁规则也很简单。

```
print(itemsets)
print(rules)
```

8.1.2 分析数据库中的订单明细数据

场景与需求如下：一家超市的业务数据库中有销售订单明细表(见图 8-1)，其中 orderid 为订单号，productname 为商品名称。

	orderid	productname
1	4	纯牛奶
2	4	冰糖橙
3	4	小金橘
4	3	小金橘
5	3	冰糖橙
6	3	柠檬
7	2	小金橘
8	2	豆干
9	2	纯牛奶
10	2	柠檬
11	1	冰糖橙
12	1	小金橘

图 8-1 销售订单明细表

接下来进行数据准备与处理。

由于目前数据库中以行列的形式存放数据，即订单号-商品名称，若要使用 Apriori 算法，无论是使用 SPSS 还是 Python，都需要将数据处理成如下的数据结构：

[[订单 1 商品集],[订单 2 商品集],[订单 3 商品集],[订单 4 商品集]]。

由此展开如下处理步骤。

> **准备工作及注意事项：**
> 若数据存储在 SQL Server 数据库中：先利用 pip 安装 pymssql 库(pip install pymssql)；若存储在 MySQL 数据库中，则安装 pymysql 库(pip install pymysql)，而下方的数据库连接语句改为 conn=pymysql.connect(host='localhost', user='root', passwd='root', db='test')即可。

1. 导入库文件

```
# 导入库文件
import numpy as np
import pandas as pd
import pymssql
from efficient_apriori import apriori
```

2. 导入数据

```
# a.数据库连接
# host 默认为 127.0.0.1,如果打开了 TCP 动态端口,需要加上端口号,如'127.0.0.1:1433'
# host 也可为'localhost',user 默认为 sa,password 为设置的密码,database 为数据库名
```

```
    conn = pymssql.connect(host = 'localhost', user = 'sa', password = '0203',
database='test')
    cursor=conn.cursor()
    cursor_1=conn.cursor()
    if cursor and cursor_1:
        print("连接成功!")
    # b.数据提取
    sql_all='select *  FROM orderdetail'  # SQL:提取整个销售订单表
    cursor.execute(sql_all)  # 使用 execute()方法执行 SQL 查询
    data_all=cursor.fetchall()  # 使用 fetchall()方法获取全部数据
    print(data_all)  # 查看数据
```

结果如图 8-2 所示。

```
连接成功!
[(4, '纯牛奶'), (4, '冰糖橙'), (4, '小金橘'), (3, '小金橘'), (3, '冰糖橙'), (3, '柠檬'), (2, '小金橘'), (2, '豆干'), (2, '纯牛奶'), (2,
'柠檬'), (1, '冰糖橙'), (1, '小金橘')]
```

图 8-2　提取销售订单表数据

```
    sql_distinct='SELECT distinct(orderid) from orderdetail'  # SQL:提取所有订
单号
    cursor_1.execute(sql_distinct)  # 使用 execute()方法执行 SQL 查询
    data_id=cursor_1.fetchall()  # 使用 fetchall()方法获取全部数据
    print(data_id)  # 查看数据
```

结果如图 8-3 所示。

```
[(1,), (2,), (3,), (4,)]
```

图 8-3　提取所有订单号

3. 数据预处理

```
    # a.先转换为 DataFrame 结构
    d_all=pd.DataFrame(list(data_all))
    d_id=np.array(data_id)
```

数据转换为 DataFrame 结构,d_all 和 d_id 的结果如图 8-4 所示。

```
    # b.遍历 DataFrame 中的数据,转换为 List 数组类型
    dt=[]
    for i in d_id:  # 遍历 d_id 中所有的行
        arr=[]
        for a in range(len(data_all)):  # 在每一行中遍历每一个列元素,a 为 data_all 中
的行号
            if i==d_all.iat[a,0]:  # iat 函数:通过行号和列号来取值(若 i 与 d_all 中 a
行 0 列的值相等,则把该行 1 列的值添加到 arr 中)
                arr=arr+ [d_all.iat[a,1]]
    dt=dt+ [arr]
```

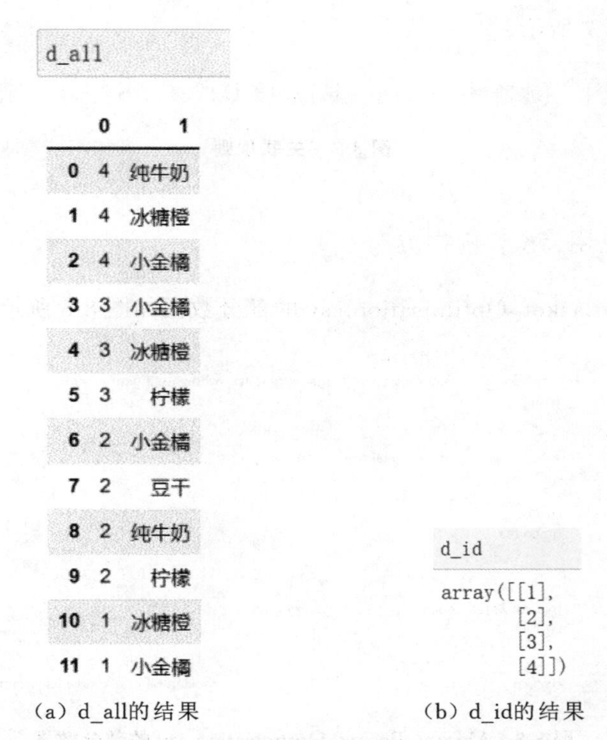

d_all

	0	1
0	4	纯牛奶
1	4	冰糖橙
2	4	小金橘
3	3	小金橘
4	3	冰糖橙
5	3	柠檬
6	2	小金橘
7	2	豆干
8	2	纯牛奶
9	2	柠檬
10	1	冰糖橙
11	1	小金橘

d_id

```
array([[1],
       [2],
       [3],
       [4]])
```

（a）d_all的结果　　（b）d_id的结果

图 8-4　数据转换为 DataFrame 结构

DataFrame 中的数据转换为 List 数组类型，结果如图 8-5 所示。

```
dt
```

```
[['冰糖橙', '小金橘'],
 ['小金橘', '豆干', '纯牛奶', '柠檬'],
 ['小金橘', '冰糖橙', '柠檬'],
 ['纯牛奶', '冰糖橙', '小金橘']]
```

图 8-5　转换为 List 数组类型

4. 频繁项集及关联规则挖掘

```
# apriori 算法挖掘及输出结果，设置最小支持度为 50% ，最小置信度为 70%
itemsets,rules=apriori(dt,min_support=0.5,min_confidence=0.7)
print(itemsets)
```

频繁项集如图 8-6 所示。

```
{1: {('冰糖橙',): 3, ('小金橘',): 4, ('纯牛奶',): 2, ('柠檬',): 2}, 2: {('冰糖橙', '小金橘'): 3, ('小金橘', '柠檬'): 2, ('小金橘', '纯牛奶'): 2}}
```

图 8-6　频繁项集

```
print(rules)  # 输出规则
```

关联规则如图 8-7 所示。

[{小金橘} -> {冰糖橙}, {冰糖橙} -> {小金橘}, {柠檬} -> {小金橘}, {纯牛奶} -> {小金橘}]

图 8-7 关联规则

8.1.3 综合应用:超市购物篮分析

数据源 Market_Basket_Optimisation.csv 的部分数据如图 8-8 所示。

	A	B	C	D	E	F	G	H	I
1	shrimp	almonds	avocado	vegetables mix	green grapes	whole weat flour	yams	cottage cheese	energy drink
2	burgers	meatballs	eggs						
3	chutney								
4	turkey	avocado							
5	mineral water	milk	energy bar	whole wheat rice	green tea				
6	low fat yogurt								
7	whole wheat pasta	french fries							
8	soup	light cream	shallot						
9	frozen vegetables	spaghetti	green tea						
10	french fries								
11	eggs	pet food							
12	cookies								
13	turkey	burgers	mineral water	eggs	cooking oil				
14	spaghetti	champagne	cookies						
15	mineral water	salmon							
16	mineral water								
17	shrimp	chocolate	chicken	honey	oil	cooking oil	low fat yogurt		
18	turkey	eggs							

图 8-8 Market_Basket_Optimisation.csv **的部分数据**

在 Market_Basket_Optimisation.csv 中总共有 7501 行,即 7501 个购物记录。

先将 Market_Basket_Optimisation.csv 复制到 Jupyter Notebook 的启动目录中,再进行后续操作,若不复制,则在接下来的 pd.read_csv()中需要写出文件的完整路径。

1. 先导包

```
# 先导包
import pandas as pd
import numpy as np
from efficient_apriori import apriori
```

2.数据读取与分析

```
# 先把数据读取进来
# header=None 表示这个数据表没有表头,设置为空,否则会把第一行的数据当成表头;pd.
read_csv()将逗号分隔值(csv)文件读取到 DataFrame 中。
dataset=pd.read_csv('Market_Basket_Optimisation.csv', header=None)
# 查看数据集的行列数
dataset.shape  # data 的行列数,一共有 20 列,表示一个人最多买了 20 种东西
```

dataset.shape 的结果为(7501,20)。

```
dataset.head()  # 查看 data 的前 5 行,可以看到数据有很多空值
```

前 5 行数据如图 8-9 所示。

	0	1	2	3	4	5	6	7	8	9	10	11	12	13	14	15	16	17	
0	shrimp	almonds	avocado	vegetables mix	green grapes	whole weat flour	yams	cottage cheese	energy drink	tomato juice	low fat yogurt	green tea	honey	salad	mineral water	salmon	antioxydant juice	frozen smoothie	sp
1	burgers	meatballs	eggs	NaN	NaN	NaN	NaN	NaN	NaN	NaN	NaN	NaN	NaN	NaN	NaN	NaN	NaN	NaN	
2	chutney	NaN	NaN	NaN	NaN	NaN	NaN	NaN	NaN	NaN	NaN	NaN	NaN	NaN	NaN	NaN	NaN	NaN	
3	turkey	avocado	NaN	NaN	NaN	NaN	NaN	NaN	NaN	NaN	NaN	NaN	NaN	NaN	NaN	NaN	NaN	NaN	
4	mineral water	milk	energy bar	whole wheat rice	green tea	NaN	NaN	NaN	NaN	NaN	NaN	NaN	NaN	NaN	NaN	NaN	NaN	NaN	

图 8-9 前 5 行数据

```
dataset.tail()  # 查看 data 的最后 5 行
```

最后 5 行数据如图 8-10 所示。

	0	1	2	3	4	5	6	7	8	9	10	11	12	13	14	15	16	17	18	19
7496	butter	light mayo	fresh bread	NaN	NaN	NaN	NaN	NaN	NaN	NaN	NaN	NaN	NaN	NaN	NaN	NaN	NaN	NaN	NaN	NaN
7497	burgers	frozen vegetables	eggs	french fries	magazines	green tea	NaN	NaN	NaN	NaN	NaN	NaN	NaN	NaN	NaN	NaN	NaN	NaN	NaN	NaN
7498	chicken	NaN	NaN	NaN	NaN	NaN	NaN	NaN	NaN	NaN	NaN	NaN	NaN	NaN	NaN	NaN	NaN	NaN	NaN	NaN
7499	escalope	green tea	NaN	NaN	NaN	NaN	NaN	NaN	NaN	NaN	NaN	NaN	NaN	NaN	NaN	NaN	NaN	NaN	NaN	NaN
7500	eggs	frozen smoothie	yogurt cake	low fat yogurt	NaN	NaN	NaN	NaN	NaN	NaN	NaN	NaN	NaN	NaN	NaN	NaN	NaN	NaN	NaN	NaN

图 8-10 最后 5 行数据

```
dataset.sample(10)  # 随机抽取 10 条记录
```

随机抽取 10 条记录,如图 8-11 所示。

	0	1	2	3	4	5	6	7	8	9	10	11	12	13	14	15	16	17	18	19
7161	burgers	eggs	NaN	NaN	NaN	NaN	NaN	NaN	NaN	NaN	NaN	NaN	NaN	NaN	NaN	NaN	NaN	NaN	NaN	NaN
6119	chocolate	ground beef	soup	energy drink	low fat yogurt	NaN	NaN	NaN	NaN	NaN	NaN	NaN	NaN	NaN	NaN	NaN	NaN	NaN	NaN	NaN
7283	spaghetti	avocado	honey	NaN	NaN	NaN	NaN	NaN	NaN	NaN	NaN	NaN	NaN	NaN	NaN	NaN	NaN	NaN	NaN	NaN
4685	chocolate	NaN	NaN	NaN	NaN	NaN	NaN	NaN	NaN	NaN	NaN	NaN	NaN	NaN	NaN	NaN	NaN	NaN	NaN	NaN
1474	turkey	spaghetti	mineral water	milk	flax seed	chicken	eggs	cake	NaN	NaN	NaN	NaN	NaN	NaN	NaN	NaN	NaN	NaN	NaN	NaN
855	green beans	NaN	NaN	NaN	NaN	NaN	NaN	NaN	NaN	NaN	NaN	NaN	NaN	NaN	NaN	NaN	NaN	NaN	NaN	NaN
4944	chocolate	cookies	champagne	NaN	NaN	NaN	NaN	NaN	NaN	NaN	NaN	NaN	NaN	NaN	NaN	NaN	NaN	NaN	NaN	NaN
3470	turkey	frozen vegetables	ground beef	spaghetti	soup	olive oil	shallot	NaN	NaN	NaN	NaN	NaN	NaN	NaN	NaN	NaN	NaN	NaN	NaN	NaN
2213	turkey	frozen vegetables	ground beef	mineral water	chocolate	soup	milk	NaN	NaN	NaN	NaN	NaN	NaN	NaN	NaN	NaN	NaN	NaN	NaN	NaN
3373	turkey	spaghetti	mushroom cream sauce	green tea	NaN	NaN	NaN	NaN	NaN	NaN	NaN	NaN	NaN	NaN	NaN	NaN	NaN	NaN	NaN	NaN

图 8-11 随机抽取 10 条记录

```
# DataFrame.describe()用于生成描述性统计数据,统计数据集的集中趋势,分散和行列的分布情况,不包括 NaN 值。
dataset.describe()
```

数据集统计数据如图 8-12 所示。

	0	1	2	3	4	5	6	7	8	9	10	11	12	13	14	15	16	17	18
count	7501	5747	4389	3345	2529	1864	1369	981	654	395	256	154	87	47	25	8	4	4	3
unique	115	117	115	114	110	106	102	98	88	80	66	50	43	28	19	8	3	3	3
top	mineral water	mineral water	mineral water	mineral water	green tea	french fries	green tea	green tea	green tea	green tea	low fat yogurt	green tea	green tea	green tea	magazines	salmon	frozen smoothie	protein bar	spinach
freq	577	484	375	201	153	107	96	67	57	31	22	15	8	4	3	1	2	2	1

图 8-12 数据集统计数据

> **说明：**
> 图 8-12 中 top 表示出现频率最高的；freq 表示重复的次数；unique 表示独一无二的个数。

3. 将数据转换为 List 数组类型

通过销售订单表中购买的商品名称来构建 transactions，即遍历 DataFrame 中的数据，转换为 List 数组类型。

```
# 把数据存到 transactions 中
transactions=[]
# 遍历 dataframe 中的数据，空值太多，可先判断是否是空值，再往 temp 里面添加
for i in range(0, dataset.shape[0]):   # 遍历所有的行，dataset.shape[0]为行数=7051
    temp=[]
    # 在每一行中去遍历每一个列元素，dataset.shape[1]为列数=20
    for j in range(0,dataset.shape[1]):
    # 把每一个元素转成一个字符串 str 并添加到 temp 列表中，如果这个字符串是 nan 则不添加
        if str(dataset.values[i][j])! ='nan':
    # 这里 range 的范围分别取到 7500 和 19 而不是 7501 和 20
    temp.append(str(dataset.values[i,j]))
    # 这个 temp 会保存每一行的购物篮的商品的名称的 str 类型，不过进行下一个 for 循环会被重新赋值为 0，重新保存
    # 然后每一次循环中的 temp 放到外面的大的 transactions[]中
    transactions.append(temp)
print(transactions[0:10])   # print 前 10 个，否则全部显示出来的数据太多
# 这个时候就是一个大的列表 transactions 中放了很多个小的列表 temp，temp 中的元素是购物的商品的字符串形式
```

转换为 List 数组类型后的前 10 条记录如图 8-13 所示。

```
[['shrimp', 'almonds', 'avocado', 'vegetables mix', 'green grapes', 'whole weat flour', 'yams', 'cottage cheese', 'energy drink', 'tomato juice', 'low fat yogurt', 'green tea', 'honey', 'salad', 'mineral water', 'salmon', 'antioxydant juice', 'frozen smoothie', 'spinach', 'olive oil'], ['burgers', 'meatballs', 'eggs'], ['chutney'], ['turkey', 'avocado'], ['mineral water', 'milk', 'energy bar', 'whole wheat rice', 'green tea'], ['low fat yogurt'], ['whole wheat pasta', 'french fries'], ['soup', 'light cream', 'shallot'], ['frozen vegetables', 'spaghetti', 'green tea'], ['french fries']]
```

图 8-13 转换为 List 数组类型

4. Apriori 挖掘规则

```
# 把 transactions 放入 apriori 中，去进行频繁项集和关联规则的挖掘
# 挖掘频繁项集和频繁规则，最小支持度=2% ，最小置信度为 30%
itemsets, rules=apriori(transactions, min_support=0.02, min_confidence=0.3)
print('频繁项集：\n', itemsets)
print('关联规则：\n', rules)
```

频繁项集及关联规则如图 8-14 所示。

```
频繁项集:
 {1: {('shrimp',): 536, ('almonds',): 153, ('avocado',): 250, ('vegetables mix',): 193, ('cottage cheese',): 239, ('energy drink',): 200,
('tomato juice',): 228, ('low fat yogurt',): 574, ('green tea',): 991, ('honey',): 356, ('mineral water',): 1788, ('salmon',): 319, ('fro
zen smoothie',): 475, ('olive oil',): 494, ('burgers',): 654, ('meatballs',): 157, ('eggs',): 1348, ('turkey',): 469, ('milk',): 972, ('e
nergy bar',): 203, ('whole wheat rice',): 439, ('whole wheat pasta',): 221, ('french fries',): 1282, ('soup',): 379, ('frozen vegetable
s',): 715, ('spaghetti',): 1306, ('cookies',): 603, ('cooking oil',): 383, ('champagne',): 351, ('chocolate',): 1229, ('chicken',): 450,
('oil',): 173, ('fresh tuna',): 167, ('tomatoes',): 513, ('red wine',): 211, ('pepper',): 199, ('ham',): 199, ('pancakes',): 713, ('grate
d cheese',): 393, ('fresh bread',): 323, ('ground beef',): 737, ('escalope',): 595, ('herb & pepper',): 371, ('strawberries',): 160, ('ca
ke',): 608, ('hot dogs',): 243, ('brownies',): 253, ('cereals',): 193, ('muffins',): 181, ('light mayo',): 204, ('yogurt cake',): 205,
('butter',): 226, ('french wine',): 169}, 2: {('burgers', 'eggs'): 216, ('burgers', 'french fries'): 165, ('burgers', 'mineral water'): 1
83, ('burgers', 'spaghetti'): 161, ('cake', 'mineral water'): 206, ('chicken', 'mineral water'): 171, ('chocolate', 'eggs'): 249, ('choco
late', 'french fries'): 258, ('chocolate', 'frozen vegetables'): 172, ('chocolate', 'green tea'): 176, ('chocolate', 'ground beef'): 173,
('chocolate', 'milk'): 241, ('chocolate', 'mineral water'): 395, ('chocolate', 'spaghetti'): 294, ('cooking oil', 'mineral water'): 151,
('eggs', 'french fries'): 273, ('eggs', 'frozen vegetables'): 163, ('eggs', 'green tea'): 191, ('eggs', 'milk'): 231, ('eggs', 'mineral w
ater'): 382, ('eggs', 'pancakes'): 163, ('eggs', 'spaghetti'): 274, ('french fries', 'green tea'): 214, ('french fries', 'milk'): 178,
('french fries', 'mineral water'): 253, ('french fries', 'pancakes'): 151, ('french fries', 'spaghetti'): 207, ('frozen smoothie', 'miner
al water'): 152, ('frozen vegetables', 'milk'): 177, ('frozen vegetables', 'mineral water'): 268, ('frozen vegetables', 'spaghetti'): 20
9, ('green tea', 'mineral water'): 233, ('green tea', 'spaghetti'): 199, ('ground beef', 'milk'): 165, ('ground beef', 'mineral water'):
307, ('ground beef', 'spaghetti'): 294, ('low fat yogurt', 'mineral water'): 180, ('milk', 'mineral water'): 360, ('milk', 'spaghetti'):
266, ('mineral water', 'olive oil'): 207, ('mineral water', 'pancakes'): 253, ('mineral water', 'shrimp'): 177, ('mineral water', 'sou
p'): 173, ('mineral water', 'spaghetti'): 448, ('mineral water', 'tomatoes'): 183, ('mineral water', 'whole wheat rice'): 151, ('olive oi
l', 'spaghetti'): 172, ('pancakes', 'spaghetti'): 189, ('shrimp', 'spaghetti'): 159, ('spaghetti', 'tomatoes'): 157}}
关联规则:
 [{burgers} -> {eggs}, {cake} -> {mineral water}, {chicken} -> {mineral water}, {chocolate} -> {mineral water}, {cooking oil} -> {mineral
water}, {frozen smoothie} -> {mineral water}, {frozen vegetables} -> {mineral water}, {ground beef} -> {mineral water}, {ground beef} ->
{spaghetti}, {low fat yogurt} -> {mineral water}, {milk} -> {mineral water}, {olive oil} -> {mineral water}, {pancakes} -> {mineral wate
r}, {shrimp} -> {mineral water}, {soup} -> {mineral water}, {spaghetti} -> {mineral water}, {tomatoes} -> {mineral water}, {whole wheat r
ice} -> {mineral water}, {olive oil} -> {spaghetti}, {tomatoes} -> {spaghetti}]
```

图 8-14 频繁项集及关联规则

在图 8-14 中列出了所有最小支持度=2%的频繁项集，以及所有最小支持度为 2%和最小置信度为 30%的形如{}→{}的关联规则。由此可见，对于大量数据来说，采用 Efficient-Apriori 包中的 Apriori 算法的结果显示并不够友好。

8.2 mlxtend 实践关联规则

关联规则目前在 scikit-learn 中并没有实现，这里介绍 Python 库中的 mlxtend。mlxtend 是 Python 的机器学习扩展库，在数据科学中也经常会遇到，在此主要使用其中的关联分析方法。同样，使用以下命令安装：pip install mlxtend。

(1) 频繁项集挖掘。

mlxtend.frequent_patterns 里封装有 apriori 函数，使用该函数可以进行频繁项集的挖掘。首先需要导入库：from mlxtend.frequent_patterns import apriori。apriori 函数原型如下(这里只列出了常用参数)：

```
dataframe apriori(df, min_support, use_colnames, max_len)
```

【参数】

df：传入的数据应为 pandas dataframe 格式，并且是已经经过热编码的。

min_support：最小支持度(即支持度阈值)。

use_colnames：是否使用列名，默认为 False，即返回的项集中项目会用索引显示(不够友好)；如果设置为 True，对于热编码的数据，列名就是商品名(项目名)，即直接显示项目名称(建议设置为 True)。

max_len：项集的最大长度，也就是项集中项目的最大个数，默认为 None，不做限制。

【返回值】

返回值也是 dataframe 格式，由支持度和项集两列构成，各数据记录都满足最小支持度和项集最大长度条件。

（2）计算关联规则。

mlxtend.frequent_patterns 里封装有关联规则函数 association_rules，可以直接使用该函数找到关联规则。需要导入库：from mlxtend.frequent_patterns import association_rules。association_rules 函数原型如下：

```
association_rules(df,metric,min_threshold,support_only)
```

【参数】

df：dataframe 格式，数据内容为与 apriori 方法输出内容相同格式的数据。

metric：判定标准，默认状态下计算支持度、置信度和提升度。可选值有 'support'，'confidence'，'lift'，'leverage'，'conviction'，里面比较常用的就是置信度和支持度。这个参数和下面的 min_threshold 参数配合使用。

min_threshold：metric 参数的阈值，根据 metric 的不同有不同的取值范围。metric＝'support'→取值范围为[0,1]；metric＝'confidence'→取值范围为[0,1]；metric＝'lift'→取值范围为[0,inf]。

support_only：默认为 False，仅计算有支持度的项集，若缺失支持度则用 NaNs 填充。

8.2.1 mlxtend 简单应用

1. 先导包

```
# 导入包
import pandas as pd
from mlxtend.preprocessing import TransactionEncoder  # 热编码
from mlxtend.frequent_patterns import apriori
from mlxtend.frequent_patterns import association_rules
```

2. 数据准备及数据格式处理

```
# 测试数据
item_list=[['牛奶','面包'],['面包','尿布','啤酒','土豆'],['牛奶','尿布',
'啤酒','可乐'],['面包','牛奶','尿布','啤酒'],['面包','牛奶','尿布','可乐']]
```

接下来进行数据格式的处理，将 List 数组转换成 mlxtend 能接受的数据格式（DataFrame 的热编码格式）。

```
# 数据格式处理
te=TransactionEncoder()
df_tf=te.fit(item_list).transform(item_list)  # 将数据转换成 one-hot code 形式
# 把数据转换为 DataFrame
df=pd.DataFrame(df_tf,columns=te.columns_)  # columns:设置 DataFrame 的列标签
```

说明：

将数据转换成 one-hot code 形式主要使用了 TransactionEncoder 的两个方法，一个 fit，一个 transform。先 fit 之后，mlxtend 就可以知道有多少个唯一值(也就是知道有多少个项)，有了所有的唯一值，就可以用 transform 将数据转换成 one-hot code 形式。此步骤的结果如图 8-15 所示。

另外，fit 函数会初始化一个变量“columns_”，如图 8-16 所示。

```
df_tf
```

```
array([[False, False, False, False,  True,  True],
       [False,  True,  True,  True, False,  True],
       [ True,  True, False,  True,  True, False],
       [False,  True, False,  True,  True,  True],
       [ True, False, False,  True,  True,  True]])
```

图 8-15　将数据转换成 one-hot code **形式**

```
te.columns_
```

```
['可乐', '啤酒', '土豆', '尿布', '牛奶', '面包']
```

图 8-16　列标签：columns_

最终转换结果如图 8-17 所示。

```
df
```

	可乐	啤酒	土豆	尿布	牛奶	面包
0	False	False	False	False	True	True
1	False	True	True	True	False	True
2	True	True	False	True	True	False
3	False	True	False	True	True	True
4	True	False	False	True	True	True

图 8-17　最终转换结果

3. 频繁项集挖掘

```
# 挖掘频繁项集，最小支持度设置为 40%
frequent_items=apriori(df, min_support=0.4, use_colnames=True, max_len=3).
sort_values(by='support', ascending=False)
# 或拆分为下面两句
# frequent_itemsets=apriori(df, min_support=0.4, use_colnames=True, max_len
=3)
# 频繁项集按支持度排序
# frequent_itemsets.sort_values(by='support', ascending=False, inplace=
True)
frequent_items
```

此步骤得到的频繁项集是 DataFrame 格式，由 support 和 itemsets 两列构成，各数据记录都满足最小支持度和项集最大长度条件，并且按支持度降序排列，如图 8-18 所示。

4. 关联规则计算

```
# 关联规则计算　置信度为 70% ，规则是：antecedents-> consequents
ass_rule=association_rules(frequent_items, metric='confidence', min_
threshold=0.7)
# 关联规则按提升度排序
ass_rule.sort_values(by='lift',ascending=False,inplace=True)
ass_rule
```

	support	itemsets
2	0.8	(尿布)
3	0.8	(牛奶)
4	0.8	(面包)
12	0.6	(牛奶, 面包)
7	0.6	(尿布, 啤酒)
1	0.6	(啤酒)
10	0.6	(牛奶, 尿布)
11	0.6	(尿布, 面包)
0	0.4	(可乐)
15	0.4	(尿布, 面包, 啤酒)
14	0.4	(牛奶, 尿布, 啤酒)
13	0.4	(牛奶, 尿布, 可乐)
8	0.4	(牛奶, 啤酒)
9	0.4	(面包, 啤酒)
6	0.4	(牛奶, 可乐)
5	0.4	(尿布, 可乐)
16	0.4	(牛奶, 尿布, 面包)

图 8-18　频繁项集结果

得到的结果如图 8-19 所示。

	antecedents	consequents	antecedent support	consequent support	support	confidence	lift	leverage	conviction
12	(可乐)	(牛奶, 尿布)	0.4	0.6	0.4	1.00	1.666667	0.16	inf
3	(啤酒)	(尿布)	0.6	0.8	0.6	1.00	1.250000	0.12	inf
8	(面包, 啤酒)	(尿布)	0.4	0.8	0.4	1.00	1.250000	0.08	inf
9	(牛奶, 啤酒)	(尿布)	0.4	0.8	0.4	1.00	1.250000	0.08	inf
10	(牛奶, 可乐)	(尿布)	0.4	0.8	0.4	1.00	1.250000	0.08	inf
11	(尿布, 可乐)	(牛奶)	0.4	0.8	0.4	1.00	1.250000	0.08	inf
13	(可乐)	(牛奶)	0.4	0.8	0.4	1.00	1.250000	0.08	inf
14	(可乐)	(尿布)	0.4	0.8	0.4	1.00	1.250000	0.08	inf
2	(尿布)	(啤酒)	0.8	0.6	0.6	0.75	1.250000	0.12	1.6
0	(牛奶)	(面包)	0.8	0.8	0.6	0.75	0.937500	-0.04	0.8
1	(面包)	(牛奶)	0.8	0.8	0.6	0.75	0.937500	-0.04	0.8
4	(牛奶)	(尿布)	0.8	0.8	0.6	0.75	0.937500	-0.04	0.8
5	(尿布)	(牛奶)	0.8	0.8	0.6	0.75	0.937500	-0.04	0.8
6	(尿布)	(面包)	0.8	0.8	0.6	0.75	0.937500	-0.04	0.8
7	(面包)	(尿布)	0.8	0.8	0.6	0.75	0.937500	-0.04	0.8

图 8-19　关联规则结果

mlxtend 使用了 DataFrame 方式来描述关联规则，而不是“→”符号，其中：antecedents 为规则先导项；consequents 为规则后继项；antecedent support 为规则先导项支持度；consequent support 为规则后继项支持度；support 为规则支持度（前项后项并集的支持度）；confidence 为规则置信度（规则置信度＝规则支持度/规则先导项）；lift 为规则提升度，表示含有先导项条件下同时含有后继项的概率，与后继项总体发生的概率之比；leverage 为规则杠杆率，表示当先导项与后继项独立分布时，先导项与后继项一起出现的次数比预期多多少；conviction 为规则确信度，与提升度类似，但用差值表示。

各数据记录都满足最小置信度 70%，并且按提升度降序排列。

8.2.2 综合应用：AdventureWorksDW 订单数据分析

1. 准备工作

① squarify 安装。

安装方法：输入 pip install squarify。

作用：一种坐标系，包括原点（x 和 y）和宽度/高度（dx/dy）的值。从最大值到最小值排序并规范化为总面积（即 $dx \times dy$）的正值列表，将数据生成基于 matplotlib 的树状图可视化。

② wordcloud 安装。

安装方法：输入 pip install wordcloud。

注：需要先安装 Microsoft Visual C＋＋Build Tools。

作用：wordcloud 库把词云当作一个 WordCloud 对象；wordcloud.WordCloud()代表一个文本对应的词云；wordcloud 库可以根据文本中词语出现的频率等参数绘制词云，所绘制词云的形状、尺寸和颜色均可设定。

③ 数据源为 AdventureWorksDW2019。

数据源说明：AdventureWorks 是 SQL Server 里的示例数据库，它是基于一家虚拟的大型跨国生产公司所构建的，该公司生产金属和复合材料的自行车，产品远销北美、欧洲和亚洲市场。在该数据仓库中有如下主题：Finance、Call Center、Inventory、Internet Sales、Sales Quotas、Surveys、Currency Rates、Reseller Sales、Product Descriptions。在关联规则挖掘中，分析顾客经常一起购买的商品有哪些，主要涉及 Internet Sales，该主题涉及的各事实表、维表关系如图 8-20 所示。

下面主要对视图 vDMPrep 中的数据进行关联规则挖掘，该视图的定义如下：

```
    CREATE VIEW vDMPrep AS
    SELECT pc.EnglishProductCategoryName, COALESCE (p.ModelName,
p.EnglishProductName) AS Model, c.CustomerKey, s.SalesTerritoryGroup AS Region,
2014-year(c.[BirthDate]) AS Age,
    CASE WHEN c.[YearlyIncome] < 40000 THEN 'Low' WHEN c.[YearlyIncome] > 60000 THEN
'High' ELSE 'Moderate' END AS IncomeGroup, d.CalendarYear, d.FiscalYear,
    d.MonthNumberOfYear AS Month, f.SalesOrderNumber AS OrderNumber,
f.SalesOrderLineNumber AS LineNumber, f.OrderQuantity AS Quantity,
f.ExtendedAmount AS Amount
    FROM dbo.FactInternetSales AS f INNER JOIN
```

```
                dbo. DimDate AS d ON f. OrderDateKey = d. DateKey INNER JOIN      dbo.
    DimProduct AS p ON f.ProductKey=p.ProductKey INNER JOIN
                dbo. DimProductSubcategory AS psc ON p. ProductSubcategoryKey = psc.
    ProductSubcategoryKey INNER JOIN
                dbo. DimProductCategory AS pc ON psc. ProductCategoryKey = pc.
    ProductCategoryKey INNER JOIN
             dbo.DimCustomer AS c ON f.CustomerKey=c.CustomerKey INNER JOIN
             dbo.DimGeography AS g ON c.GeographyKey=g.GeographyKey INNER JOIN
             dbo.DimSalesTerritory AS s ON g.SalesTerritoryKey=s.SalesTerritoryKey
```

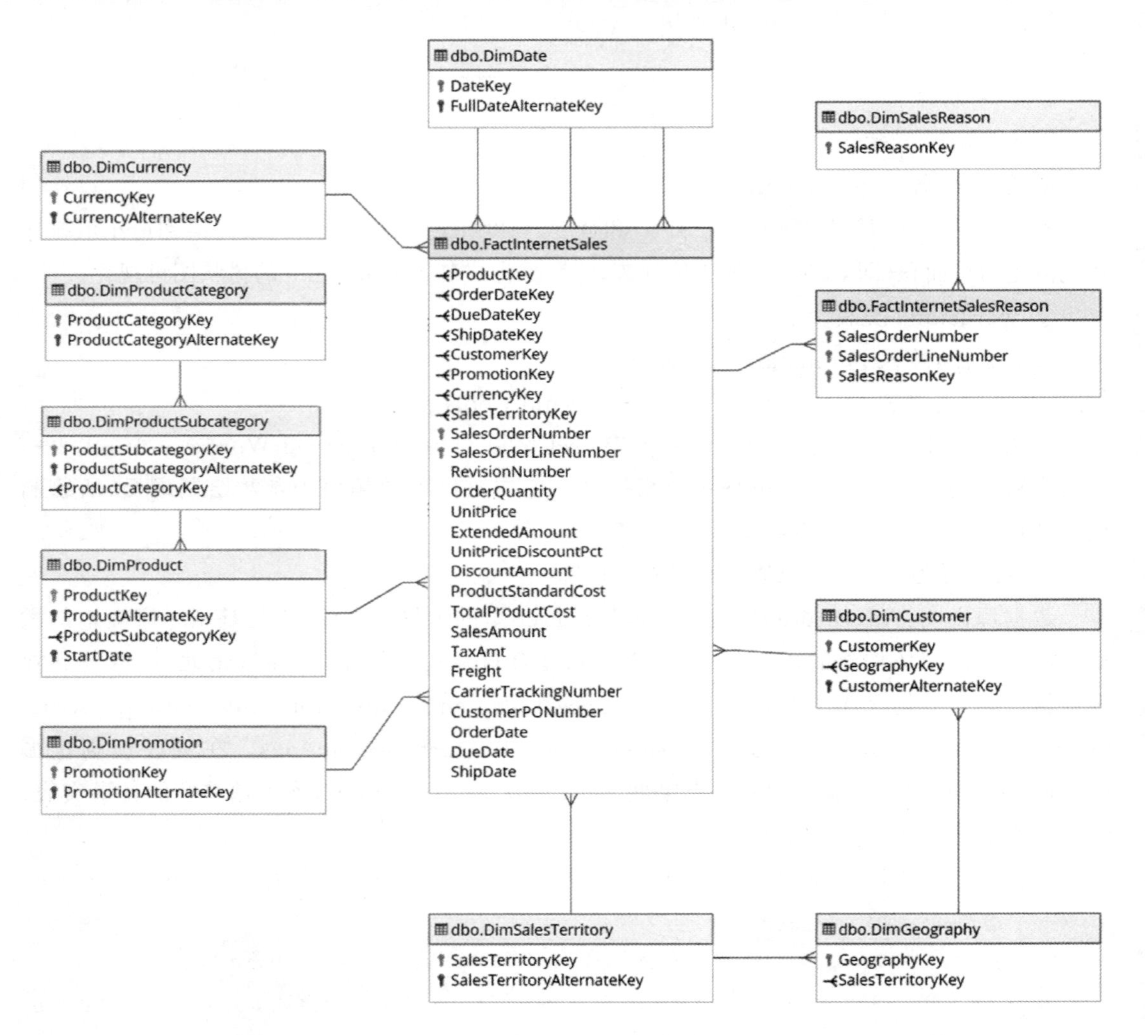

图 8-20 Internet Sales **主题**

视图 vDMPrep 中的部分数据如图 8-21 所示。主要选取 FiscalYear=2013 的数据进行挖掘，相关数据查询 SQL 语句如下：

```
SELECT OrderNumber, Model FROM vDMPrep WHERE FiscalYear=2013
```

结果 消息

	EnglishProductCategoryName	Model	CustomerKey	Region	Age	IncomeGroup	CalendarYear	FiscalYear	Month	OrderNumber	LineNumber	Quantity	Amount
1	Bikes	Road-150	21768	North America	62	High	2010	2011	12	SO43697	1	1	3578.27
2	Bikes	Mountain-100	28389	Europe	44	Low	2010	2011	12	SO43698	1	1	3399.99
3	Bikes	Mountain-100	25863	North America	62	Moderate	2010	2011	12	SO43699	1	1	3399.99
4	Bikes	Road-650	14501	North America	71	High	2010	2011	12	SO43700	1	1	699.0982
5	Bikes	Mountain-100	11003	Pacific	41	High	2010	2011	12	SO43701	1	1	3399.99
6	Bikes	Road-150	27645	North America	42	High	2010	2011	12	SO43702	1	1	3578.27
7	Bikes	Road-150	16624	Pacific	31	High	2010	2011	12	SO43703	1	1	3578.27
8	Bikes	Mountain-100	11005	Pacific	38	High	2010	2011	12	SO43704	1	1	3374.99

图 8-21　视图 vDMPrep 中的部分数据

2. 导入包

```
# 导入包
import numpy as np
import pandas as pd
import pymssql
# 可视化
import matplotlib.pyplot as plt
import squarify
import seaborn as sns
plt.style.use('fivethirtyeight')
# 热编码
from mlxtend.preprocessing import TransactionEncoder
# 关联规则挖掘
from mlxtend.frequent_patterns import apriori
from mlxtend.frequent_patterns import association_rules
```

3. 导入数据

```
# a.数据库连接
conn=pymssql.connect(host='localhost',user='sa',password='0203',database
='AdventureWorksDW')
cursor=conn.cursor()
cursor_1=conn.cursor()
if cursor and cursor_1:
    print("连接成功!")
# b.数据提取
sql_all='SELECT OrderNumber, Model FROM vDMPrep WHERE FiscalYear=2013 Order
by OrderNumber'  # SQL:提取订单明细信息
cursor.execute(sql_all)  # 使用 execute()方法执行 SQL 查询
data_all=cursor.fetchall()  # 使用 fetchall()方法获取全部数据
data_all  # 查看数据
```

提取的订单明细信息如图 8-22 所示。

```
# SQL:提取所有订单号
sql_distinct='SELECT distinct(OrderNumber) from vDMPrep WHERE FiscalYear=2013'
cursor_1.execute(sql_distinct)  # 使用 execute()方法执行 SQL 查询
data_id=cursor_1.fetchall()  # 使用 fetchall()方法获取全部数据
print(data_id)  # 查看数据
```

```
连接成功!
[('S061313', 'Road-350-W'),
 ('S061313', 'Cycling Cap'),
 ('S061313', 'Sport-100'),
 ('S061314', 'Hitch Rack - 4-Bike'),
 ('S061315', 'ML Road Tire'),
 ('S061315', 'Road Tire Tube'),
 ('S061315', 'Sport-100'),
 ('S061315', 'Short-Sleeve Classic Jersey'),
 ('S061315', 'Cycling Cap'),
 ('S061316', 'ML Mountain Tire'),
 ('S061316', 'Patch kit'),
 ('S061317', 'Fender Set - Mountain'),
 ('S061318', 'Fender Set - Mountain'),
 ('S061318', 'Sport-100'),
 ('S061319', 'Road Tire Tube'),
 ('S061319', 'LL Road Tire'),
```

图 8-22 订单明细信息

提取的订单号信息如图 8-23 所示。

```
[('S061313',), ('S061314',), ('S061315',), ('S061316',), ('S061317',), ('S061318',), ('S061319',), ('S061320',), ('S061321',), ('S06132
2',), ('S061323',), ('S061324',), ('S061325',), ('S061326',), ('S061327',), ('S061328',), ('S061329',), ('S061330',), ('S061331',), ('S
061332',), ('S061333',), ('S061334',), ('S061335',), ('S061336',), ('S061337',), ('S061338',), ('S061339',), ('S061340',), ('S06134
1',), ('S061342',), ('S061343',), ('S061344',), ('S061345',), ('S061346',), ('S061347',), ('S061348',), ('S061349',), ('S061350',), ('S
061351',), ('S061352',), ('S061353',), ('S061354',), ('S061355',), ('S061356',), ('S061357',), ('S061358',), ('S061359',), ('S06136
0',), ('S061361',), ('S061362',), ('S061363',), ('S061364',), ('S061365',), ('S061366',), ('S061367',), ('S061368',), ('S061369',), ('S
061370',), ('S061371',), ('S061372',), ('S061373',), ('S061374',), ('S061375',), ('S061376',), ('S061377',), ('S061378',), ('S06137
9',), ('S061380',), ('S061381',), ('S061382',), ('S061383',), ('S061384',), ('S061385',), ('S061386',), ('S061387',), ('S061388',), ('S
061389',), ('S061390',), ('S061391',), ('S061392',), ('S061393',), ('S061394',), ('S061395',), ('S061396',), ('S061397',), ('S06139
8',), ('S061399',), ('S061400',), ('S061401',), ('S061402',), ('S061403',), ('S061404',), ('S061405',), ('S061406',), ('S061407',), ('S
```

图 8-23 订单号信息

4. 数据预处理

```
# ①先转换为 DataFrame 结构,然后把项提取出来,最终把数据存储到 dt 中
d_all=pd.DataFrame(list(data_all))
d_id=np.array(data_id)
```

将数据转换为 DataFrame 结构,结果如图 8-24 所示。

```
# ②遍历 dataframe 中的数据,转换为 List 数组类型
dt=[]
for i in d_id:  # 遍历 d_id 中所有的行
    arr=[]
    for a in range(len(data_all)): # 在每一行中遍历每一个列元素,a 为 data_all 中
的行号
        if i==d_all.iat[a,0]:  # iat 函数:通过行号和列号来取值(若 i 与 d_all 中
a 行 0 列的值相等,则把该行 1 列的值添加到 arr 中)
            arr=arr+ [d_all.iat[a,1]]
    dt=dt+ [arr]
```

```
d_all
```

	0	1
0	SO61313	Road-350-W
1	SO61313	Cycling Cap
2	SO61313	Sport-100
3	SO61314	Hitch Rack - 4-Bike
4	SO61315	ML Road Tire
...	...	...
32161	SO75122	Fender Set - Mountain
32162	SO75122	Cycling Cap
32163	SO75123	Fender Set - Mountain
32164	SO75123	All-Purpose Bike Stand
32165	SO75123	Cycling Cap

32166 rows × 2 columns

（a）DataFrame结构

```
d_id
```

```
array([['SO61313'],
       ['SO61314'],
       ['SO61315'],
       ...,
       ['SO75121'],
       ['SO75122'],
       ['SO75123']], dtype='<U7')
```

（b）ID

图 8-24　数据转换为 DataFrame 结构的结果

将数据转换为 List 数组类型，部分结果如图 8-25 所示。

```
dt
```

```
[['Road-350-W', 'Cycling Cap', 'Sport-100'],
 ['Hitch Rack - 4-Bike'],
 ['ML Road Tire',
  'Road Tire Tube',
  'Sport-100',
  'Short-Sleeve Classic Jersey',
  'Cycling Cap'],
 ['ML Mountain Tire', 'Patch kit'],
 ['Fender Set - Mountain'],
 ['Fender Set - Mountain', 'Sport-100'],
 ['Road Tire Tube', 'LL Road Tire', 'Patch kit'],
 ['Mountain Bottle Cage', 'Water Bottle', 'Sport-100'],
 ['Long-Sleeve Logo Jersey', 'Half-Finger Gloves'],
 ['Patch kit', 'Hitch Rack - 4-Bike'],
 ['Road-350-W', 'Sport-100'],
 ['Road-350-W', 'Sport-100'],
 ['Road-350-W', 'Short-Sleeve Classic Jersey', 'Half-Finger Gloves'],
 ['Road-250', 'Bike Wash'],
 ['Mountain-200', 'Cycling Cap', 'Sport-100'],
```

图 8-25　转换为 List 数组类型的部分结果

```
# ③将 List 数组转换成 mlxtend 能接受的数据格式(DataFrame 的热编码格式)
# TransactionEncoder 类似于独热编码,每个值转换为一个唯一的 bool 值
te=TransactionEncoder()  # 定义模型
data=te.fit_transform(dt)  # 将数据转换成 one-hot code 形式
# 把数据转换为 DataFrame,columns:设置 DataFrame 的列标签
data=pd.DataFrame(data, columns=te.columns_)
data.shape  # 获取转换为 DataFrame 之后的行列数
data.shape 结果为:(13006,37)。
```

DataFrame 的热编码格式结果如图 8-26 所示。

```
data
```

	All-Purpose Bike Stand	Bike Wash	Classic Vest	Cycling Cap	Fender Set - Mountain	HL Mountain Tire	HL Road Tire	Half-Finger Gloves	Hitch Rack - 4-Bike	Hydration Pack	...	Road-750	Short-Sleeve Classic Jersey	Sport-100	Touring Tire	Touring Tire Tube	Touring-1000	Touri 2
0	False	False	False	True	False	False	False	False	False	False	...	False	False	True	False	False	False	Fa
1	False	False	False	False	False	False	False	False	True	False	...	False	False	False	False	False	False	Fa
2	False	False	False	True	False	False	False	False	False	False	...	False	True	True	False	False	False	Fa
3	False	False	False	False	False	False	False	False	False	False	...	False	False	False	False	False	False	Fa
4	False	False	False	False	True	False	False	False	False	False	...	False	False	False	False	False	False	Fa
...	...	...	...	...	...	...	...	...	...	...	...	...	...	...	...	...	...	
13001	False	False	False	False	False	True	False	False	False	False	...	False	False	False	False	False	False	Fa
13002	False	False	False	True	True	False	False	False	False	False	...	False	True	False	False	False	False	Fa
13003	False	False	False	False	False	True	False	False	False	False	...	False	False	True	False	False	False	Fa
13004	False	False	False	True	True	False	False	False	False	False	...	False	False	False	False	False	False	Fa
13005	True	False	False	True	True	False	False	False	False	False	...	False	False	False	False	False	False	Fa

13006 rows × 37 columns

图 8-26 DataFrame 的热编码格式

5. 数据可视化

(1) 词云。

```
# 词云
from wordcloud import WordCloud
wcdata=d_all[1].value_counts()  # 取数据预处理中①步骤的 DataFrame:d_all[1],即第 2 列中的项值生成词云,计算第 2 列各项的频率
wcdata
```

词频统计结果如图 8-27 所示。

```
wctest=dict(wcdata)  # 转换为对应的词典(dict)数据
wctest
```

词典数据如图 8-28 所示。

```
# 画词云图
plt.rcParams['figure.figsize']=(15, 15) # 图像显示大小
# 参数 background_color 背景颜色,根据图片背景设置,默认为黑色;width、height、margin 分别对应宽度像素、长度像素、边缘空白处
```

```
Sport-100                         3782
Water Bottle                      2489
Patch kit                         1830
Mountain Tire Tube                1776
Mountain-200                      1470
Road Tire Tube                    1374
Cycling Cap                       1301
Fender Set - Mountain             1234
Mountain Bottle Cage              1196
Long-Sleeve Logo Jersey           1051
Road Bottle Cage                   999
Short-Sleeve Classic Jersey        920
Touring Tire Tube                  895
Half-Finger Gloves                 849
Road-750                           837
HL Mountain Tire                   815
Touring-1000                       810
ML Mountain Tire                   658
Road-550-W                         618
Road-350-W                         607
LL Road Tire                       604
Women's Mountain Shorts            582
Touring Tire                       581
ML Road Tire                       532
Bike Wash                          524
LL Mountain Tire                   499
HL Road Tire                       461
Hydration Pack                     428
Classic Vest                       356
Mountain-400-W                     336
Racing Socks                       320
Touring-3000                       319
Road-250                           299
Mountain-500                       284
Touring-2000                       210
Hitch Rack - 4-Bike                190
All-Purpose Bike Stand             130
Name: 1, dtype: int64
```

图 8-27　词频统计结果

```
{'Sport-100': 3782,
 'Water Bottle': 2489,
 'Patch kit': 1830,
 'Mountain Tire Tube': 1776,
 'Mountain-200': 1470,
 'Road Tire Tube': 1374,
 'Cycling Cap': 1301,
 'Fender Set - Mountain': 1234,
 'Mountain Bottle Cage': 1196,
 'Long-Sleeve Logo Jersey': 1051,
 'Road Bottle Cage': 999,
 'Short-Sleeve Classic Jersey': 920,
 'Touring Tire Tube': 895,
 'Half-Finger Gloves': 849,
 'Road-750': 837,
 'HL Mountain Tire': 815,
 'Touring-1000': 810,
 'ML Mountain Tire': 658,
 'Road-550-W': 618,
 'Road-350-W': 607,
 'LL Road Tire': 604,
 "Women's Mountain Shorts": 582,
 'Touring Tire': 581,
 'ML Road Tire': 532,
 'Bike Wash': 524,
 'LL Mountain Tire': 499,
 'HL Road Tire': 461,
 'Hydration Pack': 428,
 'Classic Vest': 356,
 'Mountain-400-W': 336,
 'Racing Socks': 320,
 'Touring-3000': 319,
 'Road-250': 299,
 'Mountain-500': 284,
 'Touring-2000': 210,
 'Hitch Rack - 4-Bike': 190,
 'All-Purpose Bike Stand': 130}
```

图 8-28　转换为对应的词典

```
    wordcloud=WordCloud(background_color='white', width=1200,  height=1200,
max_words=121)
    # 利用生成的 dict 文件制作词云图
    wordcloud=wordcloud.generate_from_frequencies(wctest)
    plt.imshow(wordcloud)
    plt.axis('off')
    plt.title('Most Popular Items',fontsize=20)
    plt.show()
```

词云图结果如图 8-29 所示。

在词云图中可见，Sport-100 的字体最大，表示其出现的频率最高；其次是 Water Bottle 和 Patch kit 等。

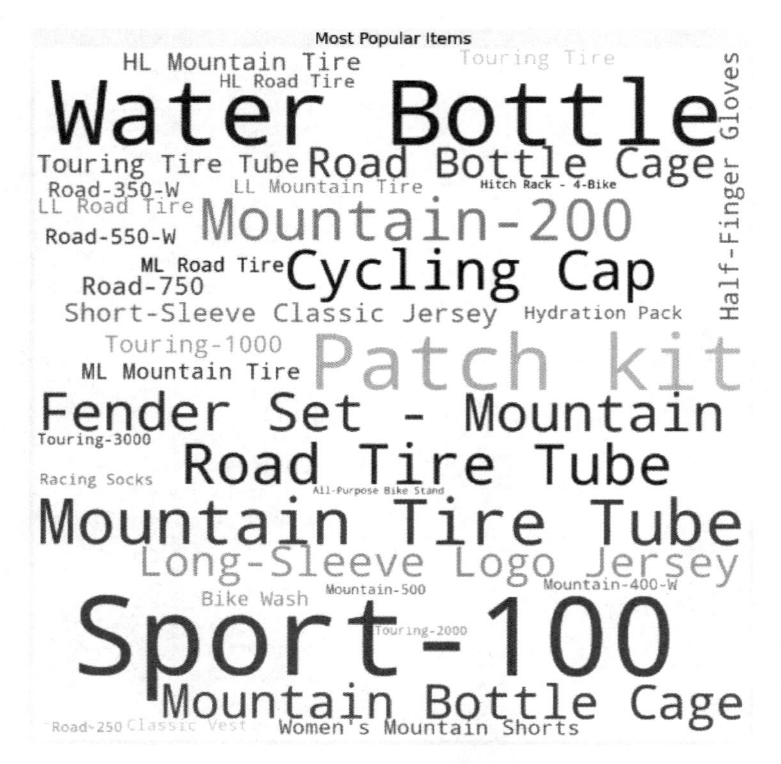

图 8-29 词云图

(2) 频率图。

```
# 查看最受欢迎的前 30 个商品出现的频率,绘制柱状图
plt.rcParams['figure.figsize']=(18, 7)  # 图像显示大小
color=plt.cm.plasma(np.linspace(0, 1, 30))   # 设置配色方案为 plasma
d_all[1].value_counts().head(30).plot.bar(color=color)  # 绘制柱状图
plt.title('frequency of most popular items', fontsize=20)  # 设置图表标题
plt.xticks(rotation=90 )  # 坐标轴标记旋转 90°
plt.grid()  # 不显示网格线
plt.show()  # 显示图片
```

说明:

① numpy.linspace()函数用于在线性空间中以均匀步长生成数字序列。

格式:array=numpy.linspace(start, end, num=num_points)将在 start 和 end 之间生成一个统一的序列,共有 num_points 个元素。

② matplotlib.pyplot.cm,cm 参数接受一个值(每个值代表一种配色方案),并将该值对应的颜色图分配给当前图窗。此处采用 plasma 配色方案。其他配色方案参见:https://matplotlib.org/2.0.2/examples/color/colormaps_reference.html。

③ DataFrame.plot.bar()函数沿着指定的轴线绘制一个柱状图。它将图形按类别绘制,分类在 x 轴上给出,数值在 y 轴上给出。

④ 使用 Matplotlib.pyplot.xtick()设置坐标轴标记,plt.xticks(rotation=90)中 rotation 定义坐标轴标签旋转的角度,"=90"表示旋转 90°。

⑤ 使用 pyplot 中的 grid()方法来设置图表中的网格线。grid()方法语法格式如下：

```
matplotlib.pyplot.grid(b=None, which='major', axis='both', )
```

grid()方法的参数如下。

b：可选，默认为 None，可以设置布尔值，true 为显示网格线，false 为不显示。

which：可选，可选值有'major'、'minor'和'both'，默认为'major'，表示应用更改的网格线。

axis：可选，设置显示哪个方向的网格线，可以取'both'(默认)、'x'或'y'，分别表示两个方向，x 轴方向或 y 轴方向。

频率图结果如图 8-30 所示。

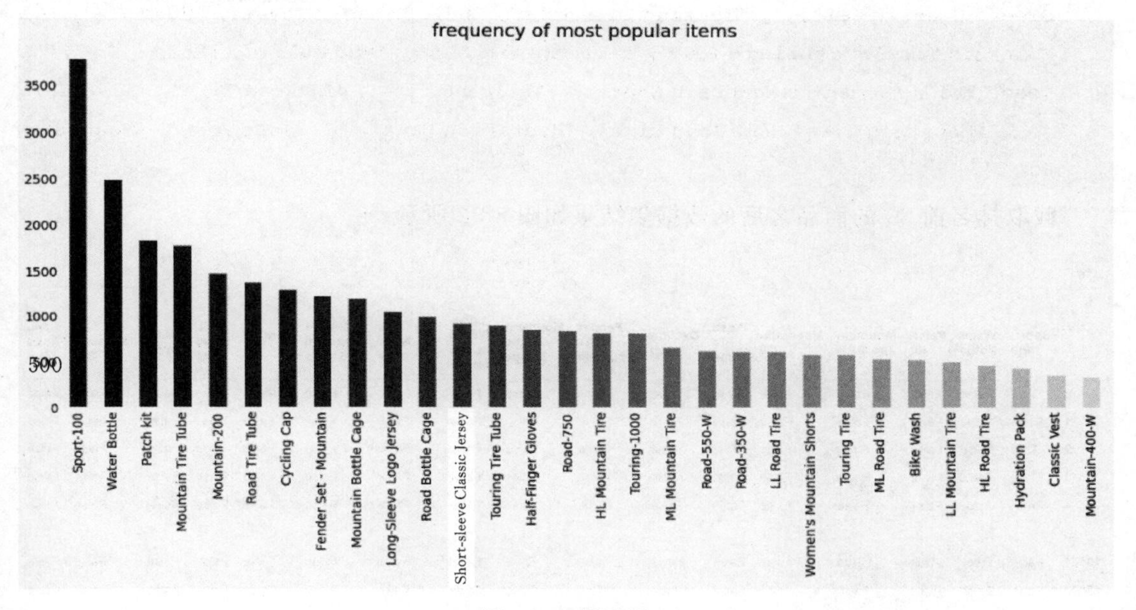

图 8-30 频率图

```
y=d_all[1].value_counts().head(30).to_frame() # 将前 30 项转换为 DataFrame
y.index  # 索引值，或者可以称为行标签。
```

排名前 30 的商品如图 8-31 所示。

```
Index(['Sport-100', 'Water Bottle', 'Patch kit', 'Mountain Tire Tube',
       'Mountain-200', 'Road Tire Tube', 'Cycling Cap',
       'Fender Set - Mountain', 'Mountain Bottle Cage',
       'Long-Sleeve Logo Jersey', 'Road Bottle Cage',
       'Short-Sleeve Classic Jersey', 'Touring Tire Tube',
       'Half-Finger Gloves', 'Road-750', 'HL Mountain Tire', 'Touring-1000',
       'ML Mountain Tire', 'Road-550-W', 'Road-350-W', 'LL Road Tire',
       'Women's Mountain Shorts', 'Touring Tire', 'ML Road Tire', 'Bike Wash',
       'LL Mountain Tire', 'HL Road Tire', 'Hydration Pack', 'Classic Vest',
       'Mountain-400-W'],
      dtype='object')
```

图 8-31 排名前 30 的商品

6. 频繁项集及关联规则挖掘

由于项数太多的关联规则挖掘将会很混乱，因此在这里截取排名前 30 的商品进行分析。排名前 30 的商品可以在频率图步骤中通过 y.index 查看。

```
# 截取排名前 30 的商品进行分析
import warnings
warnings.filterwarnings('ignore')
data=data.loc[:, ['Sport- 100', 'Water Bottle', 'Patch kit', 'Mountain Tire Tube', 'Mountain-200', 'Road Tire Tube', 'Cycling Cap', 'Fender Set-Mountain', 'Mountain Bottle Cage ', 'Long-Sleeve Logo Jersey', 'Road Bottle Cage', 'Short-Sleeve Classic Jersey', 'Touring Tire Tube', 'Half-Finger Gloves', 'Road-750', 'HL Mountain Tire', 'Touring- 1000', 'ML Mountain Tire', 'Road-550-W', 'Road-350-W', 'LL Road Tire', 'Women\'s Mountain Shorts', 'Touring Tire', 'ML Road Tire', 'Bike Wash', 'LL Mountain Tire', 'HL Road Tire', 'Hydration Pack', 'Classic Vest', 'Mountain-400-W']]
```

截取排名前 30 的商品之后的数据集结果如图 8-32 所示。

```
data
```

	Sport-100	Water Bottle	Patch kit	Mountain Tire Tube	Mountain-200	Road Tire Tube	Cycling Cap	Fender Set - Mountain	Mountain Bottle Cage	Long-Sleeve Logo Jersey	...	LL Road Tire	Women's Mountain Shorts	Touring Tire	ML Road Tire	Bike Wash	LL Mountain Tire	HL Road Tire
0	True	False	False	False	False	False	True	False	False	False	...	False	False	False	False	False	False	False
1	False	False	False	False	False	False	False	False	False	False	...	False	False	False	False	False	False	False
2	True	False	False	False	False	True	True	False	False	False	...	False	False	False	True	False	False	False
3	False	False	True	False	False	False	False	False	False	False	...	False	False	False	False	False	False	False
4	False	False	False	False	False	False	False	True	False	False	...	False	False	False	False	False	False	False
...	...	...	...	...	...	...	...	...	...	...	...	...	...	...	...	...	...	...
13001	False	False	True	True	False	False	False	False	False	False	...	False	False	False	False	False	False	False
13002	False	False	False	False	False	False	True	True	False	False	...	False	False	False	False	False	False	False
13003	True	False	False	True	False	False	False	False	False	False	...	False	False	False	False	False	False	False
13004	False	False	False	False	False	False	True	True	False	False	...	False	False	False	False	False	False	False
13005	False	False	False	False	False	False	True	True	False	False	...	False	False	False	False	False	False	False

13006 rows × 30 columns

图 8-32 截取排名前 30 的商品的结果

```
# 最小支持度设置为 3.5% ,use_colnames=True 表示使用元素名字,默认的 False 使用列名代表元素
apriori(data, min_support = 0.035, use_colnames = True).sort_values(by='support', ascending=False)
```

无项集长度的频繁项集挖掘结果如图 8-33(a)所示。

例如，假设我们只对长度为 2 的项目集感兴趣。

```
# 首先,通过 apriori 算法创建频繁项集,并添加一个新列来存储每个项集的长度:
frequent_itemsets=apriori(data, min_support=0.035, use_colnames=True).sort_values(by='support', ascending=False)
frequent_itemsets['length']=frequent_itemsets['itemsets'].apply(lambda x: len(x))
frequent_itemsets
```

	support	itemsets
0	0.290789	(Sport-100)
1	0.191373	(Water Bottle)
2	0.140704	(Patch kit)
3	0.136552	(Mountain Tire Tube)
4	0.113025	(Mountain-200)
5	0.105644	(Road Tire Tube)
6	0.100031	(Cycling Cap)
7	0.094879	(Fender Set - Mountain)
8	0.091958	(Mountain Bottle Cage)
9	0.080809	(Long-Sleeve Logo Jersey)
10	0.076811	(Road Bottle Cage)
30	0.076349	(Water Bottle, Mountain Bottle Cage)
11	0.070737	(Short-Sleeve Classic Jersey)
12	0.068814	(Touring Tire Tube)
31	0.068584	(Road Bottle Cage, Water Bottle)
13	0.065278	(Half-Finger Gloves)
14	0.064355	(Road-750)
15	0.062663	(HL Mountain Tire)
16	0.062279	(Touring-1000)
28	0.057435	(Sport-100, Mountain Tire Tube)
17	0.050592	(ML Mountain Tire)
27	0.049900	(Sport-100, Water Bottle)
18	0.047517	(Road-550-W)
19	0.046671	(Road-350-W)
20	0.046440	(LL Road Tire)
21	0.044749	(Women's Mountain Shorts)
22	0.044672	(Touring Tire)
32	0.042365	(HL Mountain Tire, Mountain Tire Tube)
23	0.040904	(ML Road Tire)
24	0.040289	(Bike Wash)
29	0.039751	(Sport-100, Road Tire Tube)
33	0.038905	(Touring Tire Tube, Touring Tire)
25	0.038367	(LL Mountain Tire)
26	0.035445	(HL Road Tire)

(a) 无项集长度

	support	itemsets	length
0	0.290789	(Sport-100)	1
1	0.191373	(Water Bottle)	1
2	0.140704	(Patch kit)	1
3	0.136552	(Mountain Tire Tube)	1
4	0.113025	(Mountain-200)	1
5	0.105644	(Road Tire Tube)	1
6	0.100031	(Cycling Cap)	1
7	0.094879	(Fender Set - Mountain)	1
8	0.091958	(Mountain Bottle Cage)	1
9	0.080809	(Long-Sleeve Logo Jersey)	1
10	0.076811	(Road Bottle Cage)	1
30	0.076349	(Water Bottle, Mountain Bottle Cage)	2
11	0.070737	(Short-Sleeve Classic Jersey)	1
12	0.068814	(Touring Tire Tube)	1
31	0.068584	(Water Bottle, Road Bottle Cage)	2
13	0.065278	(Half-Finger Gloves)	1
14	0.064355	(Road-750)	1
15	0.062663	(HL Mountain Tire)	1
16	0.062279	(Touring-1000)	1
28	0.057435	(Mountain Tire Tube, Sport-100)	2
17	0.050592	(ML Mountain Tire)	1
27	0.049900	(Water Bottle, Sport-100)	2
18	0.047517	(Road-550-W)	1
19	0.046671	(Road-350-W)	1
20	0.046440	(LL Road Tire)	1
21	0.044749	(Women's Mountain Shorts)	1
22	0.044672	(Touring Tire)	1
32	0.042365	(Mountain Tire Tube, HL Mountain Tire)	2
23	0.040904	(ML Road Tire)	1
24	0.040289	(Bike Wash)	1
29	0.039751	(Road Tire Tube, Sport-100)	2
33	0.038905	(Touring Tire Tube, Touring Tire)	2
25	0.038367	(LL Mountain Tire)	1
26	0.035445	(HL Road Tire)	1

(b) 有项集长度

图 8-33 频繁项集挖掘结果

增加了 length 列的频繁项集挖掘结果如图 8-33(b)所示。

```
# 选择和过滤结果:length=2 and support > 3.5%
frequent_itemsets[ (frequent_itemsets['length']==2) &
                   (frequent_itemsets['support'] > =0.035) ]
```

选择长度为 2 的频繁项集结果如图 8-34 所示。

	support	itemsets	length
30	0.076349	(Water Bottle, Mountain Bottle Cage)	2
31	0.068584	(Water Bottle, Road Bottle Cage)	2
28	0.057435	(Mountain Tire Tube, Sport-100)	2
27	0.049900	(Water Bottle, Sport-100)	2
32	0.042365	(Mountain Tire Tube, HL Mountain Tire)	2
29	0.039751	(Road Tire Tube, Sport-100)	2
33	0.038905	(Touring Tire Tube, Touring Tire)	2

图 8-34　长度为 2 的频繁项集

```
# 关联规则计算-置信度
# metric 设置为'confidence',置信度为 10%
association_rule=association_rules(frequent_itemsets,metric='confidence',
min_threshold=0.1)
# 关联规则可以按 leverage 排序
association_rule.sort_values(by='leverage',ascending=False,inplace=True)
association_rule
```

关联规则计算结果如图 8-35 所示。

	antecedents	consequents	antecedent support	consequent support	support	confidence	lift	leverage	conviction
0	(Water Bottle)	(Mountain Bottle Cage)	0.191373	0.091958	0.076349	0.398955	4.338473	0.058751	1.510774
1	(Mountain Bottle Cage)	(Water Bottle)	0.091958	0.191373	0.076349	0.830268	4.338473	0.058751	4.764126
2	(Water Bottle)	(Road Bottle Cage)	0.191373	0.076811	0.068584	0.358377	4.665715	0.053884	1.438834
3	(Road Bottle Cage)	(Water Bottle)	0.076811	0.191373	0.068584	0.892893	4.665715	0.053884	7.549702
12	(Touring Tire Tube)	(Touring Tire)	0.068814	0.044672	0.038905	0.565363	12.655960	0.035831	2.197992
13	(Touring Tire)	(Touring Tire Tube)	0.044672	0.068814	0.038905	0.870912	12.655960	0.035831	7.213584
8	(Mountain Tire Tube)	(HL Mountain Tire)	0.136552	0.062663	0.042365	0.310248	4.951021	0.033808	1.358947
9	(HL Mountain Tire)	(Mountain Tire Tube)	0.062663	0.136552	0.042365	0.676074	4.951021	0.033808	2.665568
4	(Mountain Tire Tube)	(Sport-100)	0.136552	0.290789	0.057435	0.420608	1.446438	0.017727	1.224061
5	(Sport-100)	(Mountain Tire Tube)	0.290789	0.136552	0.057435	0.197515	1.446438	0.017727	1.075967
10	(Road Tire Tube)	(Sport-100)	0.105644	0.290789	0.039751	0.376274	1.293975	0.009031	1.137055
11	(Sport-100)	(Road Tire Tube)	0.290789	0.105644	0.039751	0.136700	1.293975	0.009031	1.035974
6	(Water Bottle)	(Sport-100)	0.191373	0.290789	0.049900	0.260747	0.896689	-0.005749	0.959362
7	(Sport-100)	(Water Bottle)	0.290789	0.191373	0.049900	0.171602	0.896689	-0.005749	0.976134

图 8-35　关联规则计算结果

从图 8-35 中可以看出：Water Bottle→Sport-100 或 Sport-100 →Water Bottle，提升度 lift<1，说明两者呈负相关，其中一个的销售量增加会引起另外一个的销售量降低；而 Touring Tire Tube→Touring Tire 或 Touring Tire→Touring Tire Tube，提升度高达12.66，说明两者呈正相关，两者的销售是相互促进的，在销售策略上，可以对两者进行捆绑销售。

8.3 实验内容

(1) 分别使用 Efficient-Apriori 和 mlxtend 实践关联规则。

对于图 8-36 所示的数据集，设 min_sup=60%，min_conf=80%，挖掘频繁项集及关联规则。

Tid	Items bought
T100	K, A, F, C, M, G, I
T200	C, F, A, H
T300	M, K, B, C, F
T400	F, A, G, L, C, I
T500	M, I, F, P

图 8-36 数据集

(2) 对 Market_Basket_Optimisation.csv 使用 mlxtend 进行关联规则挖掘，找出经常被一起购买的商品有哪些。(可选取排名前 40 的商品进行分析)

第9章

实践聚类分析

scikit-learn 又写作 sklearn，是一个开源的基于 Python 语言的机器学习工具包。它通过 NumPy、SciPy 和 matplotlib 等 Python 数值计算的库实现高效的算法应用，并且几乎涵盖了所有主流机器学习算法。

在工程应用中，用 Python 手写代码来从头实现一个算法的可能性非常低，这样不仅耗时耗力，还不一定能够写出构架清晰、稳定性强的模型。更多情况下，是分析采集到的数据，根据数据特征选择适合的算法，在工具包中调用算法，调整算法的参数，获取需要的信息，从而实现算法效率和效果之间的平衡。而 sklearn 正是这样一个可以帮助我们高效实现算法应用的工具包。在本章中将介绍 sklearn 中的聚类算法。

9.1 k-means 聚类算法

9.1.1 scikit-learn 中的 k-means 聚类算法

scikit-learn 提供了 k-means 聚类算法，其函数原型如下：

```
Sklearn.cluster.KMeans(n_clusters= 8, init= 'k-Means+ + ', n_init= 10, max_iter= 300, tol= 0.0001,precompute_distances= 'auto', verbose= 0, random_state= None,copy_x= True, algorithm= 'auto')
```

【主要参数】

n_clusters：int 型，生成的聚类数，默认为 8。

init：初始聚类中心的选择方法，有 3 个可选值，'k-means＋＋'、'random'，或者传递一个 ndarray 向量。

①'k-means＋＋'用一种特殊的方法选定初始质心，从而能加速迭代过程的收敛。

②'random'随机从训练数据中选取初始质心。

③如果传递的是一个 ndarray，则应该形如(n_clusters，n_features)并给出初始质心。

默认值为'k-means＋＋'。

> **算法 9.1** k-means＋＋算法。
>
> k-means＋＋算法选择初始聚类中心的基本思想就是，初始聚类中心之间的距离要尽可能的远。
>
> 算法步骤：
>
> (1) 从所有的数据集合中随机选择一个点作为第一个初始聚类中心。
>
> (2) 对于数据集中的每一个点 x，计算它与最近初始聚类中心(指已选择的初始聚类中心)的距离 $D(x)$。
>
> (3) 选择一个新的数据点作为另一个初始聚类中心，选择的原则是，$D(x)$较大的点，被选作聚类中心的概率较大。
>
> (4) 重复步骤(2)和(3)，直到 k 个初始聚类中心被选出来。
>
> (5) 最后选用这 k 个初始聚类中心来运行标准的 k-means 算法，剩下的步骤就和 k-means 算法一样了。

n_init：int 型，用不同的聚类中心初始化值运行算法的次数，默认值为 10，即使用不同的初始聚类中心运行算法 10 次，从中选择最好的聚类结果。

max_iter：int 型，执行一次 k-means 算法所进行的最大迭代数，到达最大迭代次数后，算法自动终止，默认值为 300。

tol：float 型，最小容忍误差，当误差小于该值时就会结束迭代，默认值＝0.0001。

precompute_distances：指定是否预计算距离，若计算，则算法计算速度更快但占用更多内存。有 3 个可选值，'auto'、True 或者 False。①'auto'：如果样本数乘以聚类数大于 12 million 则不预计算距离。②True：总是预先计算距离。③False：永远不预先计算距离。

verbose：int 型，指定是否输出日志。有以下可选值：①0，不输出日志信息。②1，每隔一段时间输出一次日志信息。③大于 1，输出日志信息更频繁。

random_state：int 型或 numpy.RandomState 类型，可选，用于初始化质心的生成器(generator)。如果值为一个整数，则确定一个 seed。此参数默认值为 None，即使用 numpy 的随机数生成器。

copy_x：布尔型，在预计算距离的情况下才生效。默认参数值为 True，即在源数据的副本上提前计算距离，而不会修改源数据；若设置为 False，则会修改源数据用于节省内存。

algorithm：核心算法的选择。若不指定该参数值，则自动使用默认值'auto'。有以下可选值：①full，使用普通的 k 均值算法。②elkan，使用 elkan k 均值算法。③'auto'，根据数据样本的稀疏性来选择核心算法，若数据是稠密的，使用 elkan；否则使用 full。

【主要属性】

cluster_centers_：聚类中心。

labels_：每个样本所属的簇。

inertial_：用来评估簇的个数是否合适，距离越小说明簇分得越好，选取临界点的簇个数。

【方法】

fit(X[,y])：计算 k-means 聚类。

predict(X)：给每个样本预测最接近的簇。

fit_predict(X[,y])：计算簇质心并给每个样本预测类别。先调用 fit 方法，后调用 predict 方法。

transform(X[,y])：将 X 转换到 cluster-distance 空间。在新空间中，每个维度都是到集群中心的距离。注意：即使 X 是稀疏的，转换返回的数组通常也是密集的。

fit_transform(X[,y])：fit 和 transform 的组合，计算簇并把 X 转换到 cluster-distance 空间。

get_params([deep])：取得估计器的参数。

score(X[,y])：计算聚类误差。

set_params(* * params)：为这个估计器手动设定参数。

9.1.2 选择合适的 k 值

对于 k-means 算法来说，最初 k 值难以确定，可以通过肘部法则以及轮廓系数来选择合适的 k 值。

1. 肘部法则

关于肘部法则：在图 9-1(a)中，y 轴为 SSE(sum of the squared errors，误差平方和)，x 轴为 k 的取值，随着 k 的增加，SSE 会随之降低，当下降速度明显趋向于缓慢的时候，取该值为 k 的值。

① 对于 n 个点的数据集，迭代计算 k from 1 to n，每次聚类完成后，计算每个点到其所属的簇中心的距离的平方和。

② 平方和是会逐渐变小的，$k=n$ 时平方和为 0，因为每个点都是它所在的簇中心本身。

③ 在平方和变化的过程中，会出现一个拐点，即“肘”点，一般认为下降突然变缓时的 k 值为最佳值。

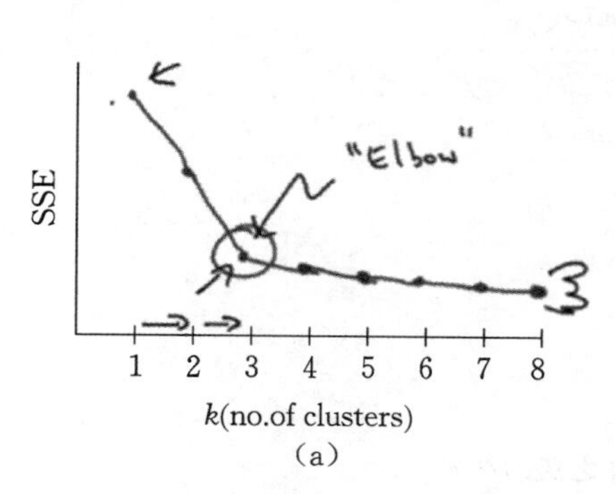

(a)

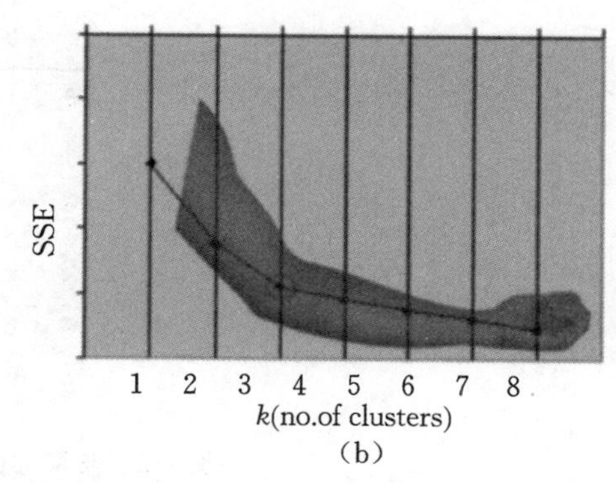

(b)

图 9-1 肘部图

2. 轮廓系数(silhouette coefficient)

对于一个聚类任务,我们希望得到的簇中,簇内尽量紧密,簇间尽量远离,轮廓系数便是类的密集与分散程度的评价指标,公式表达如下

$$s(i)=(b(i)-a(i))/\max(a(i),b(i))$$

其中,$a(i)$代表样本 i 到同簇其他样本距离的均值,$b(i)$代表样本 i 到除自身所在簇外的最近簇的样本距离的均值,$s(i)$取值在-1到1之间。如果 $s(i)$接近1,代表样本所在簇合理;若 $s(i)$接近-1,代表样本更应该分到其他簇中;若 $s(i)$近似为0,则说明样本 i 在两个簇的边界上。所有样本的 $s(i)$的均值称为聚类结果的轮廓系数,记作 S,取值范围仍为$[-1,1]$,是该聚类是否合理、有效的度量,轮廓系数越大,聚类效果越好。可以使用轮廓系数来确定 k 值——选择使轮廓系数较大的 k 值。

sklearn 中有对应的求轮廓系数的 API,通过 from sklearn.metrics import silhouette_score 导入。

9.1.3 k-means 的简单应用

```
# 导入包
import pandas as pd
import numpy as np
import matplotlib.pyplot as plt
from sklearn.cluster import KMeans
# 数据并聚类
X=np.array([[1, 2], [1, 4], [1, 0],[10, 2], [8, 3], [10, 0]])
kmeans=KMeans(n_clusters=2, random_state=0).fit(X)
clusters=kmeans.labels_ # labels_表示样本集中所有样本所属类别
X=pd.DataFrame(X) # 转为 DataFrame
X["label"]=clusters # 将聚类标签与原数据关联
X
```

与聚类标签合并之后的结果如图 9-2 所示。

	0	1	label
0	1	2	1
1	1	4	1
2	1	0	1
3	10	2	0
4	8	3	0
5	10	0	0

图 9-2 与聚类标签合并之后的结果

```
# 绘制 KMeans 结果
x0=X[clusters==0]
x1=X[clusters==1]
plt.scatter(x0.iloc[:, 0], x0.iloc[:, 1], c="orange", marker='o', label='label0')
plt.scatter(x1.iloc[:, 0], x1.iloc[:, 1], c="green", marker='* ', label='label1')
plt.xlabel('X')
plt.ylabel('Y')
plt.legend(loc=1) # 设置图标在右上角
plt.show()
```

聚类结果图如图 9-3 所示。

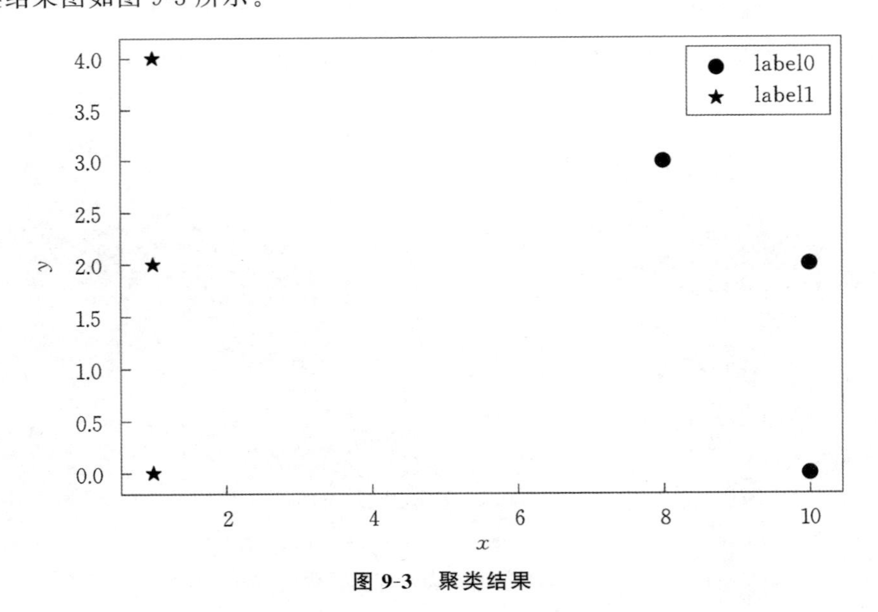

图 9-3 聚类结果

```
kmeans.cluster_centers_  # cluster_center 是两个 cluster 的中心点
```

聚类中心点如图 9-4 所示。

```
array([[9.33333333, 1.66666667],
       [1.        , 2.        ]])
```

图 9-4 聚类中心点

```
kmeans.predict([[0, 0], [12, 3]]) # 以二维数组格式[x,y]输入 predict,可输出判断类别结果
两个点的类别判断结果为:array([1,0])。
```

9.1.4 综合应用:iris 数据集 k-means 聚类分析

鸢尾花(iris)数据集是一个经典数据集,在统计学习和机器学习领域经常被用作示例。数据集内包含 3 类共 150 条记录,每类各 50 个数据,每条记录都有 4 项特征——花萼长度、花萼宽度、花瓣长度、花瓣宽度,可以通过这 4 个特征对鸢尾花进行聚类,或预测鸢尾花属于“iris-setosa, iris-versicolour, iris-virginica”中的哪一品种。

1.导入库文件及 iris 数据集

```
# 导入库
import pandas as pd
import numpy as np
import seaborn as sns
import matplotlib.pyplot as plt
from sklearn import datasets # sklearn 自带数据集
from sklearn.cluster import KMeans  # Kmeans 算法
from sklearn.preprocessing import MinMaxScaler  # 最小最大规范化
from sklearn.metrics import silhouette_score # 轮廓系数计算
from sklearn.metrics import calinski_harabasz_score  # CH 指标计算
from sklearn.decomposition import PCA  # PCA:主成分分析
import operator
iris=datasets.load_iris() # 导入数据
iris=pd.DataFrame(iris.data) # array 转 dataframe
iris.columns=['sepal_len', 'sepal_width', 'petal_len', 'petal_width'] # 添加列标题
iris
```

结果如图 9-5 所示。

2. 数据预处理

```
# 最小最大规范化,规范化到[0~1]
# 将 iris.data 数组中的数据规范化到 0~1
MMS=MinMaxScaler()  # 规范化
MMS=MMS.fit(iris) # fit,在这里本质是生成 min(x)和 max(x)
MMS_iris=MMS.transform(iris) # 通过 transform 接口导出结果
# 可以训练和导出结果一步达成
# iris=MMS.fit_transform(iris.data)
```

```
    MMS_iris=pd.DataFrame(MMS_iris) # array 转 dataframe
    MMS_iris.columns=['sepal_len', 'sepal_width', 'petal_len', 'petal_width']
# 添加列标题
    MMS_iris
```

此步骤结果如图 9-6 所示。

	sepal_len	sepal_width	petal_len	petal_width
0	5.1	3.5	1.4	0.2
1	4.9	3.0	1.4	0.2
2	4.7	3.2	1.3	0.2
3	4.6	3.1	1.5	0.2
4	5.0	3.6	1.4	0.2
...	...	...	...	...
145	6.7	3.0	5.2	2.3
146	6.3	2.5	5.0	1.9
147	6.5	3.0	5.2	2.0
148	6.2	3.4	5.4	2.3
149	5.9	3.0	5.1	1.8

150 rows × 4 columns

图 9-5 iris 数据集

	sepal_len	sepal_width	petal_len	petal_width
0	0.222222	0.625000	0.067797	0.041667
1	0.166667	0.416667	0.067797	0.041667
2	0.111111	0.500000	0.050847	0.041667
3	0.083333	0.458333	0.084746	0.041667
4	0.194444	0.666667	0.067797	0.041667
...	...	...	...	...
145	0.666667	0.416667	0.711864	0.916667
146	0.555556	0.208333	0.677966	0.750000
147	0.611111	0.416667	0.711864	0.791667
148	0.527778	0.583333	0.745763	0.916667
149	0.444444	0.416667	0.694915	0.708333

150 rows × 4 columns

图 9-6 数据预处理结果

3. 选择合适的 k 值

```
    # ①计算 SSE 并绘制肘部图,利用 SSE 选择 k
    SSE=[]  # 存放每次结果的误差平方和
    for cluster in range(1,10):
        kmeans=KMeans(n_clusters=cluster, init='k-means+ + ')
        kmeans.fit(MMS_iris)
        SSE.append(kmeans.inertia_)  # kmeans.inertia_获取聚类准则的总和
    X=range(1,10)
    plt.xlabel('Number of clusters')
    plt.ylabel('SSE')
    plt.plot(X,SSE,'o-')
    plt.show()
```

绘制的肘部图如图 9-7 所示。

从肘部图可以看到,下降突然变缓的位置是 $k=3$。

```
    # ②利用轮廓系数选择 k
    silhouette_all=[]
    for k in range(2,10):
        kmeans_model=KMeans(n_clusters=k, random_state=1).fit(MMS_iris)
        labels=kmeans_model.labels_  # 访问 labels_属性,获得聚类结果
    s=silhouette_score(MMS_iris,labels)  # 计算平均轮廓系数
```

```
    silhouette_all.append(s)
    print('K={}时的轮廓系数:'.format(k),s)
```

轮廓系数的输出结果如图 9-8 所示。

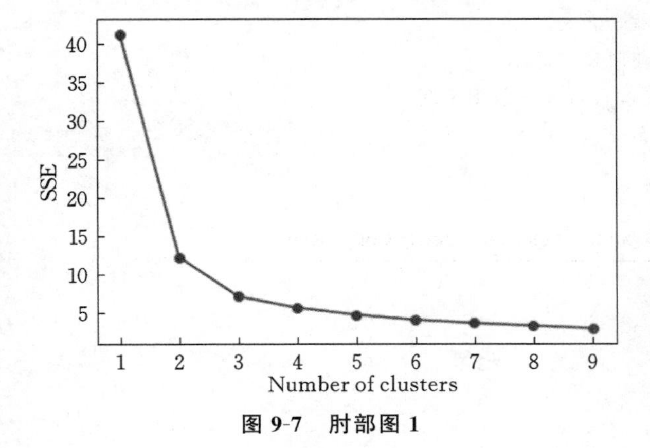

图 9-7　肘部图 1

```
K=2时的轮廓系数:  0.630047128435471
K=3时的轮廓系数:  0.5047687565398589
K=4时的轮廓系数:  0.44506548804598545
K=5时的轮廓系数:  0.3506774898464649
K=6时的轮廓系数:  0.345159713060187
K=7时的轮廓系数:  0.34024151062902186
K=8时的轮廓系数:  0.326427975428073
K=9时的轮廓系数:  0.32320956462907785
```

图 9-8　轮廓系数 1

通过轮廓系数可知，$k=2$ 时轮廓系数最大，为 0.63，其次是 $k=3$ 时，轮廓系数为 0.50。

```
# ③CH 计算-越大越好
score=[]
for i in range(2,10):
    model=KMeans(n_clusters=i,random_state=1).fit(MMS_iris)
    labels=model.labels_
    a=calinski_harabasz_score(MMS_iris,labels)  # 计算 CH 指标
    print('K={}时 CH 指标为:'.format(i),a)
    score.append(a)
# 画 CH 指标折线图
fig,ax=plt.subplots()
ax.plot(np.arange(2,10),score)
plt.show()
```

输出的 CH 指标计算结果如图 9-9 所示。CH 指标折线图如图 9-10 所示。

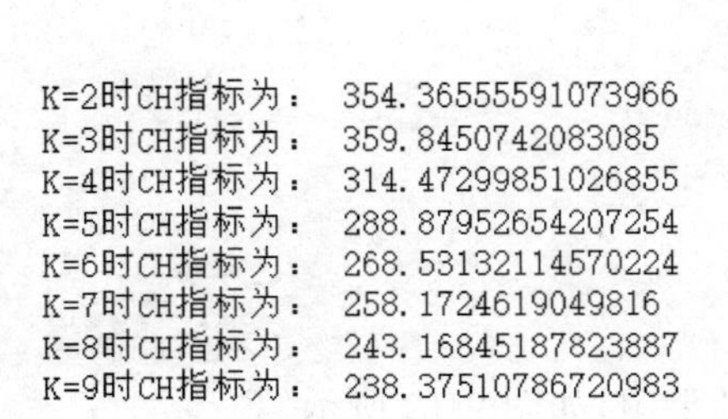

```
K=2时CH指标为:  354.36555591073966
K=3时CH指标为:  359.8450742083085
K=4时CH指标为:  314.47299851026855
K=5时CH指标为:  288.87952654207254
K=6时CH指标为:  268.53132114570224
K=7时CH指标为:  258.1724619049816
K=8时CH指标为:  243.16845187823887
K=9时CH指标为:  238.37510786720983
```

图 9-9　CH 指标计算结果 1

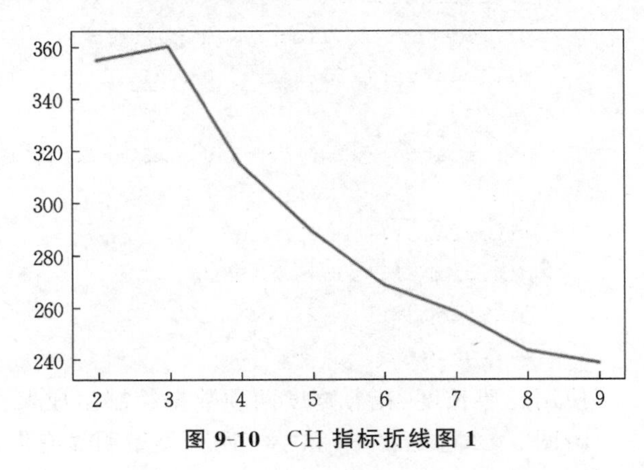

图 9-10　CH 指标折线图 1

可见，$k=3$ 时，CH 指标是最大的。

综合以上肘部图、轮廓系数、CH 指标，选择 $k=3$。

4. 使用 k-means 算法进行聚类

```
kmeans=KMeans(n_clusters=3, init='k-means+ + ')
kmeans.fit(MMS_iris)  # 开始聚类训练
clusters=kmeans.labels_  # 获取聚类标签
iris["label"]=clusters # 将聚类标签与原数据关联
iris
```

聚类的预测结果如图 9-11 所示。

	sepal_len	sepal_width	petal_len	petal_width	label
0	5.1	3.5	1.4	0.2	0
1	4.9	3.0	1.4	0.2	0
2	4.7	3.2	1.3	0.2	0
3	4.6	3.1	1.5	0.2	0
4	5.0	3.6	1.4	0.2	0
...	...	...	...	...	...
145	6.7	3.0	5.2	2.3	2
146	6.3	2.5	5.0	1.9	1
147	6.5	3.0	5.2	2.0	2
148	6.2	3.4	5.4	2.3	2
149	5.9	3.0	5.1	1.8	1

150 rows × 5 columns

图 9-11　聚类预测结果图

图中 label 属性即为各个样本所属的类别。

```
# 绘制 KMeans 结果
x0=iris[clusters==0]
x1=iris[clusters==1]
x2=iris[clusters==2]
plt.scatter(x0.iloc[:, 0], x0.iloc[:, 1], c="red", marker='o', label='label0')
plt.scatter(x1.iloc[:, 0], x1.iloc[:, 1], c="green", marker='* ', label=
'label1')
plt.scatter(x2.iloc[:, 0], x2.iloc[:, 1], c="blue", marker='+ ', label=
'label2')
plt.xlabel('sepal length')
plt.ylabel('sepal width')
plt.legend(loc=2)
plt.show()
```

使用花萼长度、花萼宽度两项数据绘制生成聚类结果图，如图 9-12 所示。

由图 9-12 可见："+"和"*"两种类型明显有混淆，分界线不明确，聚类结果不是太好。

5. 基于主成分分析的 k-means 聚类算法

在进行主成分分析之前，可先对数据集进行相关性分析。相关性分析过程如下：

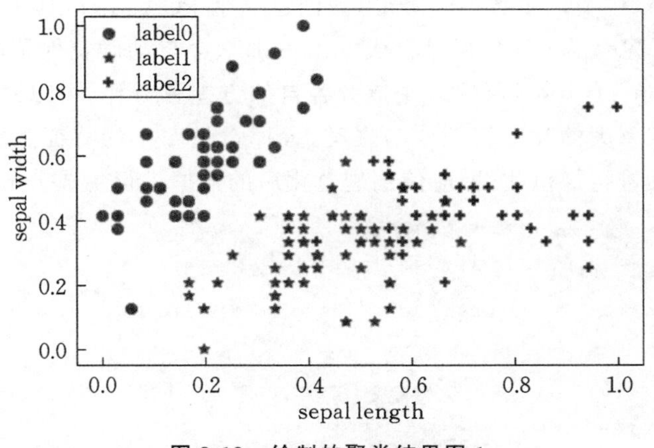

图 9-12 绘制的聚类结果图 1

```
# a.特征工程:对变量进行相关性分析
iris_cor=iris.iloc[:,:4].corr()  # 计算变量相关性系数
print('变量相关性分析:\n')
iris_cor.head().round(2).T
```

变量相关性分析结果如图 9-13 所示。

```
# b.相关性可视化展示
f,ax=plt.subplots(figsize=(10, 5))
ax=sns.heatmap(iris_cor,cmap='Reds',annot=True)
```

相关性可视化展示热力图如图 9-14 所示。

	sepal_len	sepal_width	petal_len	petal_width
sepal_len	1.00	-0.12	0.87	0.82
sepal_width	-0.12	1.00	-0.43	-0.37
petal_len	0.87	-0.43	1.00	0.96
petal_width	0.82	-0.37	0.96	1.00

图 9-13 变量相关性分析结果

图 9-14 热力图

从热力图可以看出,“petal_len”和“petal_width”相关性高达 0.96,相关性高说明两个变量对模型的作用是接近的,可以考虑组合或者删除其一。同时,“sepal_len”和“petal_len”的相关性也高达 0.87,所以也可以考虑组合或者删除其一。综合考虑,可以删除“petal_len”和“petal_width”,只保留“sepal_len”和“sepal_width”用作后面的聚类分析。

以上过程可作为基于主成分分析的参考。

基于主成分分析的 k-means 聚类算法过程如下:先用主成分分析进行降维,然后把降维后的数据发送到调度器,调度器将数据整合成一个可以近似代替完整数据集的小数据集,最后在小数据集上执行 k-means 算法,得到聚类结果和低维的聚类中心,将低维的聚类中心还原成高维的数据,即可得到真实的聚类中心。

(1)主成分分析:主要用于数据的降维,先创建一个 PCA 对象,其中参数 n_components 表示保留的特征数,默认为 1。如果设置成"mle",那么会自动确定保留的特征数;最后显示的是参数[n_components]所保留的 n 个成分各自的方差百分比,可以理解为单个变量方差贡献率,可选择贡献率大的几个特征参与聚类,舍掉贡献率小的特征。注意:在进行主成分分析前,应先对数据进行规范化,即应使用规范化后的数据进行主成分分析。

```
pca=PCA(n_components="mle")
# principalComponents 为降维之后的数据,数组类型
principalComponents=pca.fit_transform(MMS_iris)
features=range(pca.n_components_)
plt.bar(features, pca.explained_variance_ratio_, color='black')
plt.xlabel('PCA features')
plt.ylabel('variance % ')
plt.xticks(features)
# PCA_components:将 principalComponents 转化为 DataFrame
PCA_components=pd.DataFrame(principalComponents)
```

主成分分析结果如图 9-15 所示。

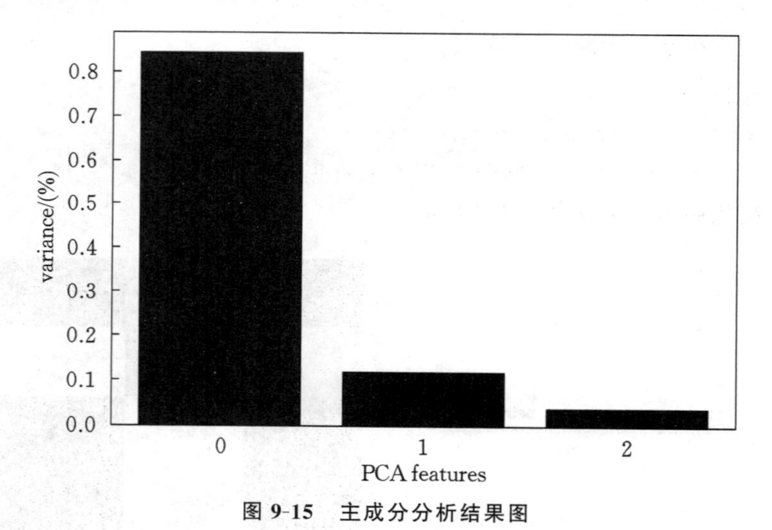

图 9-15　主成分分析结果图

这张图表显示了每个主成分分析的组成以及它的方差。由图 9-15 可以看到,自动确定保留的特征数是 3 个,前两个主成分解释了 90%多的数据集方差。因此将前两个主成分输入到模型中再次构建模型,并选择要使用的簇的数量。

(2) 利用 SSE 选择 k 值。

```
ks=range(1, 10)
inertias=[]
for k in ks:
model=KMeans(n_clusters=k)
# 使用降维后的前两列构建模型,选择前两列的方式为:PCA_components.iloc[:,:2]
    model.fit(PCA_components.iloc[:,:2])
    inertias.append(model.inertia_)
```

```
# 绘制肘部图
plt.plot(ks, inertias, '-o', color='black')
plt.xlabel('number of clusters, k')
plt.ylabel('inertia')
plt.xticks(ks)
plt.show()
```

绘制的肘部图如图 9-16 所示。从肘部图可以看到,下降突然变缓的位置是 $k=3$。

(3) 轮廓系数的计算。

```
# 轮廓系数
silhouette_all=[]
for k in range(2,10):
    kmeans_model=KMeans(n_clusters=k, random_state=1).fit(PCA_components.iloc[:,:2])
    labels=kmeans_model.labels_  # 访问 labels_属性,获得聚类结果
    s=silhouette_score(PCA_components.iloc[:,:2],labels)# 计算平均轮廓系数
    silhouette_all.append(s)
    print('K={}时的轮廓系数:'.format(k),s)
```

轮廓系数的输出结果如图 9-17 所示。

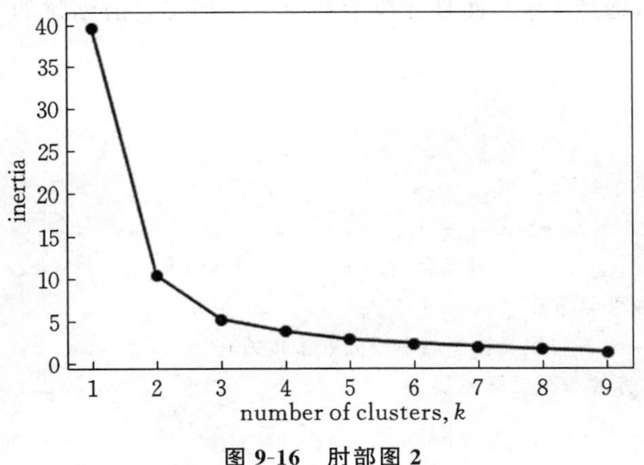

图 9-16 肘部图 2

```
K=2时的轮廓系数: 0.6658394564658697
K=3时的轮廓系数: 0.5653841740615906
K=4时的轮廓系数: 0.5269425292071801
K=5时的轮廓系数: 0.44529537627275695
K=6时的轮廓系数: 0.4401902748845899
K=7时的轮廓系数: 0.4344281472342048
K=8时的轮廓系数: 0.4386036345504696
K=9时的轮廓系数: 0.42966045932544317
```

图 9-17 轮廓系数 2

通过轮廓系数可知,$k=2$ 时轮廓系数最大,约为 0.67,其次是 $k=3$ 时,轮廓系数约为 0.57,比之前的模型计算的轮廓系数大。

(4) CH 指标的计算。

```
# CH 计算-越大越好
score=[]
for i in range(2,10):
    model=KMeans(n_clusters=i,random_state=1).fit(PCA_components.iloc[:,:2])
    labels=model.labels_
    a=calinski_harabasz_score(PCA_components.iloc[:,:2],labels)
    print('K={}时 CH 指标为:'.format(i),a)
```

```
        score.append(a)
    # 绘制 CH 指标折线图
    fig,ax=plt.subplots()
    ax.plot(np.arange(2,10),score)
    plt.show()
```

输出的 CH 指标计算结果如图 9-18 所示。CH 指标折线图如图 9-19 所示。

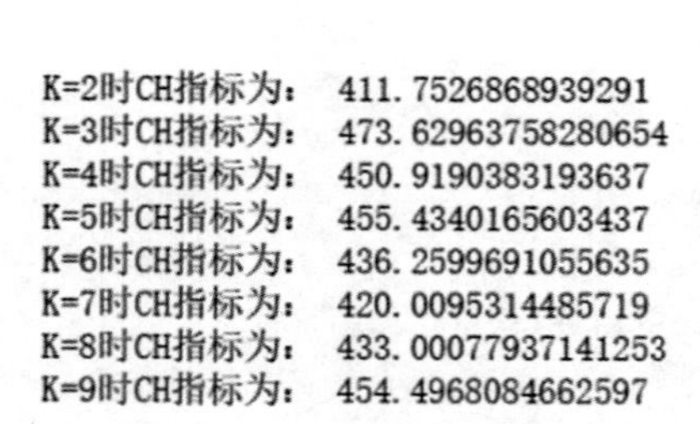
K=2时CH指标为： 411.7526868939291
K=3时CH指标为： 473.62963758280654
K=4时CH指标为： 450.9190383193637
K=5时CH指标为： 455.4340165603437
K=6时CH指标为： 436.2599691055635
K=7时CH指标为： 420.0095314485719
K=8时CH指标为： 433.00077937141253
K=9时CH指标为： 454.4968084662597

图 9-18　CH 指标计算结果 2

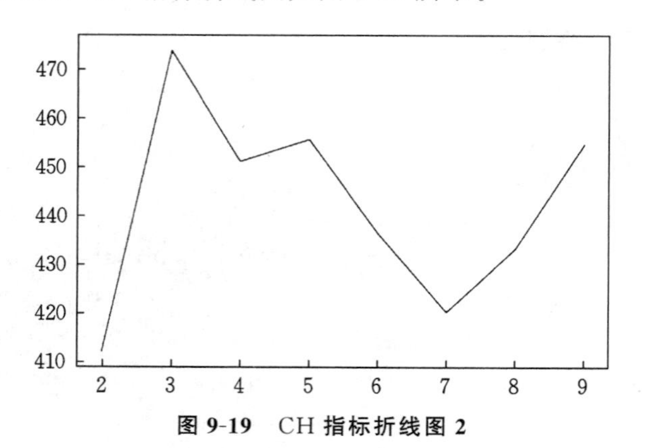

图 9-19　CH 指标折线图 2

可见，$k=3$ 时，CH 指标是最大的，而且比之前的模型计算的 CH 指标大。

综合以上肘部图、轮廓系数、CH 指标，选择 $k=3$，而且此模型各项指标都比之前创建的模型要好。

（5）使用 k-means 算法进行聚类。

```
    # 聚类
    # 搭建模型，构造 KMeans 聚类器，聚类个数为 3
    kmeans=KMeans(n_clusters=3, init='k-means+ + ')
    kmeans.fit(PCA_components.iloc[:,:2])  # 开始聚类训练
    clusters=kmeans.labels_  # 获取聚类标签
    PCA_components["label"]=clusters # 将聚类标签与主成分数据集关联
    iris["label"]=clusters # 将聚类标签与原数据关联
    iris
```

聚类结果数据集如图 9-20 所示。

	sepal_len	sepal_width	petal_len	petal_width	label
0	5.1	3.5	1.4	0.2	1
1	4.9	3.0	1.4	0.2	1
2	4.7	3.2	1.3	0.2	1
3	4.6	3.1	1.5	0.2	1
4	5.0	3.6	1.4	0.2	1
...	...	...	...	...	...
145	6.7	3.0	5.2	2.3	0
146	6.3	2.5	5.0	1.9	2
147	6.5	3.0	5.2	2.0	0
148	6.2	3.4	5.4	2.3	0
149	5.9	3.0	5.1	1.8	2

150 rows × 5 columns

图 9-20　聚类结果数据集

```
# 绘制 KMeans 结果
x0=PCA_components[clusters==0]
x1=PCA_components[clusters==1]
x2=PCA_components[clusters==2]
plt.scatter(x0.iloc[:, 0], x0.iloc[:, 1], c="red", marker='o', label='label0')
plt.scatter(x1.iloc[:, 0], x1.iloc[:, 1], c="green", marker='* ', label=
'label1')
plt.scatter(x2.iloc[:, 0], x2.iloc[:, 1], c="blue", marker='+ ', label=
'label2')
plt.xlabel('sepal length')
plt.ylabel('sepal width')
plt.legend(loc=4)
plt.show()
```

使用主成分分析后的前两项数据绘制生成聚类结果图，如图 9-21 所示。

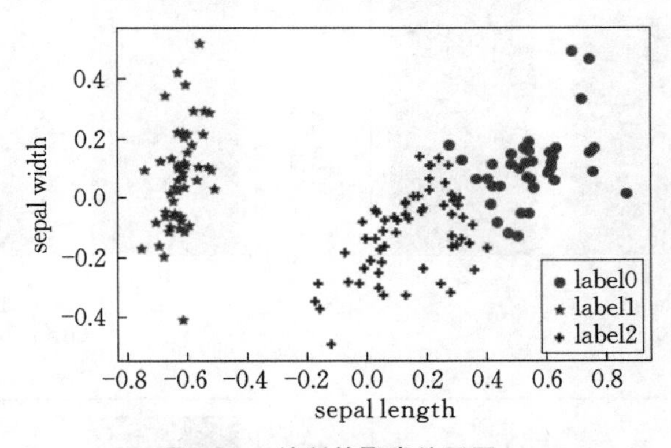

图 9-21 绘制的聚类结果图 2

由图 9-21 可见，三个类别类内非常相似且各类之间的区别性较大，是一个好的聚类结果。

（6）聚类后的各类特征分析。

```
# 各类鸢尾花各属性的平均值
avg_df=iris.groupby(['label'], as_index=False).mean()
avg_df
```

各类鸢尾花各属性的平均值计算结果如图 9-22 所示。

	label	sepal_len	sepal_width	petal_len	petal_width
0	0	6.846154	3.082051	5.702564	2.079487
1	1	5.006000	3.428000	1.462000	0.246000
2	2	5.888525	2.737705	4.396721	1.418033

图 9-22 各类鸢尾花各属性的平均值

用图展示，代码如下：

```
sns.barplot(x='label',y='sepal_len',data=avg_df)
sns.barplot(x='label',y='sepal_width',data=avg_df)
sns.barplot(x='label',y='petal_len',data=avg_df)
sns.barplot(x='label',y='petal_width',data=avg_df)
```

所绘制的图:各类鸢尾花各属性的平均值对比图如图 9-23 所示。

综上,花萼长度、花萼宽度、花瓣长度、花瓣宽度与花的种类之间均存在一定的相关性。对于 label=0 的鸢尾花,其花萼长度、花瓣长度、花瓣宽度均是三类中最大的,仅花萼宽度属于中等水平;对于 label=1 的鸢尾花,仅花萼宽度是三类中最大的,花萼长度、花瓣长度、花瓣宽度均为三者中最小;对于 label=2 的鸢尾花,其花萼长度、花萼宽度、花瓣长度、花瓣宽度均为三类中的中等水平。就同一属性的平均水平来看,三种花在除了花萼宽度外的属性中,平均水平均表现为 label=0>label=2>label=1。

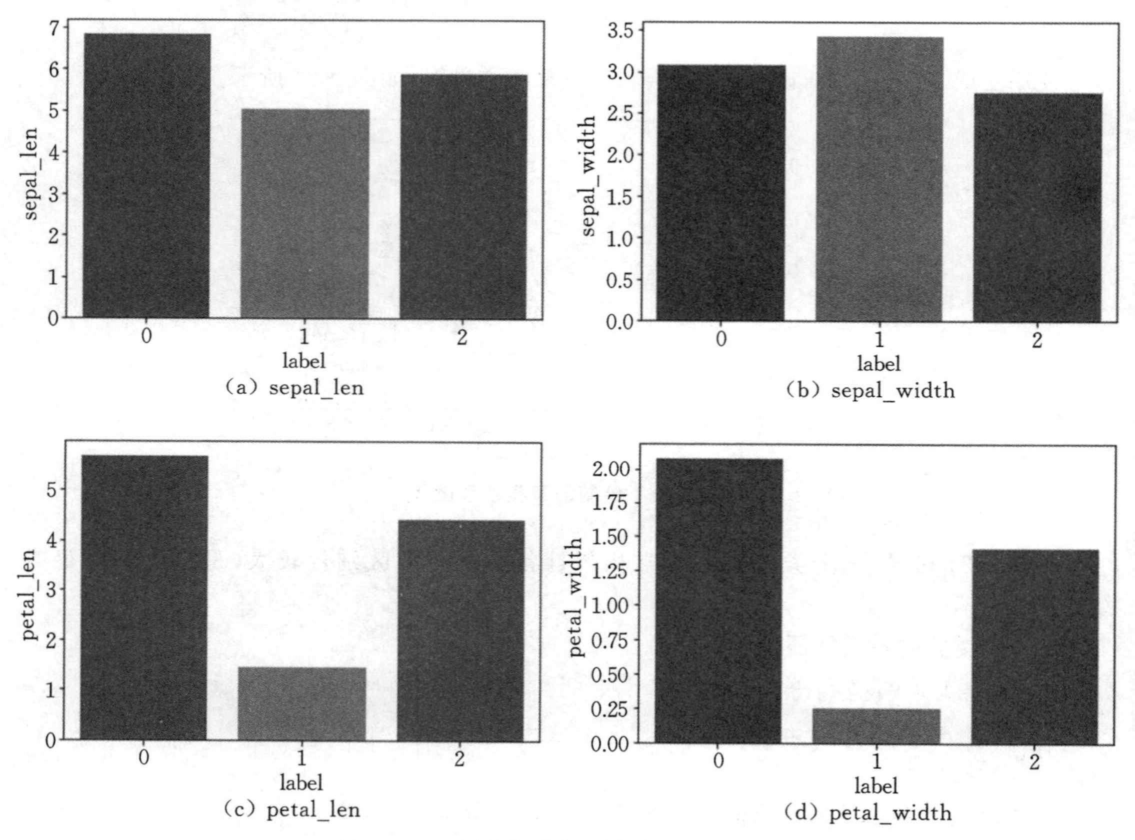

(a) sepal_len (b) sepal_width (c) petal_len (d) petal_width

图 9-23 各类鸢尾花各属性的平均值对比图

9.1.5 综合应用:广告效果 k-means 聚类分析

数据来自某企业的营销部门,包含营销数据、网站分析系统数据和运营系统数据。

(1) 数据概况。

维度数:除渠道唯一标记外,共有 12 个维度。

数据记录数:889。

是否有缺失值:有。

是否有异常值:有。

(2) 13个字段的详细说明。

渠道代号：业务方统一命名的唯一渠道标志。

日均UV：每天的平均独立访客，由同一个渠道带来的一个访客，即使一天中到访多次都统计为1次。

平均注册率：日均注册的用户数/平均每天的访问量。

平均搜索量：平均每个访问的搜索次数。

访问深度：总页面浏览量/平均每天的访问量。

平均停留时间：总停留时间/平均每天的访问量。

订单转化率：总订单数量/平均每天的访问量。

投放总时间：每个广告媒介在站外投放的天数。

素材类型：广告素材包括jpg、gif、swf、sp。

广告类型：广告投放类型包括banner、tips、横幅、通栏、暂停以及不确定(不知道是何种形式)。

合作方式：roi、cpc、cpm和cpd。

广告尺寸：每个广告投放的尺寸大小，包括140×40、308×388、450×300、600×90、480×360、960×126、900×120、390×270。

广告卖点：广告素材主要的卖点诉求信息，包括打折、满减、满赠、秒杀、直降、满返。

在本案例中，通过各类广告渠道90天内日均UV、平均注册率、平均搜索率、访问深度、平均停留时间、订单转化率、投放总时间、素材类型、广告类型、合作方式、广告尺寸和广告卖点等特征，将渠道聚类，找出每类渠道的重点特征，为业务讨论和数据分析提供支持。

1. 导入库

```
# 导入数据分析库
import pandas as pd
import numpy as np
import matplotlib as mpl
import matplotlib.pyplot as plt
from sklearn.preprocessing import MinMaxScaler,OneHotEncoder
from sklearn.metrics import silhouette_score  # 导入轮廓系数计算模块
from sklearn.metrics import calinski_harabasz_score # 导入CH指标计算模块
from sklearn.cluster import KMeans  # KMeans模块
import plotly.express as px
import plotly.graph_objects as go
% matplotlib inline # Jupyter魔法函数，可以显示绘图
# 设置属性防止中文乱码
mpl.rcParams['font.sans-serif']=[u'SimHei']
mpl.rcParams['axes.unicode_minus']=False
```

2. 数据读取及基本分析

```
raw_data=pd.read_csv('ad_performance.csv').iloc[:,1:]  # 读取数据
raw_data.head()  # 预览数据前5行
```

前5行数据如图9-24所示。

	渠道代号	日均UV	平均注册率	平均搜索量	访问深度	平均停留时间	订单转化率	投放总时间	素材类型	广告类型	合作方式	广告尺寸	广告卖点
0	A203	3.69	0.0071	0.0214	2.3071	419.77	0.0258	20	jpg	banner	roi	140*40	打折
1	A387	178.70	0.0040	0.0324	2.0489	157.94	0.0030	19	jpg	banner	cpc	140*40	满减
2	A388	91.77	0.0022	0.0530	1.8771	357.93	0.0026	4	jpg	banner	cpc	140*40	满减
3	A389	1.09	0.0074	0.3382	4.2426	364.07	0.0153	10	jpg	banner	cpc	140*40	满减
4	A390	3.37	0.0028	0.1740	2.1934	313.34	0.0007	30	jpg	banner	cpc	140*40	满减

图 9-24　广告效果数据集前 5 行

```
print('字段数据类型\n',raw_data.dtypes)  # 查看字段数据类型
print('\n 数据描述统计信息\n')
raw_data.describe().round(2).T  # 查看描述统计分析
```

各字段数据类型如图 9-25 所示。数据描述统计信息如图 9-26 所示。

```
字段数据类型
 渠道代号         object
日均UV        float64
平均注册率        float64
平均搜索量        float64
访问深度        float64
平均停留时间        float64
订单转化率        float64
投放总时间          int64
素材类型        object
广告类型        object
合作方式        object
广告尺寸        object
广告卖点        object
dtype: object
```

图 9-25　各字段数据类型

	count	mean	std	min	25%	50%	75%	max
日均UV	889.0	540.85	1634.41	0.06	6.18	114.18	466.87	25294.77
平均注册率	889.0	0.00	0.00	0.00	0.00	0.00	0.00	0.04
平均搜索量	889.0	0.03	0.11	0.00	0.00	0.00	0.01	1.04
访问深度	889.0	2.17	3.80	1.00	1.39	1.79	2.22	98.98
平均停留时间	887.0	262.67	224.36	1.64	126.02	236.55	357.98	4450.83
订单转化率	889.0	0.00	0.01	0.00	0.00	0.00	0.00	0.22
投放总时间	889.0	16.05	8.51	1.00	9.00	16.00	24.00	30.00

图 9-26　数据描述统计信息

由图 9-26 可知：

① 日均 UV 的波动非常大，说明了不同渠道间特征差异非常明显（业务确认：由于广告的流量型数据，很多广告的流量爆发明显，因此渠道间缺失有非常大的差异性，这些差异性应该保留，不能作为异常值处理）。

② 平均停留时间的有效数据只有 887，比其他数据少 2 条（业务确认：该字段由统计缺失导致数据丢失，可以使用均值法做填充）。

③ 平均注册率、平均搜索量、订单转化率的多个统计值（例如最小值、25%分位数等）都为 0，看似数据不太正常。（再次数据验证：这是由于在打印输出过程中保留了 2 位小数，而这几个统计量的数据本身就非常小，将其通过 round(3)保留 3 位小数后就能正常显示）。

```
# 查看是否有缺失值
na_cols=raw_data.isnull().any(axis=0) # 查看每一列是否有缺失值
na_name=na_cols[na_cols > 0] # 查看具有缺失值的列
na_sum=raw_data.isnull().any(axis=1).sum() # 查看一共有多少数据缺失
print('含有缺失值的列:',na_name,'\n 缺失的数据量',na_sum)
```

缺失值检测结果如图 9-27 所示。

```
含有缺失值的列： 平均停留时间    True
dtype: bool
缺失的数据量 2
```

图 9-27 缺失值检测结果

```
# 特征工程:对变量进行相关性分析
var_cor=raw_data.corr()  # 计算变量相关性系数
print('变量相关性分析:\n')
var_cor.head().round(2).T
```

变量相关性分析结果如图 9-28 所示。

	日均UV	平均注册率	平均搜索量	访问深度	平均停留时间
日均UV	1.00	-0.05	-0.07	-0.02	0.04
平均注册率	-0.05	1.00	0.24	0.11	0.22
平均搜索量	-0.07	0.24	1.00	0.06	0.17
访问深度	-0.02	0.11	0.06	1.00	0.72
平均停留时间	0.04	0.22	0.17	0.72	1.00
订单转化率	-0.05	0.32	0.13	0.16	0.25
投放总时间	-0.04	-0.01	-0.03	0.06	0.05

图 9-28 变量相关性分析结果

```
# 相关性可视化展示
import seaborn as sns
f,ax=plt.subplots(figsize=(10, 5))
ax=sns.heatmap(var_cor,cmap='Reds',annot=True)
```

变量相关性热力图如图 9-29 所示。

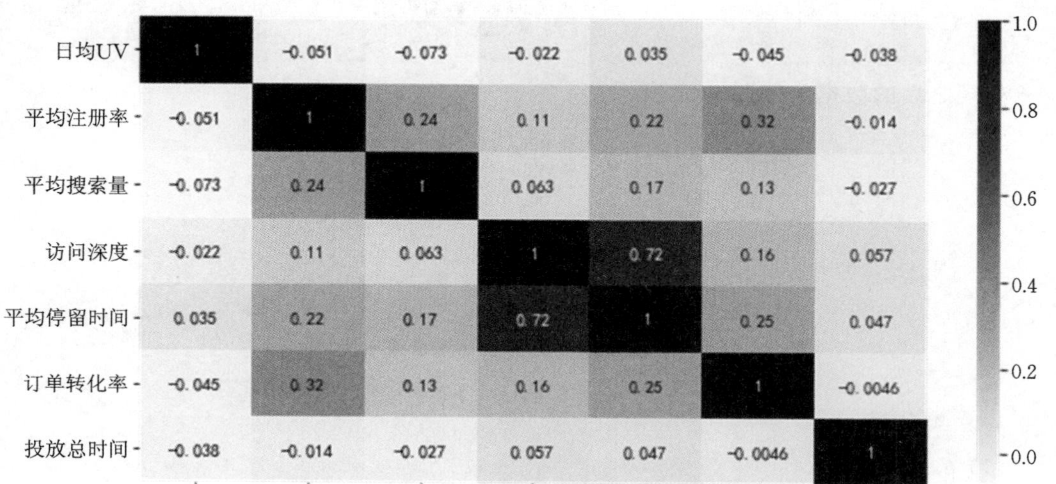

图 9-29 变量相关性热力图

从热力图可以看出，“访问深度”和“平均停留时间”相关性比较高，相关性高说明两个变量对模型的作用是接近的，可以考虑组合或者删除其一。

3. 数据预处理

```
# ① 剔除缺失值
# 平均停留时间有缺失值，同时由于“访问深度”和“平均停留时间”相关性比较高，选择删除“均停留时间”列
raw_data2=raw_data.drop(['平均停留时间'],axis=1)
# ② 对非数值变量进行 one-hot 编码，转化为数值变量
cols=['素材类型','广告类型','合作方式','广告尺寸','广告卖点']
one_matrix=pd.get_dummies(raw_data2[cols])
one_matrix.head()  # 显示前 5 行
```

非数值变量 one-hot 编码之后的结果如图 9-30 所示。

	素材类型_gif	素材类型_jpg	素材类型_sp	素材类型_swf	广告类型_banner	广告类型_tips	广告类型_不确定	广告类型_暂停	广告类型_横幅	合作方式_cpc	...	广告尺寸_480*360	广告尺寸_600*90	广告尺寸_900*120	广告尺寸_960*126	广告卖点_打折	广告卖点_满减	广告卖点_满赠	广告卖点_满返	广告卖点_直降	广告卖点_秒杀
0	0	1	0	0	1	0	0	0	0	0	...	0	0	0	0	1	0	0	0	0	0
1	0	1	0	0	1	0	0	0	0	1	...	0	0	0	0	0	1	0	0	0	0
2	0	1	0	0	1	0	0	0	0	1	...	0	0	0	0	0	1	0	0	0	0
3	0	1	0	0	1	0	0	0	0	1	...	0	0	0	0	0	1	0	0	0	0
4	0	1	0	0	1	0	0	0	0	1	...	0	0	0	0	0	1	0	0	0	0

5 rows × 27 columns

图 9-30 非数值变量 one-hot 编码

```
# ③ 数据标准化
data_matrix=raw_data2.iloc[:,1:7] # 第一列为渠道编号，不是数值，无法标准化，应去掉
model_norm=MinMaxScaler() # 建立 MinMaxScaler 模型对象，将数据归一到[0,1]
data_norm=model_norm.fit_transform(data_matrix) # 标准化处理
X=np.hstack((data_norm,one_matrix))  # 合并归一化数据和 one-hot 编码数据
X.round(2)  # 预览数据
```

处理之后的数据集如图 9-31 所示。

```
array([[0.  , 0.18, 0.02, ..., 0.  , 0.  , 0.  ],
       [0.01, 0.1 , 0.03, ..., 0.  , 0.  , 0.  ],
       [0.  , 0.06, 0.05, ..., 0.  , 0.  , 0.  ],
       ...,
       [0.01, 0.01, 0.  , ..., 0.  , 0.  , 0.  ],
       [0.05, 0.  , 0.  , ..., 0.  , 0.  , 0.  ],
       [0.  , 0.  , 0.  , ..., 0.  , 1.  , 0.  ]])
```

图 9-31 数据预处理结果

4. 聚类分析

(1) k 值的确定。

```
# 利用 SSE 选择 K
SSE=[]  # 存放每次结果的误差平方和
```

```
    for cluster in range(1,8):
        kmeans=KMeans(n_jobs=-1, n_clusters=cluster, init='k-means++')
        kmeans.fit(X)
        SSE.append(kmeans.inertia_)  # kmeans.inertia_获取聚类准则的总和
    S=range(1,8)
    plt.xlabel('Number of clusters')
    plt.ylabel('SSE')
    plt.plot(S,SSE,'o-')
    plt.show()
```

肘部图如图 9-32 所示。

```
    # 计算平均轮廓系数
    score_list=list() # 建立列表存储每个 K 下模型的平均轮廓系数
    silhouette_int=-1 # 初始化的平均轮廓系数阈值
    for n_clusters in range(2,8): # 遍历 2 到 8 有限个组
        model_kmeans=KMeans(n_clusters=n_clusters) # 建立聚类模型对象
        labels_tmp=model_kmeans.fit_predict(X) # 训练聚类模型
        silhouette_tmp=silhouette_score(X,labels_tmp)  # 计算每个 K 下的平均轮廓系数
        if silhouette_tmp > silhouette_int: # 如果平均轮廓系数更高
            best_k=n_clusters # 保存最好的 K 值
            silhouette_int=silhouette_tmp # 保存平均轮廓系数得分
        score_list.append([n_clusters,silhouette_tmp]) # 将每次 K 及其得分追加到列表
    print('K 值对应的轮廓系数为:\n',np.array(score_list))
    print('最优的 K 值为:',best_k,'\n 对应的轮廓系数为:\n',silhouette_int)
```

轮廓系数如图 9-33 所示。

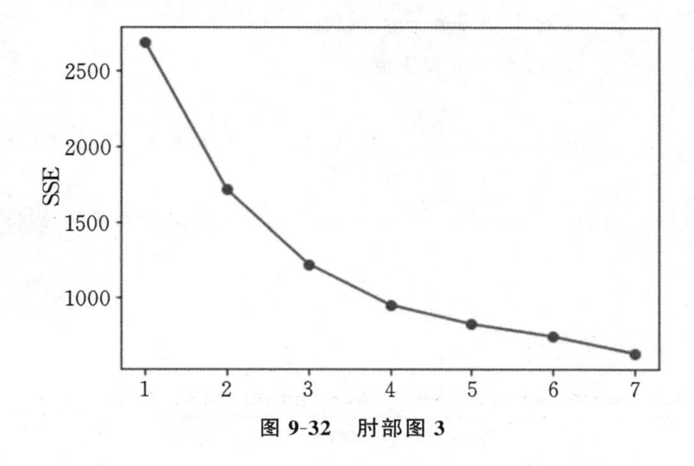

图 9-32　肘部图 3

```
K值对应的轮廓系数为:
 [[2.          0.38655493]
 [3.          0.45864451]
 [4.          0.50209812]
 [5.          0.4800359 ]
 [6.          0.47761127]
 [7.          0.50079838]]
最优的K值为:  4
对应的轮廓系数为:
 0.5020981194788052
```

图 9-33　轮廓系数 3

```
    # CH 计算-越大越好
    score=[]
    for i in range(2,8):
        model=KMeans(n_clusters=i,random_state=1).fit(X)
```

```
        labels=model.labels_
        a=calinski_harabasz_score(X,labels)  # 计算 CH 指标
        print('K={}时 CH 指标为:'.format(i),a)
        score.append(a)
    # 画 CH 指标折线图
    fig,ax=plt.subplots()
    ax.plot(np.arange(2,8),score)
    plt.show()
```

计算的 CH 指标值如图 9-34 所示。CH 指标折线图如图 9-35 所示。

```
K=2时CH指标为:  500.69691454585023
K=3时CH指标为:  528.2900077888227
K=4时CH指标为:  538.31178947899
K=5时CH指标为:  501.49672417625567
K=6时CH指标为:  491.3578583026301
K=7时CH指标为:  482.1252089242209
```

图 9-34 CH 指标值计算结果 3

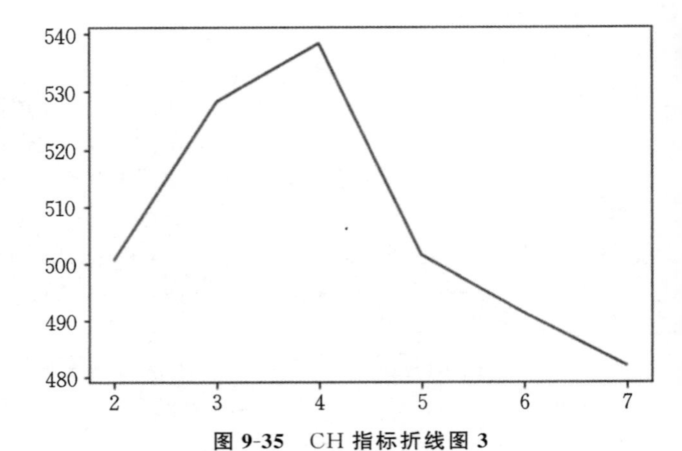

图 9-35 CH 指标折线图 3

综合考虑肘部图、轮廓系数、CH 指标,最优 k 值为 4。

(2) 以最优 k 值聚类。

```
    # 确定最优值为 K=4 类,设 K=4 进行聚类
    model_kmeans=KMeans(n_clusters=4) # 建立聚类模型对象
    labels=model_kmeans.fit_predict(X) # 训练聚类模型
    # 将原始数据与聚类标签整合
    cluster_labels=pd.DataFrame(labels,columns=['clusters']) # 获得训练集下的标签信息
    merge_data=pd.concat((raw_data2,cluster_labels),axis=1) # 将原始处理过的数据跟聚类标签整合
    merge_data.head()
```

原始数据整合类标签之后的结果如图 9-36 所示。

	渠道代号	日均UV	平均注册率	平均搜索量	访问深度	订单转化率	投放总时间	素材类型	广告类型	合作方式	广告尺寸	广告卖点	clusters
0	A203	3.69	0.0071	0.0214	2.3071	0.0258	20	jpg	banner	roi	140*40	打折	3
1	A387	178.70	0.0040	0.0324	2.0489	0.0030	19	jpg	banner	cpc	140*40	满减	3
2	A388	91.77	0.0022	0.0530	1.8771	0.0026	4	jpg	banner	cpc	140*40	满减	3
3	A389	1.09	0.0074	0.3382	4.2426	0.0153	10	jpg	banner	cpc	140*40	满减	3
4	A390	3.37	0.0028	0.1740	2.1934	0.0007	30	jpg	banner	cpc	140*40	满减	3

图 9-36 整合类标签的结果

5. 聚类结果特征分析

```
# 计算每个聚类类别的样本量
clusters_count=pd.DataFrame(merge_data['渠道代号'].groupby(merge_data['clusters']).count()).T.rename({'渠道代号':'counts'})
# 计算每个聚类类别的样本占比
clusters_rat=(clusters_count/ len(merge_data)).round(2).rename({'counts':'percentage'})
print('每个聚类下的样本量:\n',clusters_count,'\n\n 每个聚类下的样本占比:\n',clusters_rat)
```

每个聚类下样本数量和占比情况如图 9-37 所示。

```
# 绘图展示
fig=plt.figure(figsize=(8,8))# 建立画布
ax=plt.subplot(111)
plt.pie(clusters_count.iloc[0], labels=clusters_count.columns,
colors=['darkcyan','c','lightcyan','aliceblue'], autopct='% .2f% % ',
radius=1, textprops={'fontsize':20})
```

绘制的饼图如图 9-38 所示。

```
每个聚类下的样本量:
 clusters   0    1    2    3
counts     73  349  313  154

每个聚类下的样本占比:
 clusters      0     1     2     3
percentage  0.08  0.39  0.35  0.17
```

图 9-37　每个聚类下样本数量和占比情况

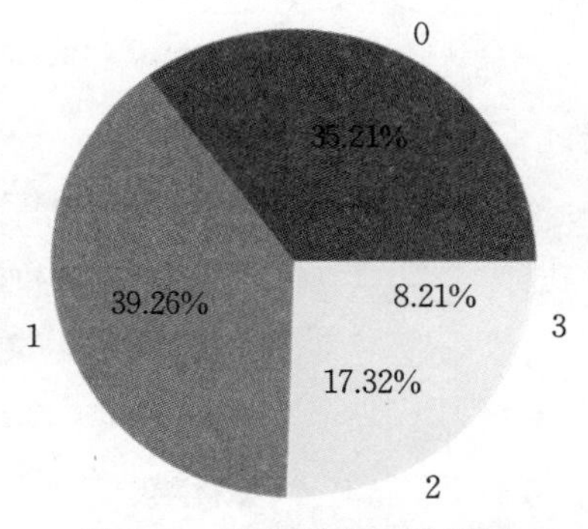

图 9-38　各类样本占比饼图

```
# 计算每个聚类类别内部最显著特征值
cluster_features=[] # 空列表,用于存储最终合并后的所有特征信息
for line in range(best_k): # 读取每个类索引
    label_data=merge_data[merge_data['clusters']==line] # 获得特定类的数据
    part1_data=label_data.iloc[:,1:7] # 获得数值型数据特征
    part1_desc=part1_data.describe().round(3) # 得到数值型特征的描述性统计信息
    merge_data1=part1_desc.iloc[2,:]  # 得到数值型特征的均值
    part2_data=label_data.iloc[:, 7:-1]  # 获得字符串型数据特征
    part2_desc=part2_data.describe(include='all')  # 获得字符串型数据特征的描述性统计信息
    merge_data2=part2_desc.iloc[2, :]  # 获得字符串型数据特征的最频繁值
    merge_line=pd.concat((merge_data1,merge_data2),axis=0)  # 将数值型和字符串型典型特征沿列合并
```

```
    cluster_features.append(merge_line) # 将每个类别下的数据特征追加到列表
# 输出完整的类别特征信息
clusters_pd=pd.DataFrame(cluster_features).T # 将列表转化为 DataFrame
# 将每个聚类类别的所有信息合并
clusters_all=pd.concat((clusters_count,clusters_rat,clusters_pd),axis=0)
print('每个类别的主要特征为:\n')
clusters_all
```

各类内部最显著特征值如图 9-39 所示。

```
# 绘制雷达图
# 各类别数据预处理
num_sets=clusters_pd.iloc[:6,:].T.astype(np.float64) # 获取展示数据
num_sets_max_min=model_norm.fit_transform(num_sets) # 获得标准化后的数据
num_sets  # 雷达图的数据
num_sets_max_min  # 标准化后的数据
```

	0	1	2	3
counts	73	349	313	154
percentage	0.08	0.39	0.35	0.17
日均UV	1904.371	933.015	1390.013	2717.419
平均注册率	0.003	0.003	0.003	0.005
平均搜索量	0.106	0.064	0.152	0.051
访问深度	0.943	5.916	1.168	0.947
订单转化率	0.009	0.006	0.017	0.007
投放总时间	8.217	8.77	8.199	8.529
素材类型	swf	jpg	swf	jpg
广告类型	tips	横幅	不确定	banner
合作方式	cpm	cpc	roi	cpc
广告尺寸	450*300	600*90	600*90	308*388
广告卖点	打折	直降	打折	满减

图 9-39　各类内部最显著特征值

在雷达图中展示的数据如图 9-40 所示。

	日均UV	平均注册率	平均搜索量	访问深度	订单转化率	投放总时间
0	1904.371	0.003	0.106	0.943	0.009	8.217
1	933.015	0.003	0.064	5.916	0.006	8.770
2	1390.013	0.003	0.152	1.168	0.017	8.199
3	2717.419	0.005	0.051	0.947	0.007	8.529

图 9-40　雷达图的数据

标准化后的数据如图 9-41 所示。

```
array([[5.44358789e-01, 0.00000000e+00, 5.44554455e-01, 0.00000000e+00,
        2.72727273e-01, 3.15236427e-02],
       [0.00000000e+00, 0.00000000e+00, 1.28712871e-01, 1.00000000e+00,
        0.00000000e+00, 1.00000000e+00],
       [2.56106801e-01, 0.00000000e+00, 1.00000000e+00, 4.52443193e-02,
        1.00000000e+00, 0.00000000e+00],
       [1.00000000e+00, 1.00000000e+00, 0.00000000e+00, 8.04343455e-04,
        9.09090909e-02, 5.77933450e-01]])
```

图 9-41　标准化后的数据

```
# 绘制雷达图
fig=plt.figure(figsize=(8,8))  # 建立画布
ax=plt.subplot(111,polar=True) # 增加子网格,设置 polar 参数绘制极坐标
labels=np.array(merge_data1.index)  # 设置要展示的数值数据标签
cor_list=['r','g','b','c'] # 定义不同类别的颜色
angles=np.linspace(0,2 * np.pi,len(labels),endpoint=False) # 计算各个区间的角度
angles=np.concatenate((angles,[angles[0]])) # 建立相同首尾字段以便于闭合
for i in range(len(num_sets)): # 循环每个类别
    data_tmp=num_sets_max_min[i,:] # 获得对应类数据
    data=np.concatenate((data_tmp,[data_tmp[0]])) # 建立相同首尾字段以便于闭合
    ax.plot(angles,data,'o-',c=cor_list[i],label='渠道类别% i'% (i+ 1))  # 画线
    ax.fill(angles,data,alpha=0.5) # 区域填充颜色
# 设置图像显示格式
ax.set_thetagrids(angles[:- 1] * 180 / np.pi,labels)  # 设置极坐标轴
ax.set_title("各聚类类别显著特征对比")  # 设置标题放置
ax.set_rlim(-0.2,1.2) # 设置坐标轴尺度范围
plt.legend(loc='upper right',bbox_to_anchor=(1.2,1.0))  # 设置图例位置
```

绘制的雷达图如图 9-42 所示。

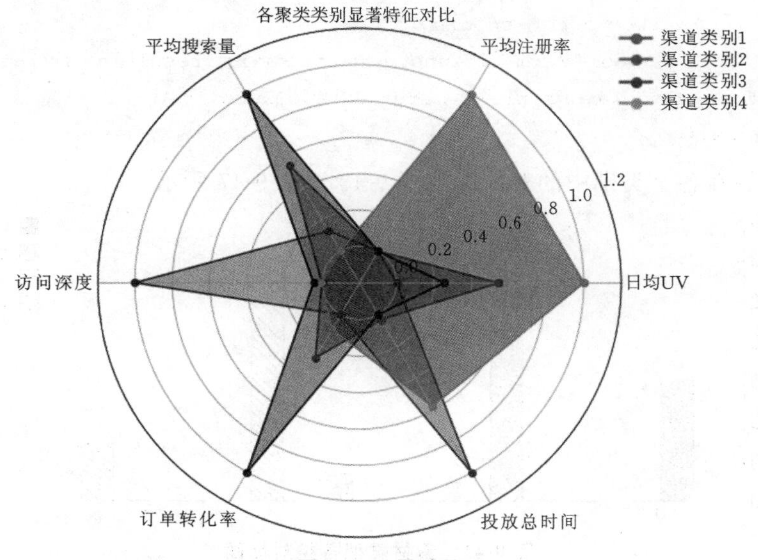

图 9-42　雷达图

综上所述,可知所有渠道被分为 4 个类别,每个类别的样本量分别为 73、349、313、154,对应占比分别为 8%、39%、35%、17%。

通过雷达图可以清楚地知道以下信息。

渠道类别 1(索引"0"):这类渠道各方面特征都不明显,各个流量质量和流量数量的指标均处于“中等”层次,不突出但是均衡,占比只有 8%。在不明确场景需求时,可考虑在这个渠道投放广告。

渠道类别 2(索引"1"):这类渠道的特征为访问深度和投放总时间较高,但是其他属性较低,说明该渠道广告效果较差,并且占到了 39%。业务部门要权衡该类别渠道的实际投放价值。

渠道类别 3(索引"2"):这类渠道访问深度略差,平均搜索量、订单转化率较高,日均 UV 中等偏低,占比为 35%,是一类综合效果较好的渠道。但是日均 UV 是短板,较低的日均 UV 无法给企业带来大量的流量以及新用户。这类渠道的特质适合用户转化,尤其是有关订单转化的提升。

渠道类别 4(索引"3"):这类渠道的显著特征是日均 UV 和平均注册率较高,占比为 17%,其“引流”和“拉新”效果好,可以在广告媒体中定位为引流角色,适合“拉新”使用。

```
    # 非数值属性在各个类别中的对比
    clusters=['0','1','2','3']  # 4 个类别
    for o in range(7,12):  # 从 7 到 11 列,共 5 列均为非数值属性
    fig=go.Figure() # 绘制柱状图
    cross_tab=pd.crosstab(merge_data.iloc[:,- 1],merge_data.iloc[:,o])
        l=pd.DataFrame(cross_tab.sum()).T
        cross_tab=cross_tab.append(l)
        cross_tab.index=[0,1,2,3,4]
        colors=['darkorchid','silver','goldenrod','lightblue','pink','red',
'yellow','firebrick']
        for i in range(len(cross_tab.T)):
            fig.add_trace(go.Bar(x=clusters, y=cross_tab.iloc[:,i], name=cross_
tab.columns[i],
              marker_color=colors[i],))
        #  Here we modify the tickangle of the xaxis, resulting in rotated labels.
        fig.update_layout(title=merge_data.columns[o])
    fig.show()
```

非数值属性在各个类别中的对比图如图 9-43 至图 9-47 所示。

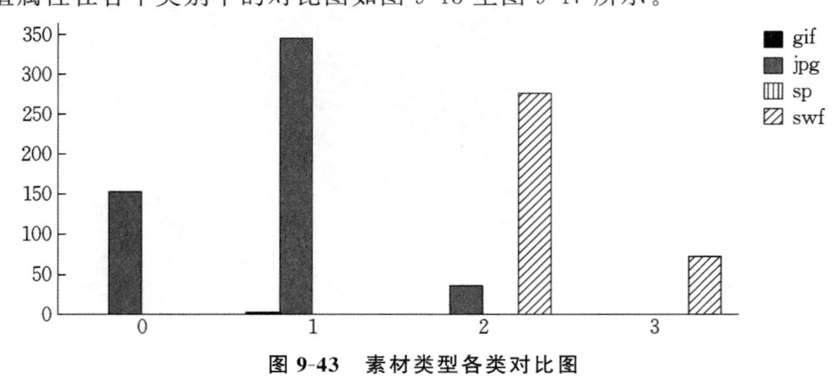

图 9-43　素材类型各类对比图

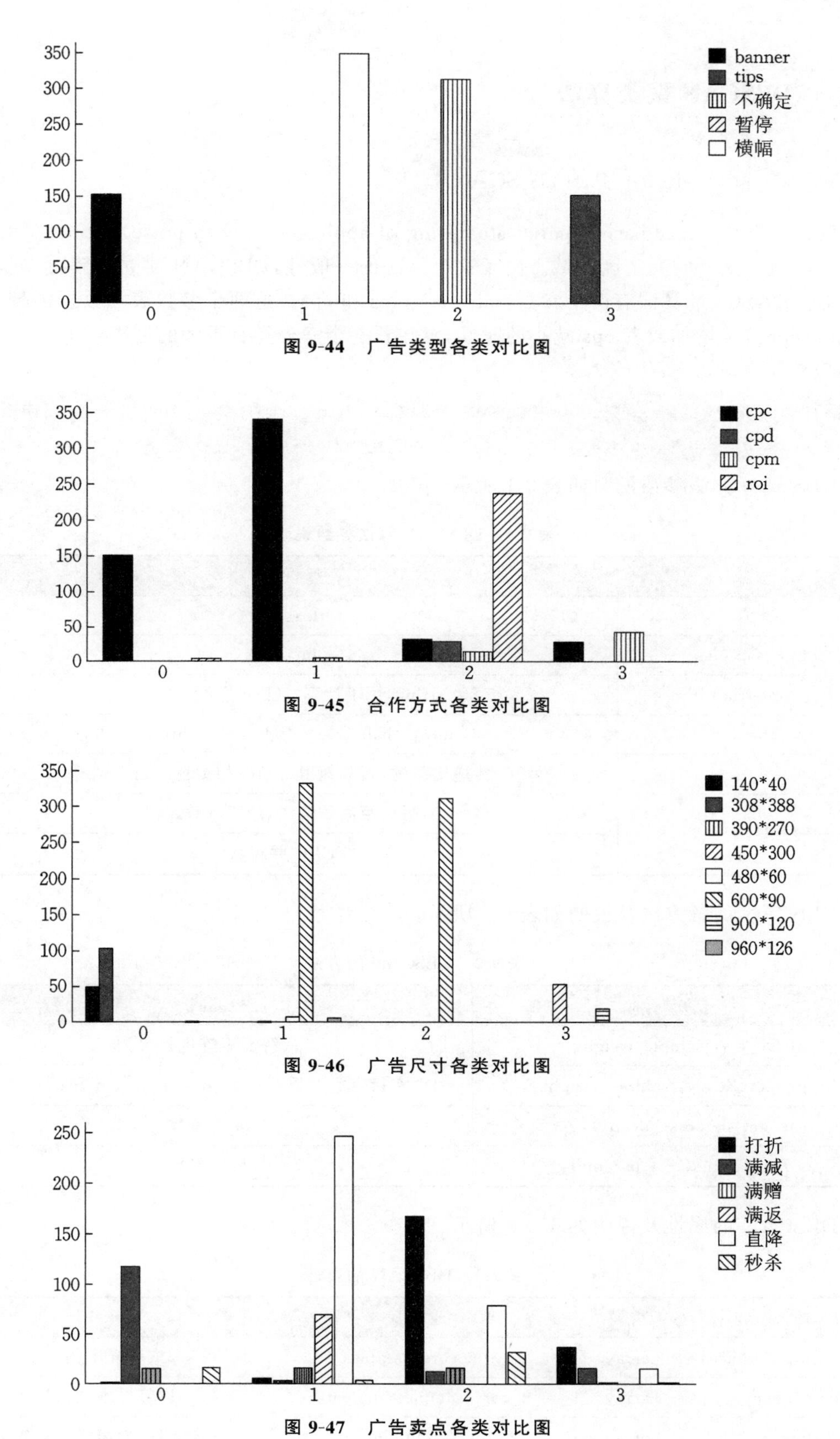

图 9-44　广告类型各类对比图

图 9-45　合作方式各类对比图

图 9-46　广告尺寸各类对比图

图 9-47　广告卖点各类对比图

9.2 DBSCAN 聚类算法

9.2.1 scikit-learn 中的 DBSCAN 算法

DBSCAN(density-based spatial clustering of applications with noise)算法将簇看作被低密度区域分割开的高密度区域。由于这个算法的一般性,DBSCAN 建立的簇可以是任何形状的。DASCAN 算法有两个参数:min_samples 和 eps。这两个参数表示数据的稠密性。当 min_samples 增加或者 eps 减小的时候,意味着一个簇分类有更大的密度要求。

其函数原型如下:

```
    class sklearn.cluster.DBSCAN(eps=0.5, min_samples=5, metric='euclidean',
algorithm='auto', leaf_size=30, p=None, n_jobs=1)
```

DBSCAN 算法参数说明如表 9-1 所示。

表 9-1　DBSCAN 算法参数说明

参数	说明
eps	float,可选
min_samples	int,可选
metric	string,用于计算特征向量之间的距离
algorithm	{'auto', 'ball_tree','kd_tree','brute'},可选
leaf_size	传递给球树,影响速度、内存,根据情况自己选择
p	明氏距离的幂次,用于计算距离
n_jobs	CPU 并行数

DBSCAN 的各方法及说明如表 9-2 所示。

表 9-2　DBSCAN 的方法

方法	说明
fit(X[, y, sample_weight])	从特征矩阵进行聚类
fit_predict(X[, y, sample_weight])	实行聚类并返回标签(n_samples, n_features)
get_params([deep])	取得参数
set_params(* * params)	设置参数

DBSCAN 的属性及说明如表 9-3 所示。

表 9-3　DBSCAN 的属性

属性	类型	大小	说明
core_sample_indices_	array	[n_core_samples]	核心样本的目录
components_	array	[n_core_samples, n_features]	训练样本的核样本
labels_	array	[n_samples]	聚类标签,噪声样本标签为－1

9.2.2 DBSCAN的简单应用

对表 9-4 所示的数据集进行 DBSCAN 聚类,取 eps=3,MinPts=3。

表 9-4 简单数据集

P_1	P_2	P_3	P_4	P_5	P_6	P_7	P_8	P_9	P_{10}	P_{11}	P_{12}	P_{13}
1	2	2	4	5	6	6	7	9	1	3	5	3
2	1	4	3	8	7	9	9	5	12	12	12	3

```
# 导入包
import pandas as pd
import numpy as np
import matplotlib.pyplot as plt
from sklearn.cluster import DBSCAN
# 数据及 DBSCAN 聚类
X=np.array([[1, 2], [2, 1], [2, 4],[4, 3], [5, 8], [6, 7], [6, 9], [7, 9],[9, 5], [1,
12], [3, 12], [5, 12], [3, 3]])
dbsc=DBSCAN(eps=3, min_samples=3).fit(X)
clusters=dbsc.labels_
X=pd.DataFrame(X) # 转为 DataFrame
X["label"]=clusters # 将聚类标签与原数据关联
X
```

与聚类标签合并之后的结果如图 9-48 所示。在图 9-48 中,聚类标签为-1 的为噪声样本。

```
# 绘制 DBSCAN 结果
x0=X[clusters==0]
x1=X[clusters==1]
x2=X[clusters==2]
x3=X[clusters==- 1]
plt.scatter(x0.iloc[:, 0], x0.iloc[:, 1], c="yellow", marker='o', label=
'label0')
plt.scatter(x1.iloc[:, 0], x1.iloc[:, 1], c="green", marker='* ', label=
'label1')
plt.scatter(x2.iloc[:, 0], x2.iloc[:, 1], c="blue", marker='+ ', label=
'label2')
plt.scatter(x3.iloc[:, 0], x3.iloc[:, 1], c="red", marker='< ', label='noise')
plt.xlabel('X')
plt.ylabel('Y')
plt.legend(loc=1)  # 设置图标在右上角
plt.show()
```

聚类结果图如图 9-49 所示。

	0	1	label
0	1	2	0
1	2	1	0
2	2	4	0
3	4	3	0
4	5	8	1
5	6	7	1
6	6	9	1
7	7	9	1
8	9	5	-1
9	1	12	2
10	3	12	2
11	5	12	2
12	3	3	0

图 9-48　与聚类标签合并之后的结果

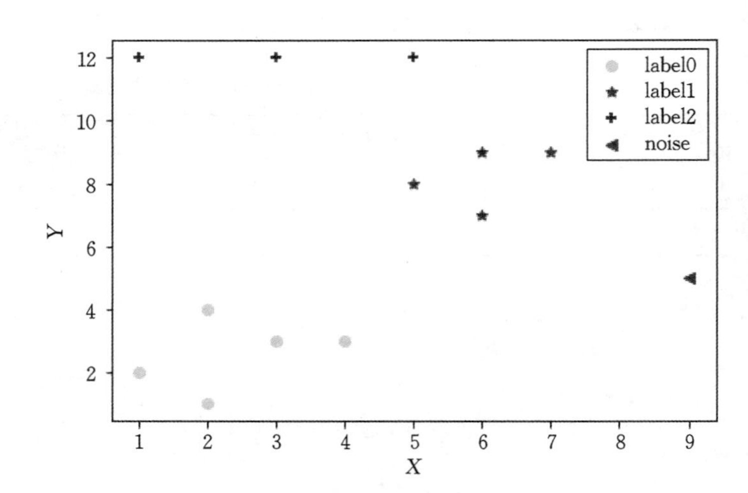

图 9-49　聚类结果

9.2.3　综合应用：商城客户 DBSCAN 聚类分析

mall_customers.csv 是一个有关客户的一些基本数据的数据集，如客户 ID、年龄、性别、年收入和消费分数，消费分数是根据定义的参数（如客户行为和购买数据）分配给客户的分数。该数据集基本信息如图 9-50 所示。

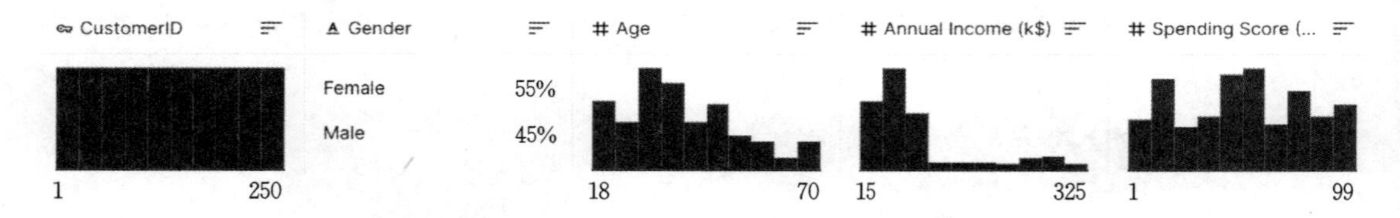

图 9-50　mall_customers **数据集的基本信息**

1. 导入库文件及顾客信息数据集

```
# 导入包及数据
import pandas as pd
import numpy as np
import matplotlib.pyplot as plt
import seaborn as sns
from  sklearn.cluster import DBSCAN # DBSCAN 算法
from sklearn.metrics import silhouette_score # 轮廓系数计算
from sklearn.metrics import calinski_harabasz_score # CH 指标计算
from sklearn.preprocessing import StandardScaler # Z-Score 规范化
from sklearn.decomposition import PCA # PCA:主成分分析
from mpl_toolkits.mplot3d import Axes3D  # 绘制三维图
```

```
from sklearn.neighbors import NearestNeighbors # 最近邻
from itertools import product as product # 笛卡尔积
df=pd.read_csv('mall_customers.csv')  # 导入数据
```

mall_customers 数据集如图 9-51 所示。

	customer_id	gender	age	annual_income	spending_score
0	1	Male	19	15	39
1	2	Male	21	15	81
2	3	Female	20	16	6
3	4	Female	23	16	77
4	5	Female	31	17	40
...	...	...	...	...	...
195	196	Female	35	120	79
196	197	Female	45	126	28
197	198	Male	32	126	74
198	199	Male	32	137	18
199	200	Male	30	137	83

200 rows × 5 columns

图 9-51　mall_customers 数据集

2. 数据相关性分析

```
# 特征工程:对变量进行相关性分析
var_cor=df.iloc[:,1:].corr()  # 计算变量相关性系数
print('变量相关性分析:\n')
var_cor.head().round(2).T
```

变量相关性分析结果如图 9-52 所示。

	age	annual_income	spending_score
age	1.00	-0.01	-0.33
annual_income	-0.01	1.00	0.01
spending_score	-0.33	0.01	1.00

图 9-52　变量相关性分析结果

```
# 相关性可视化展示
f,ax=plt.subplots(figsize=(10, 5))
ax=sns.heatmap(var_cor,cmap='Reds',annot=True)
```

相关性可视化展示热力图如图 9-53 所示。

从热力图可以看出,age、annual_income、spending_score 三个属性的相关性都比较低,三个属性都用作后面的聚类分析。

3. 数据预处理

通过相关性分析,从原数据集中选择 age、annual_income、spending_score 三个属性的数据,并对它们进行 Z-Score 规范化。

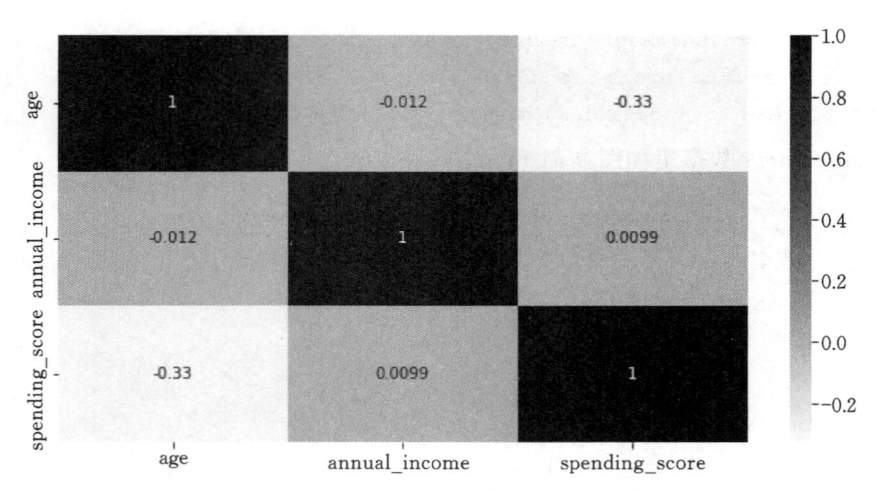

图 9-53 热力图

```
col_names=['age','annual_income','spending_score']
features=df[col_names]
scaler=StandardScaler().fit(features.values)  # Z-Score 规范化
features=scaler.transform(features.values)
scaled_features=pd.DataFrame(features, columns=col_names)
scaled_features.head()
```

规范化之后的结果集前五行如图 9-54 所示。

	age	annual_income	spending_score
0	-1.424569	-1.738999	-0.434801
1	-1.281035	-1.738999	1.195704
2	-1.352802	-1.700830	-1.715913
3	-1.137502	-1.700830	1.040418
4	-0.563369	-1.662660	-0.395980

图 9-54 Z-Score 规范化的结果

4. 参数 min_samples 和 eps 的确定

本例主要使用迭代方法来微调 DBSCAN 模型。在对数据应用 DBSCAN 算法时，将迭代一系列的 min_samples 和 eps。

（1）通过 k 最近邻确定初步的 eps。

对于最初的 eps，估计最优值的一种方法是使用 k 最近邻算法。为了确定最佳的 eps 值，计算每个点与其最近 k 个邻居之间的平均距离。在 y 轴上绘制平均距离，在 x 轴上绘制数据集中的所有数据点，并选择在图的“肘部”处的 eps 值。

如果选取的 eps 值太小，很大一部分数据将不会被聚类，而一个大的 eps 值将导致聚类簇被合并，大部分数据点将会在同一个簇中。一般来说，较小的值比较合适，并且作为一个经验法则，只有一小部分的点应该在这个距离内。

```
plt.figure(figsize=(10,5))
nn=NearestNeighbors(n_neighbors=5).fit(scaled_features) # 5 个近邻
```

```
distances, idx=nn.kneighbors(scaled_features)
distances=np.sort(distances, axis=0)
distances=distances[:,1]
plt.plot(distances)
plt.show()
```

肘部图如图 9-55 所示。

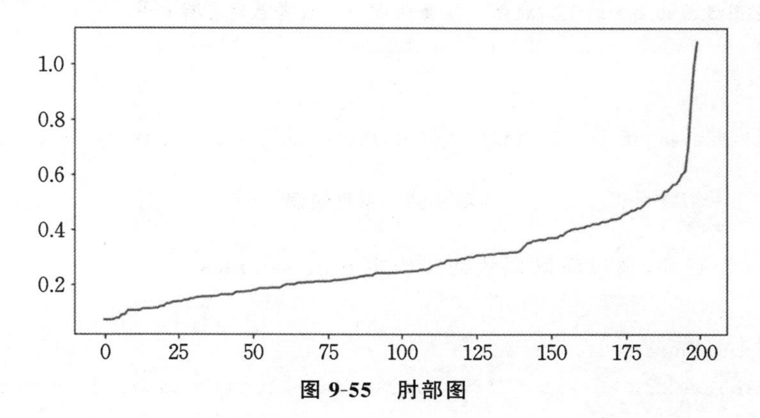

图 9-55 肘部图

从图 9-55 可看到,最佳的 eps 值在 0.5 左右。

(2) 设 min_samples 为 2,通过轮廓系数初步确定 eps。

```
scores=[]
for eps in np.arange(0.1,0.7,0.05):
    labels=DBSCAN(eps=eps, min_samples=2).fit(scaled_features).labels_
    score=silhouette_score(scaled_features, labels)
    scores.append(score)
plt.plot(np.arange(0.1,0.7,0.05), scores)
plt.xlabel('Number of eps')
plt.ylabel('Sihouette Score')
plt.show()
print(max(scores))
```

轮廓系数图如图 9-56 所示。

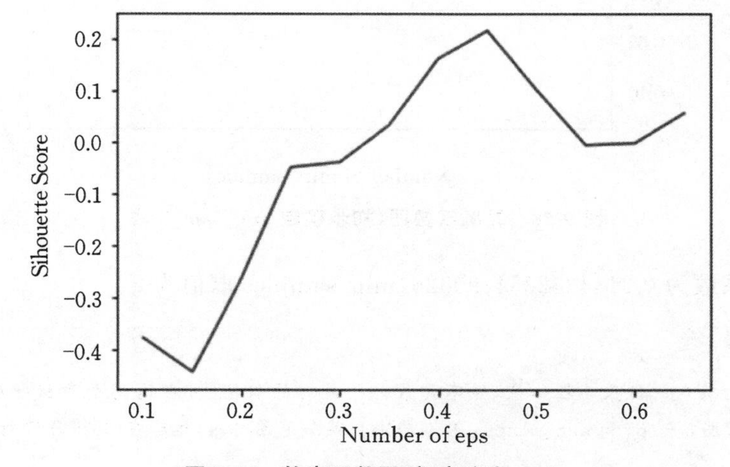

图 9-56 轮廓系数图(初步确定 eps)

最大轮廓系数值为 0.2144282354290926,eps 取值为 0.45。

> **注意:**
> 在运行上段代码串时会遇到的一个常见错误如图 9-57 所示。产生此问题主要是因为设置的参数不合适,for 循环最终会变成 eps 和 min_samples 的组合,不合适的参数有可能会产生一个集群。但是,silhouette_score()函数至少需要定义两个簇。所以需要调整参数以避免此问题。在上面的示例中,如果将 eps 参数的范围设置为 0.1 到 1.2,就很可能会生成一个簇并最终导致错误。

```
ValueError: Number of labels is 1. Valid values are 2 to n_samples - 1 (inclusive)
```

图 9-57 常见错误

(3) 设 eps 为 0.45,通过轮廓系数初步确定 min_samples。

```
scores=[]
for k in range(2,12,1):
    labels=DBSCAN(eps=0.45, min_samples=k).fit(scaled_features).labels_
    score=silhouette_score(scaled_features,labels)
    scores.append(score)
plt.plot(np.arange(2,12,1), scores)
plt.xlabel('Number of min_samples')
plt.ylabel('Sihouette Score')
print(max(scores))
```

此时,轮廓系数图如图 9-58 所示。

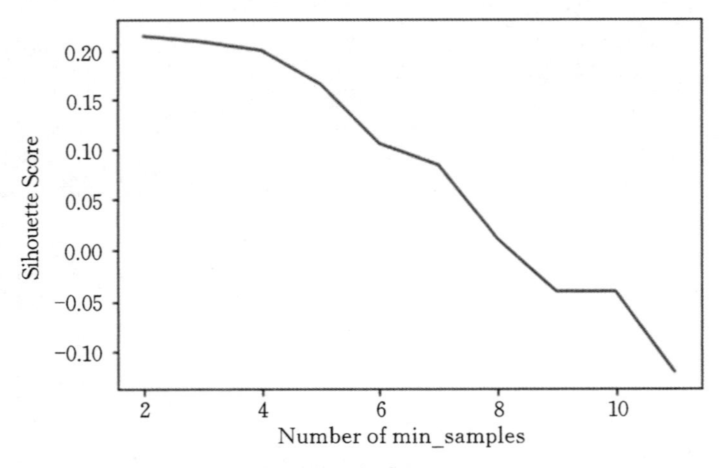

图 9-58 轮廓系数图(初步确定 min_samples)

最大轮廓系数为 0.2144282354290926,min_samples 取值为 2。

> **说明:**
> (2)、(3)两步确定的值仅为粗略值,并不是最终的最好的取值,可在这两个步骤所确定的值的基础上,根据轮廓系数图,将 eps 和 min_samples 分别确定在某个范围之内,然后在(4)步骤进行组合尝试。

(4) 将 eps 和 min_samples 的最优范围组合，选择合适的 eps 和 min_samples。

```
eps_values=np.arange(0.35,0.65,0.05)
min_samples=np.arange(2,7,1)
dbscan_params=list(product(eps_values, min_samples))  # 笛卡尔积
no_of_clusters=[]
sil_score=[]
epsvalues=[]
min_samp=[]
for p in dbscan_params:
    dbscan_cluster=DBSCAN(eps=p[0], min_samples=p[1]).fit(scaled_features)
    epsvalues.append(p[0])
    min_samp.append(p[1])
    no_of_clusters.append(len(np.unique(dbscan_cluster.labels_)))
    sil_score.append(silhouette_score(scaled_features, dbscan_cluster.
labels_))
eps_min_si=list(zip(no_of_clusters, sil_score, epsvalues, min_samp))
eps_min_si=pd.DataFrame(eps_min_si, columns=['no_of_clusters', 'silhouette_
score', 'epsilon_values', 'minimum_points'])
eps_min_si
```

轮廓系数计算部分结果如图 9-59 所示。

	no_of_clusters	silhouette_score	epsilon_values	minimum_points
0	23	0.031791	0.35	2
1	11	0.023487	0.35	3
2	9	-0.005950	0.35	4
3	9	-0.026756	0.35	5
4	8	-0.074992	0.35	6
5	19	0.160443	0.40	2
6	11	0.151307	0.40	3
7	9	0.113110	0.40	4
8	7	0.075988	0.40	5
9	7	0.023144	0.40	6
10	19	0.214428	0.45	2

图 9-59 轮廓系数计算部分结果

显示不全的话，可以导出到 excel 中查看，或选择合适的簇数目及参数值对结果集进行筛选。导出到 excel：

```
eps_min_si.to_excel('tb.xlsx', sheet_name='tbl')
```

对数值进行筛选：

```
eps_min_si[eps_min_si['silhouette_score']> 0.2]
```

此处筛选轮廓系数>0.2 的数据，结果如图 9-60 所示。

	no_of_clusters	silhouette_score	epsilon_values	minimum_points
10	19	0.214428	0.45	2
11	12	0.208666	0.45	3
19	6	0.207328	0.50	6
24	6	0.237848	0.55	6

图 9-60　轮廓系数>0.2 的筛选结果

由图可知，eps=0.55 且 min_samples=6 时轮廓系数最大，为 0.237848。

说明：

在 DBSCAN 算法中，标签“-1”等同于一个“噪声”数据点，它没有被聚集到任何一个高密度的簇中，所以不将任何“-1”标签考虑为一个簇。图 9-60 中，最大的轮廓系数对应的 no_of_clusters 为 6，这 6 个簇中的 1 个是标签为-1 的噪声数据集，其他 5 个是正常的高密度簇，最终形成 5 个簇。

除轮廓系数之外，还可再计算 CH 指标，两项综合考虑，选择合适的 eps 和 min_samples。

```
# CH 计算-越大越好
eps_values=np.arange(0.35,0.65,0.05)
min_samples=np.arange(2,7,1)
dbscan_params=list(product(eps_values, min_samples))
no_of_clusters=[]
ch_score=[]
epsvalues=[]
min_samp=[]
for p in dbscan_params:
    dbscan_cluster=DBSCAN(eps=p[0], min_samples=p[1]).fit(scaled_features)
    epsvalues.append(p[0])
    min_samp.append(p[1])
    no_of_clusters.append(len(np.unique(dbscan_cluster.labels_)))
    ch_score.append(calinski_harabasz_score(scaled_features, dbscan_
cluster.labels_))
eps_min_ch=list(zip(no_of_clusters, ch_score, epsvalues, min_samp))
eps_min_ch=pd.DataFrame(eps_min_ch, columns=['no_of_clusters', 'calinski_
harabasz_score', 'epsilon_values', 'minimum_points'])
eps_min_ch
```

部分 CH 值计算结果如图 9-61 所示。

筛选 CH 指标>35 的数据，如下：

```
eps_min_ch[eps_min_ch['calinski_harabasz_score']> 35]
```

结果如图 9-62 所示。

由图 9-60、图 9-62 可知，eps=0.55 和 min_samples=6 为最佳值。

	no_of_clusters	calinski_harabasz_score	epsilon_values	minimum_points
0	23	10.619240	0.35	2
1	11	13.845482	0.35	3
2	9	13.947926	0.35	4
3	9	11.516595	0.35	5
4	8	10.866499	0.35	6
5	19	18.968242	0.40	2
6	11	21.794568	0.40	3
7	9	23.032502	0.40	4
8	7	20.560183	0.40	5
9	7	16.978794	0.40	6
10	19	23.078863	0.45	2

图 9-61 CH 值计算部分结果

	no_of_clusters	calinski_harabasz_score	epsilon_values	minimum_points
19	6	38.120015	0.50	6
24	6	43.304146	0.55	6

图 9-62 CH 指标＞35 的筛选结果

5. 聚类分析

```
dbscan=DBSCAN(eps=0.55, min_samples=6)
dbscan.fit(scaled_features)
clusters=dbscan.labels_
df["label"]=clusters # 将原始数据与聚类标签整合
df
```

聚类结果如图 9-63 所示。

	customer_id	gender	age	annual_income	spending_score	label
0	1	Male	19	15	39	-1
1	2	Male	21	15	81	0
2	3	Female	20	16	6	-1
3	4	Female	23	16	77	0
4	5	Female	31	17	40	-1
...	...	...	...	...	...	...
195	196	Female	35	120	79	-1
196	197	Female	45	126	28	-1
197	198	Male	32	126	74	-1
198	199	Male	32	137	18	-1
199	200	Male	30	137	83	-1

200 rows × 6 columns

图 9-63 商城客户 DBSCAN 聚类结果

绘制聚类结果图如下：

```
    fig=plt.figure(figsize=(21,10))
    ax=fig.add_subplot(111, projection='3d')
    ax.scatter(df.age[df.label==0], df["annual_income"][df.label==0],
df["spending_score"][df.label==0], c='blue', s=15)
    ax.scatter(df.age[df.label==1], df["annual_income"][df.label==1],
df["spending_score"][df.label==1], c='red', s=15)
    ax.scatter(df.age[df.label==2], df["annual_income"][df.label==2],
df["spending_score"][df.label==2], c='green', s=15)
    ax.scatter(df.age[df.label==3], df["annual_income"][df.label==3],
df["spending_score"][df.label==3], c='orange', s=15)
    ax.scatter(df.age[df.label==4], df["annual_income"][df.label==4],
df["spending_score"][df.label==4], c='yellow', s=15)
    ax.scatter(df.age[df.label==-1], df["annual_income"][df.label==-1],
df["spending_score"][df.label==-1], c='black', s=15)  # 黑色为噪声点
    ax.set_xlabel('age')
    ax.set_ylabel('annual_income')
    ax.set_zlabel('spending_score')
    ax.view_init(30, 185)
    plt.show()
```

聚类结果图如图 9-64 所示。在图 9-64 中，蓝色的点为噪声数据点。

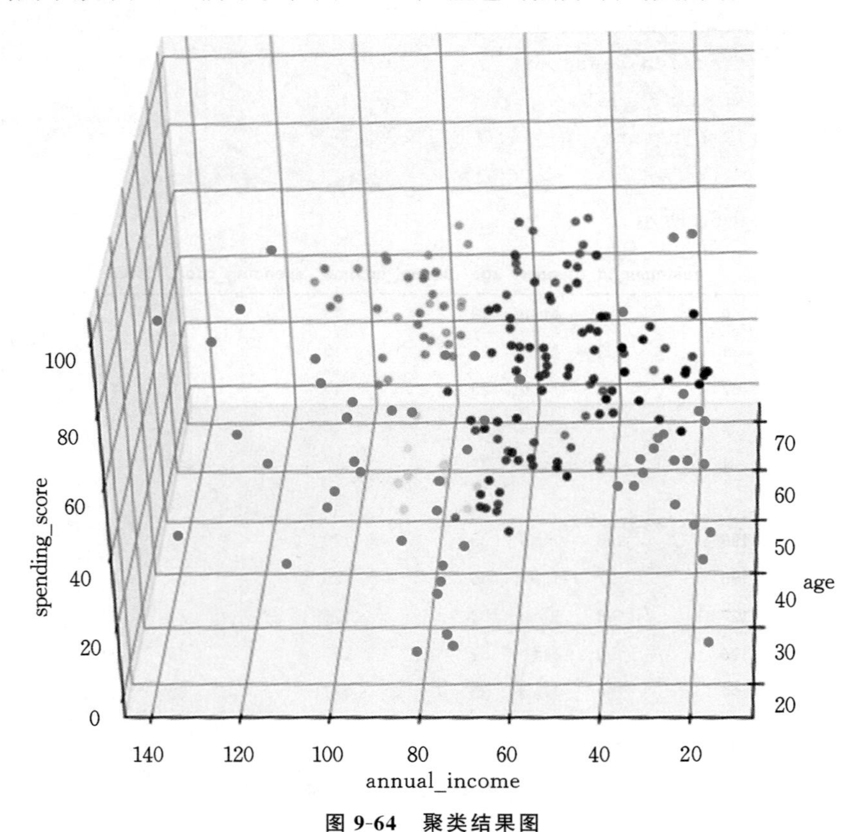

图 9-64　聚类结果图

6. 聚类结果特征分析

```
# a.查看根据 DBSCAN 聚类后的分组统计结果(均值)
df=df.drop(['customer_id'],axis=1)  # 删除 customer_id 列
df=df[df.label! =- 1]  # 删除 label 为- 1 的行,即把噪声数据去除
avg_df=df.groupby(['label'], as_index=False).mean() # 分组统计
avg_df
```

分组统计结果如图 9-65 所示。

	label	age	annual_income	spending_score
0	0	23.736842	26.105263	78.315789
1	1	53.203704	54.407407	47.629630
2	2	24.482759	53.413793	50.827586
3	3	32.727273	81.060606	83.000000
4	4	44.500000	81.100000	16.800000

图 9-65　分组统计结果

用图展示如下：

```
sns.barplot(x='label',y='age',data=avg_df) # 各类平均 age 柱状图
sns.barplot(x='label',y='spending_score',data=avg_df) # 各类平均 spending_score 柱状图
sns.barplot(x='label',y='annual_income',data=avg_df) # 各类平均 annual_income 柱状图
df2=pd.DataFrame(df.groupby(['label','gender'])['gender'].count())  # 各类gender 人数统计
df2
```

结果如图 9-66 至图 9-69 所示。

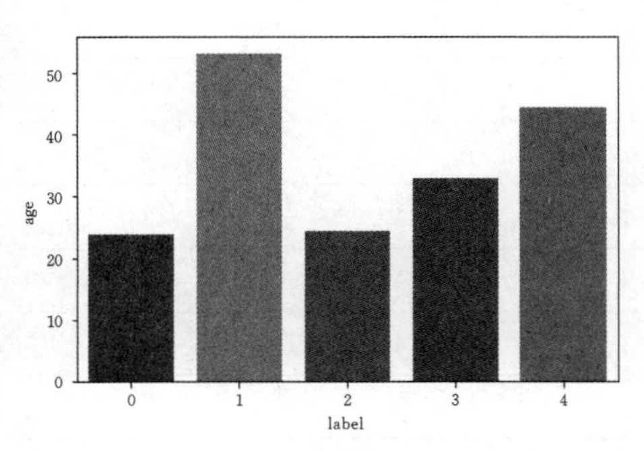

图 9-66　各类平均 age 柱状图

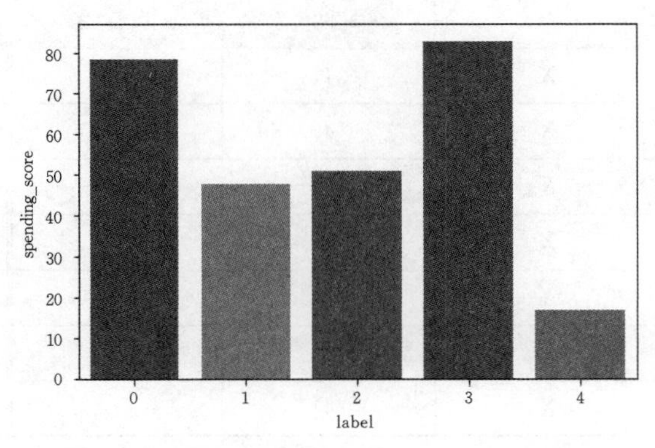

图 9-67　各类平均 spending_score 柱状图

对于聚类结果，分析如下：

各类男女比例都比较均衡，没有太大的差距。

label0 ⇒高消费用户：年收入水平较低，但是有较强烈的消费意愿，舍得花钱，平均年龄在 20～30 岁。

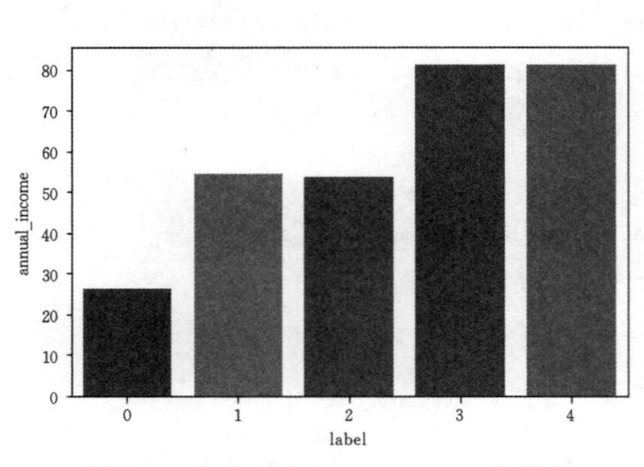

图 9-68　各类平均 annual_income 柱状图

label	gender	gender
0	Female	11
	Male	8
1	Female	30
	Male	24
2	Female	17
	Male	12
3	Female	18
	Male	15
4	Female	5
	Male	5

图 9-69　各类 gender 人数统计

label1⇒中老年用户：年收入与消费得分属于中等水平，平均年龄在 50 岁以上。

label2 ⇒谨慎用户：年收入和消费意愿都属于中等偏低水平，年龄在 20～30 岁。

label3 ⇒目标用户：这类客户年收入高，而且消费水平高，平均年龄在 30～40 岁。

label4 ⇒节俭用户：年收入高但是消费意愿不强烈，平均年龄在 40～50 岁。

9.3 实验内容

1. *k*-means 算法实践

(1) 简单实践：对表 9-5 中的 14 个点进行 *k*-means 聚类。

表 9-5　14 个数据点的数据集 S

ID	属性 1	属性 2	ID	属性 1	属性 2
X_1	1	0	X_8	5	1
X_2	4	0	X_9	0	2
X_3	0	1	X_{10}	1	2
X_4	1	1	X_{11}	4	2
X_5	2	1	X_{12}	1	3
X_6	3	1	X_{13}	4	5
X_7	4	1	X_{14}	5	6

(2) 对 mall_customers.csv 中的顾客进行 *k*-means 聚类，并分析每类顾客的特征。

2. DBSCAN 算法实践

(1) 对于表 9-5 中的数据，给定密度（ε＝1，MinPts＝4），试用 DBSCAN 算法对其聚类。

(2) 对 iris 数据集进行 DBSCAN 聚类，并分析每类的特征。

第10章

实践分类规则挖掘

在 Python 中，采用 scikit-learn 工具包的基本分类方法包括常见的逻辑回归、支持向量机、决策树、随机森林、k 最近邻分类、朴素贝叶斯分类算法等。这些算法的使用方式大多类似。对于不同的数据集和问题，我们可以根据具体情况选择合适的算法来实现分类模型。

本章主要借助实例，介绍 scikit-learn 中的 KNN 分类算法、决策树算法、朴素贝叶斯分类算法的使用。

在 sklearn 中，估计器(estimator)是一个重要的角色，主要包含以下三类。

① 用于分类的估计器：sklearn.neighbors(k 近邻算法)、sklearn.naive_bayes(朴素贝叶斯)、sklearn.linear_model.LogisticRegression(逻辑回归)、sklearn.tree(决策树与随机森林)。

② 用于回归的估计器：sklearn.linear_model.LinearReg(ression 线性回归)、sklearn.linear_model.Ridge(岭回归)。

③ 用于无监督学习的估计器。

估计器工作流程如图 10-1 所示。

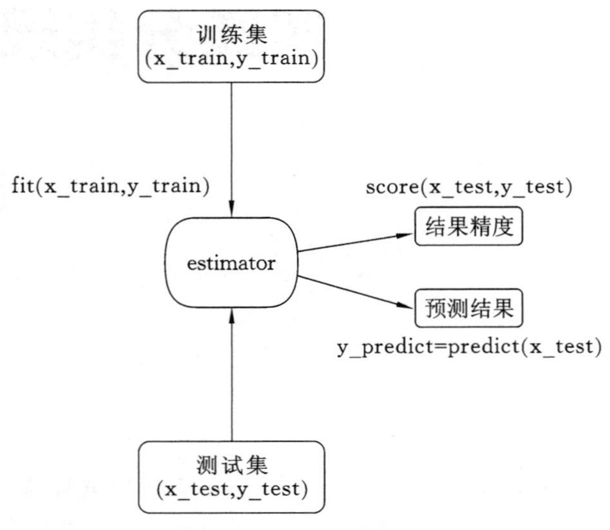

图 10-1　估计器工作流程

estimator 实现了大部分算法，其中 fit()用于训练集的训练，predict()用于预测，score()用于计算模型准确率。

在分类算法中，进行预测之前首先要对数据进行划分。一般 75%的数据用于训练，25%的数据用于测试。

使用 sklearn.model_selection.train_test_split 模块进行数据分割。导入包：from sklearn.model_selection import train_test_split。函数原型如下：

```
    x_train,x_test,y_train,y_test=train_test_split(train_data, train_target,
test_size, random_state, shuffle)
```

train_test_split()的参数说明如下。

train_data：还未划分的数据集。

train_target：还未划分的标签。

test_size：测试数据占比，用小数表示，如 0.25 表示 75%训练，25%测试。

random_state：如果是 int，那么参数用于指定随机数产生的种子；如果是 None，使用 np.random 作为随机数产生器。对于同一批数据，只要 random_state 设置的一样，那么其结果也是一样的，即结果可以被复现。如果要求每次运行结果都不一样，方法是不设置参数 random_state，相当于 random_state=None(默认 None)。

shuffle：是否在分割前对完整数据进行洗牌(打乱)，默认为 True，打乱。

train_test_split()的返回值说明如下。

x_train：划分的训练集数据。

x_test：划分的测试集数据。

y_train：划分的训练集标签。

y_test：划分的测试集标签。

关于模型评估中的混淆矩阵、查准率、召回率、F1 分数的说明如下。

混淆矩阵：T(true)代表正确，F(false)代表错误，P(positive)代表 1，N(negative)代表 0。先看预测结果(P|N)，再将实际结果与预测结果进行对比，最后给出判断结果(T|F)。按照上面的逻辑，混淆矩阵如图 10-2 所示。

		实际结果	
		1	0
预测结果	1	**TP**	**FP**
	0	**FN**	**TN**

图 10-2 混淆矩阵

其中，TP、FP、FN、TN 可以理解为：TP——预测为 1，实际为 1，预测正确；FP——预测为 1，实际为 0，预测错误；FN——预测为 0，实际为 1，预测错误；TN——预测为 0，实际为 0，预测正确。

召回率：评价模型的完整性。它是针对原样本而言的，其含义是在实际为正的样本中被预测为正样本的概率。表达式为：$召回率=\frac{TP}{TP+FN}$。

查准率(精确率)：评价模型的正确性。它是针对预测结果而言的，其含义是在所有被预测为正的样本中实际为正样本的概率。表达式为：$查准率=\frac{TP}{TP+FP}$。

F1 分数：F1 分数同时考虑精确率和召回率，让两者同时达到最高，取得平衡。它的取值范围在 0～1，值越大说明模型越好。表达式为：$F1分数=\frac{2\times查准率\times召回率}{查准率+召回率}$。

10.1 KNN 分类算法

10.1.1 scikit-learn 中的 KNN 算法

sklearn 机器学习库提供了 neighbors 模块，该模块下提供了 KNN 算法的常用方法，如表 10-1 所示。

表 10-1 KNN 的常用方法

方法	说明
KNeighborsClassifier	KNN 算法解决分类问题
KNeighborsRegressor	KNN 算法解决回归问题
RadiusNeighborsClassifier	基于半径来查找最近邻的分类算法
NearestNeighbors	基于无监督学习实现 KNN 算法
KDTree	无监督学习下基于 KDTree 来查找最近邻的分类算法
BallTree	无监督学习下基于 BallTree 来查找最近邻的分类算法

本小节主要通过调用 KNeighborsClassifier 实现 KNN 分类算法。导入包：from sklearn.neighbors import KNeighborsClassifier。其函数原型如下：

```
    sklearn.neighbors.KNeighborsClassifier(n_neighbors=5, weights='uniform', algorithm='auto', leaf_size=30, p=2, metric='minkowski', metric_params=None, n_jobs=None, **kwargs)
```

（1）参数说明。

n_neighbors：这个值就是指 KNN 中的“K”。通过调整 k 值，算法会有不同的效果。

weights(权重)：最普遍的 KNN 算法无论距离如何，权重都一样，但若想进行特殊化处理，比如让距离更近的点更加重要，这时候就需要 weights 这个参数，这个参数有三个可选值，决定了如何分配权重。参数选项有：'uniform'，不管距离远近，权重都一样，是最普通的 KNN 算法的形式；'distance'，权重和距离成反比，距离预测目标越近，权重越大；自定义函数，自定义一个函数，根据输入的坐标值返回对应的权重，达到自定义权重的目的。

algorithm：在 sklearn 中，KNN 模型有三种构建方式。① 蛮力法，即直接计算所有点之间的距离，然后找出距离最小的那一对；② 使用 KD 树构建 KNN 模型；③ 使用球树构建 KNN 模型。参数选项为：'brute'，蛮力实现；'kd_tree'，KD 树实现 KNN；'ball_tree'，球树实现 KNN；'auto'，默认参数，自动选择合适的方法构建模型。

其中蛮力法适合数据量较小的情况，否则效率会比较低；如果数据量比较大，一般会选择用 KD 树构建 KNN 模型；而当 KD 树构建模型也比较慢的时候，则可以试试用球树来构建 KNN 模型。

leaf_size：如果选择蛮力实现，则这个值是可以忽略的。当使用 KD 树或球树时，它就是停止建子树的叶子节点数量的阈值，默认 30，但如果数据量增多，则这个参数需要增大，否则速度过慢且容易过拟合。

p：和 metric 结合使用，当 metric 参数是'minkowski'的时候，p=1 为曼哈顿距离，p=2 为欧式距离。默认为 p=2。

metric：指定距离度量方法，一般使用欧式距离。取值有'euclidean'——欧式距离、'manhattan'——曼哈顿距离、'chebyshev'——切比雪夫距离、'minkowski'——闵可夫斯基距离（默认参数）。

n_jobs：指定进行运算的 CPU 数目，默认是－1，也就是使用全部 CPU。例如：

```
    knn=KNeighborsClassifier(weights="distance",n_neighbors=10, algorithm='auto')
```

（2）使用 fit()对训练集进行训练。

fit()，训练函数，是最主要的函数，将训练所需的特征值和目标值传入。例如：

```
    knn.fit(x_train,y_train)
```

（3）调用 predict()预测新输入的类别。

predict()，预测函数，接收输入的数组类型测试样本，一般是二维数组，每一行是一个样本，每一列是一个属性。返回数组类型的预测结果。例如：

```
    y_predict= knn.predict(x_test)
```

（4）调用 predict_proba()，显示每个测试集样本对应各个分类结果的概率。

predict_proba()，基于概率的软判决，也是预测函数，只是并不给出某一个样本的输出是哪一个值，而是给出该输出是各种可能值的概率各是多少。例如：

```
knn.predict_proba(x_test)
```

(5) 调用 score()计算预测的准确率。

score(),计算准确率的函数,输出为一个 float 类型数据,表示准确率,内部计算是按照 predict()函数计算的结果进行计算的。接受的 3 个参数如下。

x:接收输入的数组类型测试样本,一般是二维数组,每一行是一个样本,每一列是一个属性。

y:x 这些预测样本的真实标签,一维数组或者二维数组。

sample_weight=None:一个和 x 一样长的数组,表示各样本对准确率影响的权重,一般默认为 None。例如:

```
score=knn.score(x_test, y_test,sample_weight=None)
```

在 KNN 算法中,最重要的参数为 k,如果选取较小的 k 值,那么整体模型会变得复杂,容易发生过拟合;如果选取较大的 k 值,就相当于用较大邻域中的训练数据进行预测,与输入数据距离较远的训练数据也会影响预测的准确性,使预测发生错误。k 值的增大意味着整体模型变得简单,其含义大概如下:当 k 值较大,甚至和样本数一样时,就相当于没有训练模型,只是用数据统计了各个数据的类别,找到最多的而已。一般选取一个较小的数值,再采取交叉验证法来选取最优的 k 值。

10.1.2 使用 KNN 算法对鸢尾花进行分类预测

1. 导入库文件

```
import numpy as np
import pandas as pd
import matplotlib.pyplot as plt
import mglearn # 画散点矩阵图
from sklearn.datasets import load_iris # 导入 iris 数据集
from sklearn.model_selection import train_test_split # 数据集分割
from sklearn.neighbors import KNeighborsClassifier # KNN 分类算法
from sklearn.preprocessing import MinMaxScaler # 最小最大规范化
from sklearn.model_selection import cross_val_score # 交叉验证模块
from sklearn.model_selection import GridSearchCV # 交叉验证模块
```

2. 读取鸢尾花数据集及未知样本

```
# 读取鸢尾花数据集
iris= load_iris()
x_train= iris.data
y_train= iris.target
x_new= np.array([[5,2.9,1,0.2],[7.7, 2.8, 6.7, 2]])  # 未知样本
```

3. 数据分析

```
iris.keys()  # 查看数据集对象的结构
```

结果如图 10-3 所示。

```
iris.data[0:4]  # 查看前 4 行数据
```

```
dict_keys(['data', 'target', 'frame', 'target_names', 'DESCR', 'feature_names', 'filename'])
```

图 10-3 数据集对象的结构

前 4 行数据如图 10-4 所示。

```
array([[5.1, 3.5, 1.4, 0.2],
       [4.9, 3. , 1.4, 0.2],
       [4.7, 3.2, 1.3, 0.2],
       [4.6, 3.1, 1.5, 0.2]])
```

图 10-4 前 4 行数据

每行数据 4 个取值,分别表示花萼长度 sepal_len、花萼宽度 sepal_width、花瓣长度 petal_len、花瓣宽度 petal_width。

```
iris.target[0:4]  # 标签
```

前 4 行数据对应的类别如图 10-5 所示。

```
array([0, 0, 0, 0])
```

图 10-5 前 4 行数据对应的类别名称

```
iris.target_names  # 标签名
```

鸢尾花的 3 个类别名称如图 10-6 所示。

```
array(['setosa', 'versicolor', 'virginica'], dtype='<U10')
```

图 10-6 鸢尾花的 3 个类别名称

```
# 查看散点矩阵图:
# 利用 x_train 中的数据创建 DataFrame,并利用 iris.feature_names 中的字符串对数据进行标记
iris_df=pd.DataFrame(x_train,columns=iris.feature_names)
# 利用 DataFrame 创建散点矩阵图,按 y_train 着色
pd.plotting.scatter_matrix(iris_df,c=y_train,figsize=(15,15),marker='o',
hist_kwds={'bins':20},s=60,alpha=.8,cmap=mglearn.cm3)
```

散点矩阵图如图 10-7 所示。

scatter_matrix 散点矩阵图代表了两变量的相关程度,如果呈现出沿着对角线分布的趋势,说明它们的相关性较高。如图 10-7 所示,petal length 和 petal width 相关度最高,petal length 和 sepal length 的相关度也较高。所以,在接下来的分析中,可以只取前三列数据(即花萼长度 sepal_len、花萼宽度 sepal_width、花瓣长度 petal_len)进行分析,舍掉花瓣宽度 petal_width 一列的数据。

4. 选择合适的 k 值

(1) k 折交叉验证。

在这种交叉验证技术中,整个数据集被划分为 k 个相等大小的部分,每个分区称为一个

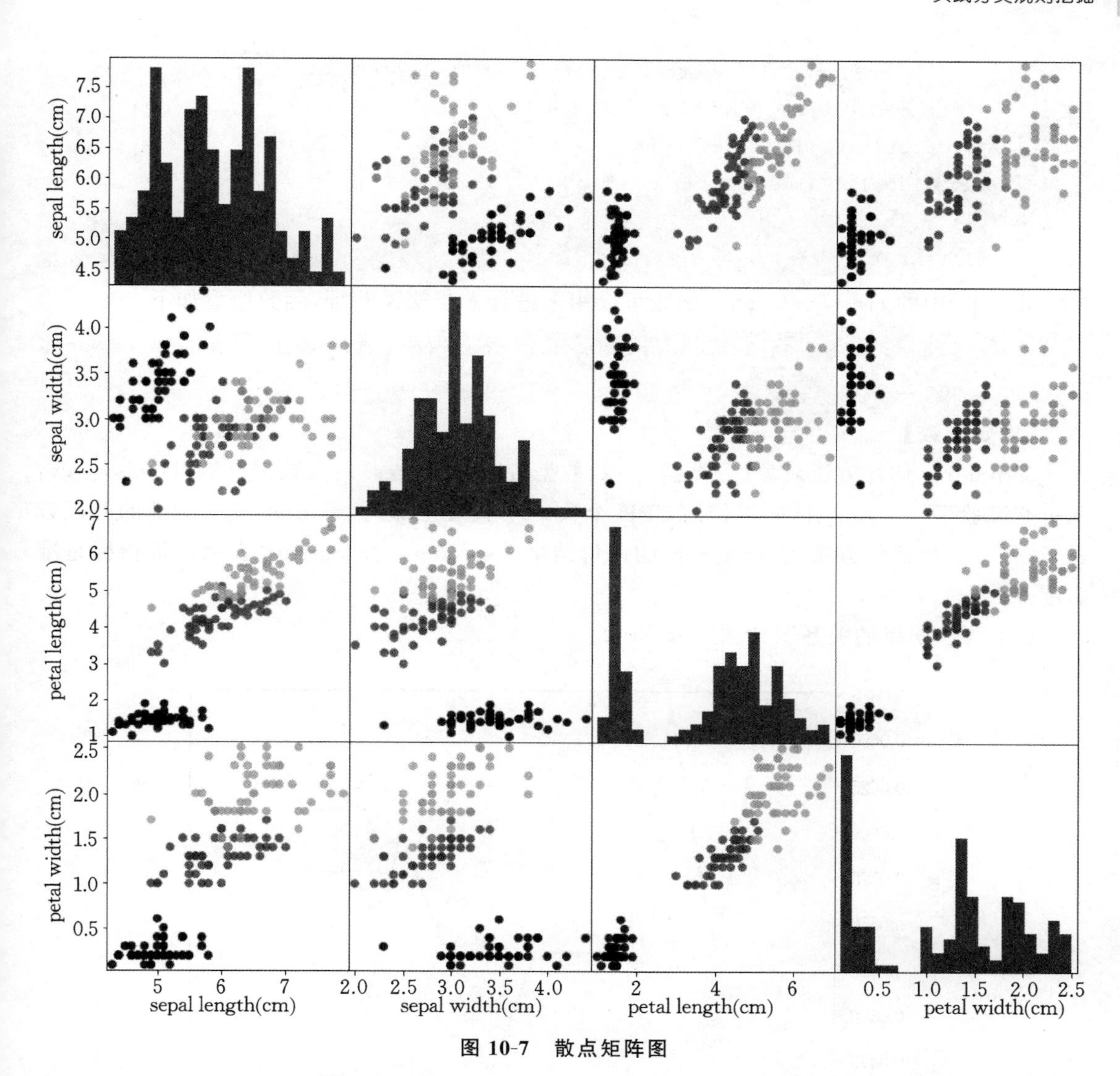

图 10-7 散点矩阵图

“折叠”。因为有 k 个部分,所以称为 k 折叠。一折用作验证集,其余 $k-1$ 折用作训练集。该技术重复 k 次,直到每个折叠用作验证集,其余折叠用作训练集。模型的最终精度是通过取 k-models 验证数据的平均精度来计算的。

```
    x_train=iris.data[:, :3] # 取前三列数据
    # 选取合适的 k 值
    k_range=range(1,15)
    k_error=[]
    # 循环,取 k=1 到 k=15,查看误差效果
    for k in k_range:
        knn=KNeighborsClassifier(n_neighbors=k)
        # cv 参数决定数据集划分比例,这里是按照 9:1 划分训练集和测试集
        scores=cross_val_score(knn, x_train, y_train, cv=10, scoring='accuracy')
# 评价指标是准确度
```

```
    k_error.append(1-scores.mean()) # 误差值=1-准确度
# 画图,x 轴为 k 值,y 值为误差值
plt.plot(k_range, k_error)
plt.xlabel('Value of K for KNN')
plt.ylabel('Error')
plt.show()
```

sklearn 中的 cross_val_score 函数可以用来进行 k 折交叉验证,函数原型如下:

```
    sklearn.model_selection.cross_val_score(estimator, X, y=None, cv=None,
scoring= None,n_jobs=1, verbose=0, fit_params=None, pre_dispatch='2* n_jobs')
```

【主要参数】

estimator:估计方法对象(分类器)。X:数据特征(features)。y:数据标签(labels)。cv:几折交叉验证。n_jobs:同时工作的 CPU 个数(−1 代表全部)。scoring:交叉验证的验证方式,选择不同的评价方法,会产生不同的评价结果。scoring= 'accuracy'表示评价指标是准确度。

k 值与错误率的关系图如图 10-8 所示。

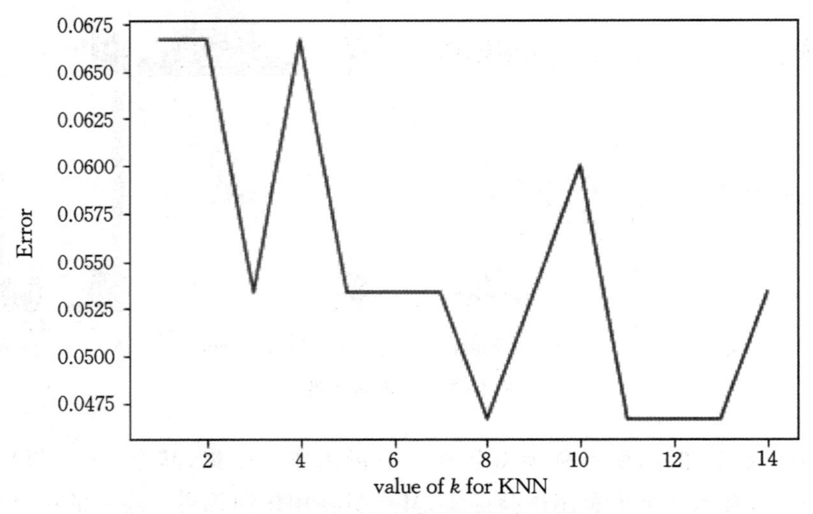

图 10-8　k 值与错误率的关系图

从图 10-8 中能看出 k 值取多少的时候误差最小,这里明显是 $k=8$、11、12、13 最好。当然,在实际问题中,如果数据集比较大,为了减少训练时间,k 的取值范围可以缩小。

(2) 网格搜索交叉验证。

```
knn=KNeighborsClassifier()
para=range(1,15)
param_dict={"n_neighbors": para}  # 预测 K 值
knn=GridSearchCV(knn, param_grid=param_dict, cv=10)
knn.fit(x_train, y_train)
print("最佳参数:\n", knn.best_params_)  # 输出最佳参数
print("验证集中的最佳结果:\n", clf.best_score_)  # 输出最佳结果
```

GridSearchCV 称为网格搜索交叉验证调参，它通过遍历传入的参数的所有排列组合，采用交叉验证的方式，返回所有参数组合下的评价指标得分。GridSearchCV 函数原型如下：

```
    class sklearn.model_selection.GridSearchCV(estimator, param_grid, scoring=
None, n_jobs=None, refit=True, cv='warn', verbose=0, pre_dispatch='2* n_jobs',
 error_score='raise-deprecating', return_train_score='warn')
```

【主要参数】

estimator：所使用的模型，传入除需要确定最佳的参数之外的其他参数。模型都需要一个 score 方法，或传入 scoring 参数。

param_grid：需要搜索调参的参数字典，参数值类型为字典(dict)或由字典组成的列表(list)。用于设置待评测参数和对应的参数值。

scoring：模型评价标准，默认为 None，使用 estimator 的误差估计函数；或者如 scoring ='roc_auc'，根据所选模型不同，评价准则不同。

n_jobs：并行计算线程个数，默认值为 1，可以设置为 −1(跟 CPU 核数一致)，这样可以充分使用机器的所有处理器。

refit：默认为 True，程序将会交叉验证训练集得到的最佳参数，即在搜索参数结束后，用最佳参数结果再次 fit 一遍全部数据集。

cv：几折交叉验证。

网格搜索交叉验证调参最佳结果如图 10-9 所示。

```
最佳参数:
 {'n_neighbors': 8}
验证集中的最佳结果:
 0.9533333333333334
```

图 10-9　网格搜索交叉验证调参最佳结果

经过上面两个步骤，结论是：最优 k 值为 8。

(3) 通过 score 分值确定 k 值。

```
    # 划分测试集和训练集
    x_train,x_test,y_train,y_test=train_test_split(x_train,y_train,random_
state=0)
    trans=MinMaxScaler()  # 最小最大规范化,也称归一化
    x_train=trans.fit_transform(x_train)
    # 注意这里,为了使得数据更加准确,对测试集做的操作应该和训练集相同,所以最小和平均数
不改变
    x_test=trans.transform(x_test)  # 对训练集进行归一化
    x_new=trans.transform(x_new[:, :3])  # 对未知样本也进行归一化
```

注意：

因为 KNN 模型对数据的缩放很敏感，需要根据训练集数据进行归一化，并把同样的转换加诸测试集上。这样能够确保每个特征对 KNN 模型的影响力一样大。

```
training_accuracy=[]
test_accuracy=[]
neighbors_settings=range(1,15)
for n_neighbors in neighbors_settings:
    knn=KNeighborsClassifier(n_neighbors)
    knn.fit(x_train,y_train)
    training_accuracy.append(knn.score(x_train,y_train)) # 训练样本的准确率
    test_accuracy.append(knn.score(x_test,y_test)) # 测试样本的准确率
plt.plot(neighbors_settings,training_accuracy,label='Training Accuracy')
plt.plot(neighbors_settings,test_accuracy,label='Test Accuracy')
plt.ylabel('Accuracy')
plt.xlabel('n_neighbors')
plt.legend()
```

不同 k 值对于训练样本及测试样本的准确率如图 10-10 所示。

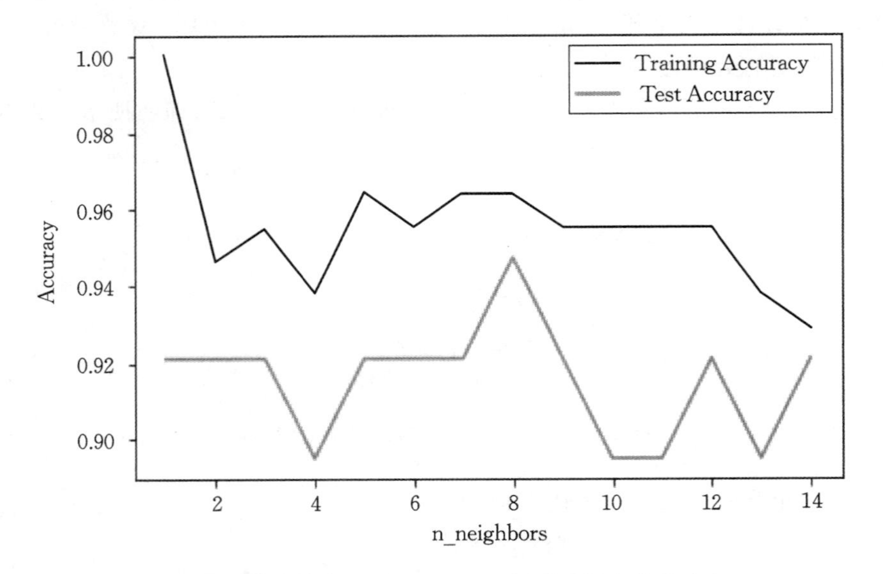

图 10-10 不同 k 值对于训练样本及测试样本的准确率

由图 10-10 可知，对于训练样本和测试样本，当 $k=8$ 时，准确率分别约为 97%和 95%，均表现较好，所以，最终最优 k 值为 8。

5. KNN 分类及预测

```
knn=KNeighborsClassifier(n_neighbors=8)
# 训练模型
knn.fit(x_train,y_train)
knn.score(x_train,y_train) # 训练样本的准确率
knn.score(x_test,y_test)  # 测试样本的准确率
# 预测
prediction=knn.predict(x_new)
print("prediction :{0},classifier:{1}".format(prediction,iris["target_
names"][prediction]))
```

对未知样本的预测结果如图 10-11 所示。

```
prediction :[0 2]  ,classifier:['setosa' 'virginica']
```

图 10-11　未知样本的预测结果

10.2 决策树算法

10.2.1 scikit-learn 中的决策树算法

sklearn 中决策树的类都在"tree"这个模块之下。这个模块总共包含五个类，如表 10-2 所示。

表 10-2　tree 模块中的类

模块名	类别
tree.DecisionTreeClassifier	分类树
tree.DecisionTreeRegressor	回归树
tree.export_graphviz	将生成的决策树导出为 DOT 格式，画图专用
tree.ExtraTreeClassifier	高随机版本的分类树
tree.ExtraTreeRegressor	高随机版本的回归树

本小节主要通过调用 tree.DecisionTreeClassifier 实现决策树分类算法。算法使用流程简单描述如下：

```
from sklearn import tree # 导入 tree 的模块
clf=tree.DecisionTreeclassifier() # 实例化
clf=clf.fit (x_train, y_train) # 用训练集数据训练模型
result=clf.score(x_test,y_test)  # 导入测试集,从接口中调用需要的信息
```

DecisionTreeClassifier 函数原型如下：

```
DecisionTreeClassifier(criterion="gini",splitter="best",max_depth=None,
min_samples_split=2, min_samples_leaf=1, min_weight_fraction_leaf=0., max_
features=None, random_state=None, max_leaf_nodes=None, min_impurity_decrease=
0., min_impurity_split=None, class_weight=None, presort=False)
```

虽然该函数看起来参数众多，但参数通常都有默认值，只需要调整其中较为重要的几个参数就行。通常来说，较为重要的参数有：criterion，用以设置用信息熵还是基尼系数进行计算；splitter，指定分支模式；max_depth，最大深度，防止过拟合；min_samples_leaf，限定每个节点分支后子节点至少有多少个数据，否则就不分支。

(1) criterion：string，指定评价准则。① criterion＝"gini"，分裂节点时评价准则是 Gini 指数，默认为"gini"；② criterion＝"entropy"，分裂节点时的评价指标是信息增益。

(2) max_depth：int 或 None，默认为 None，指定树的最大深度。

如果为 None，表示树的深度不限，直到所有的叶节点都是纯净的，即叶节点中所有的样

本点都属于同一个类别，或者每个叶节点包含的样本数小于 min_samples_split。

(3) splitter：string，默认为"best"，指定分裂节点时的策略。① splitter＝"best"，表示选择最优的分裂策略。② splitter＝"random"，表示选择最好的随机切分策略。

(4) min_samples_split：int 或 float，默认为 2，表示分裂一个内部节点需要的最少样本数。① 如果为整数，则 min_samples_split 就是最少样本数。② 如果为浮点数(0 到 1 之间)，则每次分裂最少样本数为 ceil(min_samples_split * n_samples)。

(5) min_samples_leaf：int 或 float，默认为 1，指定每个叶节点需要的最少样本数。① 如果为整数，则 min_samples_split 就是最少样本数。② 如果为浮点数(0 到 1 之间)，则每个叶节点最少样本数为 ceil(min_samples_leaf * n_samples)。

(6) min_weight_fraction_leaf：float，默认为 0，指定叶节点中样本的最小权重。

(7) random_state：int 或 RandomState instance 或 None，默认为 None。① 如果为整数，则它指定了随机数生成器的种子。② 如果为 RandomState 实例，则指定了随机数生成器。③ 如果为 None，则使用默认的随机数生成器。

当完成一棵树的训练的时候，可以对其进行可视化，不过 sklearn 没有提供这种功能，它仅仅能够让训练的模型保存到 dot 文件中(dot 文件是一个文本文件，描述了图表的组成元素以及它们之间的关系，以便该可视化工具可以生成这些组成元素和它们之间的关系的图形化表示)。但可以借助 Graphviz 让模型可视化，需要先用 pip 安装对应的库类(pip install graphviz)，然后去官网下载它的一个发行版本进行安装(安装过程中注意选择将 Graphviz 添加到系统变量 path 中)。

10.2.2 使用决策树预测红酒类别

wine 样本数据集是 double 类型的 178×13 矩阵，其中每行代表一种酒的样本，共有 178 个样本，一共有 13 列，每列为每个样本对应的属性，分别是酒精、苹果酸、灰、灰分的碱度、镁、总酚、黄酮类化合物、非黄烷类酚类、原花色素、颜色强度、色调、稀释葡萄酒的 OD280/OD315、脯氨酸，均为连续型。红酒一共有 3 个分类，分别用 0/1/2 来表示，其中 0 类有 59 个样本，1 类有 71 个样本，2 类有 48 个样本。具体属性描述如表 10-3 所示。

表 10-3　红酒数据集属性说明

属性	属性描述	属性	属性描述
alcohol	酒精	nonflavanoid_phenols	非黄烷类酚类
malic_acid	苹果酸	proanthocyanins	原花色素
ash	灰	color_intensity	颜色强度
alcalinity_of_ash	灰分的碱度	hue	色调
magnesium	镁	od280/od315_of_diluted_wines	稀释葡萄酒的 OD280/OD315
total_phenols	总酚	proline	脯氨酸
flavanoids	黄酮类化合物		

1. 导入包及数据集

```
# 导入包和数据
from sklearn import tree # 导入 tree 的模块
from sklearn.datasets import load_wine # 导入红酒数据集
from sklearn.model_selection import train_test_split # 数据集分割
import numpy as np
import pandas as pd
import matplotlib as mpl
import matplotlib.pyplot as plt
import seaborn as sns
import graphviz # 决策树可视化
from IPython.display import Image
wine= load_wine()  # 导入数据
```

2. 数据分析

```
wine.data  # 数据
```

红酒数据集中的数据如图 10-12 所示。

```
wine.feature_names  # 属性特征
```

红酒数据集的属性特征如图 10-13 所示。

```
array([[1.423e+01, 1.710e+00, 2.430e+00, ..., 1.040e+00, 3.920e+00,
        1.065e+03],
       [1.320e+01, 1.780e+00, 2.140e+00, ..., 1.050e+00, 3.400e+00,
        1.050e+03],
       [1.316e+01, 2.360e+00, 2.670e+00, ..., 1.030e+00, 3.170e+00,
        1.185e+03],
       ...,
       [1.327e+01, 4.280e+00, 2.260e+00, ..., 5.900e-01, 1.560e+00,
        8.350e+02],
       [1.317e+01, 2.590e+00, 2.370e+00, ..., 6.000e-01, 1.620e+00,
        8.400e+02],
       [1.413e+01, 4.100e+00, 2.740e+00, ..., 6.100e-01, 1.600e+00,
        5.600e+02]])
```

图 10-12　红酒数据集中的数据

```
['alcohol',
 'malic_acid',
 'ash',
 'alcalinity_of_ash',
 'magnesium',
 'total_phenols',
 'flavanoids',
 'nonflavanoid_phenols',
 'proanthocyanins',
 'color_intensity',
 'hue',
 'od280/od315_of_diluted_wines',
 'proline']
```

图 10-13　红酒数据集的属性特征

```
wine.target  # 标签
```

红酒数据集的标签如图 10-14 所示。

```
array([0, 0, 0, 0, 0, 0, 0, 0, 0, 0, 0, 0, 0, 0, 0, 0, 0, 0, 0, 0, 0, 0,
       0, 0, 0, 0, 0, 0, 0, 0, 0, 0, 0, 0, 0, 0, 0, 0, 0, 0, 0, 0, 0, 0,
       0, 0, 0, 0, 0, 0, 0, 0, 0, 0, 0, 0, 0, 0, 1, 1, 1, 1, 1, 1, 1,
       1, 1, 1, 1, 1, 1, 1, 1, 1, 1, 1, 1, 1, 1, 1, 1, 1, 1, 1, 1, 1, 1,
       1, 1, 1, 1, 1, 1, 1, 1, 1, 1, 1, 1, 1, 1, 1, 1, 1, 1, 1, 1, 1, 1,
       1, 1, 1, 1, 1, 1, 1, 1, 1, 1, 1, 1, 1, 1, 1, 1, 1, 1, 1, 1, 2, 2,
       2, 2, 2, 2, 2, 2, 2, 2, 2, 2, 2, 2, 2, 2, 2, 2, 2, 2, 2, 2,
       2, 2, 2, 2, 2, 2, 2, 2, 2, 2, 2, 2, 2, 2, 2, 2, 2, 2, 2, 2,
       2, 2])
```

图 10-14　红酒数据集的标签

由图 10-14 可知，这个数据集中的标签有 3 种：0、1 和 2，即这些红酒被分成了 3 类。

```
wine.target_names  # 类别名称
```

红酒数据集的类别名称如图 10-15 所示。

```
array(['class_0', 'class_1', 'class_2'], dtype='<U7')
```

图 10-15　红酒数据集的类别名称

将 data 和 target 合并：

```
# 第一个参数是将两个 DataFrame 合并，axis 默认为 0，是纵向合并，为 1 是横向合并
data=pd.concat([pd.DataFrame(wine.data),pd.DataFrame(wine.target)],axis=1)
data.columns=['alcohol', 'malic_acid', 'ash', 'alcalinity_of_ash',
'magnesium', 'total_phenols', 'flavanoids', 'nonflavanoid_phenols',
'proanthocyanins', 'color_intensity', 'hue', 'od280/od315_of_diluted_wines',
'proline','class']  # 列名设置
# 数据可视化
sns.set()
data.hist(figsize=(10,10), color='red')
plt.show()
```

各属性及类别数据分布如图 10-16 所示。

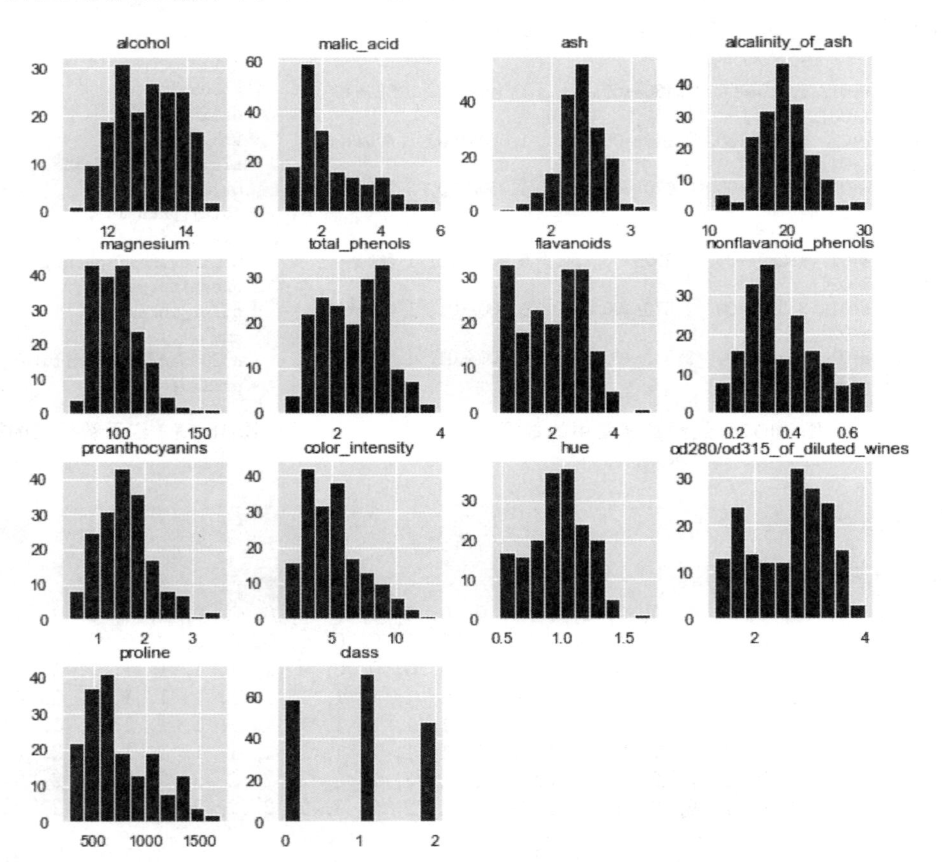

图 10-16　各属性及类别数据分布

```
    # 分析变量的相关性：
    colormap=plt.cm.viridis
    plt.figure(figsize=(12,12))
    plt.title('Correlation of Features', y=1.05, size=15)
    sns.heatmap(data.astype(float).corr(),linewidths=0.1,vmax=1.0, square=
True, linecolor='white', annot=True)
```

变量相关性热力图如图 10-17 所示。由热力图可见，红酒数据集中的各属性相关度都不是很大。

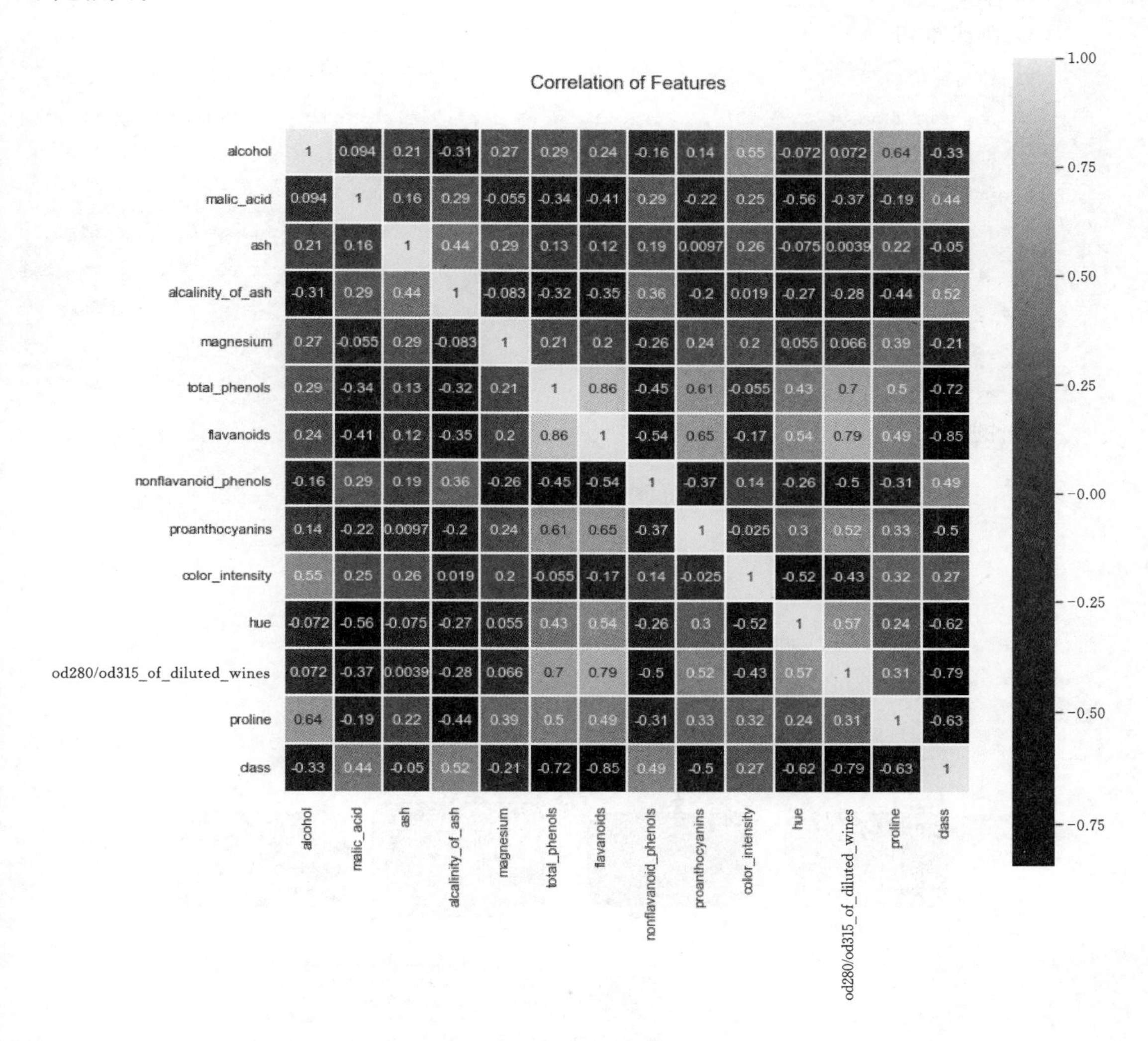

图 10-17　变量相关性热力图

3. 建立决策树

（1）数据集划分。

```
    # 将数据集分为训练集和测试集，其中 70% 为训练集，30% 为测试集。
    xtrain,xtest,ytrain,ytest=train_test_split(wine.data,wine.target,test_
size=0.3)
```

（2）建立模型及模型评分。

```
# 建立模型
clf=tree.DecisionTreeClassifier(criterion="entropy")  # 分裂节点时的评价指标是信息增益
clf=clf.fit(xtrain,ytrain)
score=clf.score(xtest,ytest)  # 返回对测试样本预测的准确率 accuracy
score
```

此步骤模型评分为 0.8888888888888888。

（3）画决策树。

```
# 画决策树
feature_name=['alcohol', 'malic_acid', 'ash', 'alcalinity_of_ash', 'magnesium', 'total_phenols', 'flavanoids', 'nonflavanoid_phenols', 'proanthocyanins', 'color_intensity', 'hue', 'od280/od315_of_diluted_wines', 'proline']
dot_data=tree.export_graphviz(clf, out_file=None, feature_names=feature_name, class_names=['class_0', 'class_1', 'class_2'],filled=True,rounded=True, special_characters=True)
graph=graphviz.Source(dot_data)
graph
```

画出的决策树如图 10-18 所示。

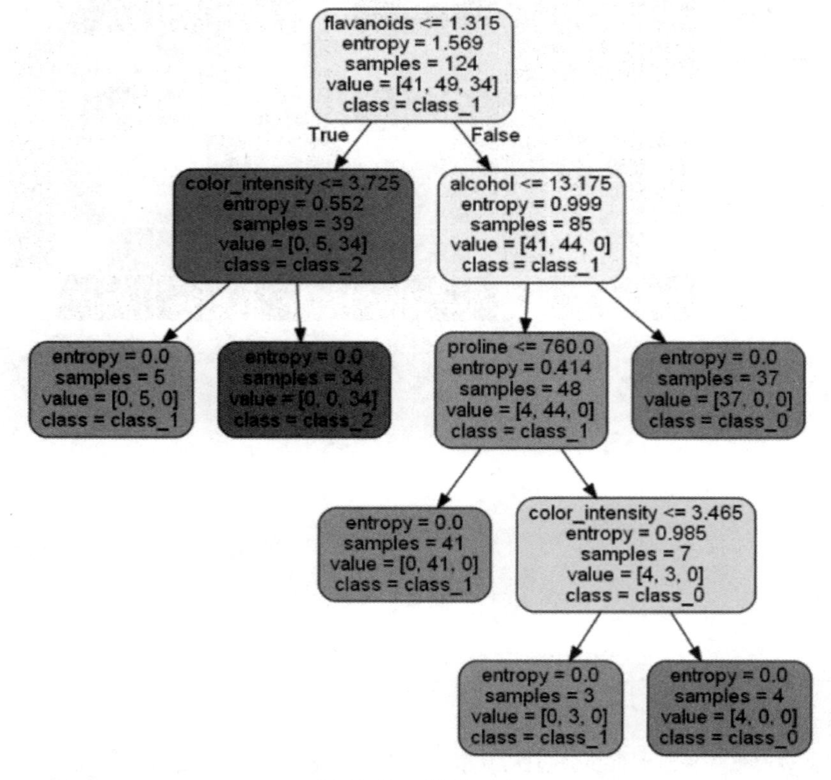

图 10-18　决策树 1

```
# 特征重要性
clf.feature_importances_
[* zip(feature_name,clf.feature_importances_)]
```

决策树中各特征的重要性如图 10-19 所示。

```
[('alcohol', 0.33438696055834205),
 ('malic_acid', 0.0),
 ('ash', 0.0),
 ('alcalinity_of_ash', 0.0),
 ('magnesium', 0.0),
 ('total_phenols', 0.0),
 ('flavanoids', 0.45277792153535185),
 ('nonflavanoid_phenols', 0.0),
 ('proanthocyanins', 0.0),
 ('color_intensity', 0.14619141288540624),
 ('hue', 0.0),
 ('od280/od315_of_diluted_wines', 0.0),
 ('proline', 0.0666437050208998)]
```

图 10-19　各特征的重要性

到此,已经在只了解一个参数的情况下建立了一棵完整的决策树。但是回到步骤(2)建立模型,score 会在某个值附近波动,引起步骤(3)中画出来的每一棵树都不一样。为什么 score 会不稳定呢？其实,无论决策树模型如何进化,在分枝上的本质都是追求某个不纯度相关的指标的优化,而不纯度是基于节点来计算的,也就是说,在建造决策树时,是靠优化节点来追求一棵优化的树,但最优的节点未必能够保证得到最优的树。集成算法被用来解决这个问题:sklearn 表示既然一棵树不能保证最优,那就建更多的不同的树,然后从中取最好的。怎样根据一组数据集建不同的树？在每次分枝时,不使用全部特征,而是随机选取一部分特征,从中选取不纯度相关指标最优的作为分枝用的节点。这样,每次生成的树也就不同。

4. 参数调整 random_state&splitter

random_state 用来设置分枝中的随机模式的参数,默认为 None,在高维度时随机性表现更明显,在低维度的数据(比如鸢尾花数据集),随机性几乎不会显现。输入任意整数,会一直长出同一棵树,让模型稳定下来。

splitter 也是用来控制决策树中的随机选项的,有两种输入值:输入"best",决策树在分枝时虽然随机,但是还是会优先选择更重要的特征进行分枝(重要性可以通过属性 feature_importances_查看);输入"random",决策树在分枝时会更加随机,树会因为含有更多的不必要信息而更深更大,并因这些不必要信息而降低对训练集的拟合。这也是防止过拟合的一种方式。当预测到模型会过拟合,可以考虑用这两个参数来帮助降低树建成之后过拟合的可能性。当然,树一旦建成,依然是使用剪枝参数来防止过拟合。

```
clf = tree.DecisionTreeClassifier (criterion =" entropy", random _state = 30,
splitter="random")
# 分裂节点时的评价指标是信息增益;splitter 可以使用"best"或者"random"。前者在特征的所有划分点中找出最优的划分点。后者是随机在部分划分点中找局部最优的划分点。
clf=clf.fit(xtrain, ytrain)
```

```
    score=clf.score(xtest, ytest)
    score
```

此步骤模型评分为 0.9444444444444444。这里的 score 会固定在0.9444444444444444，不论运行多少遍，它都不会变。

```
    # 画决策树
    dot_data=tree.export_graphviz(clf, out_file=None, feature_names=feature_
name,
    class_names=['class_0', 'class_1', 'class_2'], filled=True, rounded=True,
special_characters=True)
    graph=graphviz.Source(dot_data)
    graph
```

画出的决策树如图 10-20 所示。由图 10-20 可以看到，得到的树更大更深。

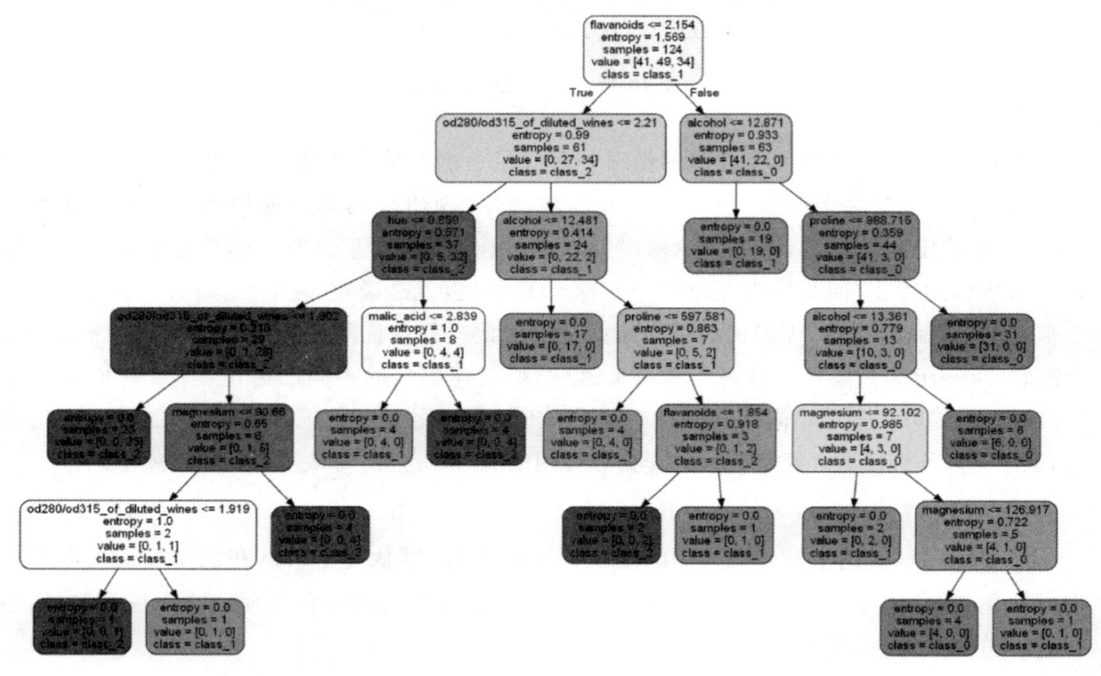

图 10-20　决策树 2

5. 剪枝参数

在不加限制的情况下，一棵决策树会生长到衡量不纯度的指标最优，或者没有更多的特征可用为止。这样的决策树往往会过拟合，也就是说，它会在训练集上表现很好，在测试集上却表现糟糕。为了让决策树有更好的泛化性，需要对决策树进行剪枝。剪枝策略对决策树的影响巨大，正确的剪枝策略是优化决策树算法的核心。sklearn 提供了不同的剪枝策略。

① max_depth。

max_depth 限制树的最大深度，超过设定深度的树枝全部剪掉。这是用得最广泛的剪枝参数，在高维度低样本量时非常有效。决策树多生长一层，对样本量的需求会增加一倍，所以限制树的深度能够有效地限制过拟合。

该参数在集成算法中也非常实用。实际使用时,建议从"=3"开始尝试,看拟合的效果再决定是否增加设定深度。

② min_samples_leaf & min_samples_split。

min_samples_leaf 限定一个节点在分支后的每个子节点都必须包含至少 min_samples_leaf 个训练样本,否则分支就不会发生;或者,分支会朝着满足每个子节点都包含 min_samples_leaf 个样本的方向去发展,一般搭配 max_depth 使用。

这个参数的数量设置得太小会引起过拟合,设置得太大则会阻止模型学习数据。一般来说,建议从"=5"开始使用。如果叶节点中含有的样本量变化很大,建议输入浮点数作为样本量的百分比来使用。

min_samples_split 限定一个节点必须要包含至少 min_samples_split 个训练样本,否则分支就不会发生。

```
    # 带有剪枝参数
    clf= tree.DecisionTreeClassifier(criterion="entropy", random_state=30,
splitter="random", max_depth=3,min_samples_leaf=10,min_samples_split=10)
    clf=clf.fit(xtrain, ytrain)
    dot_data=tree.export_graphviz(clf, out_file=None, feature_names=feature_
name,
    class_names=['class_0', 'class_1', 'class_2'], filled=True, rounded=True,
special_characters=True)
    graph=graphviz.Source(dot_data)
    graph
```

剪枝后画出的决策树如图 10-21 所示。

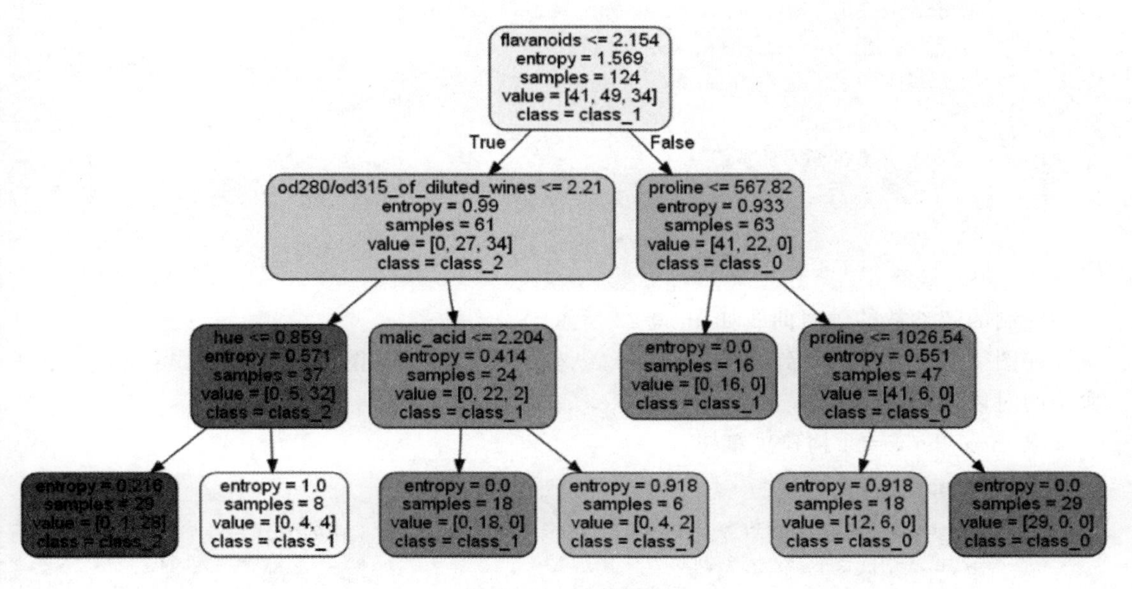

图 10-21 决策树 3

max_depth=3,min_samples_leaf=10,min_samples_split=10,观察图 10-21 会发现,深度

不超过 3，分支后的每个节点的 samples 都不少于 10，每个被分的节点的 samples 都不低于 10。

```
# 模型评分
score=clf.score(xtest,ytest)
score
```

模型评分为 0.9259259259259259，可见，树变得更简洁了，但是模型得分依旧不错。

③ max_features & min_impurity_decrease。

一般 max_depth 用作树的"精修"，max_features 限制分枝时考虑的特征个数，超过限制个数的特征都会被舍弃。和 max_depth 异曲同工，max_features 是用来限制高维度数据的过拟合的剪枝参数，但其方法比较暴力，是直接限制可以使用的特征数量而强行使决策树停下的参数。在不知道决策树中的各个特征的重要性的情况下，强行设定这个参数可能会导致模型学习不足。如果希望通过降维的方式防止过拟合，建议使用 PCA、ICA 或者特征选择模块中的降维算法。

min_impurity_decrease 限制信息增益的大小，信息增益小于设定数值的分枝不会发生。

6. 确认最优的剪枝参数

具体怎么确定每个参数填写什么值呢？这时候，需要使用确定超参数的曲线来进行判断，继续使用已经训练好的决策树模型 clf。超参数的学习曲线是一条以超参数的取值为横坐标、模型的度量指标为纵坐标的曲线，它是用来衡量不同超参数取值下模型的表现的线。在建好的决策树里，模型度量指标就是 score。

```
import matplotlib.pyplot as plt
# 构建不同最大深度的决策树模型并评分
test=[]
for i in range(10):
    clf=tree.DecisionTreeClassifier(max_depth=i+1,criterion="entropy",
random_state=30,splitter="random")
    clf=clf.fit(xtrain, ytrain)
    score=clf.score(xtest, ytest)
    test.append(score)
# 绘制超参数的学习曲线
plt.plot(range(1,11),test,color="red",label="max_depth")
plt.legend()
plt.show()
```

绘制的超参数的学习曲线如图 10-22 所示。

在图 10-22 中，横坐标为 max_depth，纵坐标为 score，从图中可以看到，当 max_depth 取 4 的时候，模型得分最高。

取 max_depth=4 构建决策树：

```
# 创建模型
clf=tree.DecisionTreeClassifier(max_depth=4,criterion="entropy",random_
state=30,splitter="random")
clf=clf.fit(xtrain, ytrain)
score=clf.score(xtest, ytest)
score
```

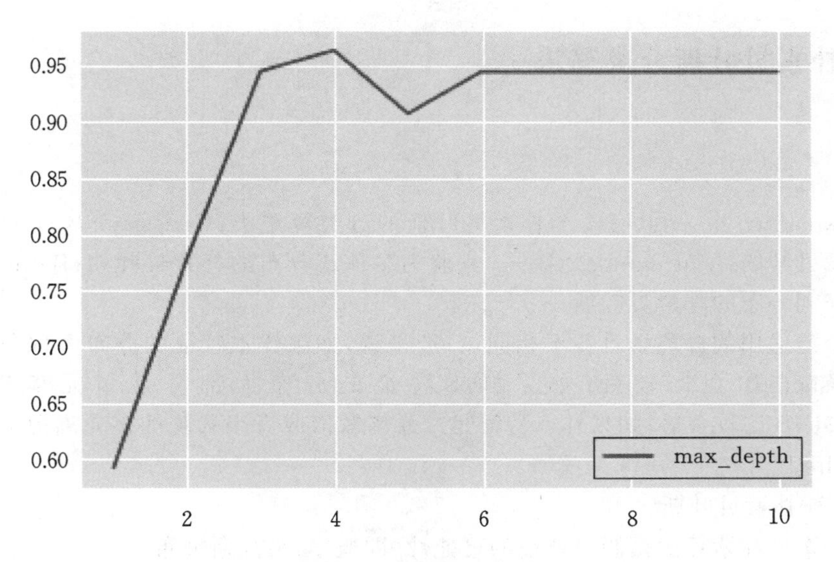

图 10-22　超参数的学习曲线

此时,测试集的得分为 0.9629629629629629。对比之前的模型,此时得分最高。

```
# 画决策树
dot_data=tree.export_graphviz(clf, out_file=None, feature_names=feature_
name,
class_names=['class_0', 'class_1', 'class_2'], filled=True, rounded=True,
special_characters=True)
graph=graphviz.Source(dot_data)
graph
```

画出的决策树如图 10-23 所示。

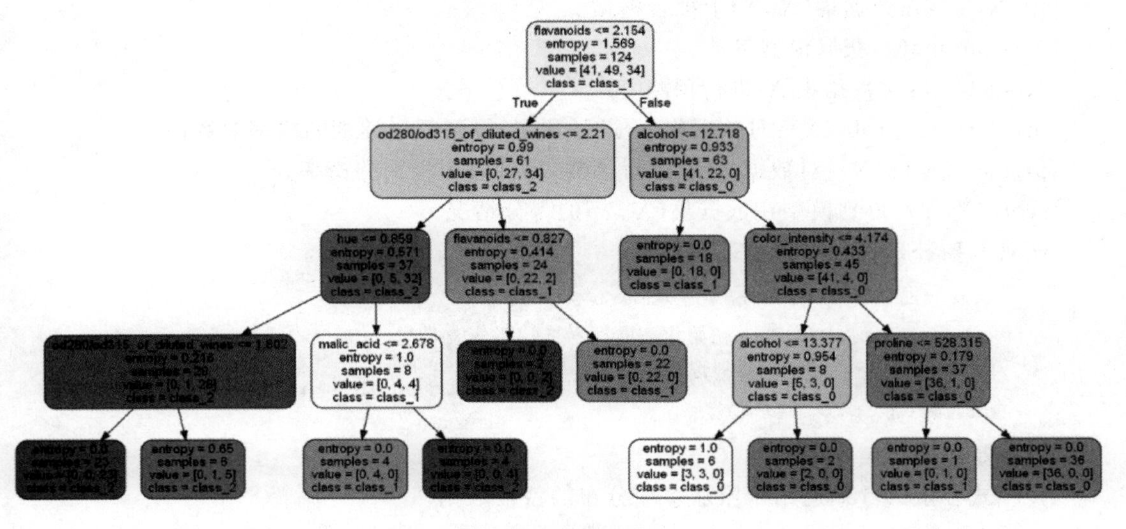

图 10-23　决策树 4

剪枝参数一定能够提升模型在测试集上的表现吗?其实,调参没有绝对的答案,一切都是看数据本身。

10.3 朴素贝叶斯分类算法

10.3.1 scikit-learn 中的朴素贝叶斯分类算法

在 scikit-learn 中，一共有 3 个朴素贝叶斯的分类算法类：GaussianNB——先验为高斯分布的朴素贝叶斯；MultinomialNB——先验为多项式分布的朴素贝叶斯；BernoulliNB——先验为伯努利分布的朴素贝叶斯。

这 3 个类适用的分类场景各不相同，一般来说，如果样本特征的分布大部分是连续值，使用 GaussianNB 会比较好；如果样本特征的分布大部分是多元离散值，使用 MultinomialNB 比较合适；如果样本特征是二元离散值或者很稀疏的多元离散值，则应该使用 BernoulliNB。

(1) 高斯朴素贝叶斯。

高斯朴素贝叶斯算法是假设特征的可能性(即概率)为高斯分布。

```
class sklearn.naive_bayes.GaussianNB(priors=None)
```

【参数】

priors：先验概率大小，如果没有给定，则模型根据样本数据自己计算(利用极大似然法)。

【对象】

class_prior_：每个样本的概率。

class_count：每个类别的样本数量。

theta_：每个类别中每个特征的均值。

sigma_：每个类别中每个特征的方差。

【方法】

fit(X,Y)：在数据集(X,Y)上拟合模型。

get_params()：获取模型参数。

predict(X)：对数据集 X 进行预测。

predict_log_proba(X)：对数据集 X 进行预测，得到每个类别的概率对数值。

predict_proba(X)：对数据集 X 进行预测，得到每个类别的概率。

score(X,Y)：得到模型在数据集(X,Y)的得分情况。

实现高斯朴素贝叶斯分类过程如下：

```
from sklearn.naive_bayes import GaussianNB
gnb=GaussianNB()  # 初始化高斯朴素贝叶斯分类器
gnb.fit(X, Y)  # 拟合数据
gnb.predict(X)  # 预测
```

(2) 多项式朴素贝叶斯。

多项式朴素贝叶斯适用于服从多项分布的特征数据。

```
class sklearn.naive_bayes.MultinomialNB(alpha=1.0, fit_prior=True, class_prior=None)
```

【参数】

alpha：先验平滑因子，默认等于 1，表示拉普拉斯平滑。

fit_prior:是否去学习类的先验概率,默认是 True。

class_prior:各个类别的先验概率,如果没有指定,则模型会根据数据自动学习,每个类别的先验概率相同,等于 1/N(N 为类标记总个数)。

【对象】

class_log_prior_:每个类别平滑后的先验概率。

intercept_:朴素贝叶斯对应的线性模型,其值和 class_log_prior_相同。

feature_log_prob_:给定特征类别的对数概率(条件概率)。特征的条件概率=(指定类下指定特征出现的次数+alpha)/(指定类下所有特征出现次数之和+类的可能取值个数×alpha)。

coef_:朴素贝叶斯对应的线性模型,其值和 feature_log_prob 相同。

class_count_:训练样本中各类别对应的样本数。

feature_count_:每个类别中各个特征出现的次数。

【方法】

与高斯朴素贝叶斯算法的方法一致。

实现多项式朴素贝叶斯分类过程如下:

```
from sklearn.naive_bayes import MultinomialNB
mnb=MultinomialNB()  # 初始化多项式朴素贝叶斯分类器
mnb.fit(X, y)  # 拟合数据
mnb.predict(X)  # 预测
```

(3) 伯努利朴素贝叶斯。

伯努利朴素贝叶斯用于多重伯努利分布的数据,即有多个特征,但每个特征都假设是一个二元(Bernoulli, boolean)变量。

```
    classsklearn.naive_bayes.BernoulliNB(alpha=1.0, binarize=0.0, fit_prior=
True, class_prior=None)
```

【参数】

alpha:平滑因子,与多项式中的 alpha 一致。

binarize:样本特征二值化的阈值,默认是 0。如果不输入,则模型会认为所有特征都已经是二值化形式;如果输入具体的值,则模型会把大于该值的部分归为一类,把小于该值的部分的归为另一类。

fit_prior:是否去学习类的先验概率,默认是 True。

class_prior:各个类别的先验概率,如果没有指定,则模型会根据数据自动学习,每个类别的先验概率相同,,等于 1/N(N 为类标记总个数)。

【对象】

class_log_prior_:每个类别平滑后的先验对数概率。

feature_log_prob_:给定特征类别的经验对数概率。

class_count_:拟合过程中每个样本的数量。

feature_count_:拟合过程中每个特征的数量。

【方法】

与高斯朴素贝叶斯算法的方法一致。

实现伯努利朴素贝叶斯分类过程如下:

```
from sklearn.naive_bayes import BernoulliNB
bnb=BernoulliNB()  # 初始化伯努利朴素贝叶斯分类器
bnb.fit(X, y)  # 拟合数据
bnb.predict(X)  # 预测
```

10.3.2 简单应用：预测是否下雨

针对表10-4所示的天气数据，预测不刮北风、不闷热、多云、天气预报无雨的下一天是否真会下雨。

表10-4 天气数据

	刮北风	闷热	多云	天气预报有雨	是否真会下雨？
第一天	否	是	否	是	0
第二天	是	是	是	否	1
第三天	否	是	是	否	1
第四天	否	否	否	是	0
第五天	否	是	是	否	1
第六天	否	是	否	是	0
第七天	是	否	否	是	0

采用one-hot编码来解决这个问题，并对x为[0,0,1,0]的情况进行预测。

```
import numpy as np
from sklearn.naive_bayes import BernoulliNB# 导入朴素贝叶斯
x=np.array([[0,1,0,1], [1,1,1,0], [0,1,1,0], [0,0,0,1], [0,1,1,0], [0,1,0,1],
[1,0,0,1]])
y=np.array([0,1,1,0,1,0,0])
bnb=BernoulliNB()
bnb.fit(x,y)
# 将下一天的情况输入模型
Next_Day=[[0,0,1,0]]
pre=bnb.predict(Next_Day)
pre2=bnb.predict_proba(Next_Day)
print("预测结果为:",pre)  # 输出模型预测结果
print("预测的概率为:",pre2)  # 输出模型预测的分类概率
```

预测结果如图10-24所示，即下一天会下雨。

```
预测结果为：[1]
预测的概率为：[0.13848881 0.86151119]
```

图10-24 天气预测结果

10.3.3 综合应用：银行贷款预测

数据集采用loan_data.csv，数据集中相关属性如下。

① nameid:姓名。

② profession:职业,1-事业单位,2-企业工作者,3-个体经营户,4-自由工作者,5-体力劳动者。

③ education:教育程度,1-博士及以上,2-硕士,3-本科,4-专科,5-高中及以下。

④ house_loan:是否有房贷,1-有,0-没有。

⑤ car_loan:是否有车贷,1-有,0-没有。

⑥ married:是否结婚,1-是,0-否。

⑦ child:是否有小孩,1-有,0-没有。

⑧ revenue:月收入。

⑨ approve:是否予以贷款,1-贷款,0-不贷款。

采用朴素贝叶斯分类算法对未知样本{职业:3-个体经营户,教育程度:2-硕士,是否有房贷:1-有,是否有车贷:1-有,是否结婚:0-否,是否有小孩:0-没有,月收入:12000}进行预测,预测对其是否应予以贷款。

1. 导入库及数据集

```
# 导入库和数据
import pandas as pd
import numpy as np
from sklearn.naive_bayes import GaussianNB
from sklearn.naive_bayes import MultinomialNB
from sklearn.model_selection import train_test_split
from sklearn import metrics
from sklearn.metrics import confusion_matrix
data=pd.read_csv('loan_data.csv',encoding="gbk")  # 导入数据
data
```

数据集如图 10-25 所示。

	nameid	profession	education	house_loan	car_loan	married	child	revenue	approve
0	1	体力劳动者	博士及以上	没有	没有	是	有	8204	1
1	2	自由工作者	博士及以上	有	有	否	没有	5674	0
2	3	个体经营户	本科	有	没有	是	没有	10634	1
3	4	个体经营户	硕士	没有	没有	否	没有	43551	1
4	5	事业单位	硕士	没有	有	否	有	14065	0
...	...	...	...	...	...	...	...	...	...
995	996	自由工作者	硕士	有	有	否	没有	30535	1
996	997	自由工作者	高中及以下	没有	没有	否	没有	34315	1
997	998	事业单位	硕士	有	有	否	有	15509	0
998	999	事业单位	博士及以上	没有	没有	否	没有	33619	1
999	1000	体力劳动者	专科	没有	有	是	有	13865	1

1000 rows × 9 columns

图 10-25 loan_data 数据集

2. 数据处理

（1）将数据集拆分成 features 集和 target 集。

```
# 将数据集拆分成 features 集和 target 集
x=data[["profession","education","house_loan","car_loan","married",
"child","revenue"]].copy()
y=data["approve"].copy()
x
```

特征集如图 10-26 所示。

	profession	education	house_loan	car_loan	married	child	revenue
0	体力劳动者	博士及以上	没有	没有	是	有	8204
1	自由工作者	博士及以上	有	有	否	没有	5674
2	个体经营户	本科	有	没有	是	没有	10634
3	个体经营户	硕士	没有	没有	否	没有	43551
4	事业单位	硕士	没有	有	否	有	14065
...	...	...	...	...	...	...	...
995	自由工作者	硕士	有	有	否	没有	30535
996	自由工作者	高中及以下	没有	没有	否	没有	34315
997	事业单位	硕士	有	有	否	有	15509
998	事业单位	博士及以上	没有	没有	否	没有	33619
999	体力劳动者	专科	没有	有	是	有	13865

1000 rows × 7 columns

图 10-26 特征集

```
print(x.shape,y.shape)
```

结果为(1000,7) (1000,)。

（2）将特征值数值化。

```
# 将特征值数值化
x=x.copy()
profession_mapDict={"事业单位":1,"企业工作者":2,"个体经营户":3,"自由工作者":
4,"体力劳动者":5} # 将 profession 一列的取值映射为数值
x["profession"]=x["profession"].map(profession_mapDict)
education_mapDict={"博士及以上":1,"硕士":2, "本科":3,"专科":4,"高中及以下":5}
# 将 education 一列的取值映射为数值
x["education"]=x["education"].map(education_mapDict)
house_loan_mapDict={"有":1,"没有":0} # 将 house_loan 一列的取值映射为数值
x["house_loan"]=x["house_loan"].map(house_loan_mapDict)
car_loan_mapDict={"有":1,"没有":0} # 将 car_loan 一列的取值映射为数值
x["car_loan"]=x["car_loan"].map(car_loan_mapDict)
married_mapDict={"是":1,"否":0}  # 将 married 一列的取值映射为数值
x["married"]=x["married"].map(married_mapDict)
child_mapDict={"有":1,"没有":0} # 将 child 一列的取值映射为数值
```

```
x["child"]=x["child"].map(child_mapDict)
x
```

数值化之后的结果如图 10-27 所示。

	profession	education	house_loan	car_loan	married	child	revenue
0	5	1	0	0	1	1	8204
1	4	1	1	1	0	0	5674
2	3	3	1	0	1	0	10634
3	3	2	0	0	0	0	43551
4	1	2	0	1	0	1	14065
...	...	...	...	...	...	...	...
995	4	2	1	1	0	0	30535
996	4	5	0	0	0	0	34315
997	1	2	1	1	0	1	15509
998	1	1	0	0	0	0	33619
999	5	4	0	1	1	1	13865

1000 rows × 7 columns

图 10-27 特征集数值化结果

（3）划分训练集和测试集。

```
# 划分训练集和测试集
x_train,x_test,y_train,y_test=train_test_split(x,y,test_size=0.2)
```

（4）未知样本处理。

```
# 未知样本:职业:3-个体经营户,教育程度:2-硕士,是否有房贷:1-有,是否有车贷:1-有,是否结婚:0-否,是否有小孩:0-没有,月收入:12000
x_unknown=[[3,2,1,1,0,0,12000]]
```

3. 使用高斯贝叶斯模型

```
gnb=GaussianNB()
gnb.fit(x_train,y_train)
y_pred=gnb.predict(x_test)
print('贝叶斯分类结果如下:')
print('训练集评分:', gnb.score(x_train,y_train))
print('测试集评分:', gnb.score(x_test,y_test))
print("查准率:", metrics.precision_score(y_test,y_pred))
print('召回率:',metrics.recall_score(y_test,y_pred))
print('f1 分数:', metrics.f1_score(y_test,y_pred))
print('混淆矩阵:')
print(confusion_matrix(y_true=y_test,y_pred=y_pred,labels=list(set(y))))
```

高斯贝叶斯模型各项测评如图 10-28 所示。

```
贝叶斯分类结果如下:
训练集评分: 0.7825
测试集评分: 0.76
查准率:  0.7417582417582418
召回率: 0.9926470588235294
f1分数: 0.8490566037735849
混淆矩阵:
[[ 17  47]
 [  1 135]]
```

图 10-28　高斯贝叶斯模型各项测评

```
# 对未知样本的预测
pre=gnb.predict(x_unknown)
pre2=gnb.predict_proba(x_unknown)
print("预测结果为:",pre)  # 输出模型预测结果
print("预测的概率为:",pre2)  # 输出模型预测的分类概率
```

对未知样本的预测结果如图 10-29 所示。

```
预测结果为:  [1]
预测的概率为:  [[0.42057036 0.57942964]]
```

图 10-29　未知样本预测结果 1

4. 使用多项式贝叶斯模型

```
mnb=MultinomialNB()
mnb.fit(x_train,y_train)
y_pred=mnb.predict(x_test)
print('贝叶斯分类结果如下:')
print('训练集评分:', mnb.score(x_train,y_train))
print('测试集评分:', mnb.score(x_test,y_test))
print("查准率:", metrics.precision_score(y_test,y_pred))
print('召回率:',metrics.recall_score(y_test,y_pred))
print('f1 分数:', metrics.f1_score(y_test,y_pred))
print('混淆矩阵:')
print(confusion_matrix(y_true=y_test,y_pred=y_pred,labels=list(set(y))))
```

多项式贝叶斯模型各项测评如图 10-30 所示。

```
贝叶斯分类结果如下:
训练集评分: 0.71375
测试集评分: 0.685
查准率:  0.7417218543046358
召回率: 0.8235294117647058
f1分数: 0.7804878048780488
混淆矩阵:
[[ 25  39]
 [ 24 112]]
```

图 10-30　多项式贝叶斯模型各项测评

```
# 对未知样本的预测
pre=mnb.predict(x_unknown)
pre2=mnb.predict_proba(x_unknown)
print("预测结果为:",pre) # 输出模型预测结果
print("预测的概率为:",pre2)  # 输出模型预测的分类概率
```

对未知样本的预测结果如图 10-31 所示。

```
预测结果为:  [1]
预测的概率为:  [[0.49540989 0.50459011]]
```

图 10-31 未知样本预测结果 2

总结:

①在此样本分类中,高斯贝叶斯模型优于多项式贝叶斯模型,在实际应用中,也应该尝试使用不同的模型,找到与业务需求匹配最佳的模型。②从召回率和查准率看,高斯贝叶斯模型达到 1 的召回率,但查准率比较低,说明所有应给予贷款的用户都能分类正确,但同时也把一些不应给予贷款的用户纳入了分类,条件过于宽松,导致准确率偏低,用在实际业务中,会给银行带来一定的风险。③如果银行此时处于蓬勃发展、资金雄厚的阶段,这个模型是可以的,但是如果处于平缓扩张、以稳为主的阶段,那就得牺牲一定的召回率,提升查准率,宁可少贷给几个能还款的人,也不能贷给一个不还款的人。

10.4 分类算法综合应用:泰坦尼克号乘客幸存情况预测

10.4.1 项目简介

什么样的人更容易在泰坦尼克号事故中幸存下来?

本案例来自 Kaggle 中的 Titanic:Machine Learning from Disaster,可从 Kaggle 泰坦尼克号项目页面下载数据(https://www.kaggle.com/c/titanic)。

泰坦尼克号项目有两个数据集,分别是训练集 train.csv 和测试集 test.csv。

train.csv 包含乘客子集的详细信息(准确地说是 891 人),揭示了他们是否幸存,也称为"基本事实"。test.csv 数据集包含类似的信息,但没有透露每位乘客是否幸存,预测这些结果是整个项目的工作,即使用在 train.csv 数据集中找到的模式,预测船上的其他 418 名乘客(在 test.csv 中找到)的幸存情况。train.csv 数据集的属性说明如表 10-5 所示。

表 10-5 train.csv 数据集的属性说明

变量	定义	取值
PassengerId	乘客编号	1,2,…,891
Survived	幸存情况	0=死亡,1=幸存
Pclass	客舱等级	1=一等舱,2=二等舱,3=三等舱
Name	姓名	字符型数据,取值不同
Sex	性别	male=男性,female=女性
Age	年龄	0～80 岁,有缺失值

续表

变量	定义	取值
SibSp	在船兄弟姐妹或配偶数量	0～8 个，无缺失值
Parch	在船父母或孩子数量	0～6 个，无缺失值
Ticket	票号	字符数值回合数据，有重复值
Fare	票价	0～512 美元
Cabin	客舱号	混合数据，有重复值，有缺失值
Embarked	登船港口	C＝瑟堡，Q＝皇后镇，S＝南安普敦

10.4.2 初步理解数据

1. 导入包

```
import warnings
warnings.filterwarnings("ignore") # 忽略警告信息
# 数据处理清洗包
import pandas as pd
import numpy as np
import random as rnd
# 可视化包
import seaborn as sns
import matplotlib.pyplot as plt
% matplotlib inline
# 机器学习算法相关包
from sklearn.linear_model import LogisticRegression, Perceptron, SGDClassifier
from sklearn.svm import SVC, LinearSVC
from sklearn.neighbors import KNeighborsClassifier
from sklearn.naive_bayes import GaussianNB
from sklearn.tree import DecisionTreeClassifier
from sklearn.ensemble import RandomForestClassifier
```

2. 加载数据集

```
train_df= pd.read_csv('titanic_train.csv')
test_df= pd.read_csv('titanic_test.csv')
```

3. 查看数据集信息

① 查看数据集规模。

```
print('训练数据集:',train_df.shape,'测试数据集:',test_df.shape)
```

输出的结果为：训练数据集(891，12)，测试数据集(418，10)。

② 获取所有特征名。

```
print('训练数据集列名',train_df.columns)
print('测试数据集列名',test_df.columns)
```

训练集和测试集的列名如图 10-32 所示。

```
训练数据集列名 Index(['PassengerId', 'Survived', 'Pclass', 'Name', 'Sex', 'Age', 'SibSp',
       'Parch', 'Ticket', 'Fare', 'Cabin', 'Embarked'],
      dtype='object')
测试数据集列名 Index(['Pclass', 'Name', 'Sex', 'Age', 'SibSp', 'Parch', 'Ticket', 'Fare',
       'Cabin', 'Embarked'],
      dtype='object')
```

图 10-32 训练集和测试集的列名

除 PassengerId 外，训练数据集比测试数据集还多一列，通过对比可见，多的一列为"Survived"，即幸存情况为本项目的目标问题。

③ 查看数据分布情况。

```
train_df.describe(include= 'all')  # 查看训练集数据分布情况：对所有属性描述
```

训练集中所有属性的数据分布情况如图 10-33 所示。

	PassengerId	Survived	Pclass	Name	Sex	Age	SibSp	Parch	Ticket	Fare	Cabin	Embarked
count	891.000000	891.000000	891.000000	891	891	714.000000	891.000000	891.000000	891	891.000000	204	889
unique	NaN	NaN	NaN	891	2	NaN	NaN	NaN	681	NaN	147	3
top	NaN	NaN	NaN	Braund, Mr. Owen Harris	male	NaN	NaN	NaN	347082	NaN	B96 B98	S
freq	NaN	NaN	NaN	1	577	NaN	NaN	NaN	7	NaN	4	644
mean	446.000000	0.383838	2.308642	NaN	NaN	29.699118	0.523008	0.381594	NaN	32.204208	NaN	NaN
std	257.353842	0.486592	0.836071	NaN	NaN	14.526497	1.102743	0.806057	NaN	49.693429	NaN	NaN
min	1.000000	0.000000	1.000000	NaN	NaN	0.420000	0.000000	0.000000	NaN	0.000000	NaN	NaN
25%	223.500000	0.000000	2.000000	NaN	NaN	20.125000	0.000000	0.000000	NaN	7.910400	NaN	NaN
50%	446.000000	0.000000	3.000000	NaN	NaN	28.000000	0.000000	0.000000	NaN	14.454200	NaN	NaN
75%	668.500000	1.000000	3.000000	NaN	NaN	38.000000	1.000000	0.000000	NaN	31.000000	NaN	NaN
max	891.000000	1.000000	3.000000	NaN	NaN	80.000000	8.000000	6.000000	NaN	512.329200	NaN	NaN

图 10-33 训练集中所有属性的数据分布

```
train_df.info()  # 查看训练集信息
```

训练集信息如图 10-34 所示。

```
train_df.isnull().sum()  # 查看训练集数据缺失情况
```

训练集数据的缺失情况如图 10-35 所示。

```
<class 'pandas.core.frame.DataFrame'>
RangeIndex: 891 entries, 0 to 890
Data columns (total 12 columns):
 #   Column       Non-Null Count  Dtype
---  ------       --------------  -----
 0   PassengerId  891 non-null    int64
 1   Survived     891 non-null    int64
 2   Pclass       891 non-null    int64
 3   Name         891 non-null    object
 4   Sex          891 non-null    object
 5   Age          714 non-null    float64
 6   SibSp        891 non-null    int64
 7   Parch        891 non-null    int64
 8   Ticket       891 non-null    object
 9   Fare         891 non-null    float64
 10  Cabin        204 non-null    object
 11  Embarked     889 non-null    object
dtypes: float64(2), int64(5), object(5)
memory usage: 83.7+ KB
```

图 10-34 训练集信息

```
PassengerId      0
Survived         0
Pclass           0
Name             0
Sex              0
Age            177
SibSp            0
Parch            0
Ticket           0
Fare             0
Cabin          687
Embarked         2
dtype: int64
```

图 10-35 训练集数据的缺失情况

```
test_df.describe(include='all')  # 查看测试集数据分布情况:对所有属性描述
```

测试集中所有属性的数据分布情况如图 10-36 所示。

```
test_df.info()  # 查看测试集信息
```

测试集信息如图 10-37 所示。

```
test_df.isnull().sum()  # 查看测试集数据的缺失情况
```

测试集数据的缺失情况如图 10-38 所示。

	Pclass	Name	Sex	Age	SibSp	Parch	Ticket	Fare	Cabin	Embarked
count	418.000000	418	418	332.000000	418.000000	418.000000	418	417.000000	91	418
unique	NaN	418	2	NaN	NaN	NaN	363	NaN	76	3
top	NaN	Kelly, Mr. James	male	NaN	NaN	NaN	PC 17608	NaN	B57 B59 B63 B66	S
freq	NaN	1	266	NaN	NaN	NaN	5	NaN	3	270
mean	2.265550	NaN	NaN	30.272590	0.447368	0.392344	NaN	35.627188	NaN	NaN
std	0.841838	NaN	NaN	14.181209	0.896760	0.981429	NaN	55.907576	NaN	NaN
min	1.000000	NaN	NaN	0.170000	0.000000	0.000000	NaN	0.000000	NaN	NaN
25%	1.000000	NaN	NaN	21.000000	0.000000	0.000000	NaN	7.895800	NaN	NaN
50%	3.000000	NaN	NaN	27.000000	0.000000	0.000000	NaN	14.454200	NaN	NaN
75%	3.000000	NaN	NaN	39.000000	1.000000	0.000000	NaN	31.500000	NaN	NaN
max	3.000000	NaN	NaN	76.000000	8.000000	9.000000	NaN	512.329200	NaN	NaN

图 10-36 测试集中所有属性的数据分布

```
<class 'pandas.core.frame.DataFrame'>
RangeIndex: 418 entries, 0 to 417
Data columns (total 10 columns):
 #   Column    Non-Null Count  Dtype
---  ------    --------------  -----
 0   Pclass    418 non-null    int64
 1   Name      418 non-null    object
 2   Sex       418 non-null    object
 3   Age       332 non-null    float64
 4   SibSp     418 non-null    int64
 5   Parch     418 non-null    int64
 6   Ticket    418 non-null    object
 7   Fare      417 non-null    float64
 8   Cabin     91 non-null     object
 9   Embarked  418 non-null    object
dtypes: float64(2), int64(3), object(5)
memory usage: 32.8+ KB
```

图 10-37 测试集信息

```
Pclass        0
Name          0
Sex           0
Age          86
SibSp         0
Parch         0
Ticket        0
Fare          1
Cabin       327
Embarked      0
dtype: int64
```

图 10-38 测试集数据的缺失情况

由以上可知：

① 数据集的数据类型。

在训练集中，7 个特征是整数型或浮点型，5 个特征是字符串型；在测试集中，5 个特征是整数型或浮点型，5 个特征是字符串型。对于字符串型的数据，后期可将其转换为数值型数据。注：df.describe()默认为描述字符类型的属性，include='0'描述 object 类型的属性，include='all'则是对所有属性的描述。

② 样本中数值特征的分布可归纳如下。

样本总数为 891 人，约占泰坦尼克号上实际乘客人数(2224 人)的 40%；Survived 是具有 0 或 1 值的二分类变量，并且大约 38%的样本幸存，代表实际幸存率为 38%；大多数乘客(>50%)的票价等级(Pclass)是三等票；年龄(Age)在 65～80 岁的老年乘客很少，大部分乘客在 30～40 岁；近 30%的乘客有兄弟姐妹或配偶(SibSp)一同登船；大多数乘客 (>75%)没有与父母或孩子(Parch)一起旅行；票价(Fare)差异很大，少数乘客支付高达 512 美元。

③ 样本中分类特征的分布可归纳如下。

姓名(Name)在数据集中是唯一的(count＝unique＝891)；性别(Sex)变量有两个可能的值，男性占 65%(top＝male，freq＝577/891)；票号(Ticket)具有高比例(23%)的重复值(unique＝681)；客舱号(Cabin)在样本中也具有较多重复项，说明存在几名乘客共用一个小舱的现象；登船港口(Embarked)有 3 个可能的值，大多数乘客是 S 口。

④ 在训练集中，缺失值数目 Cabin>Age>Embarked；在测试集中，缺失值数目 Cabin>Age>Fare。

10.4.3 数据分析

想知道每个特征与 Survived 的相关性如何，事先可以做如下假设。

① Age：年龄特征肯定与幸存情况相关。

② Embarked：登船港口可能与幸存情况或其他重要特征相关。

③ Ticket：票号包含较高重复率(23%)，并且和幸存情况之间可能没有相关性，因此可能会从分析中删除。

④ Cabin：客舱号可能被丢弃，因为它在训练集和测试集中缺失值过多(数据高度不完整)。

⑤ PassengerId：乘客编号可能会从训练集中删除，因为它对预测幸存情况没有作用。

⑥ Name：乘客姓名比较不规范，可能也对预测幸存情况没有直接贡献，因此可能会被丢弃。

接下来分别分析乘客幸存情况和相关系数高的几个特征之间的关系。

1. 性别和幸存情况的关系

(1) 对 Sex 和 Survived 进行分类汇总。

```
Sur_m=train_df.loc[train_df['Sex']=='male','Survived'].value_counts()
Sur_f=train_df.loc[train_df['Sex']=='female','Survived'].value_counts()
SexDf=pd.DataFrame({'male':Sur_m,'female':Sur_f})
SexDf
```

Sex 和 Survived 分类汇总结果如图 10-39 所示。

	male	female
0	468	81
1	109	233

图 10-39　Sex 和 Survived 分类汇总结果

（2）绘制图形。

```
fig=plt.figure(figsize=(10,4))
# 绘制图 1
ax1=plt.subplot(1,2,1)
# 对转置后的数据集画图
SexDf.T.plot(ax=ax1,kind='bar',stacked=True,color=['orange','olivedrab'],
fontsize=12)
plt.title('Sex and Survival Num')
plt.xlabel('Sex')
plt.ylabel('Survival Num')
plt.xticks(rotation=0)
plt.legend(labels=['Not Survived','Survived'])
# 绘制图 2
ax2=plt.subplot(1,2,2)
for i in SexDf.columns:
    SexDf.loc['Survival Rate',i]=SexDf.loc[1,i]/SexDf[i].sum()
SexDf.loc['Survival Rate'].plot(ax=ax2, kind='bar', color='olivedrab',
fontsize=12)
plt.title('Sex and Survival Rate')
plt.xlabel('Sex')
plt.ylabel('Survival Rate')
plt.xticks(rotation=0)
plt.show()
```

绘制的柱状图如图 10-40 所示。

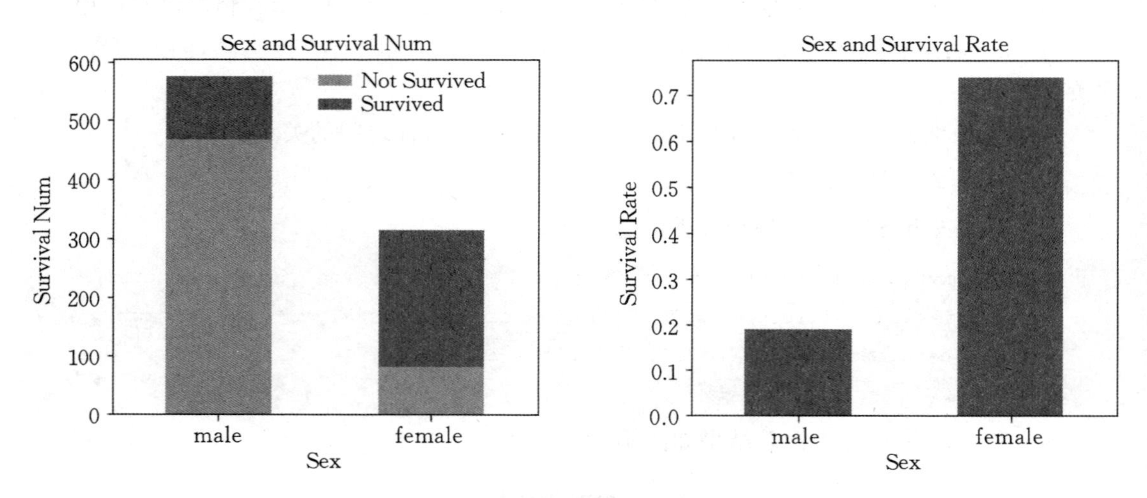

图 10-40　性别和幸存数、幸存率的对比图

船上男性乘客人数大约为女性乘客的 2 倍。女性乘客的幸存率达到 70%以上，男性乘客的幸存率仅约为 20%，很可能是因为泰坦尼克号当时采取女性优先逃离的原则。综上分析，在模型训练中应该添加 Sex 特征。

2. 客舱等级和幸存情况的关系

（1）对 Pclass 和 Survived 进行分类汇总。

```
Sur_P1=train_df.loc[train_df['Pclass']==1,'Survived'].value_counts()
Sur_P2=train_df.loc[train_df['Pclass']==2,'Survived'].value_counts()
Sur_P3=train_df.loc[train_df['Pclass']==3,'Survived'].value_counts()
PclassDf=pd.DataFrame({'Pclass_1':Sur_P1,'Pclass_2':Sur_P2,'Pclass_3':Sur_P3})
PclassDf
```

Pclass 和 Survived 分类汇总结果如图 10-41 所示。

	Pclass_1	Pclass_2	Pclass_3
0	80	97	372
1	136	87	119

图 10-41　Pclass 和 Survived 分类汇总结果

（2）绘制图形。

```
fig=plt.figure(figsize=(12,5))
# 绘制图 1
ax1=plt.subplot(1,2,1)
PclassDf.T.plot(ax=ax1,kind='bar',stacked=True, color=['orange',
'olivedrab'],fontsize=12)
plt.title('Pclass and Survival Num')
plt.xlabel('Pclass')
plt.ylabel('Survival Num')
plt.xticks(rotation=0)
plt.legend(labels=['Not Survived','Survived'])
# 绘制图 2
ax2=plt.subplot(1,2,2)
for i in PclassDf.columns:
    PclassDf.loc['Survival Rate',i]=PclassDf.loc[1,i]/PclassDf[i].sum()
PclassDf.loc['Survival Rate'].plot(ax=ax2,kind='bar',color='olivedrab',
fontsize=12)
plt.title('Pclass and Survival Rate')
plt.xlabel('Pclass')
plt.ylabel('Survival Rate')
plt.xticks(rotation=0)
plt.show()
```

绘制的柱状图如图 10-42 所示。

购买三等舱船票的乘客最多。乘客幸存率从一等舱到三等舱依次下降，根据调研得知，客舱等级越低，乘客所居住的位置就越靠近船舱的底部，灾难发生时逃生所需的时间越久，幸存率越低。综上分析，应该将 Pclass 纳入模型训练之中。

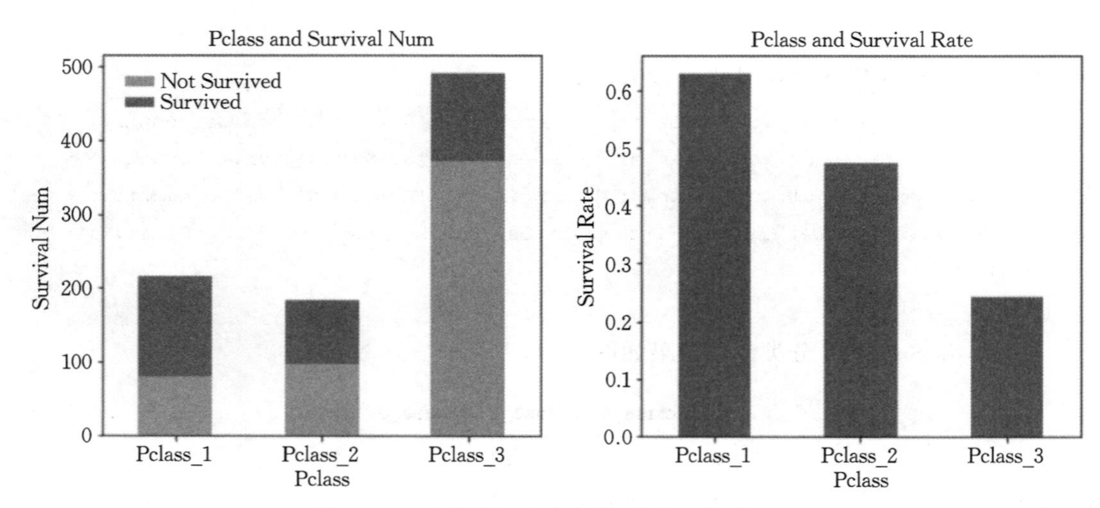

图 10-42　客舱等级和幸存数、幸存率的对比图

3. 登船港口和幸存情况的关系

（1）对 Embarked 和 Survived 进行分类汇总。

```
    Sur_C=train_df.loc[train_df['Embarked']=='C','Survived'].value_counts()
    Sur_Q=train_df.loc[train_df['Embarked']=='Q','Survived'].value_counts()
    Sur_S=train_df.loc[train_df['Embarked']=="S",'Survived'].value_counts()
    EmbarkedDf=pd.DataFrame({'Embarked_C':Sur_C,'Embarked_Q':Sur_Q,'Embarked_
S':Sur_S})
    EmbarkedDf
```

Embarked 和 Survived 分类汇总结果如图 10-43 所示。

	Embarked_C	Embarked_Q	Embarked_S
0	75	47	427
1	93	30	217

图 10-43　Embarked 和 Survived 分类汇总结果

（2）绘制图形。

```
    fig=plt.figure(figsize=(10,4))
    # 绘制图 1
    ax1=plt.subplot(1,2,1)
    EmbarkedDf.T.plot(ax=ax1,kind='bar',stacked=True, color=['orange',
'olivedrab'],fontsize=12)
    plt.title('Embarked and Survival Num')
    plt.xlabel('Embarked')
    plt.ylabel('Survival Num')
    plt.xticks(rotation=0)
    plt.legend(labels=['Not Survived','Survived'])
    # 绘制图 2
    ax2=plt.subplot(1,2,2)
```

```
    for i in EmbarkedDf.columns:
      EmbarkedDf.loc['Survival Rate',i]=EmbarkedDf.loc[1,i]/EmbarkedDf[i].sum()
    EmbarkedDf.loc['Survival Rate'].plot(ax=ax2,kind='bar',color='olivedrab',
fontsize=12)
    plt.title('Embarked and Survival Rate')
    plt.xlabel('Embarked')
    plt.ylabel('Survival Rate')
    plt.xticks(rotation=0)
    plt.show()
```

绘制的柱状图如图 10-44 所示。

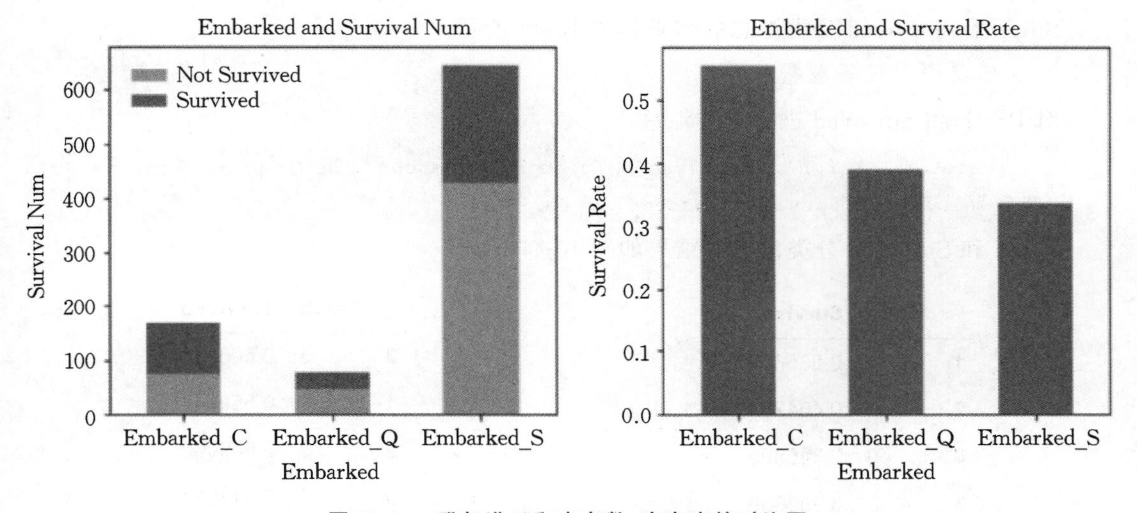

图 10-44　登船港口和幸存数、幸存率的对比图

Embarked_S(英国南安普敦港口)登船人数最多。在 Embarked_C(法国瑟堡港口)登船的乘客相对幸存率最高,达到 50%以上,在 Embarked_S(英国南安普敦港口)登船的乘客幸存率最低,可能与其基数大、乘客身份复杂有关。

(3) 分析 Embarked、Sex 与 Survived 的相关性。

```
    grid=sns.FacetGrid(train_df, col='Embarked')
    grid.map(sns.pointplot, 'Pclass', 'Survived', 'Sex', palette='deep')
    grid.add_legend();
```

Embarked、Sex 与 Survived 的相关性如图 10-45 所示。

由图 10-45 可知,Embarked=S 和 Q 中,女性乘客的幸存率远高于男性;Embarked=C 中,男性的幸存率较高。这可能是因为 Embarked 和 Sex 相关,而 Sex 和 Survived 相关,进而造成 Embarked 与 Survived 间接相关。综上分析,在模型训练中应该添加 Embarked 特征。

4. 在船兄弟姐妹或配偶数量和幸存情况的关系

对 SibSp 和 Survived 进行分类汇总:

```
    train_df[['SibSp','Survived']].groupby(['SibSp'], as_index=False).mean().
sort_values(by='Survived',ascending=False)
```

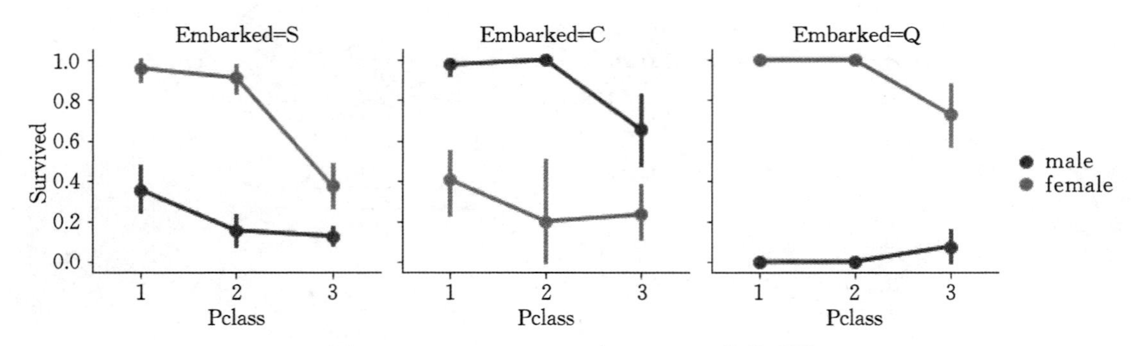

图 10-45 Embarked、Sex 与 Survived 的关系图

SibSp 和 Survived 分类汇总的结果如图 10-46 所示。

5. 在船父母或孩子数量和幸存情况的关系

对 Parch 和 Survived 进行分类汇总：

```
train_df[['Parch','Survived']].groupby(['Parch'], as_index=False).mean().
sort_values(by='Survived',ascending=False)
```

Parch 和 Survived 分类汇总的结果如图 10-47 所示。

	SibSp	Survived
1	1	0.535885
2	2	0.464286
0	0	0.345395
3	3	0.250000
4	4	0.166667
5	5	0.000000
6	8	0.000000

图 10-46 SibSp 和 Survived 分类汇总结果

	Parch	Survived
3	3	0.600000
1	1	0.550847
2	2	0.500000
0	0	0.343658
5	5	0.200000
4	4	0.000000
6	6	0.000000

图 10-47 Parch 和 Survived 分类汇总结果

SibSp 和 Parch 这两个特征对于某些值与 Survived 具有零相关性，最好从这两个单独的特征中派生一个特征如家庭规模，使得与 Survived 有显著相关性。

6. 年龄和幸存情况的关系

（1）分析数值特征 Age 与 Survived 的相关性：

```
g=sns.FacetGrid(train_df, col='Survived')
g.map(plt.hist, 'Age', bins=20)
```

乘客年龄和 Survived 的相关性如图 10-48 所示。

由图可知：婴儿（年龄≤4）的幸存率很高；最年长的乘客（年龄＝80）得以幸存；大部分 15～25 岁的人无法幸存；大多数乘客的年龄在 15～40 岁。

（2）分析 Pclass、Age 和 Survived 的相关性。

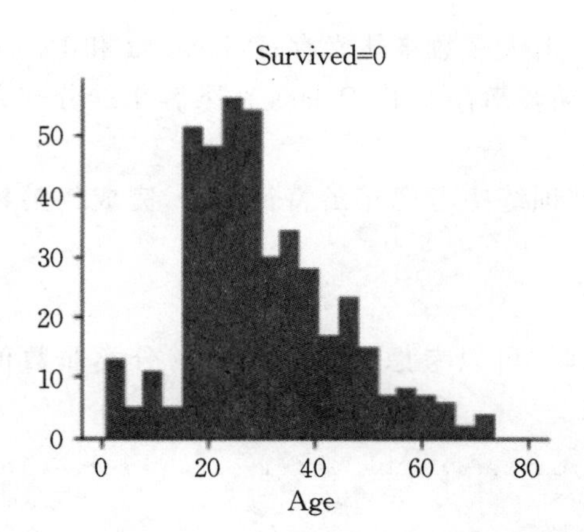

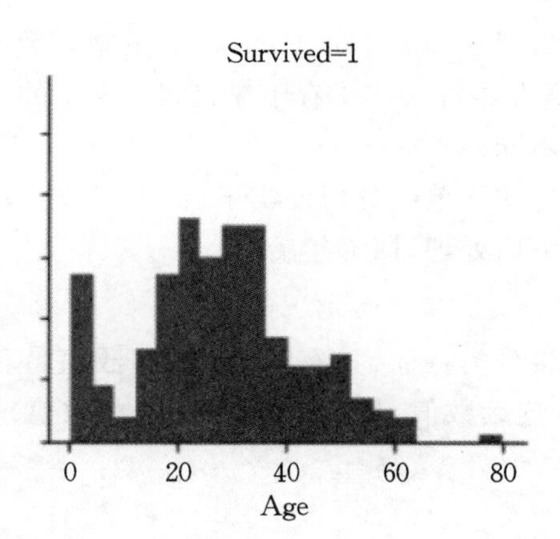

图 10-48 Age 和 Survived 的相关性

```
grid=sns.FacetGrid(train_df, col='Survived', row='Pclass', size=2.2, aspect=1.6)
grid.map(plt.hist, 'Age', alpha=.5, bins=20)
grid.add_legend();
```

Pclass、Age 和 Survived 的相关性如图 10-49 所示。

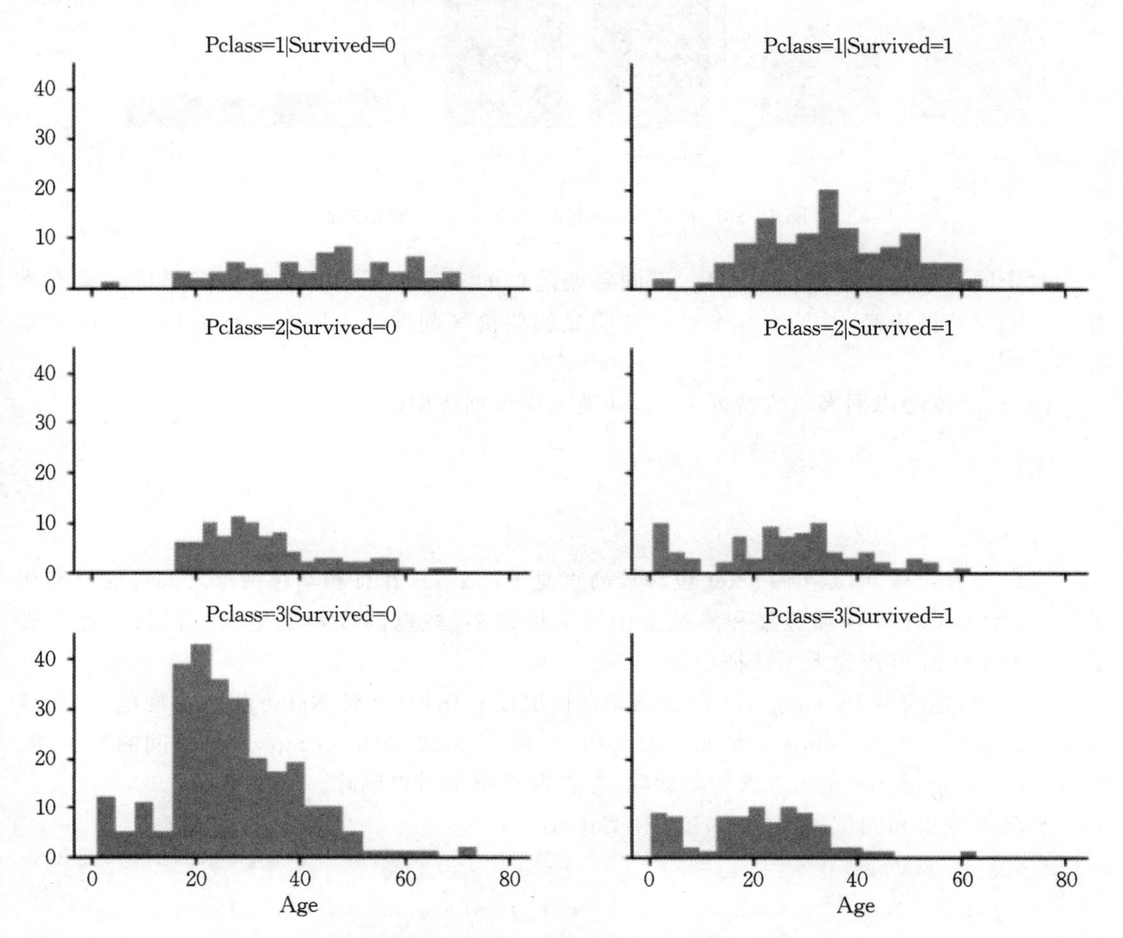

图 10-49 Pclass、Age 和 Survived 的相关性

由图 10-49 可知：Pclass＝3 的乘客数量最多，但大多数未能幸存；Pclass＝2 和 Pclass＝3 的婴儿乘客大多幸存下来；Pclass＝1 的大多数乘客幸存下来；Pclass 在乘客年龄分布方面有所不同。

这些简单的分析证实了后续工作应该在模型训练中考虑年龄特征 Age，完成年龄特征的缺失值处理，捆绑年龄组。

7. 票价和幸存情况的关系

将分类特征（具有非数值）和数值特征相关联，可以考虑将 Embarked（分类非数值）、Fare（连续数值）与 Survived（二分类数值）相关联。

```
grid=sns.FacetGrid(train_df, col='Embarked', hue='Survived', palette={0:
'b', 1: 'r'})
grid.map(sns.barplot, 'Sex', 'Fare', alpha=.5, ci=None)
grid.add_legend()
```

Embarked、Fare 与 Survived 的相关性如图 10-50 所示。

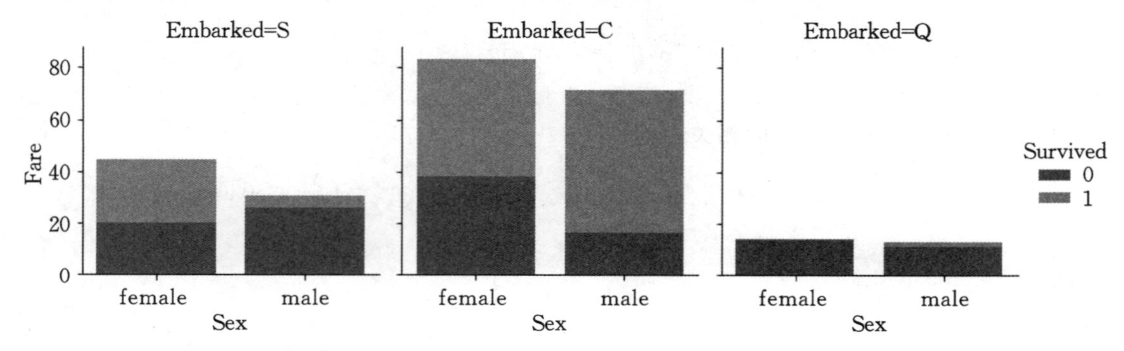

图 10-50 Embarked、Fare 与 Survived 的相关性

对于同一票价等级和同一性别，不同登船港口的幸存率不同。支付更高票价的乘客幸存下来的可能性更高，并且幸存率具有较明显的票价区间性。不同的登船港口有不同的幸存率。

因此，应该考虑捆绑票价特征 Fare，并纳入模型训练中。

10.4.4 数据预处理

1. 删除无用特征

由以上分析可知，票号 Ticket 包含较高重复率（23%），并且和幸存情况之间可能没有相关性，客舱号 Cabin 在训练集和测试集中缺失值过多（数据高度不完整）。所以，在此步骤 Ticket 和 Cabin 可作为无用特征删除。

另外，乘客编号 PassengerId 对预测幸存情况没有作用；姓名 Name 相对不规范，但后续需分析是否可以设计 Name 特征来提取头衔 Title，并测试 Title 和 Survived 之间的相关性。Name 和 PassengerId 在此步骤暂不删除，在提取新特征后再删除。

删除训练集和测试集中的 Ticket 和 Cabin：

```
combine=[train_df, test_df]
print("Before",train_df.shape, test_df.shape, combine[0].shape, combine[1].
shape)
```

```
    train_df=train_df.drop(['Ticket', 'Cabin'], axis=1) # 删除训练集中的 Ticket 和 Cabin
    test_df=test_df.drop(['Ticket', 'Cabin'], axis=1) # 删除测试集中的 Ticket 和 Cabin
    combine=[train_df, test_df]
    print("After", train_df.shape, test_df.shape, combine[0].shape, combine[1].shape)
```

删除前后数据集规模对比如图 10-51 所示。

```
Before (891, 12) (418, 10) (891, 12) (418, 10)
After (891, 10) (418, 8) (891, 10) (418, 8)
```

图 10-51 删除 Ticket 和 Cabin 前后数据集规模对比图

此时的训练集如图 10-52 所示。

	PassengerId	Survived	Pclass	Name	Sex	Age	SibSp	Parch	Fare	Embarked
0	1	0	3	Braund, Mr. Owen Harris	male	22.0	1	0	7.2500	S
1	2	1	1	Cumings, Mrs. John Bradley (Florence Briggs Th...	female	38.0	1	0	71.2833	C
2	3	1	3	Heikkinen, Miss. Laina	female	26.0	0	0	7.9250	S
3	4	1	1	Futrelle, Mrs. Jacques Heath (Lily May Peel)	female	35.0	1	0	53.1000	S
4	5	0	3	Allen, Mr. William Henry	male	35.0	0	0	8.0500	S
...	...	...	...	...	...	...	...	...	...	...
886	887	0	2	Montvila, Rev. Juozas	male	27.0	0	0	13.0000	S
887	888	1	1	Graham, Miss. Margaret Edith	female	19.0	0	0	30.0000	S
888	889	0	3	Johnston, Miss. Catherine Helen "Carrie"	female	NaN	1	2	23.4500	S
889	890	1	1	Behr, Mr. Karl Howell	male	26.0	0	0	30.0000	C
890	891	0	3	Dooley, Mr. Patrick	male	32.0	0	0	7.7500	Q

891 rows × 10 columns

图 10-52 训练集删除 Ticket 和 Cabin 的结果

2. 从现有特征中提取新特征

(1) 提取头衔 Title。

① 使用 Name 特征来提取头衔 Title,并分析 Title 和 Survived 之间的相关性。

每个乘客姓名当中都包含了具体的称谓或者说是头衔,例如 'Braund, Mr. Owen Harris',逗号前面的是"名",逗号后面是"头衔和姓",将这部分信息提取出来作为一个新变量 Title。可以使用正则表达式提取 Title 特征。正则表达式(w+\.)匹配 Name 特征中以点字符结尾的第一个单词,expand=False 表示返回一个 DataFrame。

```
    # 使用正则表达式提取 Title 特征
    for dataset in combine:
        dataset['Title']=dataset.Name.str.extract('([A-Za-z]+)\.', expand=False)
    # pd.crosstab 列联表
    pd.crosstab(train_df['Title'], train_df['Sex']).sort_values(by='female', ascending=False)
```

头衔 Title 和 Sex 的分类汇总结果如图 10-53 所示。

Sex	female	male
Title		
Miss	182	0
Mrs	125	0
Mlle	2	0
Mme	1	0
Countess	1	0
Dr	1	6
Ms	1	0
Lady	1	0
Capt	0	1
Rev	0	6
Mr	0	517
Master	0	40
Col	0	2
Major	0	2
Jonkheer	0	1
Don	0	1
Sir	0	1

图 10-53 头衔 Title 和 Sex 的分类汇总结果

由图 10-54 可知,有部分 Title 人数很少,可以考虑把它们归类为稀有类别。

```
# 可以用更常见的名称替换许多标题或将它们归类为稀有
for dataset in combine:
    dataset['Title']=dataset['Title'].replace(['Lady', 'Countess','Capt',
'Col', 'Don', 'Dr', 'Major', 'Rev', 'Sir', 'Jonkheer'], 'Rare')
    dataset['Title']=dataset['Title'].replace(['Mlle', 'Ms'], 'Miss')
    dataset['Title']=dataset['Title'].replace('Mme', 'Mrs')
```

Title 替换后的训练集如图 10-54 所示。

	PassengerId	Survived	Pclass	Name	Sex	Age	SibSp	Parch	Fare	Embarked	Title
0	1	0	3	Braund, Mr. Owen Harris	male	22.0	1	0	7.2500	S	Mr
1	2	1	1	Cumings, Mrs. John Bradley (Florence Briggs Th...	female	38.0	1	0	71.2833	C	Mrs
2	3	1	3	Heikkinen, Miss. Laina	female	26.0	0	0	7.9250	S	Miss
3	4	1	1	Futrelle, Mrs. Jacques Heath (Lily May Peel)	female	35.0	1	0	53.1000	S	Mrs
4	5	0	3	Allen, Mr. William Henry	male	35.0	0	0	8.0500	S	Mr
...	...	...	...	...	...	...	...	...	...	...	...
886	887	0	2	Montvila, Rev. Juozas	male	27.0	0	0	13.0000	S	Rare
887	888	1	1	Graham, Miss. Margaret Edith	female	19.0	0	0	30.0000	S	Miss
888	889	0	3	Johnston, Miss. Catherine Helen "Carrie"	female	NaN	1	2	23.4500	S	Miss
889	890	1	1	Behr, Mr. Karl Howell	male	26.0	0	0	30.0000	C	Mr
890	891	0	3	Dooley, Mr. Patrick	male	32.0	0	0	7.7500	Q	Mr

891 rows × 11 columns

图 10-54 Title 替换后的训练集

对 Title 和 Survived 进行分类汇总如下：

```
    # Title 和 Survived 的分类汇总
    Sur_Master=train_df.loc[train_df['Title']=='Master','Survived'].value_counts()
    Sur_Miss=train_df.loc[train_df['Title']=='Miss','Survived'].value_counts()
    Sur_Mr=train_df.loc[train_df['Title']=='Mr','Survived'].value_counts()
    Sur_Mrs=train_df.loc[train_df['Title']=='Mrs','Survived'].value_counts()
    Sur_Rare=train_df.loc[train_df['Title']=='Rare','Survived'].value_counts()
    StatusDf=pd.DataFrame({'Master':Sur_Master,'Miss':Sur_Miss,'Mr':Sur_Mr, 'Mrs':
Sur_Mrs,'Rare':Sur_Rare})
    StatusDf
```

Title 和 Survived 的分类汇总结果如图 10-55 所示。

	Master	Miss	Mr	Mrs	Rare
0	17	55	436	26	15
1	23	130	81	100	8

图 10-55 Title 和 Survived 的分类汇总结果

绘制 Title 和幸存数、幸存率的对比图：

```
    fig=plt.figure(figsize=(12,5))
    # 绘制图 1
    ax1=plt.subplot(1,2,1)
    StatusDf.T.plot(ax=ax1, kind='bar',stacked=True, color=['orange',
'olivedrab'],fontsize=12)
    plt.title('Status and Survival Num')
    plt.xlabel('Status')
    plt.ylabel('Survival Num')
    plt.xticks(rotation=0)
    plt.legend(labels=['Not Survived','Survived'])
    # 绘制图 2
    ax2=plt.subplot(1,2,2)
    for i in StatusDf.columns:
        StatusDf.loc['Survival Rate',i]=StatusDf.loc[1,i]/StatusDf[i].sum()
    StatusDf.loc['Survival Rate'].plot(ax=ax2,kind='bar',color='olivedrab',
fontsize=12)
    plt.title('Status and Survival Rate')
    plt.xlabel('Status')
    plt.ylabel('Survival Rate')
    plt.xticks(rotation=0)
    plt.show()
```

绘制的 Title 和幸存数、幸存率的对比图如图 10-56 所示。

由图可知：乘客中已婚男士(Mr)数量最多，其次是未婚女士(Miss)和已婚女士(Mrs)，专业技能者(Master)、稀有类别(Rare)只占少数。已婚男士的幸存率最低，已婚女士和未婚

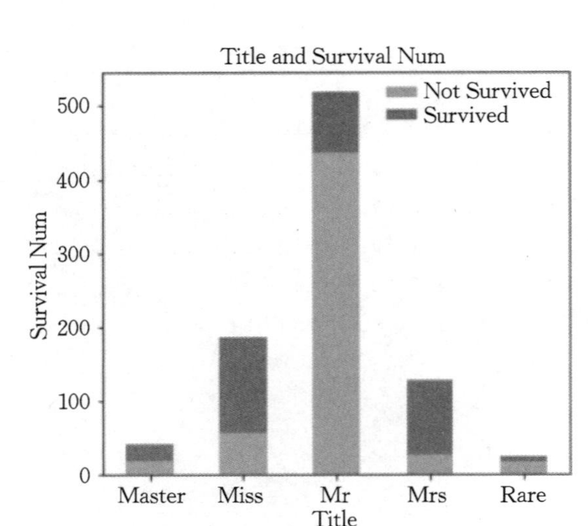

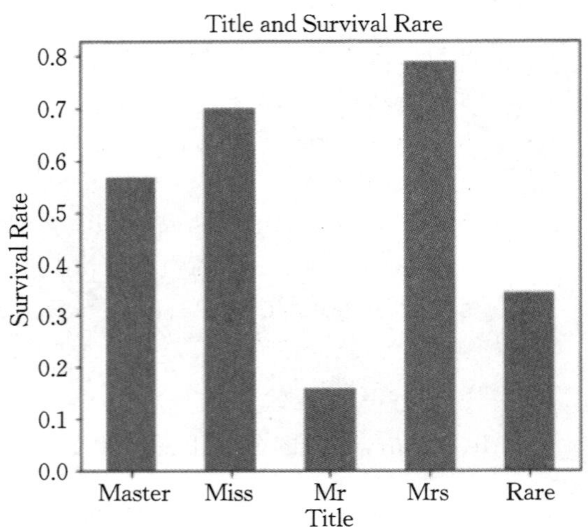

图 10-56 Title 和幸存数、幸存率的对比图

女士的幸存率分别居第一和第二，进一步证明了泰坦尼克号当时采取女性优先逃离的原则，稀有类别人员的幸存率也较低。因此，决定保留新的特征 Title 用于模型训练。

② 从训练集和测试集中删除 Name 特征以及训练集中的 PassengerId 特征。

```
# 把 Name 和 PassengerId 删除
print("Before", train_df.shape, test_df.shape, combine[0].shape, combine[1].shape)
train_df=train_df.drop(['Name', 'PassengerId'], axis=1) # 删除训练集 Name 和 PassengerId
test_df=test_df.drop(['Name'], axis=1) # 删除测试集 Name 和 PassengerId
combine=[train_df, test_df]
print("After", train_df.shape, test_df.shape, combine[0].shape, combine[1].shape)
```

删除 Name 和 PassengerId 前后数据集规模对比如图 10-57 所示。

```
Before (891, 11) (418, 9) (891, 11) (418, 9)
After (891, 9) (418, 8) (891, 9) (418, 8)
```

图 10-57 删除 Name 和 PassengerId 前后数据集规模对比图

此时的训练集如图 10-58 所示。

(2) 结合 SibSp 和 Parch 特征创建新特征。

① 首先结合 SibSp 和 Parch 特征创建一个新特征 FamilySize，意为包括兄弟姐妹、配偶、父母、孩子和自己在内的所有家人数量，此特征值＝SibSp＋Parch＋1。

```
for dataset in combine:
    dataset['FamilySize']=dataset['SibSp']+ dataset['Parch']+ 1
train_df[['FamilySize', 'Survived']].groupby(['FamilySize'], as_index=False).mean().sort_values(by='Survived', ascending=False)
```

	Survived	Pclass	Sex	Age	SibSp	Parch	Fare	Embarked	Title
0	0	3	male	22.0	1	0	7.2500	S	Mr
1	1	1	female	38.0	1	0	71.2833	C	Mrs
2	1	3	female	26.0	0	0	7.9250	S	Miss
3	1	1	female	35.0	1	0	53.1000	S	Mrs
4	0	3	male	35.0	0	0	8.0500	S	Mr
...	...	...	...	...	...	...	...	...	...
886	0	2	male	27.0	0	0	13.0000	S	Rare
887	1	1	female	19.0	0	0	30.0000	S	Miss
888	0	3	female	NaN	1	2	23.4500	S	Miss
889	1	1	male	26.0	0	0	30.0000	C	Mr
890	0	3	male	32.0	0	0	7.7500	Q	Mr

891 rows × 9 columns

图 10-58　增加 Title 和删除 Name、PassengerId 的训练集

FamilySize 和 Survived 的汇总结果如图 10-59 所示。

	FamilySize	Survived
3	4	0.724138
2	3	0.578431
1	2	0.552795
6	7	0.333333
0	1	0.303538
4	5	0.200000
5	6	0.136364
7	8	0.000000
8	11	0.000000

图 10-59　FamilySize 和 Survived 的汇总结果

② 根据新特征 FamilySize 构造家庭规模。小规模家庭 Family_Small：家庭人数＝1，FamilySize 值为 1；中等规模家庭 Family_Medium：2≤家庭人数≤4，FamilySize 值为 2；大模型家庭 Family_Large：家庭人数≥5，FamilySize 值为 3。

```
# 构造家庭规模
for dataset in combine:
    dataset.loc[(dataset['FamilySize'] < =1), 'FamilySize']=1
    dataset.loc[(dataset['FamilySize'] > =2) & (dataset['FamilySize'] < =4),
'FamilySize']=2
    dataset.loc[(dataset['FamilySize'] > =5), 'FamilySize']=3
# 舍弃 Parch、SibSp 特征
```

```
train_df=train_df.drop(['Parch', 'SibSp'], axis=1)
test_df=test_df.drop(['Parch', 'SibSp'], axis=1)
combine=[train_df, test_df]
train_df
```

此时训练集如图 10-60 所示。

	Survived	Pclass	Sex	Age	Fare	Embarked	Title	FamilySize
0	0	3	male	22.0	7.2500	S	Mr	2
1	1	1	female	38.0	71.2833	C	Mrs	2
2	1	3	female	26.0	7.9250	S	Miss	1
3	1	1	female	35.0	53.1000	S	Mrs	2
4	0	3	male	35.0	8.0500	S	Mr	1
...	...	...	...	...	...	...	...	...
886	0	2	male	27.0	13.0000	S	Rare	1
887	1	1	female	19.0	30.0000	S	Miss	1
888	0	3	female	NaN	23.4500	S	Miss	2
889	1	1	male	26.0	30.0000	C	Mr	1
890	0	3	male	32.0	7.7500	Q	Mr	1

891 rows × 8 columns

图 10-60　构造家庭规模和舍弃 Parch、SibSp 的训练集

③ 分析 FamilySize 和幸存情况的关系。

```
# FamilySize 和幸存情况的分类汇总
Sur_small=train_df.loc[train_df['FamilySize']==1,'Survived'].value_counts
()
Sur_medium=train_df.loc[train_df['FamilySize']==2,'Survived'].value_counts
()
Sur_large=train_df.loc[train_df['FamilySize']==3,'Survived'].value_counts
()
FamilyDf=pd.DataFrame({'Family_Small':Sur_small,'Family_Medium':Sur_
medium,'Family_Large':Sur_large})
FamilyDf
```

FamilySize 和 Survived 的分类汇总结果如图 10-61 所示。

	Family_Small	Family_Medium	Family_Large
0	374	123	52
1	163	169	10

图 10-61　FamilySize 和 Survived 的分类汇总结果

绘制 FamilySize 和幸存数、幸存率的对比图：

```
fig=plt.figure(figsize=(12,5))
# 绘制图 1
ax1=plt.subplot(1,2,1)
FamilyDf.T.plot(ax=ax1, kind='bar',stacked=True, color=['orange',
'olivedrab'],fontsize=12)
plt.title('Family and Survival Num')
plt.xlabel('FamilySize')
plt.ylabel('Survival Num')
plt.xticks(rotation=0)
plt.legend(labels=['Not Survived','Survived'])
# 绘制图 2
ax2=plt.subplot(1,2,2)
for i in FamilyDf.columns:
    FamilyDf.loc['Survival Rate',i]=FamilyDf.loc[1,i]/FamilyDf[i].sum()
FamilyDf.loc['Survival Rate'].plot(ax=ax2,kind='bar',color='olivedrab',
fontsize=12)
plt.title('Family and Survival Rate')
plt.xlabel('FamilySize')
plt.ylabel('Survival Rate')
plt.xticks(rotation=0)
plt.show()
```

绘制的 FamilySize 和幸存数、幸存率的对比图如图 10-62 所示。

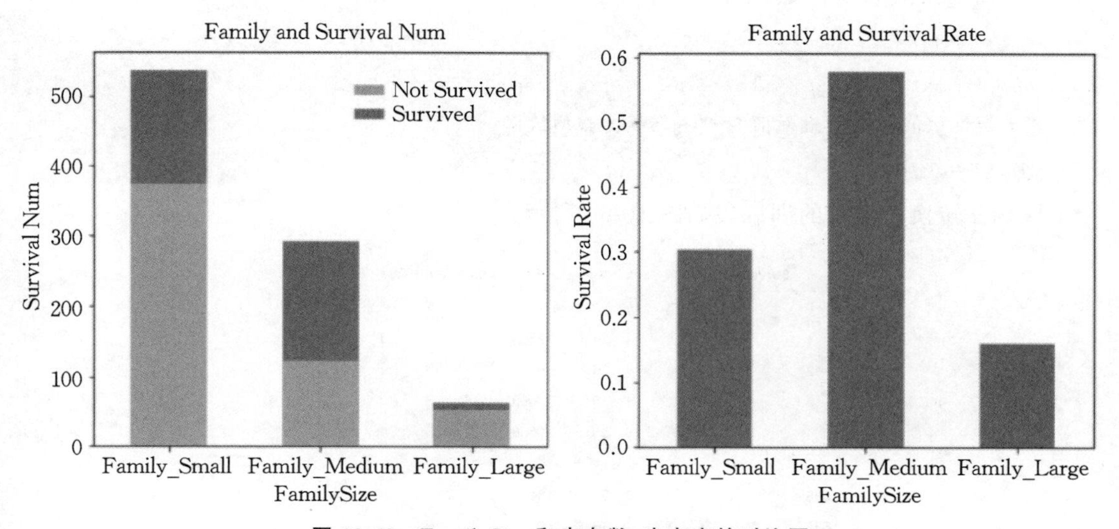

图 10-62 FamilySize **和幸存数、幸存率的对比图**

由图可知：小规模家庭即独自出行的乘客人数最多，其次是中等规模家庭(2～4 人)，5 人以上的大规模家庭较少。从幸存率看，大规模家庭的乘客幸存率最低，中等规模家庭的乘客幸存率最高。因此，决定保留新的 FamilySize 特征用于模型训练。

3. 分类特征转换为序数

(1) 将 Title 转换为序数。

```
title_mapping={"Mr": 1, "Miss": 2, "Mrs": 3, "Master": 4, "Rare": 5}
for dataset in combine:
    dataset['Title']=dataset['Title'].map(title_mapping)   # 将序列中的每一个元素输入函数,最后将映射后的每个值返回合并,得到一个迭代器
    dataset['Title']=dataset['Title'].fillna(0)
train_df
```

将 Title 转换为序数的训练集如图 10-63 所示。

	Survived	Pclass	Sex	Age	Fare	Embarked	Title	FamilySize
0	0	3	male	22.0	7.2500	S	1	2
1	1	1	female	38.0	71.2833	C	3	2
2	1	3	female	26.0	7.9250	S	2	1
3	1	1	female	35.0	53.1000	S	3	2
4	0	3	male	35.0	8.0500	S	1	1
...	...	...	...	...	...	...	...	...
886	0	2	male	27.0	13.0000	S	5	1
887	1	1	female	19.0	30.0000	S	2	1
888	0	3	female	NaN	23.4500	S	2	2
889	1	1	male	26.0	30.0000	C	1	1
890	0	3	male	32.0	7.7500	Q	1	1

891 rows × 8 columns

图 10-63 将 Title 转换为序数的训练集

(2) 将 Sex 转换为序数。

```
for dataset in combine:
    dataset['Sex']=dataset['Sex'].map( {'female': 1, 'male': 0} ).astype(int)
# 男性赋值为 0,女性赋值为 1,并转换为整型数据
train_df
```

将 Sex 转换为序数的训练集如图 10-64 所示。

	Survived	Pclass	Sex	Age	Fare	Embarked	Title	FamilySize
0	0	3	0	22.0	7.2500	S	1	2
1	1	1	1	38.0	71.2833	C	3	2
2	1	3	1	26.0	7.9250	S	2	1
3	1	1	1	35.0	53.1000	S	3	2
4	0	3	0	35.0	8.0500	S	1	1
...	...	...	...	...	...	...	...	...
886	0	2	0	27.0	13.0000	S	5	1
887	1	1	1	19.0	30.0000	S	2	1
888	0	3	1	NaN	23.4500	S	2	2
889	1	1	0	26.0	30.0000	C	1	1
890	0	3	0	32.0	7.7500	Q	1	1

891 rows × 8 columns

图 10-64 将 Sex 转换为序数的训练集

（3）由于分类特征 Embarked 存在缺失值，因此在进行缺失值填充后再将其转换为序数。此步骤在缺失值处理时完成。

4. 缺失值的处理

在训练集中，缺失值数目 Cabin＞Age＞Embarked；在测试集中，缺失值数目 Cabin＞Age＞Fare。

（1）年龄特征 Age 的缺失值处理。

使用其他相关特征，注意到 Age、Sex 和 Pclass 之间的相关性，使用基于 Pclass 和 Sex 组合集的均值和标准差之间的随机数来预测 Age 值。

```
# 绘制 Age、Pclass、Sex 复合直方图
grid=sns.FacetGrid(train_df, row='Pclass', col='Sex', size=2.2, aspect=1.6)
grid.map(plt.hist, 'Age', alpha=.5, bins=20)
grid.add_legend()
```

绘制的 Age、Pclass、Sex 复合直方图如图 10-65 所示。图 10-65 体现了 Pclass 和 Sex 组合集与 Age 之间的关系。

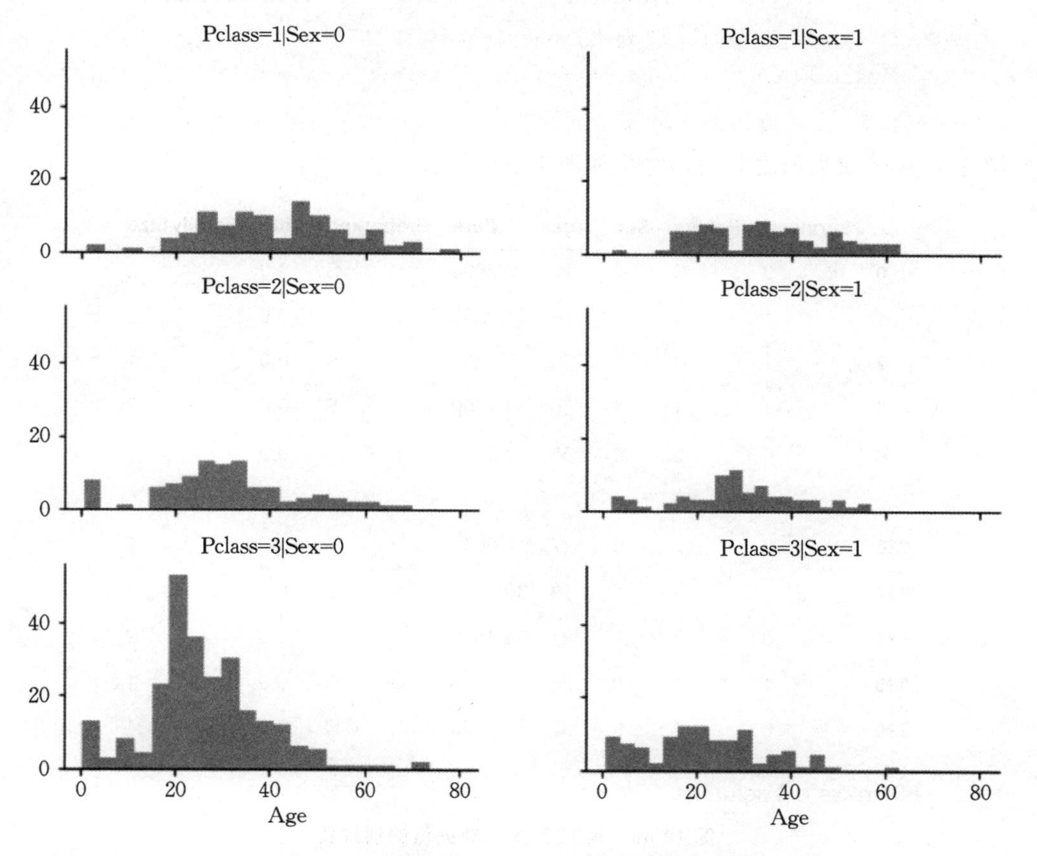

图 10-65　绘制的 Age、Pclass、Sex 复合直方图

```
    # 创建空数组
    guess_ages=np.zeros((2,3))
    # 遍历 Sex(0 或 1)和 Pclass(1, 2, 3)来计算六种组合的 Age 猜测值
    for dataset in combine:
        # 第一个 for 循环计算每一个分组的 Age 预测值
        for i in range(0, 2):
            for j in range(0, 3):
                guess_df=dataset[(dataset['Sex']==i) & \
                                          (dataset['Pclass']==j+ 1)]['Age'].dropna()
                age_guess=guess_df.median()
                # 将随机年龄浮点数转换为最接近的 0.5 年龄(四舍五入)
                guess_ages[i,j]=int( age_guess/0.5+ 0.5 ) *  0.5
        # 第二个 for 循环对空值进行赋值
        for i in range(0, 2):
            for j in range(0, 3):
                dataset.loc[(dataset.Age.isnull()) & (dataset.Sex==i)
& (dataset.Pclass==j+ 1),\ 'Age']=guess_ages[i,j]
        dataset['Age']=dataset['Age'].astype(int)
    train_df
```

填充了 Age 缺失值之后的训练集如图 10-66 所示。

	Survived	Pclass	Sex	Age	Fare	Embarked	Title	FamilySize
0	0	3	0	22	7.2500	S	0.0	2
1	1	1	1	38	71.2833	C	0.0	2
2	1	3	1	26	7.9250	S	0.0	1
3	1	1	1	35	53.1000	S	0.0	2
4	0	3	0	35	8.0500	S	0.0	1
...	...	...	...	...	...	...	...	...
886	0	2	0	27	13.0000	S	0.0	1
887	1	1	1	19	30.0000	S	0.0	1
888	0	3	1	21	23.4500	S	0.0	2
889	1	1	0	26	30.0000	C	0.0	1
890	0	3	0	32	7.7500	Q	0.0	1

891 rows × 8 columns

图 10-66 填充了 Age 缺失值的训练集

(2) Embarked 的缺失值处理。

登船港口特征 Embarked 有 3 种可能取值——S、Q、C。仅训练集有两个缺失值，采用众数填补缺失值(由前面统计得知，众数为 S)，然后将 Embarked 转换为序数。

```
    # 填充 Embarked 的缺失值
    freq_port=train_df.Embarked.dropna().mode()[0]
    for dataset in combine:
        dataset['Embarked']=dataset['Embarked'].fillna(freq_port) # 用众数填补缺失值
    # Embarked 和 Survived 分类汇总
    train_df[['Embarked', 'Survived']].groupby(['Embarked'], as_index=False).
mean().sort_values(by='Survived', ascending=False)
```

Embarked 和 Survived 分类汇总的结果如图 10-67 所示。

	Embarked	Survived
0	C	0.553571
1	Q	0.389610
2	S	0.339009

图 10-67　Embarked 和 Survived 分类汇总的结果

对比图 10-43,Embarked＝S 的幸存率有变化。

```
    # 转换分类特征为序数
    for dataset in combine:
        dataset['Embarked']=dataset['Embarked'].map( {'S': 0, 'C': 1, 'Q': 2} ).
astype(int)
    train_df
```

将 Embarked 转换为序数的训练集如图 10-68 所示。

	Survived	Pclass	Sex	Age	Fare	Embarked	Title	FamilySize
0	0	3	0	22	7.2500	0	1	2
1	1	1	1	38	71.2833	1	3	2
2	1	3	1	26	7.9250	0	2	1
3	1	1	1	35	53.1000	0	3	2
4	0	3	0	35	8.0500	0	1	1
...	...	...	...	...	...	...	...	...
886	0	2	0	27	13.0000	0	5	1
887	1	1	1	19	30.0000	0	2	1
888	0	3	1	21	23.4500	0	2	2
889	1	1	0	26	30.0000	1	1	1
890	0	3	0	32	7.7500	2	1	1

891 rows × 8 columns

图 10-68　将 Embarked 转换为序数的训练集

（3）Fare 的缺失值处理。

测试集中票价特征 Fare 有一个缺失值，用中位数进行填补。

```
# 中位数填补 Fare 的缺失值
test_df['Fare'].fillna(test_df['Fare'].dropna().median(), inplace=True)
test_df.info()
```

填充了 Fare 的缺失值之后的测试集信息如图 10-69 所示。可见，测试集已无缺失值。

```
<class 'pandas.core.frame.DataFrame'>
RangeIndex: 418 entries, 0 to 417
Data columns (total 7 columns):
 #   Column      Non-Null Count  Dtype
---  ------      --------------  -----
 0   Pclass      418 non-null    int64
 1   Sex         418 non-null    int32
 2   Age         418 non-null    int32
 3   Fare        418 non-null    float64
 4   Embarked    418 non-null    int32
 5   Title       418 non-null    int64
 6   FamilySize  418 non-null    int64
dtypes: float64(1), int32(3), int64(3)
memory usage: 18.1 KB
```

图 10-69　填充了 Fare 的缺失值的测试集信息

5. 数值数据的离散化并转换为序数

一般在建立分类模型时，需要对连续变量进行离散化处理，特征离散化后，模型会更稳定，降低了模型过拟合的风险。

（1）对年龄 Age 进行分箱并转换为序数。

```
# 创建年龄段 AgeBand，并确定其与 Survived 的相关性
train_df['AgeBand']=pd.cut(train_df['Age'], 5)  # 将年龄分割为 5 段，等宽分箱
train_df[['AgeBand', 'Survived']].groupby(['AgeBand'], as_index=False).mean
().sort_values(by='AgeBand', ascending=True)
```

各年龄段与幸存情况的统计如图 10-70 所示。

	AgeBand	Survived
0	(-0.08, 16.0]	0.550000
1	(16.0, 32.0]	0.337374
2	(32.0, 48.0]	0.412037
3	(48.0, 64.0]	0.434783
4	(64.0, 80.0]	0.090909

图 10-70　各年龄段与幸存情况的统计

```
# 将这些年龄段替换为序数
for dataset in combine:
    dataset.loc[ dataset['Age'] < =16, 'Age']=0
    dataset.loc[(dataset['Age'] > 16) & (dataset['Age'] < =32), 'Age']=1
```

```
    dataset.loc[(dataset['Age'] > 32) & (dataset['Age'] < =48), 'Age']=2
    dataset.loc[(dataset['Age'] > 48) & (dataset['Age'] < =64), 'Age']=3
    dataset.loc[ dataset['Age'] > 64, 'Age']=4
train_df
```

将年龄段转换为序数的训练集如图 10-71 所示。

	Survived	Pclass	Sex	Age	Fare	Embarked	Title	FamilySize	AgeBand
0	0	3	0	1	7.2500	S	1	2	(16.0, 32.0]
1	1	1	1	2	71.2833	C	3	2	(32.0, 48.0]
2	1	3	1	1	7.9250	S	2	1	(16.0, 32.0]
3	1	1	1	2	53.1000	S	3	2	(32.0, 48.0]
4	0	3	0	2	8.0500	S	1	1	(32.0, 48.0]
...	...	...	...	...	...	...	...	...	...
886	0	2	0	1	13.0000	S	5	1	(16.0, 32.0]
887	1	1	1	1	30.0000	S	2	1	(16.0, 32.0]
888	0	3	1	1	23.4500	S	2	2	(16.0, 32.0]
889	1	1	0	1	30.0000	C	1	1	(16.0, 32.0]
890	0	3	0	1	7.7500	Q	1	1	(16.0, 32.0]

891 rows × 9 columns

图 10-71　将年龄段转换为序数的训练集

```
# 删除训练集中的 AgeBand 特征
train_df=train_df.drop(['AgeBand'], axis=1)
combine=[train_df, test_df]
train_df
```

删除 AgeBand 特征的训练集如图 10-72 所示。

	Survived	Pclass	Sex	Age	Fare	Embarked	Title	FamilySize
0	0	3	0	1	7.2500	S	1	2
1	1	1	1	2	71.2833	C	3	2
2	1	3	1	1	7.9250	S	2	1
3	1	1	1	2	53.1000	S	3	2
4	0	3	0	2	8.0500	S	1	1
...	...	...	...	...	...	...	...	...
886	0	2	0	1	13.0000	S	5	1
887	1	1	1	1	30.0000	S	2	1
888	0	3	1	1	23.4500	S	2	2
889	1	1	0	1	30.0000	C	1	1
890	0	3	0	1	7.7500	Q	1	1

891 rows × 8 columns

图 10-72　删除 AgeBand 的训练集

(2) 对票价 Fare 进行分箱并转换为序数。

```
# 绘制 Fare 列的直方图,默认分为 10 桶,然后统计每桶的频率
plt.hist(train_df['Fare'])
```

Fare 等宽分箱的频率直方图如图 10-73 所示。由图可见,大部分票价集中在 100 以内,低票价居多,高票价较少,所以考虑对 Fare 进行等深分箱。

```
(array([732., 106.,  31.,   2.,  11.,   6.,   0.,   0.,   0.,   3.]),
 array([ 0.      ,  51.23292, 102.46584, 153.69876, 204.93168, 256.1646 ,
       307.39752, 358.63044, 409.86336, 461.09628, 512.3292 ]),
 <BarContainer object of 10 artists>)
```

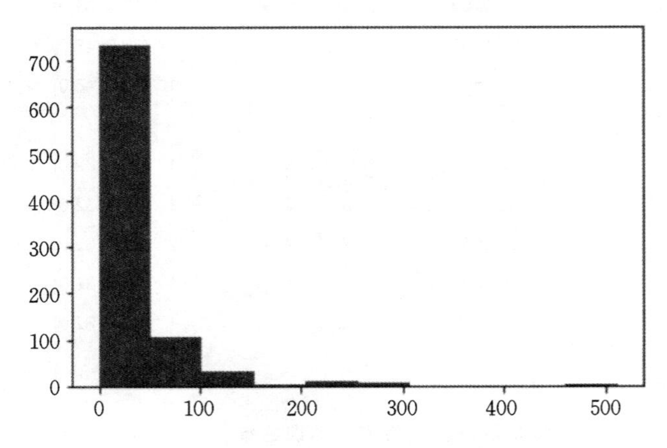

图 10-73 Fare 等宽分箱的频率直方图

```
# 对 Fare 进行等深分箱,创建票价段 FareBand
train_df['FareBand']=pd.qcut(train_df['Fare'], 4)
# 统计每箱与幸存情况的相关性
train_df[['FareBand', 'Survived']].groupby(['FareBand'], as_index=False).
mean().sort_values(by='FareBand', ascending=True)
```

Fare 等深分箱及每箱与幸存情况的统计如图 10-74 所示。

	FareBand	Survived
0	(-0.001, 7.91]	0.197309
1	(7.91, 14.454]	0.303571
2	(14.454, 31.0]	0.454955
3	(31.0, 512.329]	0.581081

图 10-74 各票价段与幸存情况的统计

```
# 将 Fare 特征转换为基于 FareBand 的序数值
for dataset in combine:
    dataset.loc[ dataset['Fare'] < =7.91, 'Fare']=0
    dataset.loc[(dataset['Fare'] >  7.91) & (dataset['Fare'] < =14.454),
'Fare']=1
```

```
    dataset.loc[(dataset['Fare'] > 14.454) & (dataset['Fare'] < =31), 'Fare']
=2
    dataset.loc[ dataset['Fare'] > 31, 'Fare']=3
    dataset['Fare']=dataset['Fare'].astype(int)
# 删除训练集中的 FareBand
train_df=train_df.drop(['FareBand'], axis=1)
combine=[train_df, test_df]
train_df
```

将 Fare 转换为序数值之后的训练集如图 10-75 所示。

	Survived	Pclass	Sex	Age	Fare	Embarked	Title	FamilySize
0	0	3	0	1	0	0	1	2
1	1	1	1	2	3	1	3	2
2	1	3	1	1	1	0	2	1
3	1	1	1	2	3	0	3	2
4	0	3	0	2	1	0	1	1
...	...	...	...	...	...	...	...	...
886	0	2	0	1	1	0	5	1
887	1	1	1	1	2	0	2	1
888	0	3	1	1	2	0	2	2
889	1	1	0	1	2	1	1	1
890	0	3	0	1	0	2	1	1

891 rows × 8 columns

图 10-75　将 Fare 转换为序数值的训练集

```
# 'Fare'和幸存情况的分类汇总
Sur_F1=train_df.loc[train_df['Fare']==0,'Survived'].value_counts()
Sur_F2=train_df.loc[train_df['Fare']==1,'Survived'].value_counts()
Sur_F3=train_df.loc[train_df['Fare']==2,'Survived'].value_counts()
Sur_F4=train_df.loc[train_df['Fare']==3,'Survived'].value_counts()
FareDf=pd.DataFrame({'0-7.91':Sur_F1,'7.91-14.454':Sur_F2,'14.454-31':Sur_
F3,'31-600':Sur_F4})
FareDf
```

Fare 和幸存情况的分类汇总结果如图 10-76 所示。

	0-7.91	7.91-14.454	14.454-31	31-600
0	179	150	127	93
1	44	67	102	129

图 10-76　Fare 和幸存情况的分类汇总结果

```
# 绘制 Fare 和幸存数、幸存率的对比图
fig=plt.figure(figsize=(12,5))
# 绘制图 1
ax1=plt.subplot(1,2,1)
FareDf.T.plot(ax=ax1, kind='bar',stacked=True, color=['orange','olivedrab'],
fontsize=12)
plt.title('Fare and Survival Num')
plt.xlabel('Fare')
plt.ylabel('Survival Num')
plt.xticks(rotation=0)
plt.ylim(0, 300)
plt.legend(labels=['Not Survived','Survived'])
# 绘制图 2
ax2=plt.subplot(1,2,2)
for i in FareDf.columns:
    FareDf.loc['Survival Rate',i]=FareDf.loc[1,i]/FareDf[i].sum()
FareDf.loc['Survival Rate'].plot(ax=ax2, kind='bar', color='olivedrab',
fontsize=12)
plt.title('Fare and Survival Rate')
plt.xlabel('Fare')
plt.ylabel('Survival Rate')
plt.xticks(rotation=0)
plt.show()
```

Fare 和幸存数、幸存率的对比如图 10-77 所示。

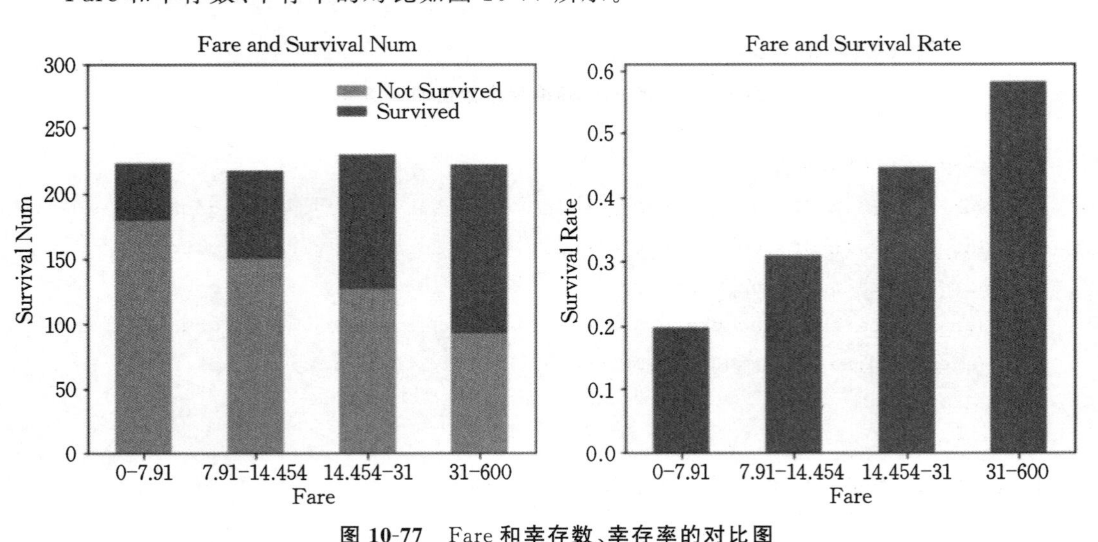

图 10-77 Fare **和幸存数、幸存率的对比图**

由图可知：购买船票价格越高的乘客幸存率越高，船票价格越高，乘客所在的客舱等级也越高。

10.4.5 构建模型及模型评估

经过数据预处理之后的训练集和测试集分别如图 10-78 和图 10-79 所示。

	Survived	Pclass	Sex	Age	Fare	Embarked	Title	FamilySize
0	0	3	0	1	0	0	1	2
1	1	1	1	2	3	1	3	2
2	1	3	1	1	1	0	2	1
3	1	1	1	2	3	0	3	2
4	0	3	0	2	1	0	1	1
...	...	...	...	...	...	...	...	...
886	0	2	0	1	1	0	5	1
887	1	1	1	1	2	0	2	1
888	0	3	1	1	2	0	2	2
889	1	1	0	1	2	1	1	1
890	0	3	0	1	0	2	1	1

891 rows × 8 columns

图 10-78 训练集

	Pclass	Sex	Age	Fare	Embarked	Title	FamilySize
0	3	0	2	0	2	1	1
1	3	1	2	0	0	3	2
2	2	0	3	1	2	1	1
3	3	0	1	1	0	1	1
4	3	1	1	1	0	3	2
...	...	...	...	...	...	...	...
413	3	0	1	1	0	1	1
414	1	1	2	3	1	5	1
415	3	0	2	0	0	1	1
416	3	0	1	1	0	1	1
417	3	0	1	2	1	4	2

418 rows × 7 columns

图 10-79 测试集

本项目的问题是确定输出(幸存情况)与其他变量或特征(性别、年龄、票价等)之间的关系,这属于典型的分类和回归问题,主要算法有逻辑回归、KNN、朴素贝叶斯分类器、决策树、随机森林等。下面分别采用这几种算法对给定的数据集训练模型，对模型进行评估，然后在下一节用最好的模型对测试集中的未知样本进行预测。

在训练模型前，需先对数据集进行拆分，

```
X_train=train_df.drop("Survived", axis=1) # 不含 Survived
Y_train=train_df["Survived"] # 仅含 Survived标签
X_test=test_df.copy()
X_train.shape, Y_train.shape, X_test.shape
X_train、Y_train、X_test 的规模为:((891, 7), (891,), (418, 7))。
```

1. 逻辑回归

逻辑回归是以线性回归为理论支持，但又通过 sigmoid 函数（逻辑回归函数）引入非线性因素，用来测量分类因变量和一个或多个自变量关系的模型，其主要用来处理二分类问题。这里关注模型基于训练集生成的置信度分数。

```
# 逻辑回归模型
logreg=LogisticRegression()
logreg.fit(X_train, Y_train)
Y_pred=logreg.predict(X_test)#  预测
acc_log=round(logreg.score(X_train, Y_train) *  100, 2) # 模型评分
acc_log
```

逻辑回归模型的评分为 81.26。

可以使用逻辑回归中特征的系数来验证特征创建和完成目标的假设正确与否。正系数会增加响应的对数几率（从而增加概率），而负系数会降低响应的对数几率（从而降低概率）。

```
coeff_df=pd.DataFrame(train_df.columns.delete(0))
coeff_df.columns=['Feature']
coeff_df["Correlation"]=pd.Series(logreg.coef_[0])
coeff_df.sort_values(by='Correlation', ascending=False)
```

逻辑回归中特征的系数如图 10-80 所示。

	Feature	Correlation
1	Sex	2.258538
5	Title	0.482492
4	Embarked	0.268640
3	Fare	0.234014
2	Age	-0.633287
6	FamilySize	-0.789628
0	Pclass	-1.043932

图 10-80　逻辑回归中特征的系数

由图 10-80 可见：Sex 是具有最高正系数的特征，意味着随着性别值的增加（从男性：0 到女性：1），Survived＝1 的概率增加最多；Title 是第二高的正相关特征。相反，随着 Pclass 的增加，Survived＝1 的概率降低最多；FamilySize 是第二高的负相关特征，即家庭规模越

大，Survived＝1 的概率越低，幸存概率越小；Age 是第三高的负相关特征，即随着年龄的增加，Survived＝1 的概率降低，幸存概率变小。

2. KNN

KNN 算法是一种用于分类和回归的非参数方法。其基本思想是：在特征空间中，如果一个样本附近的 k 个最近样本的大多数属于某一个类别，则该样本也属于这个类别。

```
# KNN
knn=KNeighborsClassifier(n_neighbors=3)
knn.fit(X_train, Y_train)
Y_pred=knn.predict(X_test) # 预测
acc_knn=round(knn.score(X_train, Y_train) * 100, 2)
acc_knn
```

KNN 模型的评分为 85.07。可以看到，KNN 模型优于逻辑回归模型。

3. 朴素贝叶斯分类器

朴素贝叶斯分类器是一系列以假设特征之间强独立下运用贝叶斯定理为基础的简单概率分类器。

```
# 朴素贝叶斯分类器
gaussian=GaussianNB()
gaussian.fit(X_train, Y_train)
Y_pred=gaussian.predict(X_test) # 预测
acc_gaussian=round(gaussian.score(X_train, Y_train) * 100, 2)
acc_gaussian
```

朴素贝叶斯分类器模型的评分为 78.23，其得分是目前评估的模型中最低的。

4. 决策树

决策树是将特征(树枝)映射到目标值(树叶)的分类或回归方法。目标变量可以取一组有限值的树模型称为分类树，在这些树结构中，叶子代表类标签，分支代表导致这些类标签的特征的结合。目标变量可以取连续值的决策树称为回归树。

```
# 决策树
decision_tree=DecisionTreeClassifier()
decision_tree.fit(X_train, Y_train)
Y_pred=decision_tree.predict(X_test) # 预测
acc_decision_tree=round(decision_tree.score(X_train, Y_train) * 100, 2)
acc_decision_tree
```

决策树模型的评分为 87.43，是目前得分最高的。

```
# 决策树可视化
from sklearn import tree
import graphviz
import pydotplus
from IPython.display import Image
```

```
    dot_data=tree.export_graphviz(decision_tree, out_file=None, feature_names=
X_train.columns, class_names=['0','1'],max_depth=3,
    filled=True, rounded=True, special_characters=True)
    graph=pydotplus.graph_from_dot_data(dot_data)
    Image(graph.create_png( ))
```

绘制的决策树如图 10-81 所示。

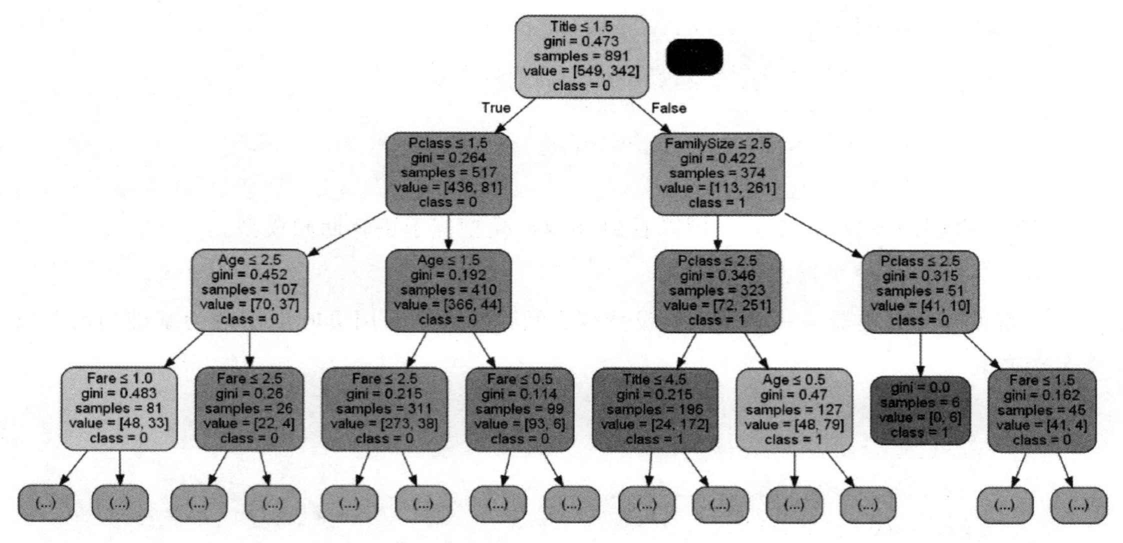

图 10-81　Survived 决策树

5. 随机森林

随机森林是一种用于分类、回归和其他任务的集成学习方法。它通过自助法(bootstrap)重采样技术,从原始训练样本集中有放回地重复随机抽取 n 个样本生成新的训练样本集合,然后按自助样本集生成 m 棵决策树组成随机森林,新数据的分类结果按分类树投票多少形成的分数而定。其实质是对决策树算法的一种改进,将多个决策树合并在一起,每棵树的建立依赖于独立抽取的样本。

```
    # 随机森林
    random_forest=RandomForestClassifier(n_estimators=100)
    random_forest.fit(X_train, Y_train)
    Y_pred=random_forest.predict(X_test) # 预测
    acc_random_forest=round(random_forest.score(X_train, Y_train) * 100, 2)
    acc_random_forest
```

随机森林模型的评分为 87.43,也是目前得分最高的。

6. 5 种算法的对比

现在可以对所有模型评估结果进行排名,以选择最适合问题的模型。

```
    models=pd.DataFrame({
        'Model': ['Logistic Regression', 'KNN','Naive Bayes','Decision Tree',
'Random Forest'],
```

```
    'Score': [acc_log, acc_knn, acc_gaussian,acc_decision_tree,acc_random_
forest]})
    models.sort_values(by='Score', ascending=False)
```

5 种算法的得分对比如图 10-82 所示。

	Model	Score
3	Decision Tree	87.43
4	Random Forest	87.43
1	KNN	85.07
0	Logistic Regression	81.26
2	Naive Bayes	78.23

图 10-82　5 种算法的得分对比

虽然决策树和随机森林的得分相同，但此项目选择使用随机森林，因为它纠正了决策树过度拟合训练集带来的缺陷。

10.4.6　方案实施

使用上一步评估结果最好的模型——随机森林，对测试集中的未知样本进行预测。

```
    Y_pred=random_forest.predict(X_test) # 预测
    Y_pred
```

预测结果如图 10-83 所示。

```
array([0, 0, 0, 0, 1, 0, 1, 0, 1, 0, 0, 1, 1, 0, 1, 1, 0, 0, 0, 1, 0, 1,
       1, 1, 1, 0, 1, 0, 1, 0, 0, 0, 1, 1, 1, 0, 0, 0, 0, 1, 0, 1, 0, 1,
       1, 0, 1, 0, 1, 1, 0, 0, 1, 1, 0, 0, 0, 0, 0, 1, 0, 0, 0, 1, 1, 1,
       1, 0, 0, 1, 1, 0, 0, 0, 1, 0, 0, 1, 0, 1, 1, 0, 0, 0, 0, 0, 1, 0,
       1, 1, 1, 0, 1, 0, 0, 0, 1, 0, 1, 0, 1, 0, 0, 0, 1, 0, 0, 0, 0, 0,
       0, 1, 1, 1, 1, 0, 0, 1, 0, 1, 1, 0, 1, 0, 0, 0, 0, 1, 0, 0, 0, 0,
       0, 0, 0, 0, 0, 0, 0, 0, 0, 1, 0, 0, 1, 0, 0, 0, 1, 0, 1, 0, 0, 0,
       0, 0, 1, 1, 1, 1, 1, 1, 1, 0, 0, 1, 0, 0, 1, 0, 0, 0, 0, 0, 0, 1,
       1, 0, 1, 1, 0, 1, 1, 0, 1, 0, 1, 0, 0, 0, 0, 1, 1, 0, 1, 0, 1, 1,
       0, 1, 1, 1, 1, 1, 0, 1, 0, 0, 1, 0, 0, 0, 0, 1, 0, 0, 1, 0, 1, 0,
       1, 0, 1, 0, 1, 1, 0, 1, 0, 0, 0, 1, 0, 0, 1, 0, 0, 0, 1, 1, 1, 1,
       1, 0, 1, 0, 1, 0, 1, 1, 1, 0, 1, 0, 0, 0, 0, 0, 1, 0, 0, 0, 1, 1,
       1, 0, 0, 0, 0, 0, 0, 0, 1, 1, 0, 1, 0, 0, 0, 0, 0, 1, 1, 1, 1, 0,
       0, 0, 0, 0, 0, 1, 0, 1, 0, 0, 1, 0, 0, 0, 0, 0, 0, 0, 1, 1, 0, 1,
       0, 0, 0, 0, 0, 0, 1, 1, 0, 0, 0, 0, 0, 0, 0, 1, 1, 0, 1, 0, 0, 0,
       1, 1, 0, 1, 0, 1, 0, 0, 0, 1, 0, 0, 0, 1, 1, 0, 0, 1, 0, 1, 1, 0,
       0, 0, 1, 0, 1, 0, 0, 1, 0, 1, 1, 0, 1, 0, 0, 0, 1, 1, 0, 1, 0, 0,
       1, 1, 0, 0, 0, 0, 0, 0, 1, 1, 0, 1, 0, 0, 0, 0, 0, 1, 1, 0, 0, 1,
       0, 1, 0, 0, 1, 0, 1, 0, 0, 1, 0, 0, 1, 1, 1, 1, 1, 0, 1, 0, 0, 1],
      dtype=int64)
```

图 10-83　Survived **预测结果**

```
    predDf=pd.concat([X_test,pd.DataFrame(Y_pred)],axis=1) # 将结果集与测试集
合并
    predDf.head()
```

合并后的前 5 行如图 10-84 所示。

	Pclass	Sex	Age	Fare	Embarked	Title	FamilySize	0
0	3	0	2	0	2	1	1	0
1	3	1	2	0	0	3	2	0
2	2	0	3	1	2	1	1	0
3	3	0	1	1	0	1	1	0
4	3	1	1	1	0	3	2	1

图 10-84　结果集与测试集合并结果

```
predDf.to_csv('Titanic_pred.csv',index='False')  # 保存结果
```

可在 Python 的工作目录下查看 Titanic_pred.csv 文件。

10.4.7　项目结论

① 性别：船上男性乘客人数大约为女性乘客的 2 倍。女性乘客的幸存率达到 70%以上，男性乘客的幸存率仅约为 20%，很可能是因为泰坦尼克号当时采取女性优先逃离的原则。

② 登船港口：Embarked_S(英国南安普敦港口)登船人数最多。在 Embarked_C(法国瑟堡港口)登船的乘客相对幸存率最高，达到 50%以上，在 Embarked_S(英国南安普敦港口)登船的乘客幸存率最低，可能与其基数大、乘客身份复杂有关。

③ 客舱等级：购买三等舱船票的乘客最多，乘客幸存率从一等舱到三等舱依次下降，根据调研得知，客舱等级越低，乘客所居住的位置就越靠近船舱的底部，灾难发生时逃生所需的时间越久，幸存率越低。

④ 头衔：乘客中已婚男士(Mr)数量最多，其次是未婚女士(Miss)和已婚女士(Mrs)，专业技能者(Master)、稀有类型(Rare)只占少数。已婚男士的幸存率最低，已婚女士和未婚女士的幸存率分别居第一和第二，进一步证明了泰坦尼克号当时采取女性优先逃离的原则。

⑤ 票价：购买船票价格越高的乘客幸存率越高，船票价格越高，乘客所在的客舱等级也越高。

⑥ 家庭规模：小规模家庭即独自出行的乘客人数最多，其次是中等规模家庭(2～4 人)，5 人以上的大规模家庭较少。从幸存率看，大规模家庭的乘客幸存率最低，中等规模家庭的乘客幸存率最高。

10.5　实验内容

1. KNN 算法实践

对于 sklearn 自带的 wine 样本数据集，使用 KNN 算法对未知类别的红酒样本进行预测，预测其所属类别。未知类别的红酒样本各项参数及值如下：

酒精、苹果酸、灰、灰分的碱度、镁、总酚、黄酮类化合物、非黄烷类酚类、原花色素、颜色强度、色调、稀释葡萄酒的 OD280/OD315、脯氨酸分别为[11.8,4.39,2.39,29,82,2.86,3.53,

0.21,2.85,2.8,0.75,3.78,490]。

2. 决策树算法实践

(1) 对于 sklearn 自带的 iris 样本数据集,使用决策树算法构建预测鸢尾花类别的决策树。

(2) 对于"西瓜数据集 3.0.txt",使用决策树算法构建预测西瓜好坏的决策树。

3. 朴素贝叶斯算法实践

(1) 使用朴素贝叶斯算法对表 10-6 中的蘑菇 U 进行预测。

表 10-6　蘑菇数据集

实例	厚实否	有味否	有斑点否	光滑否	有毒否
A	0	0	0	0	0
B	0	0	1	0	0
C	1	1	0	1	0
D	1	0	0	1	1
E	0	1	1	0	1
F	0	0	1	1	1
G	0	0	0	1	1
H	1	1	0	0	1
U	1	1	0	0	?

(2) 使用朴素贝叶斯算法对西瓜好坏进行预测(数据集采用 watermalon.csv)。
未知好坏的西瓜:色泽乌黑、根蒂硬挺、敲声沉闷、纹理稍糊、脐部凹陷、触感硬滑。

参考文献

[1] HAN J W,KAMBER M,PEI J.数据挖掘概念与技术(原书第3版)[M].范明,孟小峰,译.北京:机械工业出版社,2012.
[2] 陈封能,斯坦巴赫,库玛尔.数据挖掘导论(完整版)[M].范明,范宏建,等译.北京:人民邮电出版社,2011.
[3] 李春葆,李石君,李筱驰.数据仓库与数据挖掘实践[M].北京:电子工业出版社,2014.
[4] 李雄飞,董元方,李军.数据挖掘与知识发现[M].2版.北京:高等教育出版社,2010.
[5] 黄德才. 数据仓库与数据挖掘教程[M].北京:清华大学出版社,2016.
[6] 吴倍东,库玛尔.数据挖掘十大算法[M]. 李文波,吴素研,译.北京:清华大学出版社,2013.
[7] 唐四薪,赵辉煌,唐琼.大数据分析实用教程:基于Python实现[M].北京:机械工业出版社,2021.
[8] 西安美林电子有限责任公司.大话数据挖掘[M].北京:清华大学出版社,2013.
[9] 张良均,谭立云,刘名军,等.Python数据分析与挖掘实战[M].2版.北京:机械工业出版社,2022.
[10] 简祯富,许嘉裕.大数据分析与数据挖掘[M].北京:清华工业出版社,2016.
[11] 郭羽含,陈虹,肖成龙.Python机器学习[M].北京:机械工业出版社,2021.
[12] 王振武.大数据挖掘与应用[M].北京:清华大学出版社,2017.
[13] 丁兆云,周鋆,杜振国.数据挖掘原理与应用[M].北京:机械工业出版社,2021.
[14] 莱顿. Python数据挖掘入门与实践[M].亦念,译.2版.北京:人民邮电出版社,2020.
[15] 卢滔,张良均,戴浩,等. Python数据挖掘:入门、进阶与实用案例分析[M].北京:机械工业出版社,2023.